普通高等院校光电工程系列“十四五”规划教材

光电技术基础

（第2版）

苏俊宏　吴慎将　尚小燕　周　顺　编著

国防工業出版社
·北京·

内容简介

本书以光电技术的核心——光电器件为主线，系统阐述了各类光电器件的基本概念、结构与工作原理、特性参数及典型应用。本书主要内容包括光电技术及光电器件基础，发光器件及其应用，常用的半导体光电器件的工作原理、特性参数及其应用，真空光电器件、光电成像器件及摄像管的工作原理、特性参数，电荷耦合器件及其应用，光电耦合器件及其应用，工程领域应用的典型实用光电系统。

本书可作为测控技术与仪器、光信息科学与工程、光电信息工程、电子科学与技术（光电子方向）等专业学生的相关课程教材，也可作为从事光学技术与光电工程、检测及计量技术、自动化仪器仪表、信息工程、产品质量检测与控制等相关工作的工程技术人员与科技人员的参考书。

图书在版编目（CIP）数据

光电技术基础／苏俊宏等编著．—2版．—北京：国防工业出版社，2025.6．—ISBN 978-7-118-13544-2

Ⅰ．TN2

中国国家版本馆CIP数据核字第2025RC7794号

※

国防工業出版社出版发行

（北京市海淀区紫竹院南路23号　邮政编码100048）

北京凌奇印刷有限责任公司印刷

新华书店经售

*

开本 787×1092　1/16　**印张** 19　**字数** 434千字

2025年6月第2版第1次印刷　**印数** 1—1200册　**定价** 58.00元

（本书如有印装错误，我社负责调换）

国防书店：（010）88540777　书店传真：（010）88540776

发行业务：（010）88540717　发行传真：（010）88540762

再版前言

光电技术是光学和电子技术相结合而形成的一门新兴学科，近年来得到了飞速发展。光电技术的科学基础之一是近年来发展起来的光电子学，光电子学以研究物质中电子与光子的相互作用机制为目的，是一门以光电系统中光和电信号的形成、传输、采集、变换及处理方法为研究对象的技术学科，其处理对象可以是光学的、电学的或其他非光学量。光电技术的核心是光电器件，它分为两大类：光-电器件和电-光器件。前者将光辐射转换为电信息，后者将电信息转换为光辐射。

光电转换技术是研究应用一定的器件及手段，在一定条件下，使光能（光信息）转换成电能（电信息）、电能转换成光能的一门技术。能使光能转换成电能、电能转换成光能的器件称为光电探测器件或光电器件，也就是说，光电器件就是能够接收、发射某种电磁辐射的电子器件，这里，某种电磁辐射指光学辐射。光学辐射波包括紫外线、可见光、红外线。将光辐射转换成电信息的电子器件称为接收器件，将电信息转换成光辐射的电子器件称为发射器件。

近年来，综合性的自动化、智能化光电系统的类型日益增多，应用范围越来越广泛。这些系统是光学、精密机械、微电子学、电子学、控制科学、信息科学、计算机科学与技术等多种学科成果的综合应用。现代的光学仪器，已经从传统的光机结构形式发展为现代光学、精密机械、电子技术、计算机技术相结合的综合性仪器。随着光学仪器与光电技术、电子技术和计算机技术越来越紧密地结合，原来主要以光学、机械为主的仪器，逐渐增加电的比重，量变引起质变，出现了光电仪器（也称光电装置）的新领域。特别是人眼，已经逐渐从光学仪器中解放出来，由光电探测设备代替人眼对光学信息进行接收，使光学仪器的自动化程度和测量精度向更高级方向发展。

本书共 8 章，第 1 章为光电技术及光电器件基础，主要介绍半导体物理基础、光电效应、光电器件的分类及其特性与评价基础。第 2 章介绍发光器件及其应用。第 3 章介绍常用半导体光电器件的工作原理、特性参数及其应用。第 4 章、第 5 章介绍以光电发射现象为基础而发展出来的真空光电器件、光电成像器件以及摄像管的工作原理、特性参数。第 6 章介绍电荷耦合器件。第 7 章介绍光电耦合器件及其应用。第 8 章以光电技术的应用为目的，重点介绍近年来在工程领域已应用的典型光电系统。

本书第 1 版于 2011 年出版后，被评选为普通高等院校光电工程系列“十二五”规划教材、陕西省普通高等学校优秀教材二等奖，国内多所高校将其作为相关专业的课程教材，个别高校同行在实际使用中发现了一些编写上的错误，对章节编排、内容增删等给予了很好的建议，对此表示衷心的感谢。这次再版主要做了勘误校正，调整了部分章节编排,增加了一些典型光电系统应用案例。

本书第1章、第3章、第4章由苏俊宏编写,第5章、第6章、第7章由尚小燕编写,第2章由周顺编写,第8章由吴慎将编写,全书由苏俊宏统稿。

由于编者水平有限,书中疏漏与不足之处在所难免,敬请读者批评指正。

编　者

2025年于西安未央校区

目　录

第1章　光电技术及光电器件基础

光电技术是研究光与电之间转换的一门技术性学科，要实现光信息与电信息、电信息与光信息之间的转换，就必须知道它们之间的转换机理，而这些机理都是体现在光电器件中的。这样，研究光电技术实际上就是不断探索新型的光电器件，研究它们的原理、构造特性、技术参数等问题，进而再开发它们的应用，也就是说，研究光电技术就是研究光电器件，只要掌握了各种光电器件的特性、构成，再研究光电系统及光电转换技术就很容易了。

一般来说，凡能探测某种电磁辐射（从γ射线到红外线）的各种电子器件，都应归入光电探测器件。然而，为了实用，我们只讨论在紫外线、红外线和可见光范围内感光并产生电信号的元件，这部分元件称为光电探测元件，简称光电器件。光电器件所依据的物理基础主要是固体的光电效应，就是固体中决定其电学性质的电子系统直接吸收入射光能，使固体的电学性质发生改变的现象。如光电子发射效应、光电导效应、光生伏特效应等。这里强调“直接”二字，是因为固体中也有一些过程不是电子系统直接吸收光能，而是间接地把光信息转变成电信息。其中主要的是物体吸收光能，其直接效果是它的温度上升，进而引起电子系统运动的改变，即引起物体的电学性质的改变。如金属或半导体的电阻随温度的变化、温差电偶两端的温度差引起的电动势、某些电介质的自发电极化随温度不同而变化等。这些热效应都曾被用来制成性能良好的辐射探测器，被称作热敏型辐射探测器的器件虽然不属于光电器件的范畴，但由于它们在红外技术中占有重要地位，其作用又与光电器件的作用相同，因而也得到了广泛应用。

光电器件通常灵敏度高、惰性小，广泛用于辐射探测和光电技术方面。这类器件大都由半导体材料制成，也有用金属和其他材料制成的。

光电器件具有选择性的吸收特性，因而对不同波长的辐射也就具有选择性的灵敏度。光电器件接收光谱范围因制作光电器件所用的材料而异。

光电器件的用途主要有两类：一是探测微弱光信号的存在和测量光信号的强弱，这里主要考虑器件探测微弱光信号的能力。有这一用途的器件，通常称为“探测器”，或者严格地称作“辐射探测器”；二是在自动控制中作为光电转换器，这里主要考虑光电转换效能。除这两类主要用途外，还有一些特殊用途。例如，把光电器件作为电源看待，称为光电池，专为转换太阳光能而设计的光电器件，称为太阳能电池，这里主要考虑光能转变成电能的转换效率。

1.1　光电技术及其特点、应用和发展

1.1.1　光电技术的发展

在我们的周围世界中，任何过程和现象都直接或间接地伴随着电磁辐射，包括人眼

能直接观察的可见光以及紫外光和红外辐射等。这些光辐射可能发自被研究对象本身,也可能借助外部辐射而间接产生。作为实际的载体,这些光辐射“载荷”着多种多样的信息,并且和被研究过程或现象之间有着内在联系,人们可以根据这些信息来定量地确定物体的外观属性或物质的内部结构。以光辐射为传输载体,随时间变化或按空间分布的信息统称光学信息。和其他种类的信息相比,光学信息有许多特点,它具有丰富的信息容量,占据宽阔的光频范围,以及有多参量、并行、高速的传输处理能力,特别是它显示的直观性,能为人类的视觉所直接感受,因此光学信息是人类观察和认识世界的重要信息来源。

在人类社会发展中,为了有效地采集和处理光学信息,人们创造了各种类型的光学装置和仪器。借助它们,人类不断引申和扩展自己在空间分辨、时间存储和识别判读等方面的视觉能力。可以说光学技术为推动社会生产的发展一直在发挥巨大的作用。传统光学仪器是在视觉参与下的人机系统,人的操作和观察是整个系统不可缺少的环节。科学技术的发展,对复杂光信息的高速采集和处理提出了更高的要求,这是传统的光学仪器难以胜任的。新的光学现象的发现及无线电电子学向着光频方向的扩展,为传统光学技术的进一步发展提供了动力。

现代技术的进步超越了传统的学科界限,促进了彼此间的渗透和结合。在光学技术的发展过程中,无线电电子学和控制信息理论发挥了重要作用。这不仅反映在光学的基本理论方面(如傅里叶光学和统计光学的产生),而且反映在应用技术方面。许多在电子学中行之有效的技术方法,如放大、振荡、编码、调制等都已相继移植到光学系统中。许多电子学的有源可控器件或单元电路功能也已经或正在采用光学方法实现。随着激光、薄膜和微电子技术的应用,有些光学装置也在向集成化(光路固体化与微型化)方向发展。在传统的光学仪器中利用光电传感器、电子技术和微处理机技术更是光学仪器实现自动化的常用手段,可以说电子技术促进了现代光学技术的进步。另外,光学技术对其他学科的发展也起着推动作用。在电子学中,自动控制或人工智能等技术中,凡涉及高精度远距离测量或与图像有关的应用,常常借助光学技术。对集成电路生产至关重要的$10^{-7}\sim10^{-6}$m数量级的超精细加工和检测,更与光学技术密切相关。这样,光学信息及其突出特点吸引着电子技术并使之向光频波段扩展,开拓出新一代的光电子器件。光电技术发展促进了光学技术和电子技术的渗透和结合,形成了综合使用光学和电子技术的光电混合系统。这里,以光电子学为基础的各种光电、电光、光控等有源可控器件起着决定性作用,它加强了光学系统和电子学系统之间的联系,并为它们各自的发展增加了活力。

1.1.2 光电信息系统

广义的光电系统包括两个主要的分支,即光电能量系统和光电信息系统。光电能量系统主要应用于太阳能发电、激光加工、激光医疗和激光核聚变等领域。其主要解决有关大功率光辐射能量的产生、控制、利用以及向其他能量形式的转换问题。这是一个专门的学科,有着广阔的发展前景。

所谓光电信息系统指的是以光辐射和电子流为信息载体,通过光电或电光相互转换,综合利用光学或电子学的方法进行信息的传输、采集、处理、存储或显示以实现确定目标的混合系统,以下简称光电系统。

实现光电或电光等变换的关键环节是各种有源或无源的光电子器件。其中，光电转换器件，如各种光敏元件和摄像及变像器件等，可将各种光学参量或其空间分布转换为电量或相应的时序分布。电光转换和控制器件，如各种电致发光器件、显示器件、激光器、空间调制器及可变折射率器件等，可将电量变成光量或用电量控制光波或光束的特性，以调制它们的参数。利用这些器件可以组成各种光电系统。

光电系统的主要类型、基本组成和光电信号的联系如图 1-1 所示。它们大致可分为以下几种类型。

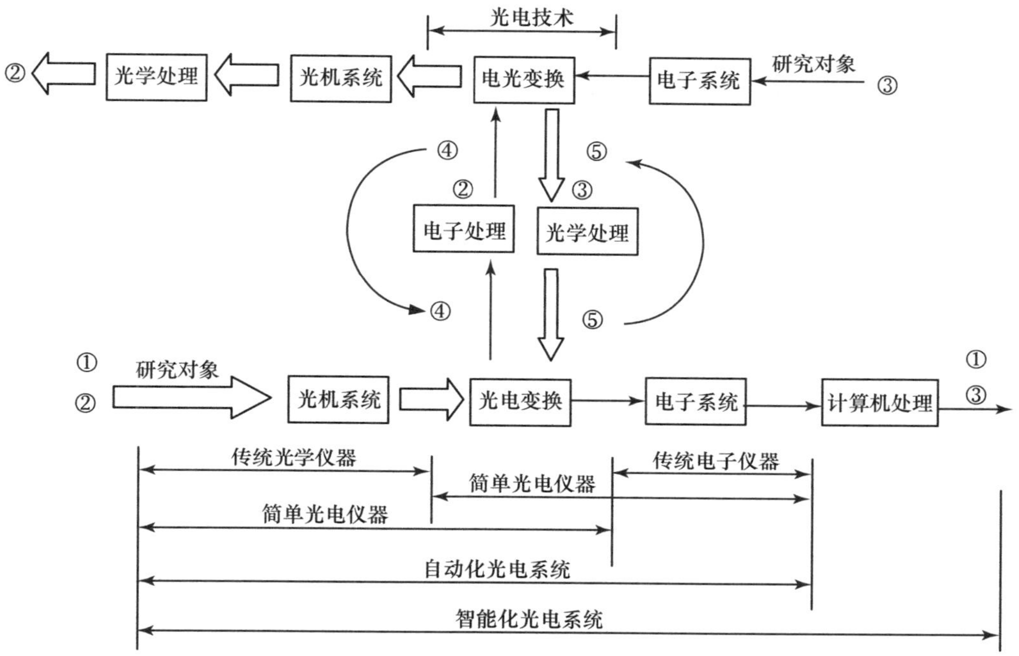

图 1-1　光电系统的主要类型、基本组成和光电信号的联系

1. 光-电型

它们的组成和信号流程显示在图 1-1 的①-①分支中。在这种应用最广泛的系统中，载荷由研究信息的光载波通过光电转换变成电信号，再利用常规的电信号经过处理来实现检测和控制作用。光学仪器的自动化常采用这种方式。若进一步利用计算机对信息进行判读和评估，可进而组成能部分代替人的视觉和思维活动的机器视觉系统。

2. 光-电-光型

如图 1-1 的②-②分支所示。在这种系统中，由光机系统采集到的光信号通过光电变换变成电信号，经电信号处理后再经过电光变换形成光信号输出，电视中的摄像管、显像以及声像光盘中的录制和再现可看作这类系统的代表。

3. 电-光-电型

如图 1-1 的③-③分支所示。电信号经过电光变换得到可在光路中传输的光信号，再经光电变换转换为电信号后作进一步处理或输出。它的典型应用是光纤通信。

4. 光电混合型

如图 1-1 的④-④分支所示。它的主要特点是使传统光路实现光路器件的“有源化”

和封闭的光束网络,如光导纤维、空间调制器等。这最终组成有源可控的光学系统和集成光路。和现有的无源光路比较,这无疑是光学技术的根本变革,为混合型光学信息处理开拓了美好前景。

5. 电光混合型

如图 1-1 的⑤-⑤分支所示。这种系统的目标是将电路系统元器件的功能用光学方法来实现,即所谓电路元件的“光子化”,如光学晶体管和光学双稳态器件等,目前许多单元器件已相继问世或正在研制中。

后两种光电系统是光电技术的发展方向,其中光电混合式或全光学式的光学计算机是这些系统最有吸引力的发展目标。

1.1.3 光电技术和光电检测

光电技术是研究光电系统中光和电信号的形成、传输、采集、变换及处理方法的技术科学。它的处理对象可以是光学的、电学的或其他的非光学量。采用光电方法的共同特点是所有被研究的信息都将通过各种效应(机械、热学、声学、电学、磁光)调制到光载波上,而对光载波的处理可以是光学的或是电子学的。

从常用的光学技术角度出发,重要的是将光学信息或者可变为光学信息的其他信息转换为电信号,进而组成集光学、机械、电子技术、计算机于一体的综合系统,实现光学仪器的自动化。在这个意义上光电检测作为一种共性技术具有重要的意义。所谓光电检测指的是对光信号的调制变换和接收解调。图 1-2 是典型的光电检测系统的组成和信息流程。其中,天然或人工的光辐射源通过光学系统投射到被检测物体上,利用被检测物体对入射辐射的反射、吸收、透射、衍射、干涉、散射、双折射等光学属性,将被测变量调制到光载波的特性参量上。这些参量可以是光载波的变化幅度、频率或相位以及光的偏振状态,甚至可以是光束的传播方向或介质折射率的变化。为了实现调制作用,需要利用光参量调制器,目前广泛应用的有机械、光学、声光、电光、磁光效应等各种类型。调制过程是一方面使光辐射随时间作有规律的变化以形成载波信号,另一方面使载波信号的一个或几个特征参量随被测信息改变。这种被测信息的感知和能量形式变换的过程称作调制变换。载荷着信息的光信号通过不同类型光电接收器转换成电信号,经过滤波放大等预处理后进入解调器,在此将输入信号和调制器中作为调制基准的参考信号相比较,消除载波信号的影响,得到与被测参量成比例的输出信号。这种光电信号的能量再转换和信号检波过程称作接收解调,解调的电信号可用常规的电子系统作进一步处理和数据输出,得到最终的测量结果。图 1-2 中的光学机械环节用来实现被检测物体的定

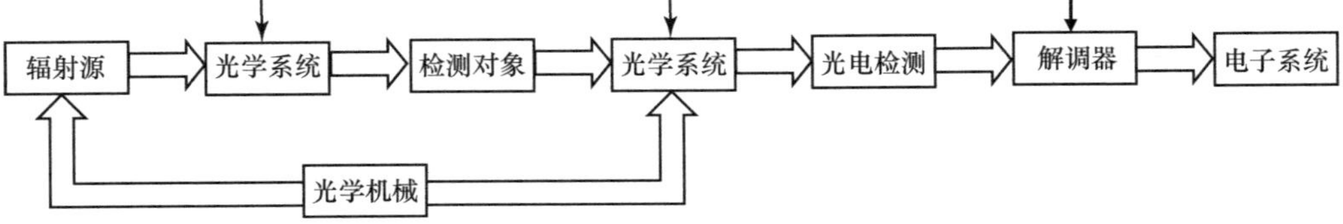

图 1-2 典型的光电检测系统的组成和信息流程

位、传送和扫描运动。

根据系统实现功能的不同,光电检测系统可以分为以下几种类型。

1. 测量检查型

其基本功能是进行光学或非光学参量的光电检测,可测参量包括几何量(长度、角度、形状、位置、变形、面积、体积、距离等)、运动参量(速度、转动、流量、振动、加速度等)、表面形状参量(工件粗糙度、疵病、伤痕等)、光学参量(吸收、反射、透射、光度、色度、波长和光谱等)、成分分析参量(物理属性、浓度、浊度等)、机械量(质量、应力、应变、压强等)、电磁量(电流、电场、磁场等)以及温度和放射线的参量等。检测系统要求有可靠的重复示值和可信度,并且要有适用的数据处理能力和数据输出方式。

2. 控制跟踪型

这是一种有光电检测能力的反馈控制系统。光电传感器是信号反馈单元,当它检测到受控目标相对平衡状态的偏差信号时,可通过闭环控制使目标相对基准实现伺服跟踪或恒值调节。它的主要应用包括军事和科学应用(激光制导、热定向、飞行物自动跟踪等)与工业应用(精密工作台的自动定位、工业图形的自动加工、状态参量的极值控制以及有视觉能力的机器人等)。跟踪系统要求有准确的跟踪能力和快速的动态响应。

3. 图像分析型

它的功能是采集目标的二维或三维的光强空间分布,记录和再现目标的图像并进行判读、识别或图像的运算处理。图形检测是图像分析的分支,其目的是同时完成图形几何坐标和光密度等级的精确测量,应用在工业图形检测中。图像测量和分析主要依靠扫描或摄像装置采集光信号,同时进行空间-时间和光量-电量的变换。为了将大容量的光学图像变成相应的数字图像,需要大容量的图像存储器。图像数据的处理和分析由计算机完成。

1.1.4　光电技术的特点、应用和发展

光学技术处理的是空间光强信息,它具有多维、并行、快速处理数据等能力。电子技术处理的是一维电量随时间的变化,它有较高的运算灵活性和变换精度。光电技术兼具这些优点,表现出以下特征。

1. 有广泛的适用范围

光电技术能获取和处理各种光学信息,以及可以转换为光信息的非光学参量,包括探测机构内部或危险环境下的工作参量。

2. 有较高的信号检测能力

光电技术能进行远距离、非接触、快速、高灵敏度的检测和传输;检测所需的输入能量几乎不影响被测物的能量状态;检测信噪比高,信息容量大,传输能力强。

3. 有较强的信息运算能力

光电技术可进行复杂信息的并行处理和多种形式的数学运算。运算速度快,空间互连效率高,抗干扰能力强,可调制变量多,信号变换灵活。

光电技术特别是光电检测、光通信、光电测量和控制、光电信息处理和光存储等的应用已遍及军事、科学研究、工业、农业、宇宙和环境科学、医疗卫生和民用等领域。从星体温度探测和人造卫星监测到生物细胞的显微测量和微循环检查,从视觉工业机器人和光

学计算机到民用全自动照相机和简单光电开关等,光电技术已经成为现代科学技术和人民生活中不可缺少的环节,特别是在生产领域中生产过程的视觉检查和制品加工自动化、各种性能参数的精密测试以及图形检测和分析判断等方面,光电技术都发挥了重要作用。为了实现光学仪器的更新换代,光电技术将在机电一体化的光学仪器的研制中起主导作用。利用光电技术组成的各类光电装置是计算机控制、管理以及监控系统对外联系的最有前途的外部设备,是一种在技术上最有潜力的信息机器。

回顾生产技术的发展过程,人类经历了以人和工具相结合为特点的手工化阶段,经历了由动力和机械相结合的机械化阶段,如今又踏进了以检测和控制为特点的、广泛应用电气和电子技术的电气化和自动化阶段。在当今的新技术革命中,以信息为标志,以计算机为代表,包括微电子学、生物工程、激光与光导纤维、新材料、新能源和海洋开发等在内的新兴技术正在推广应用,人类的生产技术已开始走向以信息机器和计算机结合为特征的智能化的新时代。作为新一代的信息科学,光电技术逐渐取得重大进展,类似于电工技术发展过程中半导体电子学技术的初期阶段。这是光电技术迅速发展的必然性。可以肯定,未来的信息技术不会是单纯的电子的世界,光子和电子相结合将会开辟出前所未有的新局面,创造出可以和过去几十年电子技术的发展相媲美的更加广阔的新天地。

1.2 半导体物理基础

固体材料是制造光辐射探测器的基础材料。按照材料的电阻率不同可将固体材料分为导体、半导体和绝缘体三种。电阻率在 $10^{-6} \sim 10^{-3}\Omega \cdot cm$ 范围内的固体材料属于导体,电阻率在 $10^{-3} \sim 10^{12}\Omega \cdot cm$ 范围内的固体材料属于半导体,电阻率大于 $10^{12}\Omega \cdot cm$ 的固体材料属于绝缘体。它们在探测器的不同部分分别起作用。探测器光敏面常采用是半导体材料。为了更深入地理解各种探测器的工作原理、结构和特性,以及理解半导体材料受辐射的作用而产生的光电效应及其各种现象,这里对其中涉及的一些基本概念、基本理论作简要介绍。

1.2.1 半导体的能带和种类

物理学在阐述固体的能带后指出,半导体晶体的能带可分为满带、价带、导带和禁带,它们之间的关系如图 1-3 所示。除禁带外每种能带内还有很多能级,由于构成晶体的原子数很大,因此,相邻能级之间的能量差很小。

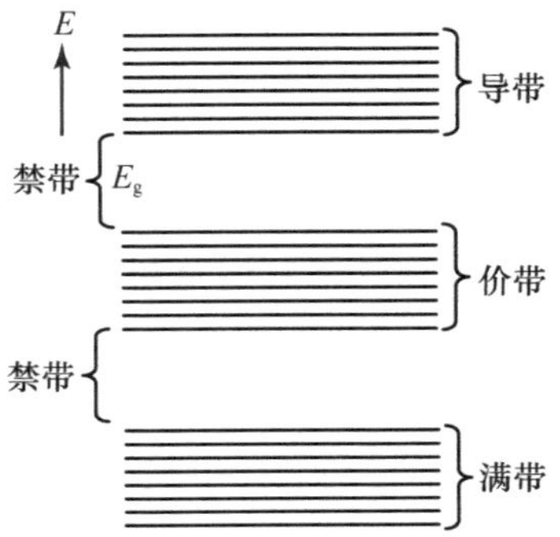

图 1-3 半导体晶体的能带图

能带理论指出:晶体中电子只能处于能带的能级上,而每个能带中都有与构成晶体的原子总数相适应的能级数。根据泡利原理,在每个能级上最多只能填充一个电子。因此在任意准许带中容纳的电子数最多为 N 个,N 是该能带的能级数。根据能量最小原理,电子填充能带时,总是从最低的能带、最小能量的能级开始填充。在满带中任何时间均填满电子，因此对半导体的光电特性没有影响，可以略去。在温度为 0K 的情况下价带被价电子占满，而导带中没有电子。当价带中的电子获得足够的热能或辐射能后，就会跃过禁带进入导带。导带中的电子和价带中出现的空穴构成载流子，从而改变半导体的导电性能。在禁带内不允许电子存在，也没有能级。

以上说明的是理想晶体中的能带，而对于实际的半导体晶体，其能带结构相当复杂，电子在能带间的跃迁是非垂直跃迁，这里不再描述。能带与能带之间的间隙称为禁带宽度，也称能隙，用 E_g 表示。

1.2.2　I 型、N 型和 P 型半导体

在实际晶体中往往存在与组成晶体的基质原子不相同的原子，即杂质原子，以及在晶体形成过程中出现的各种缺陷，如位错、晶粒间界、间隙原子等，从而降低了材料性能。为此，常采用材料提纯技术去除有害杂质，进行各种处理以消除或减少晶体缺陷。但也有例外，就是在晶体中有目的地掺入一定量的有用杂质，取得所需的重要特性。

1. I 型半导体

I 型半导体也称本征型半导体。所谓本征型半导体是指完全纯净和结构完整的半导体，它是完全由基质原子组成的晶体。在 0K 时，在不受光、电、磁等外界因素作用的情况下，导带没有电子，价带也没有空穴，因此，这时的本征型半导体和绝缘体一样，不能导电；在热运动或其他外界因素作用下，价带的电子可激发跃迁到导带，产生自由电子和自由空穴（以下分别简称电子、空穴）对，构成导电的载流子，也就是说，在本征型半导体中导带电子数和价带空穴数相等。其能级图如图 1-4(a) 所示。在热激发情况下，共价键上的电子挣脱束缚参与导电，从能级图看相当于电子进入导带参加导电。在共价键上出现的空穴将由附近的电子填补，构成空穴导电，这相当于价带空穴参与导电。由于电子从价带顶 E_+ 跃迁到导带底 E_- 需要大于或等于能隙的能量 E_g，在常温下具有这种能量的电子概率很小，故参与导电的电子空穴对很少，结果造成本征型半导体的电导率很低。

2. N 型半导体

在纯硅晶体中掺入少量Ⅴ族元素砷（As）或磷（P）的原子，其能级图如图 1-4(b) 所示。由于 As、P 原子有 5 个价电子，它用 4 个价电子与周围的硅原子组成共价键，余下的 1 个电子很松地束缚在五价原子周围。这一个电子只要获得很小的能量，就能脱离原子而参加导电，这时原子带正电，但不出现空位。因此在 N 型半导体中导带电子在导电中起主要作用，这样的晶体称为“电子型半导体”或“N 型半导体”，掺入的杂质称为“施主杂质”，杂质原子所占据的能级称为“施主能级”，用 E_D 表示。

从图 1-4(b) 的能级图可知，施主能级处于禁带内导带底的下面。电子从施主能级跃迁到导带所需的能量为 $E_i = E_- - E_D$，E_i 称为电离能。与 E_g 相比，E_i 是很小的，在常温下电子所具有的平均热能就足以使施主原子电离。因此，N 型半导体具有较高的电导率，其电导率的高低与掺入施主杂质的浓度成正比。

在 N 型半导体中，除由施主杂质电离而产生的跃迁到导带的电子参与导电外，还存在由价带电子跃迁引起的电子空穴对的导电。但是在 N 型半导体中电子占绝大多数，因而称为“多数载流子”，而少量的空穴称为“少数载流子”。

3. P型半导体

在纯硅晶体中掺入少量Ⅲ族元素镓(Ga)或硼(B)原子,其能级图如图1-4(c)所示。由于Ga或B原子只有3个价电子,它与周围的硅原子组成共价键时少一个价电子,于是就出现一个空位。这个空位很容易接受从邻近硅中过来的价电子,从而使晶体中出现空穴,形成空穴为主的导电,这样的晶体称为“空穴型半导体”或“P型半导体”,掺入的杂质称为“受主杂质”,杂质具有的能级称为“受主能级”,用E_A表示。

从图1-4(c)的能级图可知,受主能级处于禁带内价带顶的上方,价带电子跃迁到受主能级所需的电离能$E_i=E_A-E_+$。这时电子填充了共价键中的空位而出现空穴。这个电离能E_i也很小,在常温下电子所具有的平均热能就足以使受主原子电离。因此,P型半导体也具有较高的电导率,其电导率的高低与掺杂浓度成正比。

由于在P型半导体中也存在由价带电子跃迁到导带所形成的电子空穴对的导电,因此把占多数的空穴称为“多数载流子”,把少量的导带电子称为“少数载流子”。

需要指出的是,随着掺杂浓度的增加,杂质能级会扩展成杂质能带,浓度更大时施主能带可以和导带重叠一小部分,或受主能带与价带重叠一小部分。

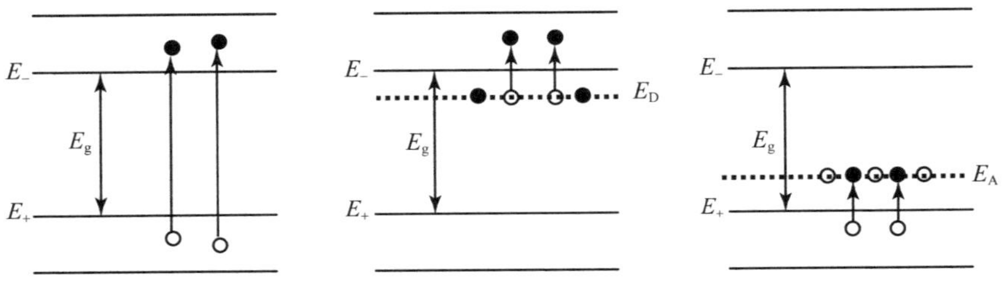

(a) (b) (c)

图1-4 半导体的能级图

从半导体载流子的浓度考虑,若在无辐射时电子和空穴的浓度分别为n和p,则当$n=p$时,这种半导体称为本征型半导体;当$n\gg p$时,称为N型半导体;当$p\gg n$时,称为P型半导体。

1.2.3 热平衡条件下的载流子浓度

所谓半导体的载流子浓度,是指半导体中单位体积内参与导电的自由载流子的数目。半导体中存在两种载流子,即导带中的电子和价带中的空穴。在半导体中,两种载流子的产生总是与热和光激发过程相联系的。半导体中价带的电子受到热或光的作用跃迁到导带形成导带中的自由电子的过程称为激发。此时,将在价带留下空穴,又存在电子由高能态向低能态跃迁,即导带电子与价带空穴结合而成为中性的过程,这个过程称为复合。在一定温度下,两个过程将建立起一个动态平衡,即所谓热平衡。热平衡只有当温度再改变时才会发生变化并形成新的平衡。由此可见,半导体中载流子浓度与温度密切相关,因而使半导体的许多性质对温度的变化很敏感。要研究这些性质,必须首先确定热平衡条件下半导体的载流子浓度及其与温度的关系,为此引入能级密度和电子占有率的概念。

1. 能级密度

能级密度是指在导带和价带内每单位体积单位电子伏内的能级数,用$N(E)$表示,它

是能量 E 的函数。在导带内,有

$$N_{-}(E)=\frac{4\pi}{h^{3}}(2m_{e}^{*})^{\frac{3}{2}}(E-E_{-})^{\frac{1}{2}} \tag{1.1}$$

式中:$N_{-}(E)$ 为导带电子在能量 E 处的能级密度;h 为普朗克常数,其值为 6.626×10^{-34} J·s;m_{e}^{*} 为导带电子能级密度的有效质量;E_{-} 为导带底的能量;$E-E_{-}$ 为导带中能量为 E 的能级与导带底 E_{-} 的能量之差。此式说明 $N_{-}(E)\propto(E-E_{-})^{\frac{1}{2}}$,也就是离 E_{-} 越远,能级密度越大。

同理,在价带内,有

$$N_{+}(E)=\frac{4\pi}{h^{3}}(2m_{p}^{*})^{\frac{3}{2}}(E_{+}-E)^{\frac{1}{2}} \tag{1.2}$$

式中:$N_{+}(E)$ 为价带空穴在能量 E 处的能级密度;m_{p}^{*} 为价带空穴能级密度的有效质量;E_{+} 为价带顶的能量;$E_{+}-E$ 为价带中价带顶能量 E_{+} 与能量为 E 的能级之差。$N_{+}(E)$ 也有着离 E_{+} 越远能级密度越大的特点。

2. 电子占有率

在热平衡状态下,对于给定的温度,电子占据某一能量状态 E 的概率 $f(E)$ 是一定的。这个能量为 E 的能级被电子所占有的概率 $f(E)$ 是根据费米-狄拉克的统计理论得到的,称为费米-狄拉克分布函数,简称 F-D 分布。F-D 分布也适用于空穴。

按照 F-D 统计分布,某个能量为 E 的单电子量子态为电子所占据的概率为

$$f_{n}(E)=\frac{1}{1+e^{(E-E_{F})/kT}} \tag{1.3}$$

式中:k 为玻尔兹曼常数,其值为 1.38×10^{-23} J/K;T 为热力学温度(K);E_{F} 为费米能级,它是 0K 条件下,能级被填满部分与空着部分的分界线。E_{F} 可决定电子在能级上的分布。实际上,E_{F} 等于把一个任意能量的电子加入系统后所引起的系统自由能的改变。当 $E=E_{F}$ 时,由式(1.3)可知,不论温度高低,$f_{n}(E)=50\%$,即在能量等于费米能级的能级上,电子的占据概率为 1/2,因此把电子占有率为 50%的能级定义为费米能级。当 $E<E_{F}$ 时,$f(E)>1/2$,即在能量低于 E_{F} 的能级上,电子的占据概率大于 1/2;当 $E>E_{F}$ 时,$f(E)<1/2$,即在能量高于 E_{F} 的能级上,电子的占据概率小于 1/2。对于掺有不同浓度杂质的半导体,其 E_{F} 值也不相同。

根据电子和空穴占有率之和等于 1 的原则,可求出价带中空穴的占有率 $f_{p}(E)$,即

$$f_{p}(E)=1-f_{n}(E)=\frac{1}{1+e^{(E_{F}-E)/kT}} \tag{1.4}$$

如果 $E-E_{F}$ 或 $E_{F}-E$ 的差量是 kT 的若干倍(如大于 $3kT$),可近似地略去式(1.3)、式(1.4)分母中的 1,于是有

$$\begin{cases} f_{n}(E)=e^{-(E-E_{F})/kT} \\ f_{p}(E)=e^{-(E_{F}-E)/kT} \end{cases} \tag{1.5}$$

3. 平衡载流子浓度

热平衡条件下的载流子浓度简称平衡载流子浓度,它等于能级密度与载流子占有率的乘积再按能量积分。具体地说,导带中的载流子是电子,它的总数为

$$
\begin{aligned}
n &= \int_{E_-}^{\infty} N_-(E) f_n(E)\,\mathrm{d}E \\
&= \frac{4\pi}{h^3}(2m_e^*)^{\frac{3}{2}} \int_{E_-}^{+\infty} (E - E_-)^{\frac{1}{2}} \cdot \mathrm{e}^{-(E-E_F)/kT}\,\mathrm{d}E
\end{aligned}
$$

令 $\xi=\dfrac{E-E_-}{kT}$,代入上式,则有

$$
n = N_- \cdot \mathrm{e}^{-(E_- - E_F)/kT} \tag{1.6}
$$

其中

$$
N_- = 2 \cdot \left(\frac{2\pi m_e^* kT}{h^2}\right)^{\frac{3}{2}} \tag{1.7}
$$

N_-为导带电子有效能级密度;n 为导带中平衡电子浓度。

类似地,价带中的载流子是空穴,它的总数

$$
p = \int_{-\infty}^{E_+} N_+(E)[1 - f_n(E)]\,\mathrm{d}E = N_+ \cdot \mathrm{e}^{-(E_F - E_+)/kT} \tag{1.8}
$$

其中

$$
N_+ = 2 \cdot \left(\frac{2\pi m_p^* kT}{h^2}\right)^{\frac{3}{2}} \tag{1.9}
$$

N_+为价带空穴有效能级密度;p 为价带中平衡空穴浓度。

由 n 和 p 的表达式知,导带中电子浓度与价带中空穴浓度都与费米能级有关,而费米能级与半导体材料、能级状态、掺杂情况和温度有关。因此,在一定温度下,即使是同一类半导体,由于所含杂质不同,导带电子和价带空穴浓度也不同。

将 n 和 p 的表达式相乘,得

$$
np = N_- N_+ \exp\left(-\frac{E_g}{kT}\right) \tag{1.10}
$$

同时由式(1.10)可得到以下结论:

(1) 在每种半导体中平衡载流子电子数和空穴数的乘积为常数。

(2) 能隙越小,n 和 p 的乘积越大,导电性越好。

(3) 半导体中的载流子数与温度有密切关系,温度增加载流子增多。

(4) E_g 一般与温度有 $E_g=E_{g0}-\beta T$ 的关系,E_{g0} 是 0K 时的能隙,β 是温度系数(eV/K)。

4. I、N 和 P 型半导体中的载流子浓度

在 I 型半导体中,为了保证半导体的电中性,参与导电的电子浓度 n_i 必须等于空穴浓度 p_i,由式(1.10)有

$$
n_i^2 = p_i^2 = N_- N_+ \mathrm{e}^{-E_g/kT} \tag{1.11}
$$

$$
n_i = p_i = \sqrt{N_- N_+} \cdot \mathrm{e}^{-E_g/2kT} \tag{1.12}
$$

上式为本征型半导体载流子浓度。这表明,本征型半导体载流子浓度只与半导体本身的能带结构和温度有关。

又由 n 和 p 的表达式有

$$
N_- \cdot \mathrm{e}^{-(E_- - E_F)/kT} = N_+ \cdot \mathrm{e}^{-(E_F - E_+)/kT}
$$

上式两边取对数并解出 E_F 的值为

$$E_F = \frac{E_- + E_+}{2} + \frac{kT}{2}\ln\frac{N_+}{N_-} = E_i + \frac{3kT}{4}\ln\left(\frac{m_p^*}{m_e^*}\right) \tag{1.13}$$

式中：$E_i = \dfrac{E_- + E_+}{2}$，称为禁带中线，其值等于导带底和价带顶的代数平均值，位于禁带中间位置。E_F 偏离 E_i 值的大小取决于 m_p^*/m_e^* 的比值。

在 N 型半导体中，室温下的多数载流子的 n 值主要取决于掺入的施主杂质的浓度 N_D，而

$$p = \frac{n_i^2}{N_D} = \frac{N_- N_+ e^{-E_g/kT}}{N_D} \tag{1.14}$$

且

$$E_F = \frac{E_- + E_D}{2} + \frac{kT}{2}\ln\frac{N_D}{N_-} \tag{1.15}$$

由式(1.15)可知，N 型半导体的 E_F 处于导带底和施主能级之间，随着 N_D 的增大，E_F 向上移动，逐渐靠近导带。

在 P 型半导体中，室温下的多数载流子的 p 值主要取决于掺入的受主杂质浓度 N_A，且

$$n = \frac{n_i^2}{N_A} = \frac{N_- N_+ e^{-E_g/kT}}{N_A} \tag{1.16}$$

$$E_F = \frac{E_A + E_+}{2} - \frac{kT}{2}\ln\frac{N_A}{N_+} \tag{1.17}$$

由式(1.17)可知，P 型半导体的 E_F 处于受主能级和价带顶之间，N_A 越大，E_F 越靠近价带。

1.2.4　载流子的运动

半导体中存在能够自由导电的电子和空穴，在外界因素作用下，半导体又会产生非平衡电子和空穴。这些载流子的运动形式有两种，即扩散运动和漂移运动。它们都是定向运动，运动的结果是分别产生扩散电流和漂移电流。

1. 载流子的散射、漂移和扩散

在无外电场作用的情况下，载流子借助常温下获得的热能以约 10^7cm/s 的平均速度运动，不断地与晶格碰撞而改变其运动速度的大小和方向。这种现象称为“载流子的散射”。由于热运动是混乱的、杂乱无章的，很多次运动的结果使平均的移动速度为零，不会产生宏观的电流，也不会改变载流子的平衡浓度，只产生热噪声。常温下载流子平均每走几十个到几百个原子间距(10^{-8}~10^{-7}cm)就发生一次碰撞，两次碰撞间的平均距离称为载流子的平均自由程。

如果在半导体两端施加电压，在其内部就形成电场，那么载流子在做无规则热运动的同时，还会出现在电场加速作用下形成的定向运动。不过，这种定向运动不能长期延续，仅能从一次碰撞到下次碰撞。结果，在外加电场 E 的作用下，电子以上述两种运动的

合成运动沿逆电场方向运动而形成电流。这种在外加电场作用下沿逆电场方向的定向运动称为“载流子的漂移”,它的平均速度称为漂移速度。电子漂移速度 v_n 和电场强度 E 有以下关系:

$$v_n = -\mu_n E \tag{1.18}$$

式中:μ_n 为电子的迁移率,它表示载流子(电子)在单位电场下所取得的漂移速度[$cm^2/(V \cdot s)$]。电场强度 E 的单位为 V/cm,漂移速度 v_n 的单位为 cm/s。μ_n 值一般为常数,但当载流子浓度很大时,μ_n 会减小,μ_n 值与温度也有一定关系。式(1.18)的负号表示电子运动的方向与电场的方向相反。

对于空穴来说,它受电场的作用与电子的作用相同,它的运动方向与电场方向也相同,它的漂移速度为

$$v_p = \mu_p E \tag{1.19}$$

式中:μ_p 为空穴的迁移率。一般情况下,$\mu_n > \mu_p$,例如对于硅来说,$\mu_n \approx 1400cm^2/(V \cdot s)$,而 $\mu_p \approx 500cm^2/(V \cdot s)$。

扩散运动是在载流子浓度不均匀的情况下,载流子无规则热运动的自然结果,它不是由于电场力的推动,而是由于载流子浓度梯度。我们把载流子由热运动造成的从高浓度处向低浓度处的迁移运动称为“载流子的扩散”。对于杂质均匀分布的半导体,其平衡载流子的浓度分布也是均匀的。因此,不会有平衡载流子的扩散。半导体的某一局部宏观区域因吸收光子,或从外界注入载流子,会造成自由载流子浓度超过热平衡时的浓度,出现非平衡状态,那么,这部分载流子就要向附近扩散,形成扩散电流。

漂移与扩散都是载流子的定向运动现象,但二者成因不同。漂移是外加电场引起的运动,而扩散是由于自由载流子浓度不均匀,有浓度梯度,因而表示方式也不相同。漂移采用迁移率 μ_n 和 μ_p;而扩散采用扩散系数,D_n 表示电子的扩散系数,D_p 表示空穴的扩散系数。两者均为某种关系的比例常数。

2. 漂移电流

由载流子的漂移运动产生的电流称为漂移电流,它是在热平衡情况下平衡载流子产生的唯一的导电电流,因此又称传导电流。

设在截面 $A(A=d\times W)$ 和长度 L 的半导体两端施加电压 V,如图 1-5 所示,那么由电子形成的传导电流 I_n 等于单位时间内流过任一截面的电子数,即

$$I_n = -enAv_n = -enA(-\mu_n E) = enA\mu_n E \tag{1.20}$$

式中:e 为电子的电荷。

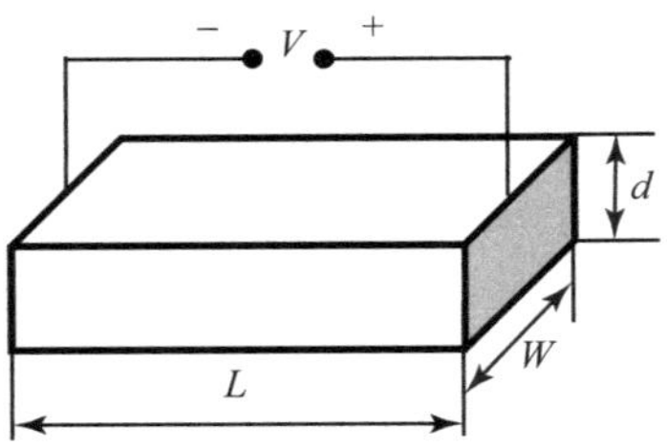

图 1-5　漂移电流的求解

同理,由空穴形成的传导电流为

$$I_p = epAv_p = epA(\mu_p E) = epA\mu_p E \tag{1.21}$$

于是,得到总的传导电流为

$$I = I_n + I_p = eAE(n\mu_n + p\mu_p) \tag{1.22}$$

将 $E=V/L$ 代入式(1.22),得

$$I = eA\frac{V}{L}(n\mu_n + p\mu_p) \tag{1.23}$$

电导 $G=I/V$,得

$$G = \frac{eA}{L}(n\mu_n + p\mu_p) \tag{1.24}$$

设电导率为 σ,于是有

$$\sigma = \frac{GL}{A} = e(n\mu_n + p\mu_p) \tag{1.25}$$

电阻率 ρ 是电导率 σ 的倒数,即 $\rho=1/\sigma$。

3. 扩散电流

当半导体受到外场的电注入或光激发后,会在局部区域出现大量的非平衡载流子,造成浓度差别,即存在浓度梯度,导致载流子由高浓度区向低浓度区扩散,从而形成扩散电流。

以一维扩散为例。如果半导体表面由于受光激发而产生大量的非平衡电子,其浓度为 $\Delta n(0)$,它们向内部($x>0$)扩散,且 $\Delta n(0)$保持恒定,则扩散后的电子分布(图 1-6)呈现以下规律:

$$\Delta n(x) = \Delta n(0)\cdot \mathrm{e}^{-x/L_n} \tag{1.26}$$

式中:$\Delta n(x)$为 x 处电子浓度;L_n 为电子的扩散长度,它标志着非平衡载流子在复合前由于扩散而深入材料内部的平均距离。由于扩散形成的扩散电流为

$$I_n = eAD_n\cdot\frac{\mathrm{d}n}{\mathrm{d}x} \tag{1.27}$$

式中:D_n 为电子的扩散系数($\mathrm{cm^2/s}$);A 为材料截面积。将 $\Delta n(x)$ 微分后代入式(1.27)得

$$I_n = eAD_n\left(-\frac{1}{L_n}\right)\Delta n(0)\cdot \mathrm{e}^{-x/L_n} = -\frac{eAD_n}{L_n}\Delta n(x) \tag{1.28}$$

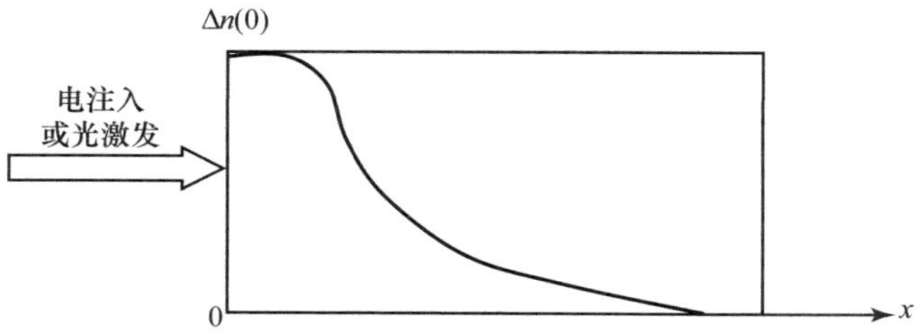

图 1-6　电子的扩散运动分布

在表面 $x=0$ 处,由表面流向内部的电子扩散电流为

$$I_n = -\frac{eAD_n}{L_n}\Delta n(0) \tag{1.29}$$

这相当于表面的电子数均以速度 D_n/L_n 运动时所引起的电流,其电流方向与扩散方向相反。

电子的扩散长度 L_n 与扩散系数 D_n、平均寿命 τ_n 有下列关系:

$$L_n = \sqrt{D_n \tau_n} \tag{1.30}$$

同理,如激发的是空穴,那么有关公式变为

$$I_p = -eAD_p \cdot \frac{dp}{dx} = \frac{eAD_p^0}{L_p}\Delta n(x) \tag{1.31}$$

$$L_p = \sqrt{D_p \tau_p} \tag{1.32}$$

式中:D_p 为空穴的扩散系数;L_p 为空穴的扩散长度;τ_p 为空穴的平均寿命。

在经典近似下,迁移率与扩散系数有如下关系:

$$\begin{cases} D_n = \dfrac{kT}{e}\mu_n \\ D_p = \dfrac{kT}{e}\mu_p \end{cases} \tag{1.33}$$

该公式也称爱因斯坦关系。

1.2.5 半导体的结

以上讨论了单块均质半导体材料的特性。这些特性说明,半导体的电学性质取决于所含杂质的种类和数量。以下讨论把不同类型的半导体结合起来组成不同的结后所产生的特性。在探测器中,比较重要的有 PN 结、异质结和肖特基结。所谓“结”实际上是指过渡区,例如 PN 结,一边是 P 型材料,另一边是 N 型材料,两者之间的过渡区就构成 PN 结。获得 PN 结的方法并不是把两块不同类型的材料简单地拼接起来,而是在 P 型材料的规定区域掺入施主杂质,使它变为 N 型材料,接触处就形成 PN 结。根据杂质浓度的不同分布可分成陡变结和缓变结两种,如图 1-7 所示,其中图 1-7(a)为陡变结,图 1-7(b)为缓变结,下面以缓变结为例讨论 PN 结的特性。

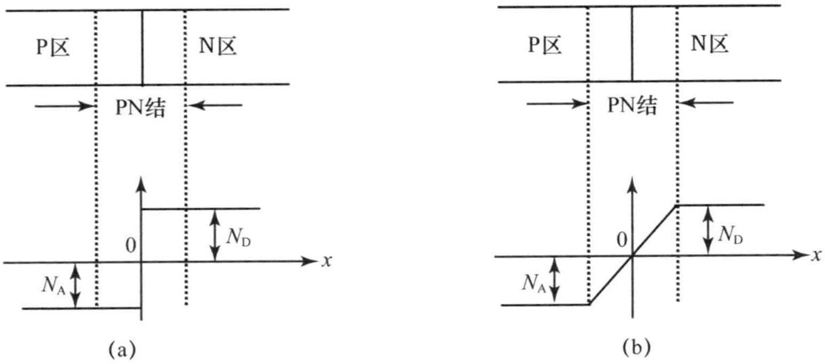

图 1-7 PN 结构成及类型

1. PN 结

1）PN 结空间电荷区

PN 结在形成前与形成后的情况如图 1-8 所示。N 区有大量施主，在室温下基本上都已电离，形成导带电子和正的施主离子。同理，P 区有大量价带空穴和负的受主离子。这样，在 PN 结交界处附近出现电子和空穴的浓度梯度。电子从高浓度的 N 区向 P 区扩散，空穴从高浓度的 P 区向 N 区扩散。N 区中的电子向 P 区扩散的结果在 N 区边界附近留下带正电的电离施主。同理，在 P 区边界附近留下带负电的电离受主，这些正负离子在 PN 结两侧形成空间电荷区，N 区一侧带正电，P 区一侧带负电，形成偶极层。

在空间电荷区中有电场，其方向是由带正电的 N 区指向带负电的 P 区。由于这一电场是由材料不均匀性造成的，并不是外加的，故称"自建电场"或"内建电场"。在空间电荷区以外的 N 区和 P 区中仍然是电中性的，在平衡态下没有电场。

在自建电场作用下，电子和空穴被加速，使它们做漂移运动。空间电荷区中的自建电场是从 N 区指向 P 区，它可以使 N 区的空穴向 P 区漂移，同时使 P 区的电子向 N 区漂移，从而形成由少数载流子构成的漂移电流。由于它的方向与多数载流子的扩散电流方向相反，因此它们有互相抵消的作用。随着扩散过去的电子和空穴数量的增加，自建电场增强，漂移电流增加。当载流子的漂移电流与扩散电流完全抵消时，不再有电流通过 PN 结，其结果使 PN 结处于平衡状态。

由于自建电场的存在，引起电势 V 和电子势能（$-eV$）随位置而变化。由 N 区到 P 区的电势逐渐降低，电子带负电，它们的势能则逐渐升高。由于电子在 N 区的势能低，而在 P 区的势能高，电子由 N 区到 P 区，要越过一个势垒 eV_D，该势垒称为接触电势差。

从 PN 结区的能带结构看，只有当 PN 结及其两边费米能级处于同一高度时，才能根据泊松方程和玻尔兹曼分布，得到扩散电流和漂移电流数值相等、方向相反，相互抵消的结果。

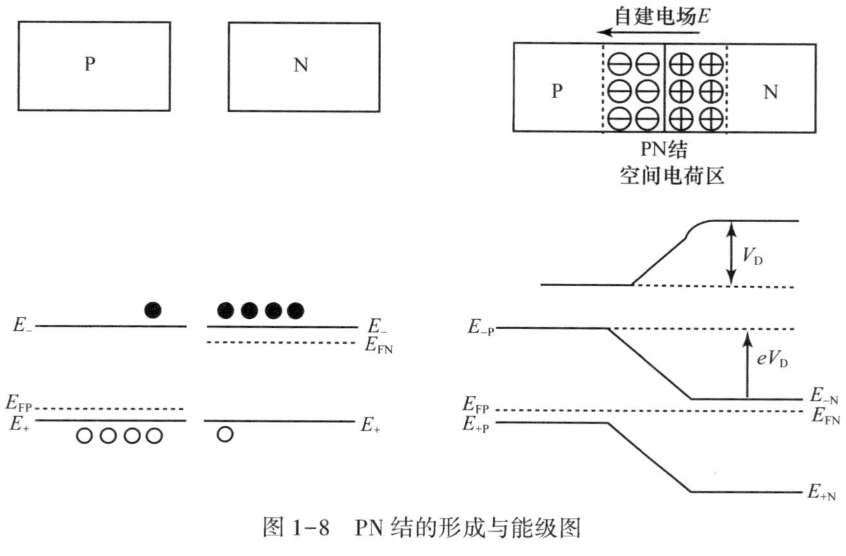

图 1-8　PN 结的形成与能级图

2）接触电势差

当 PN 结处于平衡状态时，两个区的费米能级重合，形成接触电势差（势垒）：

$$eV_D = E_g - (E_{-N} - E_{FN}) - (E_{FP} - E_{+P}) \tag{1.34}$$

如以 n_n 和 p_n 分别表示 N 区的电子(多子)浓度和空穴(少子)浓度;以 p_p 和 n_p 分别表示 P 区的空穴(多子)浓度和电子(少子)浓度,则在室温下 $n_n = N_D, p_p = N_A$;以 n_i 表示本征型半导体电子和空穴浓度。则利用以下几个公式:

由 $n_i^2 = N_- N_+ e^{-E_g/kT}$,求得 $E_g = kT \cdot \ln \dfrac{N_- N_+}{n_i^2}$;

由 $n_n = N_- e^{-(E_{-N} - E_{FN})/kT}$,求得 $-(E_{-N} - E_{FN}) = kT \cdot \ln \dfrac{n_n}{N_-}$;

由 $p_p = N_+ e^{-(E_{FP} - E_{+P})/kT}$,求得 $-(E_{FP} - E_{+P}) = kT \cdot \ln \dfrac{p_p}{N_+}$。

代入式(1.34),有

$$V_D = \frac{kT}{e} \cdot \ln \frac{n_n p_p}{n_i^2} = \frac{kT}{e} \cdot \ln \frac{N_D \cdot N_A}{n_i^2} \tag{1.35}$$

上述结果表明,达到平衡后的势垒高度 eV_D,正好补偿了 N 区和 P 区接触前的费米能级之差($E_{FN} - E_{FP}$)。掺杂浓度越高和能隙越大的材料,N 区和 P 区接触前的费米能级之差越大,*PN* 结的势垒也越高。

3) PN 结的电流电压特性

PN 结主要特性是整流效应,即单向导电性。如图 1-9(d)所示。如施加外电压时 P 区接正端、N 区接负端,称为正向偏置,这时通过 PN 结的电流随着电压的增加急剧上升;相反,如 N 区接正端,P 区接负端,称为反向偏置,这时通过 PN 结的电流与正向偏置时相反,数值很小,而且随着电压的增加,电流趋向饱和。

(1) 正偏置时电流电压特性。对 PN 结施加电压时,由于结区的载流子浓度很小,是一个高阻区,因此外加电压几乎全部施加在 PN 结上。如图 1-9(b)所示,在正向偏置时,外加电压与接触电势差的方向相反,结果使势垒中的电场削弱,势垒高度从 eV_D 下降到 $e(V_D - V)$,空间电荷区变窄。

势垒的下降,破坏了扩散电流抵消漂移电流的平衡关系。随着扩散电流的增强,有更多的电子从 N 区向 P 区注入,也有更多的空穴从 P 区向 N 区注入。结果在 PN 结 P 区一边的电子扩散区内出现非平衡电子,而在 N 区一边出现非平衡空穴,这些非平衡载流子的扩散形成正向电流,于是有

PN 结正向电流=P 边界的电子扩散电流+N 边界的空穴扩散电流

由扩散电流公式可知,P 边界的电子扩散流密度为

$$-D_n \frac{d\Delta n_p}{dx} = \Delta n_p \frac{D_n}{L_n}$$

而 N 边界的空穴扩散流密度

$$-D_p \frac{d\Delta p_n}{dx} = \Delta p_n \frac{D_p}{L_p}$$

正向电流为两者之和,再乘以 e,得

$$I = e\left(\Delta n_p \frac{D_n}{L_n} + \Delta p_n \frac{D_p}{L_p}\right) \tag{1.36}$$

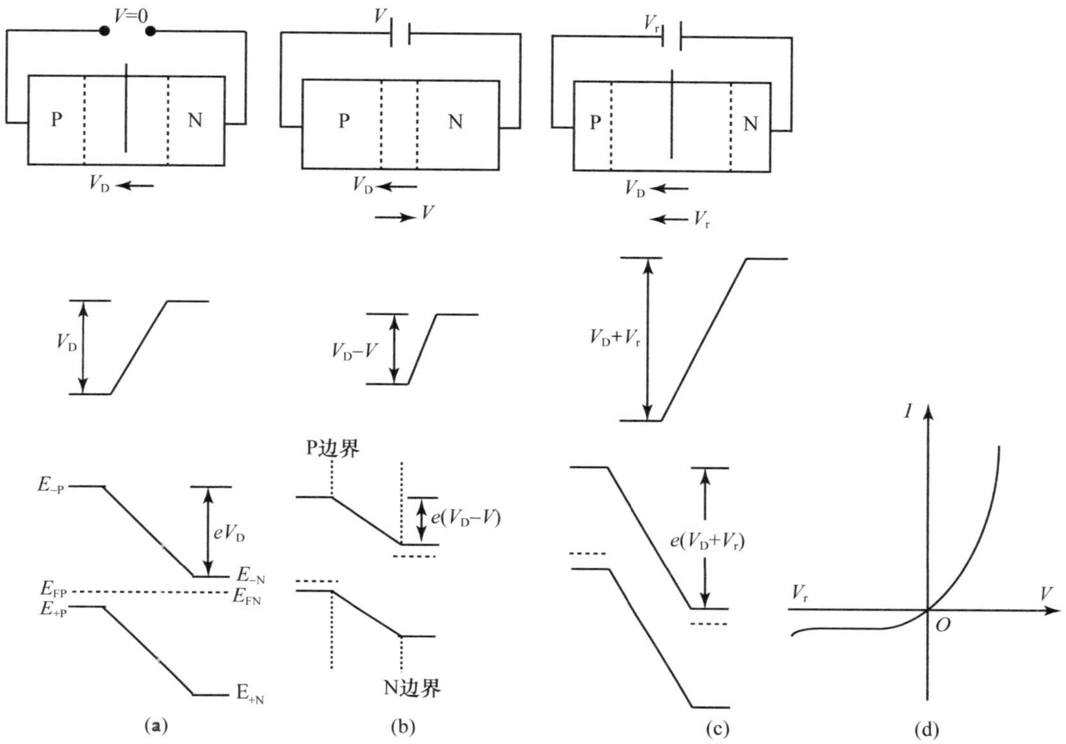

图 1-9　PN 结的电流电压特性及能带图

式中:Δn_p 是 P 边界增加的非平衡电子浓度,由于结区很窄,复合概率很小,因此它等于从 N 区注入 P 区的非平衡电子浓度,于是有

$$\Delta n_p = n_n e^{-e(V_D-V)/kT} - n_n e^{-eV_D/kT} = n_p(e^{eV/kT} - 1)$$

式中:n_p 是平衡时 P 区的电子浓度。同理可得

$$\Delta p_n = p_n(e^{eV/kT} - 1)$$

代入正向电流公式(1.36)得

$$I = e\left(n_p \frac{D_n}{L_n} + p_n \frac{D_p}{L_p}\right)(e^{eV/kT} - 1) = I_0(e^{eV/kT} - 1) \tag{1.37}$$

式中:I_0 为反向饱和电流,它是温度的函数。

(2) 反偏置时电流电压特性。如图 1-9(c)所示,在施加反向偏置时,施加的电压方向与自建电场的方向相同,结果使势垒从 eV_D 提高到 $e(V_D+V_r)$,V_r 为施加的反向电压值,空间电荷区变宽。

势垒的加强也破坏了 PN 结的平衡态,使得扩散电流和漂移电流不再能完全抵消。势垒的增加使多子的扩散运动受阻,造成漂移电流占主导地位。反向电流的大小只需用 $-V_r$ 代替正向电流表达式中的 V 就可得到,即

$$I_r = I_0(e^{-eV_r/kT} - 1) = -I_0(1 - e^{-eV_r/kT}) \tag{1.38}$$

式(1.38)表明,反向电流与正向电流相反,随着 V_r 的增加,$e^{-eV_r/kT}$ 趋向零,I_r 值趋向反向饱和电流 I_0。因此 I_0 是反向电流的饱和极值。

同时,在PN结上施加正向或反向偏置后由于平衡的破坏,P区和N区的费米能级已不再处于同一高度,而形成势能差 eV 或 $-eV_r$。

4) PN结的电容

PN结的空间电荷区是由正电荷和负电荷构成的偶极层,其宽窄随着外加电压的变化而变化,因而具有电容效应。当施加正偏置时,势垒减小,空间电荷区变窄,电容增大;而当施加反偏置时,势垒增大,空间电荷区变宽,电容减小。

对陡变结,根据P区和N区掺杂浓度 N_A 和 N_D 以及自建电场理论,可求得PN结的空间电荷区宽度为

$$d = \left[\frac{2\varepsilon_0\varepsilon}{e}\frac{N_A + N_D}{N_A N_D}(V_D - V)\right]^{\frac{1}{2}} \tag{1.39}$$

式中:ε、ε_0 分别为半导体相对介电常数和真空介电常数。从式(1.39)可见,d 与 $(V_D-V)^{1/2}$ 成正比,即 V 越大,d 越小,即电荷区越窄;反偏置时,就是用 $-V_r$ 代替式(1.39)中的 V,即 d 随着 V_r 的增大而变大,即电荷区越宽。这时它的电容为

$$C = \left(\frac{e\varepsilon_0\varepsilon}{2}\frac{N_A N_D}{N_A + N_D}\cdot\frac{1}{V_D - V}\right)^{\frac{1}{2}} \tag{1.40}$$

可见,C 与 $(V_D-V)^{1/2}$ 成反比,正向偏置时,V 越大,C 越大;反向偏置时,用 $-V_r$ 代替式(1.40)的 V,得到 C 与 $(V_D+V)^{1/2}$ 成反比。V_r 越大,C 越小。在光电探测器中有时加反向偏置,其目的在于降低 C 值,以提高器件的响应速度。

5) PN结的击穿

在反向偏置下,流过PN结的电流非常小,并趋向饱和。但是,当电压增加到某一阈值时,反向电流 I_b 增加很快,如图1-10所示。这种现象是PN结电击穿引起的,相应的阈值电压 V_b 称为击穿电压,它是施加反向偏压的上限,也是PN结的一个重要参数。另外,人们可使用击穿现象设计很多有用器件,如稳压二极管、雪崩光电二极管等。它们的击穿机制有以下两种。

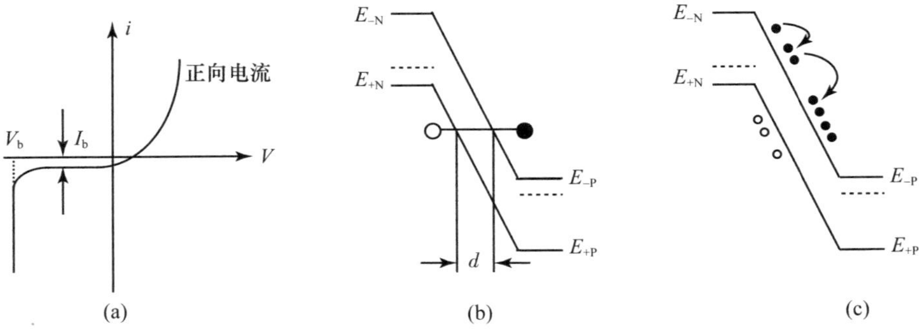

图1-10　PN结反向电流及能级图

(1) 齐纳击穿(隧道击穿)。这种击穿往往发生在势垒宽度很窄(一般小于10nm)的重掺杂结中。当反向电压足够高时,N区的导带和P区的价带可以互相交错,如图1-10(b)所示,结区电场可以使P区一部分被电子占据的价带能级达到甚至超过N区一部分空着的导带能级。P区价带能级中的电子,在能量不变的条件下穿过禁区,进入N区导带中,

这种现象称为隧道效应。

理论分析表明，穿透概率主要取决于隧道宽度 d。随着 d 的减小，穿透概率呈指数级上升。电场越强，d 越小，穿透概率越大。因此到达一定的反向电压时，就会有大量的电子穿过隧道，反向电流急剧上升，形成齐纳击穿。

(2) 雪崩击穿。这种击穿往往发生在结区宽度较宽的结中。当反向电压相当高，造成很高的电场强度时，通过空间电荷区的电子和空穴可以在电场作用下获得很大的能量，当它们与晶格碰撞时就足以把晶格原子电离，形成新的电子空穴对，一个电子变为两个电子和一个空穴。这一过程将在结区内不断重复，结果就会激发出几十个乃至几百个电子和空穴。同理，空穴在结区运动时也会发生这样的过程。这一过程称为雪崩效应，如图 1-10(c)所示。

在电压小于 V_b 的反向偏置情况下，由于雪崩效应而得到的总电流与反向饱和电流之比定义为雪崩倍增因子。当超过规定的反向击穿电压时，会因雪崩倍增因子过大而使 PN 结遭到破坏，使之不能正常工作。

2. 半导体异质结

由于半导体外延技术的发展，从 20 世纪 60 年代开始，可以将禁带宽度不同的两种半导体材料，生长在同一块晶体上，且可以按人们的意愿做成突变的或缓变的结，这种由两种不同质的半导体材料接触而组成的结称为半导体异质结。这种结构不仅改变了半导体的禁带宽度，其他如能带结构、载流子有效质量、迁移率等也发生了变化。这种变化为半导体物理的研究及实际应用开拓了一个新的领域。现在，利用异质结已经制造出注入式激光器、发光二极管和太阳能电池等各种类型的光电器件。可以肯定，更多新型的半导体器件将采用日益增长的、更为复杂、更为有效的半导体异质结的结构形式。

异质结的构成，不只限于两种不同的半导体材料，由金属、绝缘体与半导体构成的结构也可称为异质结，如 Ge-GaAs 和 ZnS-Pt、ZnSeAl-Au、Ge-Si、$Ga_{1-x}Al_xAs$-GaAs 等。异质结是同质结的引申和发展，而同质结是异质结的特殊情况。

当两种不同的半导体材料构成异质结时，由于它们的晶格常数、电子亲和能与热膨胀系数等各有差异，因此，界面处能带的弯曲、界面态密度及势垒宽度等将受到极大的影响。目前，对半导体异质结的研究，聚焦于它的电流-电压特性及电流的输运机理。在解释异质结性质的模型中，最基本的是由安徒生(Anderson)提出的理想模型。他作了这样两个假设：一是构成异质结的两种材料晶格是完全匹配的，即它们的晶格结构、晶格常数及热膨胀系数相同；二是有不同的禁带宽度 E_g、介电常数 ε、功函数 ϕ 及电子亲和能 θ。

从以上假设可以得到这样的结论：用上述材料构成的异质结，不存在界面态。因此，势垒区的复合可以忽略，电流全部是由越过导带或价带的势垒而注入的载流子引起的扩散流。这样，异质结的讨论，可简化为用类似同质结的理论来进行。

1) 异质结的能带结构

由于构成异质结的两种材料的物理性质有质的区别，因此异质结比同质结有更复杂的能带结构及产生一些同质结所没有的特殊的物理性能。以下从能带结构开始讨论这些特性。

实际上，构成异质结的两种材料的晶格不是完全匹配的，因此，有必要引进一个晶格失配系数，它表示为

$$\text{晶格失配系数} = \frac{2|a_1 - a_2|}{a_1 + a_2} \tag{1.41}$$

式中:a_1、a_2 分别为两种材料的晶格常数。我们将晶格失配小于1%的异质结看作晶格匹配异质结。由P型锗(P·Ge)和N型砷化镓(N·GaAs)组成的异质结的晶格失配小于1%。表1-1是这种异质结的一些主要参数。图1-11就是利用上述参数得到的能带图。其中图1-11(a)是两种材料的独立能带图;图1-11(b)是两种材料组成异质结后,在平衡情况下的能带图。

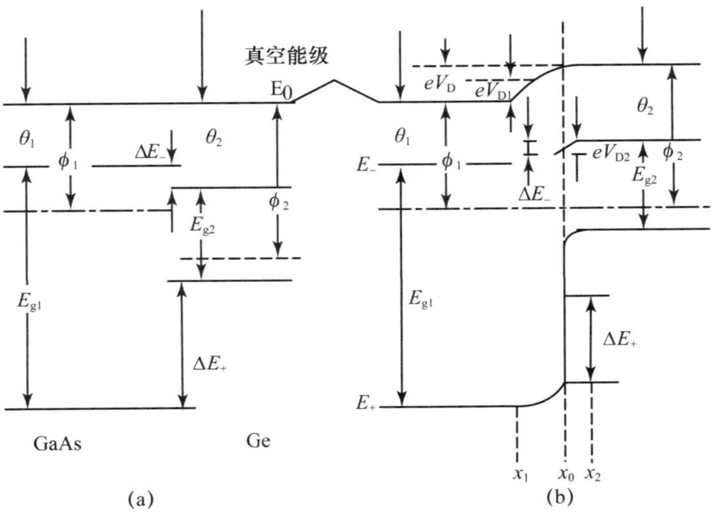

图1-11 N·GaAs-P·Ge异质结能带图

表1-1 N·GaAs-P·Ge异质结材料参数

参数名称	符号	单位	GaAs参数值	Ge参数值
禁带宽度	E_g	eV	1.45	0.7
电子亲和能	θ	eV	4.07	4.13
净施主	N_D-N_A	cm^{-3}	10^{16}	
净受主	N_A-N_D	cm^{-3}		3×10^{16}
功函数	ϕ	eV	4.17	4.69
晶格常数	A	nm	0.5654	0.5658
相对介电常数	ε		11.5	16

当N·GaAs和P·Ge构成异质结时,它们的能带边缘是不连续的,如图1-11所示。费米能级的差别必将导致电荷的转移,电子从N·GaAs移向P·Ge,而空穴由P·Ge向N·GaAs转移,从而在异质结内产生内建电场(电势用 V_D 表示)。内建电场阻止电子与空穴的进一步转移,达到平衡态,出现统一的费米能级 E_F。这样,P·Ge内靠近结区附近形成局部的空穴耗尽区,使能带边向下弯曲。同时,N·GaAs也发生相应的电荷再分布,使能带边向上弯曲。

形成内建电场的电压 V_D(可理解为PN结中的接触电势,它的值为两种材料费米能

级之差)为两个内建电场电压之和,即

$$V_D = V_{D1} + V_{D2} \tag{1.42}$$

或

$$eV_D = E_{F1} + E_{F2} \tag{1.43}$$

式中:V_{D1}、V_{D2} 分别为接触电势 V_D 在材料 1、材料 2 中的降落值。

由于异质结两边的物理参数不同,因此导带底 E_{-1}、E_{-2} 和价带顶 E_{+1}、E_{+2} 位置不同,而 ΔE_-及 ΔE_+又由于两种材料的掺杂不同,出现了与真空电子自由能级弯曲情况不一致的台阶。即导带和价带出现不连续性的跃变。折叠的台阶为 $\Delta E_- = \theta_1 - \theta_2 = \Delta\theta$,$\Delta E_+ = \Delta E_g - \Delta\theta$。这就导致导带和价带的势差不同,即电子与空穴的势差不同。实际上,导带底和价带顶的台阶 ΔE_-和 ΔE_+与材料的掺杂几乎无关,它反映的只是自由电荷从一种材料脱出进入另一种材料所必须给予的能量。这种能带的不连续性是研究半导体异质结能带模型的物理基础。

2) 异质结的电流-电压特性

从安徒生假设出发,由于晶格匹配而不存在界面态。因此,电流主要是通过结区的扩散流。从图 1-11 可看出,阻止空穴从材料 2 向材料 1 扩散的势垒高度为 $e(V_{D2}+V_{D1})+\Delta E_+$,阻止电子从材料 1 进入材料 2 的势垒高度为 eV_{D1},电子的反扩散势垒高度为 $\Delta E_- - eV_{D2}$。很明显,阻止电子扩散的势垒远比阻止空穴扩散的势垒小。因此,在所讨论的电子与空穴的扩散流中,只需考虑电子的扩散。相反,在平衡态下两个方向上的电子扩散流必然相等。由此推证出通过异质结的总电流为

$$I = I_0 e^{-\frac{eV_{D1}}{kT}} \left(e^{\frac{eV_1}{kT}} - e^{\frac{eV_2}{kT}} \right) \tag{1.44}$$

式中:$V_1 = K_1 V$、$V_2 = K_2 V$ 分别为外加电压 V 降落在材料 1 和材料 2 上的数值,而 K_1 与 K_2 表示 V 降落在不同材料上的比值,称分配系数;I_0 与式(1.37)中的反向饱和电流具有非常类似的表达形式,同时也有几乎相同的物理意义。实际上 I_0 是窄禁带材料中少数载流子的扩散系数及寿命的函数。在一般异质结中,外加电压大部分降落在轻掺杂的宽禁带材料中。因此,$V_1 > V_2$,式(1.44)括号中的第二项可以略去。这样,在正向偏压下(如光照下)通过结的电流表达式为

$$I = I_0 e^{-\frac{e(V_{D1} - K_1 V)}{kT}} \tag{1.45}$$

显然,正向电流随外加电压 V 的变化规律近似指数规律。

3) 肖特基势垒

一般来说,金属和半导体的逸出功是不同的,因此它们的 E_F 值不同。当互相接触时,电子就从一个物体流向另一个物体而使两者都带电,并在界面上形成一个电偶层。金属内含有大量的可移动电子,因此可把偶极层电荷看成表面电荷。但半导体内的载流子数目有限,偶极层电荷必然分布在一个相当深的范围内,即形成一个有一定厚度的空间电荷区。这个区域习惯称为没有自由载流子的耗尽层。

由于半导体边界上存在空间电荷,因而在能带图中表现为这一层能带的弯曲。与金属接触并恢复平衡后,金属和半导体这一系统有一个统一的费米能级。在理想情况下,边界面上金属的费米能级与半导体导带底之间的距离不因接触而发生变化,这个距离称为金属-半导体的逸出功 ϕ_{Bn}。此值仅由接触材料的性质决定。此外,离边界相当远处,

半导体中的导带与费米能级之间的能量差 eV_n 与接触前的值一样。这些条件决定了金属和半导体接触后会出现一个高为 V_S 的势垒。图 1-12(a)所示为金属与 N 型半导体接触前后的能带图。半导体的逸出功 θ_A+eV_n 小于金属的逸出功 ϕ_m,其中 θ_A 是半导体表面的电子亲和能。由于半导体的费米能级高于金属的费米能级,接触后半导体中的电子流向金属,于是在接触面附近的 N 型半导体中的电子数量减少,形成一个耗尽层。这时的势垒高度为

$$eV_S = \phi_m - (\theta_A + eV_n) \tag{1.46}$$

金属-半导体逸出功为

$$\phi_{Bn} = \phi_m - \theta_A \tag{1.47}$$

这是电子由金属进入半导体所遇到的势垒高度。

图 1-12(b)所示的是金属与 P 型半导体接触前后的能带图。半导体的逸出功大于金属的逸出功,即半导体的费米能级低于金属的费米能级。接触后金属中的电子流向半导体与其中的多数载流子空穴中和,造成接触面附近的 P 型半导体中空穴数量减少,形成一个耗尽层,成为空穴势垒。这样的势垒就称为肖特基势垒,能引起肖特基势垒的接触称为阻挡接触。当采用通常的近似时,可以得到与 PN 结完全类似的电流-电压表达式,即

$$I = I_0\left[\exp\left(\frac{eV}{kT}\right) - 1\right] \tag{1.48}$$

这里的反向电流 I_0 并不是由载流子的扩散造成的,因为这种结的电流机理是多数载流子越过势垒的热离子发射。

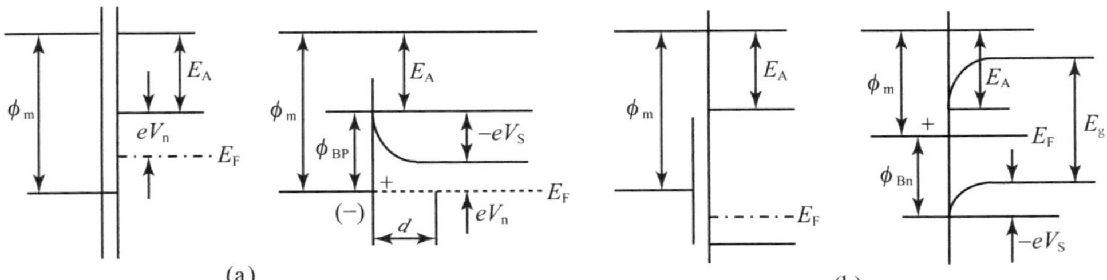

图 1-12　金属与半导体接触前后的能带图

1.2.6　光辐射与半导体的相互作用

前面讨论了在热平衡状态下载流子的浓度、它们的漂移运动及由此形成的电导现象。这样的载流子称为平衡载流子。虽然对单个电子和空穴来说,它们都有一定的寿命,当一个电子和一个空穴相遇复合时,这一对载流子就不再存在。但与此同时,温度给予的热能又会产生新的载流子(电子空穴对),从而使半导体内的载流子浓度保持不变。因此,前面在推导漂移电流的公式时没有考虑平衡载流子的寿命问题。当光辐射作用在半导体上时,半导体吸收光辐射能量,价带的电子获得辐射能后将跃迁到导带,产生新的电子空穴对,形成非平衡载流子,从而提高材料的电导率。一旦停止光辐射的照射,新的非平衡载流子就不再产生,而原来由光辐射激发的载流子会随着寿命的终止而消失。

1. 半导体吸收光辐射效应

半导体对光辐射的吸收分为本征吸收、杂质吸收、载流子吸收、激子和晶格吸收五种光吸收效应。能引起光电导现象的主要是本征吸收和杂质吸收。

1）本征吸收

本征吸收是指电子在辐射作用下,从价带跃迁到导带的吸收。研究本征吸收时应考虑半导体的能带结构。如前所述,对于直接带隙材料,电子所需的能量应大于或等于能隙 E_g;而对于间接带隙材料,电子除需要大于或等于能隙的能量外,还需要声子的能量。

2）杂质吸收

在半导体禁带内存在杂质能级时,在小于能隙能量的光子作用下,杂质能级和相应的能带间出现电子跃迁而形成的非平衡载流子——电子或空穴。杂质吸收的光谱区位于本征吸收的长波方向,其光子能量应大于或等于所需的电离能。但是在室温下,杂质原子由于热激发均已电离为载流子,因此,只有在低温下才能观察到杂质原子激发出非平衡载流子,引起光电导现象。

室温时热电离概率很小的杂质能级称为深能级。具有深能级的杂质中心和结构缺陷的存在,在很多情况下决定半导体的物理特性和参数(如非平衡载流子的复合速度、光谱响应率等)。

3）载流子吸收

所谓载流子吸收,是指当载流子浓度很大($10^{19}\sim10^{20}\mathrm{cm}^{-3}$)时,导带中的电子和价带中的空穴产生带内能级间跃迁而出现的非选择性吸收。

4）激子和晶格吸收

所谓激子和晶格吸收,是指所吸收辐射的能量转变为晶格原子的振动能量,或由库仑力相互作用形成电子和空穴的能量。这种吸收对光电导没有贡献,甚至会降低光电转换效率。

以下进一步推导半导体吸收光辐射的情况。如图 1-13 所示,假设入射到半导体表面的单色辐射通量为 $\phi_e(\lambda)$,材料对此波长的吸收系数为 $\alpha(\lambda)$,反射比为 $\rho(\lambda)$,则进入材料表面的辐射通量为

$$\phi_e(\lambda,0)=[1-\rho(\lambda)]\phi_e(\lambda) \tag{1.49}$$

在表面下 x 处吸收的辐射通量为

$$\mathrm{d}\phi_e(\lambda,x)=-\phi_e(\lambda,x)\alpha(\lambda)\mathrm{d}x \tag{1.50}$$

对式(1.50)进行积分:

$$\int_{\phi_e(\lambda,0)}^{\phi_e(\lambda,x)}\frac{\mathrm{d}\phi_e(\lambda,x)}{\phi_e(\lambda,x)}=\int_0^x-\alpha(\lambda)\mathrm{d}x \tag{1.51}$$

得

$$\phi_e(\lambda,x)=[1-\rho(\lambda)]\phi_e(\lambda)\mathrm{e}^{-\alpha(\lambda)x} \tag{1.52}$$

透过材料背面的辐射通量为

$$\phi_e(\lambda,d)=[1-\rho(\lambda)]\phi_e(\lambda)\mathrm{e}^{-\alpha(\lambda)d} \tag{1.53}$$

所以材料吸收的辐射通量为

$$\phi_e'(\lambda)=\phi_e(\lambda,0)-\phi_e(\lambda,d)=[1-\rho(\lambda)]\phi_e(\lambda)[1-\mathrm{e}^{-\alpha(\lambda)d}] \tag{1.54}$$

设光敏面面积为 A,如每个光子激发一个电子空穴对,那么每单位体积、单位时间内

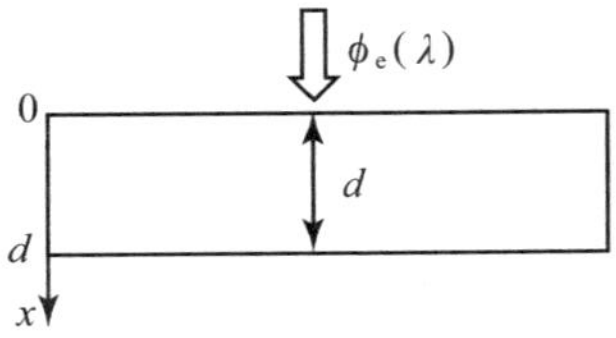

图1-13　半导体对光辐射的吸收

激发的电子空穴对数，即电子和空穴的产生率为

$$G_\phi = \frac{[1-\rho(\lambda)]\phi_e(\lambda)[1-e^{-\alpha(\lambda)d}]}{h\nu Ad} \tag{1.55}$$

如电子空穴对的寿命为 τ，在 $\alpha(\lambda)d \gg 1$ 的情况下，则产生的非平衡载流子浓度为

$$\Delta n = \Delta p = G_\phi \tau = \frac{[1-\rho(\lambda)]\phi_e(\lambda)\tau}{h\nu Ad} \tag{1.56}$$

2. 非平衡载流子寿命

首先讨论本征型半导体导带电子直接跃迁回价带与空穴复合的直接复合情况。在热平衡情况下，电子和空穴不断复合，同时又不断产生，由于复合率 R_{th} 等于产生率 G_{th}，因此始终保持平衡载流子浓度 n_0 和 p_0。复合率分别与 n_0、p_0 成正比，载流子浓度越大则复合率越高，其比例系数为 r，于是，有

$$R_{th} = rn_0p_0 \tag{1.57}$$

$$G_{th} = R_{th} \tag{1.58}$$

当辐射通量射入半导体表面后，最初由于辐射光子激发非平衡载流子，产生率会大于复合率，以后由于总的载流子增加，复合率也增大，最后出现新的动态平衡，这时非平衡载流子的复合率等于产生率。

设在动态平衡情况下，非平衡载流子浓度分别为 Δn 和 Δp。这时总复合率为

$$R = r(n_0+\Delta n)(p_0+\Delta p) \tag{1.59}$$

而非平衡载流子的复合率 R_ϕ 应为二者之差，即

$$R_\phi = R - R_{th} = r(n_0+\Delta n)(p_0+\Delta p) - rn_0p_0 \tag{1.60}$$

在本征型半导体中，$\Delta n = \Delta p$，并且非平衡载流子的产生率 $G_\phi = R_\phi$，代入式(1.60)得

$$G_\phi = R_\phi = r\Delta n(n_0+p_0) + r\Delta n^2 \tag{1.61}$$

由于 $\Delta n = G_\phi\tau$，于是在不同情况下可得到不同的 τ。

(1) 低水平辐照时，$(n_0+p_0) \gg \Delta n$，于是有

$$G_\phi = r\Delta n(n_0+p_0) \tag{1.62}$$

$$\tau = \frac{\Delta n}{G_\phi} = \frac{1}{r(n_0+p_0)} \tag{1.63}$$

这时，非平衡载流子的寿命取决于平衡载流子浓度，一般为常数。

(2) 高水平辐照时，$\Delta n \gg (n_0+p_0)$，于是有

$$G_\phi = r\Delta n^2 \tag{1.64}$$

$$\tau = \frac{\Delta n}{G_\phi} = \frac{1}{r\Delta n} \tag{1.65}$$

这时，非平衡载流子的寿命取决于非平衡载流子浓度，其寿命随着非平衡载流子的增加

而减小。

以上讨论的是本征吸收的情况。对于杂质吸收的情况，只要在杂质没有电离的低温下工作，上述关系不变。但这时的 n_0 和 p_0 小得多，因此非平衡载流子在低水平辐照时寿命增长，而在高水平辐照时与本征型半导体的情况相同。

1.3　光电效应

光电器件是基于光电效应制成的。固体的电学性质取决于固体中电子的运动状态。当光束投射到固体表面时，进入体内的光子直接与电子起作用（吸收、动量、传递等），引起电子运动状态的改变，则导致固体的电学性质发生改变。

1.3.1　光电效应

所谓光电效应是指物质在光的作用下释放出电子的物理现象。光与物质的作用实质上是光子与电子的作用，电子吸收光子的能量后，改变了电子的运动规律。由于物质的结构和物理性能不同，以及光和物质的作用条件不同，在光子作用下产生的载流子有不同的运动规律，因而产生了各种不同的光电效应。某些物质在辐射作用下，不经升温而直接引起物质中电子运动状态发生变化，因而产生物质的光电导效应、光生伏特效应和光电子发射等现象。这种现象称为光电效应。在理解上述定义时，必须掌握以下三个要点。产生的原因：辐射，而不是升温；现象：电子运动状态发生变化；产生的结果：光电导效应、光生伏特效应、光电子发射。简单记为辐射→电子运动状态发生变化→光电导效应、光生伏特效应、光电子发射。

我们知道，物质的电导率与物质的原子结构、电子状态及运动方式有密切关系，也就是与物质中的导电机构有密切关系。金属内部因热运动存在大量的自由电子，而绝缘体几乎没有，半导体中很少有，人为地对本征型半导体掺入微量杂质后，则大大地改变了本征型半导体的导电机构，使部分束缚电子变为自由电子。金属中虽然存在大量自由电子，但是受到原子核的一定的束缚力，当外力作用到自由电子上，也就是说给自由电子提供能量，克服原子核的束缚时，自由电子就能逸出物质的表面进入真空中。对于半导体来说，需要提供较大的能量，使束缚电子成为自由电子后，才有可能再逸出表面。给电子提供能量的方式有多种，如外加电场作用、直接加热和光的辐射作用等。

以晶体二极管为例。二极管在结构上实质就是一个 PN 结，如图 1-14 所示。

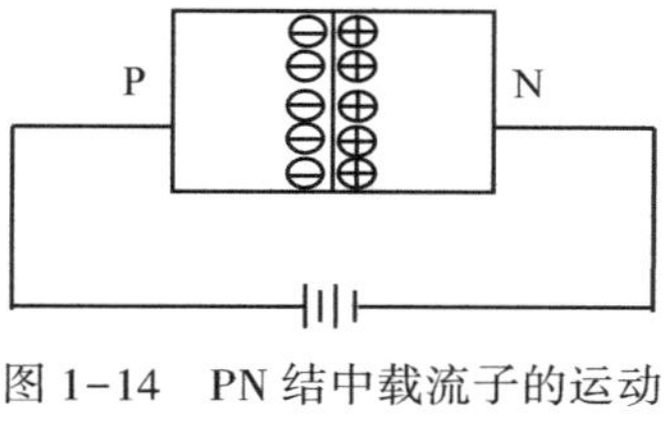

图 1-14　PN 结中载流子的运动

半导体中有两种载流子，自由电子和空穴。在 N 型材料中，电子浓度大而空穴浓度小；在 P 型材料中，空穴浓度大而电子浓度小。由于材料的不均匀性，即载流子浓度的差异，空穴从 P 区到 N 区和电子从 N 区到 P 区的载流子定向移动，即做扩散运动。在 P

区,因空穴扩散了,留下不可移动的带负电的电子。在N区,因电子扩散了,留下不可移动的带正电的空穴。扩散的结果在结区附近出现空间电荷区,这个区域称为耗尽区。空间电荷区中形成的电场(内建电场或结电场)是由N区指向P区的,由很微小的扩散电流产生,这种现象是载流子无规则热运动的自然结果,其电流是由载流子的定向扩散运动而产生的,载流子移动的能量来源于热能;在内建电场作用下,载流子出现漂移运动,方向与扩散运动相反,起着阻止扩散的作用。随着扩散运动的不断进行、空间电荷的逐渐增加,阻碍扩散进行的漂移作用也随之增强。最后扩散运动与漂移运动形成动态平衡,结区建立了相对稳定的内建电场。当有外加电场作用时,电子向正电极方向运动,空穴向负电极方向运动,回路中就会产生电流,这种电流称为漂移电流,二极管呈导通状态。此时,给电子提供能量使其运动的是外加电场。

那么产生光电效应的能量是什么呢?由定义知道,辐射(光照)就会产生光电导效应、光生伏特效应、光电发射等现象。所以,它产生电流的能源来源于辐射,而不是其他东西。光对电子的直接作用是物质产生光电效应的起因。

在光的作用下,当光敏物质中的电子直接吸收光子的能量足以克服原子核的束缚时,电子就会从基态激发到高能态,脱离原子核的束缚,在外电场作用下参与导电,因而产生光电效应。这里需要说明的是,如果光子不直接与电子起作用,而能量被固体晶格振动吸收,引起固体的温度升高,导致固体电学性质的改变,这种情况就不是光电效应,而是热电效应。

1.3.2 光电效应的分类

光电效应
- 外光电效应　光电子发射
- 内光电效应
  - 光电导效应
  - 光生伏特效应
  - 丹倍效应
  - 光磁电效应

所谓外光电效应,是指物质受光照而激发的电子逸出物质的表面,在外电场作用下形成真空中的光电子流。这种效应多发生于金属和金属氧化物。外光电效应将在第4章中介绍。内光电效应是指受光照而激发的电子在物质内部参与导电,电子并不逸出光敏物质表面。这种效应多发生于半导体内。内光电效应又可分为光电导效应、光生伏特效应、丹倍效应和光磁电效应等。

外光电效应和内光电效应的主要区别在于受光照而激发的电子,前者逸出物质表面形成光电子流,而后者在物质内部参与导电。

1.3.3 光电效应的几种现象

1. 光电导效应

我们知道,在热平衡条件下,半导体材料具有确定的电导率 σ_0,它由平衡载流子浓度及其迁移率决定。如果半导体受到外界作用,有非平衡载流子注入,就会有附加电导率产生。设热平衡状态下自由电子和空穴的浓度分别为 n_0 和 p_0,它们的迁移率分别为 μ_n 和 μ_p,则在热平衡状态下半导体材料的电导率为

$$\sigma_0 = e(n_0\mu_n + p_0\mu_p) \tag{1.66}$$

当半导体材料受光照时,由于对光子的吸收引起载流子浓度的增大,因而材料的电导率增大,这种现象称为光电导效应。具有光电导效应的半导体材料称为光电导体,有时也称光电导。材料对光的吸收有本征型和非本征型两种,所以光电导效应也有本征型和非本征型之分。当光子能量大于材料禁带宽度时,把价带中的电子激发到导带,在价带中留下自由空穴,从而引起材料电导率的增加,这就是本征光电导效应。若光子能量激发杂质半导体中的施主或者受主,使它们产生电离,以及光生自由电子或自由空穴,从而引起材料电导率的增加,这种现象就是非本征光电导效应。

图 1-15 为本征型半导体能带简图。

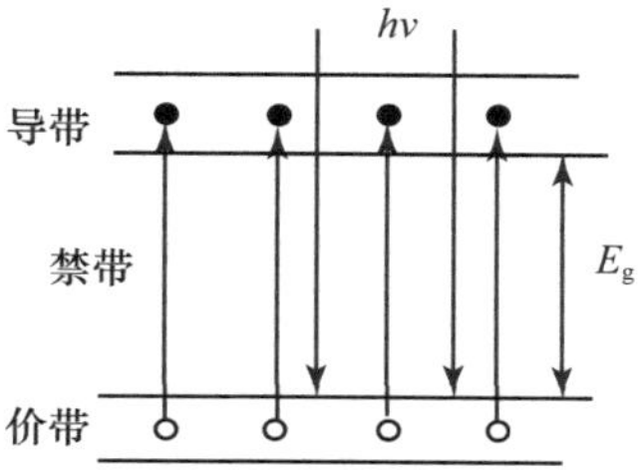

图 1-15　本征型半导体能带简图

当光入射到本征型半导体材料后,处在价带中被束缚的电子吸收光子的能量,由价带跃过禁带进入导带成为自由电子(用黑点表示),而在原来的价带中留下空穴(用圆圈表示)。光激发的电子空穴对在外电场作用下,将同时参加导电。一个光子具有的能量为 $h\nu$,h 为普朗克常数,ν 为入射光的频率。光激发出的电子若能跃过禁带必须满足:

$$h\nu \geqslant E_g \tag{1.67}$$

式中:E_g 为禁带宽度。光激发电子的长波限为

$$\lambda_0 = \frac{hc}{E_g} = \frac{1.24}{E_g}(\mu m) \tag{1.68}$$

杂质半导体材料制成的光电导体情况有所不同。光激发载流子主要是杂质起作用。图 1-16 是杂质光电导体能带简图。

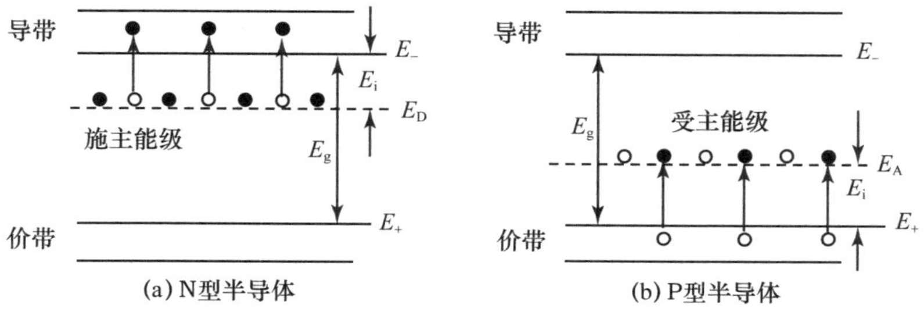

图 1-16　杂质光电导体能级简图

N 型光电导体,主要是光子激发施主能级中的电子跃迁到导带中,电子为主要载流子。P 型光电导体,主要是光子激发价带中的电子跃迁到受主能级,与受主能级中的空

穴复合,而在价带中留有空穴,作为主要载流子参加导电。只要光子能量满足:

$$h\nu \geqslant E_i \tag{1.69}$$

就能激发出光生载流子。其中,E_i 为电离能,对于 N 型光电导体,其值为导带能级 E_-与施主能级 E_D 的能量差;对于 P 型光电导体,其值为受主能级 E_A 与价带能级 E_+的能量差。光电导体的长波限为

$$\lambda_0 = \frac{hc}{E_i} = \frac{1.24}{E_i}(\mu m) \tag{1.70}$$

假设在辐射作用下,由于吸收光子能量而产生的自由电子及空穴的浓度增量分别为 Δn 及 Δp,则在光照稳定情况下光电导体的电导率变为

$$\begin{aligned}\sigma &= e[(n_0 + \Delta n)\mu_n + (p_0 + \Delta p)\mu_p] \\ &= e[(n_0\mu_n + p_0\mu_p) + (\Delta n\mu_n + \Delta p\mu_p)] \\ &= \sigma_0 + \Delta\sigma\end{aligned} \tag{1.71}$$

原来无辐射时的电导率 σ_0 称为暗电导率,而电导率的增量 $\Delta\sigma = \Delta n\mu_n + \Delta p\mu_p$ 称为光电导率。一旦停止光辐射的照射,新的非平衡载流子就不再产生。这种由光辐射照射产生附加电导率 $\Delta\sigma$ 的现象就是光电导效应。

2. 光生伏特效应

光生伏特效应是光照使不均匀半导体或均匀半导体中光生电子和空穴在空间分开而产生电位差的现象。

在不均匀半导体中,由于内建电场的存在,其作用就会使光生载流子产生定向运动而形成电位差。这种由内建电场的作用或者说由势垒效应而产生光生电动势的现象是光生伏特效应最重要的一类,有时也称结光电效应,它主要是对于 PN 结、异质结、肖特基结而言的。当光子激发时这种材料能产生一个光生电压,当材料样品短接时能得到短路电流。这种效应是基于两种材料相接触形成内建势垒,当光子激发后光生载流子注入势垒附近就形成了光生电压。因为所用材料不同,于是有半导体 PN 结势垒、异质结势垒及金属与半导体接触肖特基阻挡层势垒等多种结构的光生伏特效应。

在均匀半导体中没有内建电场。当光照射这种半导体一部分时,由光生载流子浓度梯度的不同引起载流子的扩散运动。但电子和空穴的迁移率不相等,使得在不均匀光照时,由于两种载流子扩散速度的不同,两种电荷分开,从而出现光生电势。这种现象称为丹倍效应。此外,如果存在外加磁场,也可使扩散中的两种载流子向相反方向偏转,从而产生光生电动势,这种现象称为光磁电效应。通常把丹倍效应和光磁电效应称为体积光生伏特效应。

1) PN 结的光生伏特效应

半导体光电器件 PN 结的结构和特性与晶体管有相同之处。PN 结光电器件的结构同样有两种形式:一种是以 N 型半导体为基底进行 P 掺杂形成 PN 结;另一种是以 P 型半导体为基底进行 N 掺杂形成 PN 结。图 1-17 是以 N 型硅为基底进行 P 掺杂而形成的 PN 结结构和能带简图。P 端面为入射光敏面。

当辐射照射 PN 结时,由于被光照射的一层做得很薄(图 1-17 中的 P 区),光线足以透过 P 型半导体入射到 PN 结,甚至可以到达 N 型半导体一边。对于能量大于材料禁带宽度 E_g 的光子,由于本征吸收,在光子所到之处就可激发出电子空穴对。产生于 PN 结

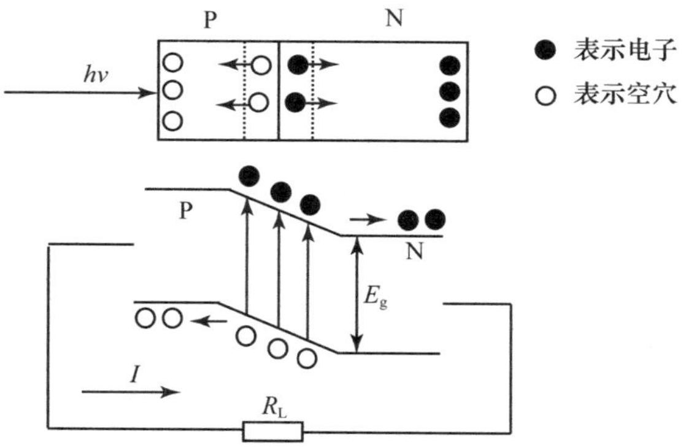

图 1-17 PN 结结构和能带简图

区的光生电子空穴对,被 PN 结势垒区较强的内建电场分离,空穴移向 P 区,电子移向 N 区。分离的结果是在 N 区边界积累大量的电子,在 P 区边界积累大量的空穴,产生了一个与平衡 PN 结内建电场相反的光生电场,于是在 P 区和 N 区之间形成了一个光生电势差,这个电势差也称光生电动势。光照度越强,光生电动势就越大。当 PN 结两端通过负载构成闭合回路时,就会有电流沿着由 P 经外电路到 N 的方向流动。只要辐射光不停止,这个电流就不会消失。这就是 PN 结上被光照射时产生光生电动势和光电流的机理。

下面给出开路光电压、短路光电流与入射光功率之间的关系。假设在辐射作用下,产生的光生电压为 U,光生电流为 I_p,入射光功率为 P。在 PN 结两端通过负载构成的回路中,外电流 I、光生电流 I_p 和 PN 结结电流 I_j 之间的关系为

$$I = I_p - I_j \tag{1.72}$$

由 PN 结的电流特性知,结电流 $I_j = I_0\left(e^{\frac{eU}{kT}} - 1\right)$,所以有

$$I = I_p - I_0\left(e^{\frac{eU}{kT}} - 1\right) \tag{1.73}$$

光生电压为

$$U = \frac{kT}{e}\ln\left(1 + \frac{I_p - I}{I_0}\right) \tag{1.74}$$

当开路时,外电路电流为零,则由式(1.74)求得开路电压 U_{oc} 为

$$U_{oc} = \frac{kT}{e}\ln\left(1 + \frac{I_p}{I_0}\right) \tag{1.75}$$

在弱光照射下,$I_p \ll I_0$,则有

$$U_{oc} = \frac{kT}{e} \cdot \frac{I_p}{I_0} \tag{1.76}$$

当外电路短路时,则电压 U 为零,由式(1.73)可知短路电流 I_{sc} 为

$$I_{sc} = I_p \tag{1.77}$$

光生电流与入射光功率的关系为

$$I_{\mathrm{p}} = e\frac{\eta P}{h\nu} \tag{1.78}$$

式中:η 为量子效率。

将式(1.78)代入式(1.76),得

$$U_{\mathrm{oc}} = \frac{\eta P}{h\nu} \cdot \frac{kT}{I_0} \tag{1.79}$$

由式(1.79)可知,在一定温度下,材料受弱光照射时光生开路电压 U_{oc} 与入射光功率 P 成比例,一般是对数关系;而光生电流一般与入射光功率成正比。

2) 异质结的光生伏特效应

同质结是利用同一本征型半导体掺以不同杂质而形成的PN结。异质结是利用外延技术在晶体上生长出不同半导体材料的PN结。这些材料具有不同的禁带宽度、不同的电子和空穴有效质量,以及不同的电子亲和势等。

利用异质结结构可改善光电器件特性,并制造出新型的光电器件。这些新型光电器件对光子存在一个小于宽禁带宽度和大于窄禁带宽度的窗口,从而提高了光电转换效率。这是因为对于这些窗口内的光子,吸收光子和激发光生载流子的地方与结区重合,此外,排除了照射产生的表面载流子的复合损失,得到快速响应的特性。

图1-18是异质结的光生伏特效应。能量 $h\nu>E_{\mathrm{g1}}$ 和 $h\nu<E_{\mathrm{g2}}$ 的光子投射到具有宽禁带宽度的固熔体上,能够无辐射吸收地到达结区,被带有窄禁带宽度的N型砷化镓吸收,在结区激发出电子空穴对,从而得到高的量子效率,如图1-18(b)所示,对于 $h\nu>E_{\mathrm{g2}}$ 的光子,其吸收特性与一般的PN结相同。

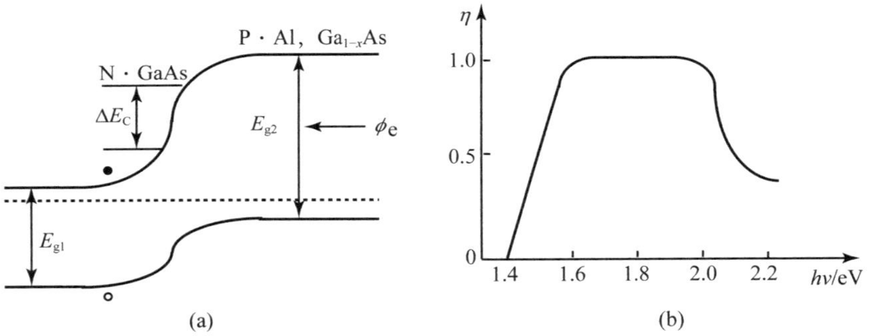

图1-18 异质结的光生伏特效应

3) 肖特基结的光生伏特效应

在半导体基底上沉积一层金属后形成紧密的接触,称为金属-半导体接触。在接触区附近也会形成空间电荷区和势垒,这种势垒称为肖特基结或肖特基势垒。上节已介绍了肖特基势垒及其能带结构。在肖特基结中载流子的激发有两种效应:一种是光子能量大于或等于 E_{g},光子被半导体吸收,形成电子空穴对,在内建电场的作用下,电子向半导体漂移,空穴向金属漂移;另一种是光子能量大于势垒 eV_{D},光子被金属吸收,激发的光电子向半导体移动。由于金属对红外光和可见光的反射率高,对短波长(特别是紫外光)的反射低,因此出现如图1-19的肖特基结光生伏特响应特性。

肖特基结的光电器件主要利用金属薄层和对紫外光的低反射比,在结区吸收光子,从而减小复合损失,因此广泛地用于制成紫外光电器件。

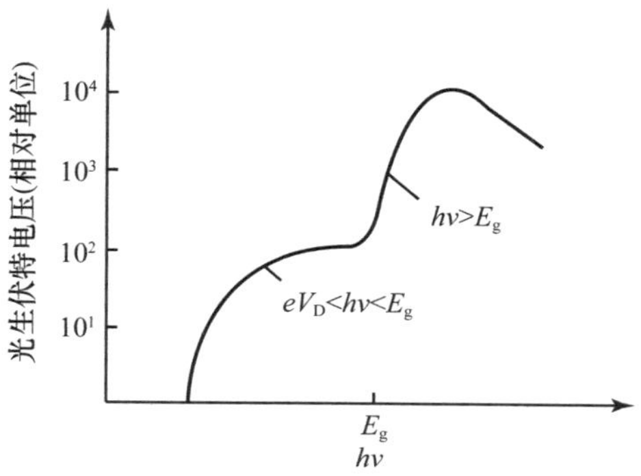

图 1-19　肖特基结光生伏特响应特性

3. 丹倍效应

丹倍(Dember)效应是于 1919 年被发现的。当用 $h\nu$ 足够大的光照射一个均匀半导体的表面时,辐射通量被半导体近表面层强烈地吸收后,会在近表面层附近产生高浓度的非平衡电子和空穴。这样就造成从半导体近表面层至内部的浓度梯度,因而发生两种载流子都从照射表面向半导体内部的扩散运动。非平衡电子和空穴的扩散运动方向相同,但它们的扩散电流方向相反。与空穴相比,电子具有较大的迁移率和扩散系数,因此电子会比空穴更深地扩散到半导体深处。在没有其他场的影响时,这种扩散的差异导致电荷的分开积累,积累的结果是半导体表面带正电,而在它的背面带负电,于是建立起光生电场。建立的电场会使电子运动减慢而使空穴运动加速,出现非平衡载流子的漂移运动。两种载流子的漂移运动方向相反,所以它们的漂移电流方向相同。当扩散电流和漂移电流大小相等方向相反而达到新的动态平衡时,总电流应为零。结果在照射表面和未照射表面间产生一定的电位差。这种由于光生载流子的扩散在光的传播方向产生电位差的现象称为光电扩散效应或丹倍效应。所产生的电位差称为光电扩散电压或丹倍电压,其值为

$$V=\frac{kT}{e}\cdot\frac{b-1}{b+1}\cdot\ln\left[1+\frac{(b+1)\Delta n}{bn_0+p_0}\right] \tag{1.80}$$

式中:$b=\mu_n/\mu_p$ 是电子迁移率与空穴迁移率的比;n_0、p_0 为平衡载流子浓度;Δn 为半导体表面 $x=0$ 处的非平衡载流子浓度。

由式(1.80)知,要产生丹倍效应,必须 $b\neq1$,如果 $b=1$,则 $V=0$。丹倍电压通常较低,约为几个 kT/e,其值除了取决于辐射通量、光谱成分及材料的吸收系数,还取决于 μ_n 和 μ_p 的值以及光敏元的几何形状、体积,表面复合参数也具有重大意义。超过某一辐射通量值以后,电动势会趋向饱和。

4. 光磁电效应

放在磁场内的均匀半导体材料受到辐射照射后,出现光电动势(光电流)的光生伏特现象称为光磁电效应。光磁电效应是 1934 年由 Кикоин 和 Носков 发现的。光磁电电动势出现在与入射光束和磁场相垂直的方向上,光磁辐射探测器主要用来探测近红外辐射和中红外辐射。

光磁电效应原理如图 1-20 所示。辐射投射到垂直于 x 轴的半导体表面上,在无磁场的情况下照射表面和它的背面之间产生丹倍电动势。垂直于非平衡载流子流的磁场

的洛伦兹力把扩散电子和空穴偏转到相反方向,电子和空穴流在 y 方向叠加而形成总的载流子流,它的浓度离照射表面越远越小,如将两个电极短路,则在外电路中有光磁电效应的短路电流流过,它主要集中在相当于扩散长度的表面层内。如果两个电极断开,在开路情况下,在两个电极处积累非平衡载流子,形成 y 方向的电场,即光磁电电动势。

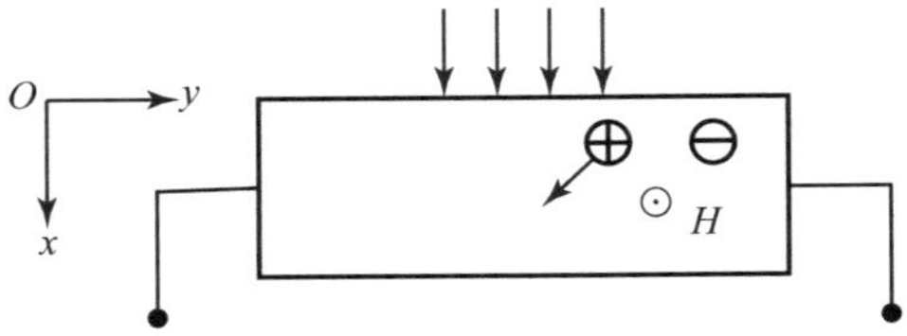

图 1-20　光磁电效应原理

1.4　光电器件的分类

光电器件的种类很多,应用广泛,其分类方法也多种多样。按工作波段、应用情况、反应机理(结构形式)来分,其主要有以下几类。

1. 按工作波段分

- 紫外光探测器
- 可见光探测器
- 红外光探测器

2. 按应用情况分

- 换能器　主要将光信息(光能)转换成电信息(电能)
- 探测器
  - 非成像型　光信息转换成电信息
  - 成像型
    - 变像管
    - 像增强器
    - 摄像管

3. 按反应机理(结构形式)分

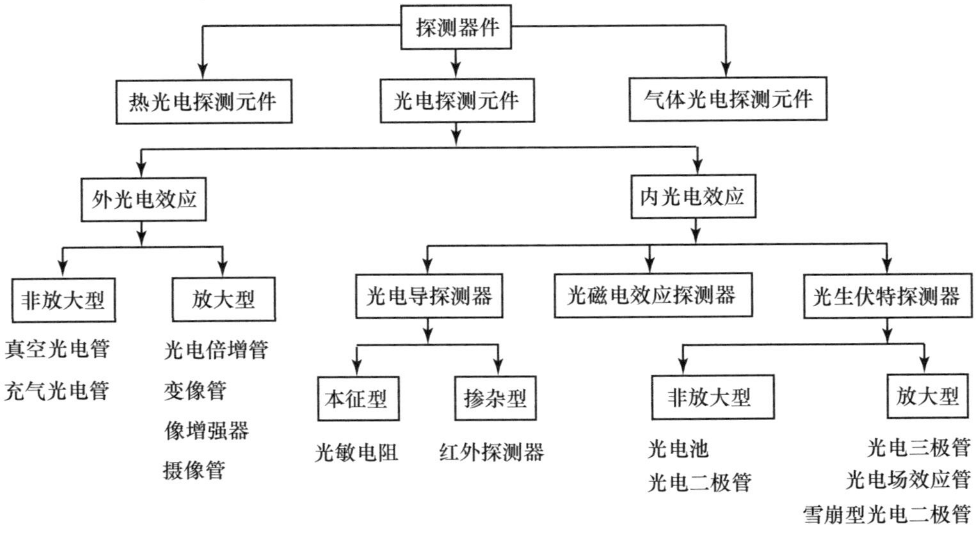

1.5　光电器件特性及评价基础

光电器件的种类很多，应用很广。由于它们的工作原理、结构、类型以及用途不同，对器件性能和参数所提出的要求也就不同。因此很难用统一的参数来衡量所有的光电器件性能，而只能就其共性进行描述。本书涉及的光电器件包括一般光电探测器件和光电成像器件两大类，所以它们的性能参数也有两类。对于光电探测器件主要应说明其响应特性和噪声特性，其性能参数有响应率、探测率、噪声以及时间常数等；对于光电成像器件，除了上述参数外，为了说明其成像特性，还引入了反映亮度空间分布失真程度的量，如分辨率、空间频率特性（或调制传递特性）及空间抽样特性等。至于信噪比（信号噪声比），乃是反映器件总体性能的综合参数，它对描述光电探测器件及光电成像器件都是必不可少的。以下将对光电器件的共同性能参数进行分析，并给出评价这些参数的理论基础和实际方法。

1.5.1　响应特性

所谓响应特性是指光电器件在入射辐射作用下，产生输出信号的大小和快慢的能力。一般用响应特性来表征其输出信号的强弱和对入射光辐射响应的速度。该能力的大小说明了该器件灵敏度的高低。所以，响应特性的好坏就是指灵敏度的高低。响应特性分为光谱响应特性和时间响应特性。

1. 光谱响应特性及响应率

对于描述光电器件的灵敏度，这里引入响应率的概念。响应率分为光谱响应率和积分响应率。

1）光谱响应率

光谱响应率指的是器件对单色入射辐射的响应能力，用 R_λ 表示。下面介绍常用的几种表示光谱响应率大小的方法。

（1）光谱电压响应率。设器件在单色辐射功率 $\mathrm{d}P_\lambda$ 作用下产生的信号电压为 $\mathrm{d}U_\mathrm{s}$，则定义器件的光谱电压响应率为

$$R_{U\lambda} = \frac{\mathrm{d}U_\mathrm{s}}{\mathrm{d}P_\lambda} \tag{1.81}$$

（2）光谱电流响应率。如果输出信号以电流 $\mathrm{d}I_\mathrm{s}$ 表示，则定义器件的光谱电流响应率为

$$R_{I\lambda} = \frac{\mathrm{d}I_\mathrm{s}}{\mathrm{d}P_\lambda} \tag{1.82}$$

为了简写，$R_{U\lambda}$ 和 $R_{I\lambda}$ 均可用 R_λ 表示，但在具体计算时应区分 $R_{U\lambda}$ 及 $R_{I\lambda}$。

将光谱响应率对其最大值 R_m 归一化，可得相对光谱响应率为

$$R(\lambda) = \frac{R_\lambda}{R_\mathrm{m}} \tag{1.83}$$

（3）实用表示法。为了满足实用的需要，也往往用光谱量子效率 η_λ 来表示光谱响应率。其定义为

$$\eta_\lambda = \frac{N_s}{N_p} \tag{1.84}$$

式中:N_p 为入射辐射量子数;N_s 为由 N_p 产生的信号量子数。由于光谱量子效率 η_λ 和光谱响应率 R_λ 表示的是同一事件,因此它们之间必有联系,其关系为

$$\eta_\lambda = \frac{hc}{e\lambda}R_\lambda \tag{1.85}$$

式中:h 为普朗克常数;c 为光速;e 为电子电荷。

由式(1.85)知

$$R_\lambda = \frac{e\lambda}{hc}\eta_\lambda = k \cdot \lambda \tag{1.86}$$

由式(1.86)的 R_λ 与 λ 之间的关系,可描绘出 R_λ-λ 曲线,该曲线称为等量子效率曲线。

这里需要指出,光谱响应率 R_λ 及光谱量子效率 η_λ 仅由器件的响应特性决定,而与光源无关。通常把光谱响应随波长的变化关系称为光谱响应特性曲线。

2) 积分响应率

积分响应率简称响应率。它指的是器件对全色入射辐射的响应能力,定义为器件的输出信号与输入辐射功率之比,用 R 来表示。

有了光谱响应率,之所以还要引入积分响应率是因为在实际应用中,器件接收的往往不是单色辐射,而是某一光源的全色辐射光。全色光入射辐射,用积分响应率来表示。下面是几种常用的表示积分响应率的方法。

(1) 电压响应率。若输出信号用电压表示,则得到的响应率称为电压响应率,用 R_U 表示为

$$R_U = \frac{U_s}{P} \tag{1.87}$$

式中:P 为入射辐射功率;U_s 为输出信号电压值。

(2) 电流响应率。若输出信号用电流表示,则称为电流响应率,用 R_I 表示为

$$R_I = \frac{I_s}{P} \tag{1.88}$$

式中:I_s 为输出信号电流值。

为了简写,R_U 及 R_I 均可以用 R 表示,但须知道,此时的 R 是以哪种输出信号表示的。

(3) 量子效率表示法。响应率也可以用量子效率的形式表示。量子效率 η 定义为单位入射辐射的量子数所产生的信号量子数,即

$$\eta = \frac{N_s}{N_p} \tag{1.89}$$

式中:N_p 为入射辐射量子数;N_s 为由 N_p 产生的信号量子数。

由以上表示的几个定义可知,无论是光谱响应率还是积分响应率,其实质都反映了器件的灵敏程度。所以在许多情况下,响应率又被称作灵敏度,相应地就有光谱灵敏度和积分灵敏度之分,后者简称灵敏度。响应特性的好坏就是指灵敏度的高低,响应率的大小,三者是同一事件,都是反映器件响应特性的量。响应特性好坏以响应率的大小来

表示,它反映了器件灵敏度的高低。

除了以上用辐射量定义光谱响应特性以外,还可以用光度量进行定义。如响应率还可以定义为输出信号电压或电流与入射光通量之比,有

$$R_{U\phi} = \frac{U_s}{\phi} \text{ 或 } R_{I\phi} = \frac{I_s}{\phi} \tag{1.90}$$

式中:ϕ 为入射的光通量。

由光度学知识知道,对于给定色温的光源,其光通量 ϕ 与辐射功率 P 之比是一定的,即

$$K = \frac{\phi}{P} \tag{1.91}$$

式中:K 为光源的光视效能。由此可建立辐射响应率和光度响应率之间的换算关系,有

$$R_{U\phi} = \frac{R_U}{K} \text{ 或 } R_{I\phi} = \frac{R_I}{K} \tag{1.92}$$

由光谱响应率和积分响应率的定义可知,前者反映了器件的单色响应能力,而后者反映了器件对全色的响应能力。由于它们分别从不同的方面描述了器件的响应能力,因此必然存在内在联系。由响应率的表达式可知:

$$R = \frac{\int_0^\infty P_\lambda R_\lambda \mathrm{d}\lambda}{\int_0^\infty P_\lambda \mathrm{d}\lambda} \tag{1.93}$$

$$P_\lambda = P(\lambda) P_{\mathrm{m}} \tag{1.94}$$

式中:P_λ 为单色辐射功率;$P(\lambda)$ 为单色辐射功率相对值;P_{m} 为单色辐射功率最大值。

考虑到:

$$R_\lambda = R(\lambda) R_{\mathrm{m}} \tag{1.95}$$

所以

$$R = \frac{R_{\mathrm{m}} \int_0^\infty P(\lambda) R(\lambda) \mathrm{d}\lambda}{\int_0^\infty P(\lambda) \mathrm{d}\lambda} = \alpha R_{\mathrm{m}} \tag{1.96}$$

其中

$$\alpha = \frac{\int_0^\infty P(\lambda) R(\lambda) \mathrm{d}\lambda}{\int_0^\infty P(\lambda) \mathrm{d}\lambda} \tag{1.97}$$

称为器件同光源的光谱匹配系数。它反映了器件响应的波长范围同光源光谱的吻合程度。

2. 最小可探测辐射功率和探测率

光电器件能否探测到足够小的辐射功率,是一个至关重要的问题,因此总是把最小可探测辐射功率列为一切光电探测器件的重要参数。

1）最小可探测辐射功率 $P_{\min}$

$P_{\min}$ 定义为当输出信号电压等于输出噪声电压均方根时的探测器的入射辐射功率。

因此有

$$P_{\min}=\frac{u_{n}}{R_{U}} \tag{1.98}$$

式中:u_n 为输出噪声电压均方根。

由电压响应率知,$R_U=\frac{U_s}{P}$,根据 $P_{\min}$ 定义,当 U_s 等于 u_n 时,即输出信号电压 U_s 与输出噪声电压均方根 u_n 达到临界状态,处于将要接收不到又能接收到 U_s 时,入射辐射功率 P 就称为最小可探测辐射功率,P 如果再小,则探测不到输出信号 U_s。

由 $U_s=P\cdot R_U$ 可以看出,P 下降,R_U 不变时,U_s 下降,当 U_s 下降至 u_n 量值大小时,P 趋近 $P_{\min}$,通过式(1.98)变换,有

$$P_{\min}=\frac{u_{n}}{R_{U}}=\frac{u_{n}}{\frac{U_{s}}{P}}=\frac{P}{\frac{U_{s}}{u_{n}}} \tag{1.99}$$

$P_{\min}$ 又称最小可探测功率。因为由 $P_{\min}$ 产生的输出信号与输出噪声等效,所以 $P_{\min}$ 又称噪声等效功率(Noise Equivalence Power,NEP),其单位为 W。由式(1.99)知,U_s/u_n 为信噪比,因此,$P_{\min}$ 可理解为单位信噪比所需的入射辐射功率。

【注意】$P_{\min}$ 是在临界情况下定义的,但在测试时,可以在大的入射辐射功率下进行,这样可提高测量精度。$P_{\min}$ 越小,器件的探测能力越高。

2) 探测率 D

因为器件的最小可探测功率越小越好,但这不符合人们的习惯表示方法,故取其倒数作为衡量探测器探测能力的参数,并称为探测率,用 D 来表示:

$$D=\frac{1}{P_{\min}}=\frac{1}{\mathrm{NEP}}=\frac{\frac{U_{s}}{U_{n}}}{P} \tag{1.100}$$

它表示单位入射辐射功率所产生的信噪比,当然,D 值越大,表示器件的探测性能越好。D 的单位是 W^{-1}。

3) 归一化探测率 $D*$

由于以 D 表示的探测率涉及器件的面积和工作带宽两个因素,不便对不同面积和工作带宽的器件进行比较,因此应从中消除这两个因素引起的影响。为此引入归一化探测率 D^*(读作 D 星),其值为

$$D^{*}=D\sqrt{A\cdot\Delta f} \tag{1.101}$$

式中:A 为器件接收面积;Δf 为工作带宽,D^* 的单位是 $\mathrm{cm}\cdot\mathrm{Hz}^{1/2}\cdot\mathrm{W}^{-1}$)。

根据 D^* 的定义,它也可以表示为

$$D^{*}=\frac{\frac{U_{s}}{u_{n}}}{P}\cdot\sqrt{A\cdot\Delta f} \tag{1.102}$$

采用 D^* 的优点在于它把探测器的有效面积归一化为 $1\mathrm{cm}^2$,把工作带宽归一化为 1Hz,因此可用来直接比较不同探测器的性能优劣。

D^* 的测量是在一定条件下进行的,所以在 D^* 后面通常附有测量条件。如一定的黑体

光源的温度、调制频率、测量系统的带宽等。测量值以 $D^*(T, f, \Delta f)$ 标出。例如，$D^*(500, 900, 1)$ 表示用 500K 黑体做光源，调制频率为 900Hz，测量带宽 $\Delta f = 1\text{Hz}$ 为测量条件。

3. 时间响应特性

探测器的时间响应特性指的是它对变化信号响应快慢的能力。对于一个理想的器件，它的响应脉冲与辐射脉冲是一致的，如阶跃函数，其响应也应是阶跃函数，如图 1-21 所示。

(a) 辐射脉冲　　(b) 响应脉冲

图 1-21　理想情况下辐射脉冲及响应脉冲

但是，由于实际器件都具有滞后现象（惰性），因此其响应不再是理想情况，如图 1-22 所示。

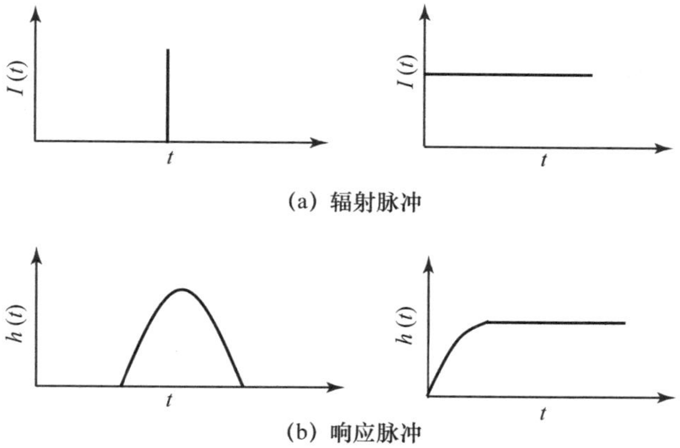

(a) 辐射脉冲

(b) 响应脉冲

图 1-22　非理想情况下辐射脉冲及响应脉冲

由图 1-22 可以看出，由于惰性的存在，响应函数有一定的变化，即响应函数沿时间轴有一定扩展，扩展的范围反映了器件的时间响应特性。这种器件的响应落后于作用信号的现象称为惰性。由于惰性的存在，前后作用的信号在输出端相互交叠，从而降低信号的调制度。如果探测的是动态图像信号，则输出图像变得模糊。所以器件的时间响应特性是评价器件质量的一个重要性能参数，应尽可能改善器件的时间响应特性。惰性在日常生活中也很常见。比如平常所看到的电视机，当接通电源后，并不是马上就产生图像信号，而是在一定时间延迟后才能清晰地显示图像，一旦图像出现在荧光屏上，整个画面就是连续的；与开机相同，关机后图像也并不是立刻消失，而是在一定时间延迟后才完全消失。

描述时间响应特性的方法有两种：一种是弛豫时间，另一种是幅频特性。

1）弛豫时间

响应落后于作用信号的现象称为弛豫。对信号开始作用时的弛豫称为上升弛豫或

起始弛豫;对信号停止作用时的弛豫称为下降弛豫或衰减弛豫。弛豫时间也称时间常数。弛豫时间的具体定义如下:

设有信号作用于器件,则起始弛豫(上升时间常数)定义为器件的响应从零上升至稳定值的 90%时所需的时间;衰减弛豫(下降时间常数)定义为当信号撤去后,器件的响应从稳定值下降至稳定值的 10%时所需的时间。

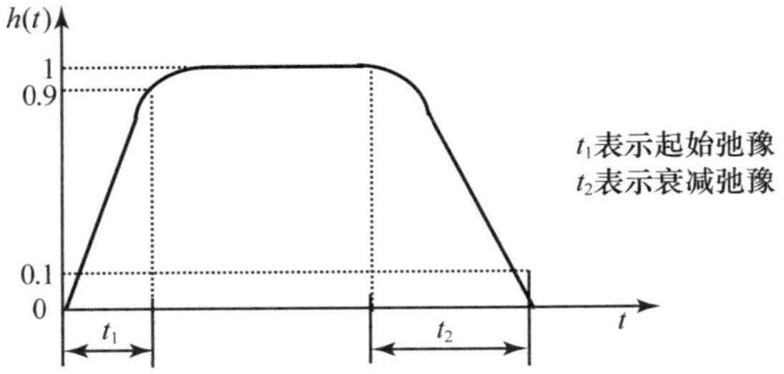

图 1-23 起始弛豫与衰减弛豫的定义

还有另一种定义弛豫时间的方法是:起始弛豫(上升时间常数)定义为响应值上升至稳定值的($1-1/e$)时所需的时间,此值约为 63%;衰减弛豫(下降时间常数)定义为响应值下降至稳定值的 $1/e$ 时所需的时间,此值约为 37%。这些上升或下降的时间就表示了器件惰性的大小(图 1-23)。

设器件在单位阶跃信号作用下的起始阶跃响应函数为 $1-\exp(-t/\tau_1)$,衰减响应函数为 $\exp(-t/\tau_2)$,则根据后一种定义,起始弛豫时间等于 τ_1,衰减弛豫时间等于 τ_2。

2) 幅频特性

由于器件存在惰性,因此对于振幅相同而频率不同的入射信号,其响应也不相同。响应函数的幅值与入射频率之间有一定的关系,这种关系还因输入信号的波形不同而不同。通常定义器件对正弦波输入信号的响应幅值同频率之间的关系为它的幅频特性,记为 $A(f)$。根据定义,对于线性系统有

$$A(f)=\frac{F[f_{\text{out}}(t)]}{F[f_{\text{in}}(t)]}=\frac{F[f_{\text{in}}(t)\cdot h(t)]}{F[f_{\text{in}}(t)]}=\frac{F[f_{\text{in}}(t)]\cdot F[h(t)]}{F[f_{\text{in}}(t)]}=F[h(t)] \tag{1.103}$$

式中:$f_{\text{out}}(t)$为输出函数;$f_{\text{in}}(t)$为输入函数;$h(t)$为单位冲激响应函数;F 表示傅里叶变换。

由此可见,只要知道了器件的冲激响应函数 $h(t)$,就可求出它的幅频特性 $A(f)$。

在实际测试中,通常有以下两种获得幅频特性的方法。

(1) 用具有单位阶跃函数形式亮度分布的光源作为输入信号,可得到单位阶跃响应函数。由于冲激函数为单位阶跃函数的导数,故它们的响应函数也是导数关系,即

$$h(t)=\frac{\mathrm{d}g(t)}{\mathrm{d}t} \tag{1.104}$$

式中:$g(t)$为单位阶跃响应函数。对上式作傅里叶变换就可得到 $A(f)$。

如果输入信号是阶跃函数但不是单位阶跃函数,只需将式(1.104)乘以常数因子即可。

例如，在阶跃信号

$$G(t)=\begin{cases}0 & (t<0)\\ G & (t>0)\end{cases} \tag{1.105}$$

的作用下，器件的阶跃响应函数为

$$U_s(t)=G[1-\exp(-t/\tau)]$$

则其冲激响应函数为

$$H(t)=\frac{dU_s(t)}{dt}=\frac{G}{\tau}\exp(-t/\tau) \tag{1.106}$$

其单位冲激响应函数为

$$h(t)=\frac{1}{\tau}\exp(-t/\tau) \tag{1.107}$$

所以幅频特性为

$$A(f)=|F[h(t)]|=\frac{1}{\sqrt{1+(\omega\tau)^2}}=\frac{1}{\sqrt{1+(2\pi f\tau)^2}} \tag{1.108}$$

一般情况下，许多光电器件都具有这种幅频特性。

（2）用振幅相等而频率不等的正弦光信号作为输入信号，直接测出输出振幅同频率的关系即可得到幅频特性。当然也可以用方波作为输入信号，测出器件对方波信号的幅频特性，而后再换算成正弦波的幅频特性。

3）拐点频率

一般光电器件都具有式（1.108）所示的幅频特性，但是 τ 值不尽相同。因此幅频特性曲线的展宽程度也不尽相同。为了衡量 $A(f)$ 曲线的衰减速度，引出拐点频率 f_0，它的定义是：当输出信号功率正好降至超低频的一半时的频率。

由式（1.108）及 f_0 的定义有

$$A^2(f)=\frac{1}{1+(\omega\tau)^2}=\frac{1}{2}$$

即

$$f_0=\frac{1}{2\pi\tau} \tag{1.109}$$

可见用拐点频率描述时间特性，实质上是 τ 参数的一种变形。

4）等效带宽 f_e

等效带宽定义为

$$f_e=\int_0^\infty A^2(f)\,df \tag{1.110}$$

对于取样时间为 τ 的矩形响应器件，其等效带宽为

$$f_e=\int_0^\infty\left[\frac{\sin\pi f\tau}{\pi f\tau}\right]^2 df=\frac{1}{2\tau} \tag{1.111}$$

需要说明的是，等效带宽的概念不仅适用于时间领域，而且适用于空间领域。

综上所述，弛豫时间、幅频特性、拐点频率以及等效带宽等均可作为光电器件时间响应特性的度量。

1.5.2 噪声特性

1. 噪声及其类型

噪声是人们经常提及的一个名词,其含义已是不言而喻的。在光电器件中所说的噪声,同日常所说的噪声在实质上是一样的。不过,人们经常接触到的都是一些外部噪声,如人为的噪声、大自然的噪声等,而在光电器件中定义的噪声是物理过程中固有的噪声,是一种不可能人为消除的输出信号的起伏,是与器件密切相关的一个参量。因为在光电转换过程中,半导体中的电子从价带跃迁到导带,或者电子逸出材料表面等过程,都是一系列独立事件,是一种随机过程。每个瞬间出现多少载流子是不确定的,所以随机的起伏将不可避免地与信号同时出现。尤其在信号较弱时,光电探测器的噪声会显著地影响信号探测的准确性。我们前面曾提到过信噪比这个概念,它是输出信号大小与噪声大小之比,用 S/N 表示。为了提高信噪比,或增大信号值 S,或减小噪声大小 N。但信号 S 的增大往往会促进输出信号、光电器件、光电系统等一系列要求的提高,对提高信噪比作用不明显,所以应尽可能地减小 N 以提高信噪比,这是比较有潜力的因素。因此,一般把追求高信噪比作为光电系统设计的重要目标。下面对光电探测器中常见的噪声类型、概念、来源及表示方法进行简要介绍。

按噪声产生的不同原因分类,噪声可分为以下几类:

- 噪声
  - 外部原因
    - 人为噪声
    - 自然噪声
  - 内部原因
    - 热噪声
    - 产生-复合噪声
    - 散粒噪声
    - $1/f$ 噪声
    - 温度噪声
    - 量子(辐射)噪声
    - 放大器噪声

2. 几种常见噪声的产生原因及其表示方法

由于噪声的分析方法主要是以概率统计知识和微分方程为基础,所以分析推导起来很复杂,这里只给出各种噪声产生的原因及表示方法。

1) 热噪声

电阻材料,即使在恒定的温度下,其内部的自由载流子数目及运动状态也是随机的。由此而构成无偏压下的起伏电动势。这种由载流子的热运动引起的起伏就是电阻材料的热噪声,或称为约翰逊(Johnson)噪声。

【原因】:热噪声是由导体或半导体中载流子随机热激发的波动引起的。其大小与电阻的阻值、温度及工作带宽有关。

这是因为导体和半导体内部的载流子在一定温度下做无规则的热运动,其运动方向及速度是随机的、杂乱无章的,运动的结果是产生瞬时电流,即噪声电流$\overline{i_n}\neq 0$,噪声电压$\overline{u_n}\neq 0$,由于$\overline{i_n}$,$\overline{u_n}$是测不出来的,一般用噪声电流均方根 $\overline{i_n^2}$ 及噪声电压均方根 $\overline{u_n^2}$ 表示。

其具体表达式分别为

$$\overline{i_n^2}=\frac{4kT\Delta f}{R} \tag{1.112}$$

$$\overline{u_n^2}=4kTR\Delta f \tag{1.113}$$

式中:k 为玻尔兹曼常数;T 为材料的热力学温度;R 为器件电阻值;Δf 为系统的通带宽度。

2）产生-复合噪声

在半导体材料中,在一定温度下或者在一定的辐射下,载流子不断地产生和复合。在平衡状态时,载流子产生和复合的平均数是一定的,但是其瞬间载流子的产生数和复合数是有起伏的,这种起伏导致载流子浓度的起伏,从而引入产生-复合噪声。

【原因】:在半导体中,载流子(电子、空穴)产生复合过程的起伏。

对于杂质半导体中的本征激发,其产生-复合噪声电流及电压均方根值分别为

$$\overline{i^2}=4I_B^2\cdot\left(\frac{1+b}{N_0b+P_0}\right)^2\cdot\frac{N_0P_0}{N_0+P_0}\cdot\frac{\tau\cdot\Delta f}{1+\omega^2\tau^2} \tag{1.114}$$

$$\overline{u^2}=4I_B^2\cdot\left(\frac{1+b}{N_0b+P_0}\right)^2\cdot\frac{N_0P_0}{N_0+P_0}\cdot\frac{\tau\cdot\Delta f}{1+\omega^2\tau^2}\cdot R^2 \tag{1.115}$$

式中:$I_B^2=\left[\frac{(bN_0+P_0)e\mu_pE}{L}\right]^2$ 为偏流大小;$b=\mu_n/\mu_p$ 为迁移率之比;N_0 为样品中的电子总数;P_0 为样品中的空穴总数;τ 为非平衡载流子寿命 $\tau=\tau_n=\tau_p$;Δf 为通带宽度;e 为电子电荷;E 为电场强度;L 为样品的长度。

对于非本征情况,设有 N 型半导体,自由电子总数为 N_0,其产生-复合噪声电流及电压均方根值分别为

$$\overline{i^2}=4I_B^2\cdot\frac{\tau\Delta f}{N_0(1+\omega^2\tau^2)} \tag{1.116}$$

$$\overline{u^2}=4I_B^2\cdot\frac{\tau\Delta f}{N_0(1+\omega^2\tau^2)}\cdot R^2 \tag{1.117}$$

此时,$I_B^2=\left[\frac{N_0e\mu_nE}{L}\right]^2$。

3）散粒噪声

【原因】:粒子的随机性出现。

构成粒子涨落的随机事件有物体辐射的或接收的光子数、阴极发射的电子数、半导体中的载流子数、光电倍增器的倍增系数等。这些粒子的随机性出现都会产生散粒噪声。

设在时间 τ 内,由 n 个独立的带电粒子构成的电荷为 ne,则电流为

$$i_n=ne/\tau$$

而平均电流为

$$I=\bar{i}_n=\bar{n}e/\tau$$

所以有

$$\overline{i_n^2} = \frac{e^2}{\tau^2}\Delta \overline{n}^2$$

由于粒子数服从泊松分布,所以 $\Delta\overline{n}^2 = \overline{n}$,$\overline{i_n^2} = \frac{e^2}{\tau^2}\overline{n} = \frac{eI}{\tau}$。

由于

$$\tau = \frac{1}{2\Delta f}$$

所以有

$$\overline{i_n^2} = 2eI\Delta f \tag{1.118}$$

式中:e 为电子电荷;I 为器件输出的平均电流值;Δf 为通带宽度。

4) $1/f$ 噪声

$1/f$ 噪声又称闪烁或低频噪声。这种噪声是由于光敏层的微粒不均匀或不必要的微量杂质的存在,当电流流过时在微粒间发生微火花放电而引起的微电爆脉冲。1/f 噪声的电流与电压均方值分别为

$$\overline{i^2} = \frac{K_f \cdot I^\alpha \cdot \Delta f}{f^\beta} \tag{1.119}$$

$$\overline{u^2} = \frac{K_f \cdot I^\alpha \cdot R^\gamma \cdot \Delta f}{f^\beta} \tag{1.120}$$

式中:K_f 为与元件制作工艺、材料尺寸、表面状态等有关的比例系数;α 为系数,它与流过元件的电流有关,其值通常取 2;β 为与元件材料性质有关的系数,其值为 0.8~1.3,大部分材料的 β 值取 1;γ 与元件阻值有关,一般为 1.4~1.7。

当其他参数不变时,i 和 u 与 $1/f$ 成比例,所以称为 $1/f$ 噪声。显然,频率越低,噪声越大,故也称低频噪声。

5) 温度噪声

【原因】:材料的温度起伏。

在热探测器件中必须考虑温度噪声的影响。当材料的温度发生变化时,由于有温差 ΔT 的存在,因而材料有热流量的变化 $\Delta\phi$,这种热流量的变化导致产生物体的温度噪声。温度为 T 的物体的热流量噪声均方值为

$$\overline{\Delta\phi^2} = 4AhkT^2\Delta f \tag{1.121}$$

式中:A 为传热面积;h 为传热系数[W/(m^2 · K)];k 为玻尔兹曼常数;T 为材料温度;Δf 为通带宽度。

温度噪声与热噪声在产生原因、表示形式上有一定的区别,主要区别在于:对于热噪声,材料的温度 T 一定,引起粒子随机波动,从而产生了随机电流 $\overline{i_n}$;对于温度噪声,材料温度变化 ΔT,导致热流量变化 $\Delta\phi$,此变化就表示了温度噪声的大小。

1.5.3 光电器件的空间分辨特性

光电器件的时间响应特性描述了光电器件对入射信号在时间域上的扩展情况,而光电器件对入射信号在空间域上的扩展情况用空间响应特性来描述。

对于光电成像器件来说，它不仅要区分入射信号的时间顺序，而且要区分入射信号的空间位置关系。人们都有这样的体会，两个相距较远的目标容易区分，而相距较近的目标难以区分。如果目标靠近到一定距离就无法区分。这说明有用信号随目标间距的减小而减小。目标之间的距离可以用空间频率来度量。

当光电成像器件接收幅值相等而空间频率不等的入射信号时，输出信号的幅值是不相等的。这种响应随入射信号的空间频率变化的关系称为空间频率特性。该特性表征了光电成像器件的空间传像能力。

时间频率是指一个周期量在单位时间内变化的周期数，与此对应，空间频率为一个周期量在单位空间（单位长度、面积、体积）上变化的周期数。以下就一维情况作具体说明。

如图 1-24 所示，设有亮暗相同的等宽条纹图案，其亮度 $L(x)$ 是周期函数。

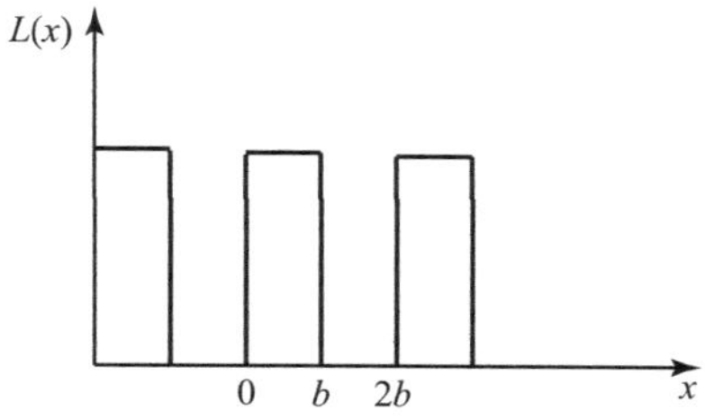

图 1-24　空间频率的概念表示

光电器件空间频率的表示方法有两种。

（1）用单位长度上的周期数表示，记为 f，有

$$f=\frac{1}{2b}\quad(\mathrm{lp/mm})$$

式中：b 为线条宽度；lp 为线对，每个线对包含一条亮线和一条暗线。

（2）用整个目标上的周期数表示，记为 f_t，有

$$f_t=f\cdot h$$

式中：h 为目标高度。

描述空间频率特性的方法主要有三种：空间分辨率、光学传递函数、混叠效应。本书重点介绍前两种。

1. 空间分辨率

对于两个相隔极近的物体，成像系统能够产生将其刚好分得开的像的能力。它反映了系统的成像和传像的能力。规定：用每毫米能分开的线对数的多少来表征空间分辨率。

通常所说的器件的分辨率，排除了人眼的限制。影响人眼分辨力的因素主要有三个：物体的亮度、视角及亮度对比度。在测试器件分辨率时，通常将标准分划板作为输入图案。它由黑白相间的矩形条纹图案组成，图案的对比度为 1，这样人眼看到的只是因器件的模糊作用而造成的输出图案。分划板包含许多组条纹，各组的空间频率不同。每组包含 4 个方向上的条纹组。测试时，若能同时分出 4 个方向上的条纹，则认定器件具有该组所对应的分辨率。

2. 光学传递函数

用分辨率评定器件的传像特性,优点是方便、简单、直观,但是也有缺点。其主要缺点有:①受主观因素影响;②只能给出极限结果,对其他频率的情况一概不知;③受人眼视场的限制,与实际情况不尽相同,尤其是对串联系统中的中间环节的评价更不合适;④极限分辨率模糊不清,难以确认;⑤不能排除伪分辨现象。鉴于以上缺陷,需要寻求更客观的科学评价方法,传递函数就是其中一种。

1) 传递函数的定义及表达式

由线性理论知道,对于一个线性系统,其输出函数与输入函数之间存在着确定的关系,这种关系的桥梁就是系统的传递函数。传递函数定义为输出函数的傅里叶变换同输入函数的傅里叶变换之比。

$$T(f)=\frac{F[u'(t)]}{F[u(t)]} \tag{1.122}$$

式中:$u(t)$为输入函数;$u'(t)$为输出函数。

在线性光电成像系统中,输出量和输入量均是空间位置函数,而不是时间函数,这样可以用传递函数来表征系统的空间传递特性。

根据传递函数的定义,线性光电成像系统的传递函数记为

$$O(f)=\frac{F[L'(x)]}{F[L(x)]} \tag{1.123}$$

式中:$L(x)$为输入函数,即物的亮度函数;$L'(x)$为输出函数,即像的亮度函数。由式(1.123)可知,只要知道物的函数分布及像的函数分布,对它们作傅里叶变换,即可得到传递函数。这里的关键是如何由物函数求像函数。为了保证线性条件及便于求解,系统应满足如下条件。

(1) 线性。线性即系统应满足亮度叠加原理。设

物的亮度函数 $L_1(x)$ → 像的亮度函数 $L'_1(x)$

物的亮度函数 $L_2(x)$ → 像的亮度函数 $L'_2(x)$

则应有　物的亮度函数$[L_1(x)+L_2(x)]$ → 像的亮度函数$[L'_1(x)+L'_2(x)]$

线性叠加原理反映了物像间的线性关系。线性条件可理解为增益的不变性。

(2) 等晕。等晕即在所考虑的范围内,器件处处有相同的像扩展能力,所以各处有相同的统一的点及线扩展函数,等晕条件反映了亮度扩展的空间不变性。

(3) 几何相似性。几何相似性是指物与像之间不发生几何变形。此外,为便于求解,设系统的几何倍率为1,即像的空间频率等于物的空间频率。

(4) 亮度增益为1。如果亮度增益不为1,也可得到同样的结果,但推导比较麻烦。

2) 对比度

对比度用$C(f)$来表示,定义为

$$C(f)=\frac{L_{\max}-L_{\min}}{L_{\max}+L_{\min}} \tag{1.124}$$

对于亮背景:

$$C(f)=\frac{L_{\max}-L_{\min}}{L_{\max}}$$

对于暗背景：

$$C(f)=\frac{L_{max}-L_{min}}{L_{min}}$$

式中：L_{max} 为输入物函数（或输出像函数）亮度最大值；L_{min} 为输入物函数（或输出像函数）亮度最小值。

3）对比传递函数

对比传递函数用 $R(f)$ 表示，定义为

$$R(f)=\frac{C'(f)}{C(f)} \tag{1.125}$$

式中：$C(f)$ 为物空间的对比度；$C'(f)$ 为像空间的对比度。对比传递函数同系统的质量、频率及波形有关。

4）光学传递函数 OTF(f)

设有理想的单根亮线入射在器件上，即输入物为 δ 函数，如图 1-25（a）所示，经器件扩展成像后，输出像函数为 $S(x)$，即单位冲激响应函数，通常称为线扩展函数，如图 1-25（b）所示。

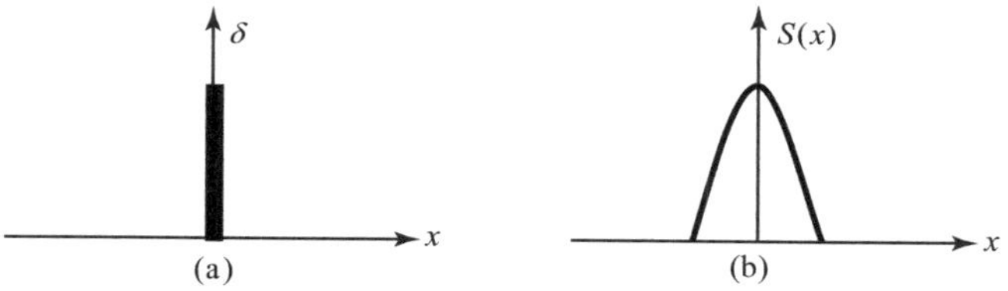

图 1-25　物函数及像函数（线扩展函数）

若物为一连续分布的亮度函数 $L(x)$，它可以看成许多亮线的叠加，每条亮线在像方均以线扩展函数的形式展开，其像函数为这些亮线扩展后的叠加，即

$$L'(x)=\int_{-\infty}^{\infty}L(u)\cdot S(x-u)\mathrm{d}u=L(x)*S(x) \tag{1.126}$$

这就是说，像函数为物函数同线扩展函数的卷积。由传递函数定义，可得成像系统的传递函数，称为光学传递函数，记为 OTF(f)，有

$$\begin{aligned}\mathrm{OTF}(f)=O(f)&=\frac{F[L'(x)]}{F[L(x)]}\\&=\frac{F[L(x)*S(x)]}{F[L(x)]}\\&=F[S(x)]\end{aligned} \tag{1.127}$$

由式（1.127）可知，成像系统的光学传递函数，就等于其线扩展函数的傅里叶变换。OTF(f) 通常用复数形式表示为

$$\begin{aligned}\mathrm{OTF}(f)&=\int_{-\infty}^{\infty}S(x)\cdot \mathrm{e}^{-\mathrm{j}\omega x}\mathrm{d}x\\&=\int_{-\infty}^{\infty}S(x)\cdot[\cos(\omega x)-\mathrm{j}\sin(\omega x)]\mathrm{d}x\\&=\int_{-\infty}^{\infty}S(x)\cdot\cos(\omega x)\mathrm{d}x-\mathrm{j}\int_{-\infty}^{\infty}S(x)\cdot\sin(\omega x)\mathrm{d}x\end{aligned}$$

$$= F_c(f) - jF_s(f)$$

$$= M(f) \cdot e^{-jP(f)} \tag{1.128}$$

其中

$$F_c(f) = \int_{-\infty}^{\infty} S(x) \cdot \cos(\omega x) dx \tag{1.129}$$

$$F_s(f) = \int_{-\infty}^{\infty} S(x) \cdot \sin(\omega x) dx \tag{1.130}$$

$$M(f) = \sqrt{F_c^2(f) + F_s^2(f)} \tag{1.131}$$

$$P(f) = \mathrm{arctg} \frac{F_s(f)}{F_c(f)} \tag{1.132}$$

式中:f 为空间频率;$F_c(f)$ 及 $F_s(f)$ 分别为线扩展函数 $S(x)$ 的傅里叶余弦变换和正弦变换;$M(f)$ 称为线扩展函数傅里叶变换的模,称为调制传递函数(MTF);$P(f)$ 为线扩展函数傅里叶变换的辐角,称为相位传递函数(PTF)。所以有

$$\mathrm{OTF}(f) = \mathrm{MTF} \cdot e^{-j\mathrm{PTF}} \tag{1.133}$$

5) OTF(f)同物像亮度对比的关系

设物函数为 $L(x) = L_0 + L_m \sin(\omega x)$,则像函数为

$$L'(x) = L(x) * S(x) = \int_{-\infty}^{\infty} L(u) \cdot S(x-u) du$$

$$= \int_{-\infty}^{\infty} L(x-u) \cdot S(u) du \tag{1.134}$$

将物函数代入式(1.134),有

$$L'(x) = \int_{-\infty}^{\infty} [L_0 + L_m \sin\omega(x-u)] \cdot S(u) du$$

$$= \int_{-\infty}^{\infty} L_0 \cdot S(u) du + L_m \int_{-\infty}^{\infty} \sin\omega(x-u) \cdot S(u) du$$

设 $\int_{-\infty}^{\infty} S(u) du = 1$,则有

$$L'(x) = L_0 + L_m \int_{-\infty}^{\infty} [\sin(\omega x) \cdot \cos(\omega u) - \cos(\omega x) \cdot \sin(\omega u)] \cdot S(u) du$$

$$= L_0 + L_m \int_{-\infty}^{\infty} [\sin(\omega x) \cdot \cos(\omega u) \cdot S(u) - \cos(\omega x) \cdot \sin(\omega u) \cdot S(u)] du$$

$$= L_0 + L_m \left[\sin(\omega x) \int_{-\infty}^{\infty} S(u) \cdot \cos(\omega u) du - \cos(\omega x) \int_{-\infty}^{\infty} S(u) \cdot \sin(\omega u) du\right]$$

$$= L_0 + L_m [\sin(\omega x) \cdot F_c(f) - \cos(\omega x) \cdot F_s(f)]$$

$$= L_0 + L_m \cdot M(f) \left[\sin(\omega x) \cdot \frac{F_c(f)}{M(f)} - \cos(\omega x) \cdot \frac{F_s(f)}{M(f)}\right]$$

$$= L_0 + L_m \cdot M(f) [\sin(\omega x) \cdot \cos P(f) - \cos(\omega x) \cdot \sin P(f)]$$

$$= L_0 + L_m \cdot M(f) \cdot \sin[\omega x - P(f)] \tag{1.135}$$

由式(1.135)知:

(1) 像的亮度的平均亮度不变,而振幅发生了变化,是物振幅的 $M(f)$ 倍;

(2) 像的分布仍是一个正弦波,且空间频率不变;

(3) 像相对于物分布有相位变化 $P(f)$；

(4) 由亮度对比度知：

$$物的对比度为\ C(f)=\frac{L_{max}-L_{min}}{L_{max}+L_{min}}=\frac{L_m}{L_0}$$

$$像的对比度为\ C'(f)=\frac{L'_{max}-L'_{min}}{L'_{max}+L'_{min}}=\frac{L_m}{L_0}\cdot M(f)$$

所以,对比传递函数为

$$R(f)=\frac{C'(f)}{C(f)}=M(f)=\text{MTF} \tag{1.136}$$

由式(1.136)可知,调制传递函数就等于正弦图案的对比传递函数。知道了调制传递函数 MTF,很容易由物的对比度算出像的对比度,即

$$C'(f)=C(f)\cdot \text{MTF}(f) \tag{1.137}$$

一般情况下 $0\leqslant \text{MTF}\leqslant 1$ 。

6) 串联系统的光学传递函数

设 $L_0(x)$ 为初始物的亮度分布,$L_n(x)$ 为 $L_0(x)$ 经 n 个系统所组成的像的亮度分布,则有

$$\begin{aligned}\text{OTF}(f)&=\frac{F[L_n(x)]}{F[L_0(x)]}=\frac{F[L_1(x)]}{F[L_0(x)]}\cdot\frac{F[L_2(x)]}{F[L_1(x)]}\cdot\cdots\cdot\frac{F[L_n(x)]}{F[L_{n-1}(x)]}\\&=\text{OTF}_1(f)\cdot\text{OTF}_2(f)\cdot\cdots\cdot\text{OTF}_n(f)=\prod_{i=1}^{n}\text{OTF}_i(f)\end{aligned} \tag{1.138}$$

而 $\text{OTF}(f)=\text{MTF}\cdot e^{-j\text{PTF}}$ 所以有

$$\begin{aligned}\text{OTF}(f)&=\text{MTF}_1\cdot e^{-j\text{PTF}_1}\cdot\text{MTF}_2\cdot e^{-j\text{PTF}_2}\cdot\cdots\cdot\text{MTF}_n\cdot e^{-j\text{PTF}_n}\\&=\text{MTF}_1\cdot\text{MTF}_2\cdot\cdots\cdot\text{MTF}_n\cdot e^{-j(\text{PTF}_1+\text{PTF}_2+\cdots+\text{PTF}_n)}\\&=\text{MTF}\cdot e^{-j\text{PTF}}\end{aligned}$$

其中

$$\text{MTF}=\prod_{i=1}^{n}\text{MTF}_i \tag{1.139}$$

$$\text{PTF}=\sum_{i=1}^{n}\text{PTF}_i \tag{1.140}$$

由式(1.138)~式(1.140)可知:串联线性系统的光学传递函数 OTF(f)等于各独立系统 OTF(f)之积,调制传递函数 MTF 等于各独立系统 MTF 之积,相位传递函数 PTF 等于各独立系统 PTF 之和。

7) 调制传递函数与方波对比传递函数的关系

由前面推导知,正弦波调制传递函数就等于对比传递函数,其实这只是一种特例,对于不同的输入波形,二者并无此特殊关系。在测试时,为了便于制作测试图案,往往采用方波亮度函数,所测结果为方波对比传递函数 $R(f)$。下面给出方波对比传递函数与调制传递函数的关系:

$$R(f)=\frac{4}{\pi}\cdot\left[M(f)-\frac{1}{3}M(3f)+\frac{1}{5}M(5f)-\cdots\right] \tag{1.141}$$

$$M(f)=\frac{\pi}{4}\cdot\left[R(f)+\frac{1}{3}R(3f)-\frac{1}{5}R(5f)+\cdots\right] \tag{1.142}$$

8) MTF的解析表达式

经过大量研究,多数光电器件具有如下形式的MTF经验公式:

$$M(f)=\exp\left[-\left(\frac{f}{f_c}\right)^n\right] \tag{1.143}$$

式中;f_c 为特征频率(频率常数),它表征MTF为 $1/e$ 时的频率;n 为器件指数。

器件指数反映了器件的质量,即决定了MTF曲线的形状。当 $n=2$ 时,曲线的形状为高斯型;当 $n<2$ 时,MTF曲线在高频区将优于高斯分布。常见的光电器件的 n 值如表1-2所列。

表1-2 常见的光电器件的 n 值

器件或元件	f_c(lp/mm)	n
光纤板(ϕ5.8μm)	96	1.7
光纤板(ϕ6μm)	80	1.8
荧光屏(P20)	46	1.1
MCP倒像管	5	1.4
一代单级管	36	1.6
EBS摄像管	10	1.4
返束视像管	50	1.6
柯达胶卷	160	0.6

对于由 k 个相同的线性器件或元件构成的串联复合系统,其总的 $M(f)$ 为

$$M(f)=\exp\left[-k\left(\frac{f}{f_c}\right)^n\right]=\exp\left[-\left(\frac{f}{f_{ck}}\right)^n\right] \tag{1.144}$$

所以复合系统与分系统的频率常数之间的关系为

$$f_{ck}=k^{-1/n}f_c \tag{1.145}$$

可见,分系统越多,复合系统的频率常数越小,MTF越差。

以上研究了光学传递函数和调制传递函数的基本问题。从中可以看出,传递函数不受主观因素影响,并可以给出不同频率上的像质信息。所以它能客观而全面地评价器件的成像质量。

此外,由调制传递函数也可以求出极限分辨率。通常取 $M(f)=0.03\sim0.05$ 时的频率为极限分辨率 f_{th}。如果取 $M(f)=0.03$,考虑到 $M(f)$ 的表达式,极限分辨率为

$$f_{th}=[-\ln 0.03]^{1/n}f_c=3.5^{1/n}f_c \tag{1.146}$$

1.6 光电器件主要参数的测试

在光电器件产品说明书中,通常提供的数据都是典型值,而每个器件的具体参数总会偏离典型值,尤其是长期使用的光电器件,随着时间的推移,这种偏离会非常明显。因此为了准确测定光电器件参数的实际值,也为了从成批的器件中挑选出优质器件,就需

要对器件进行测试。下面介绍几种目前通用的光电器件参数的测试方法。

1.6.1　响应率的测试

图 1-26 所示为红外探测器响应率的测试装置。辐射源为精确控制的 500K 黑体，斩波器对辐射进行调制，获得的调制频率为 1000Hz。探测器接收辐射后输出相应的电信号，电信号再通过放大器进行放大，最后由电表或示波器显示输出，也可通过锁相放大获得高信噪比的信号输出。

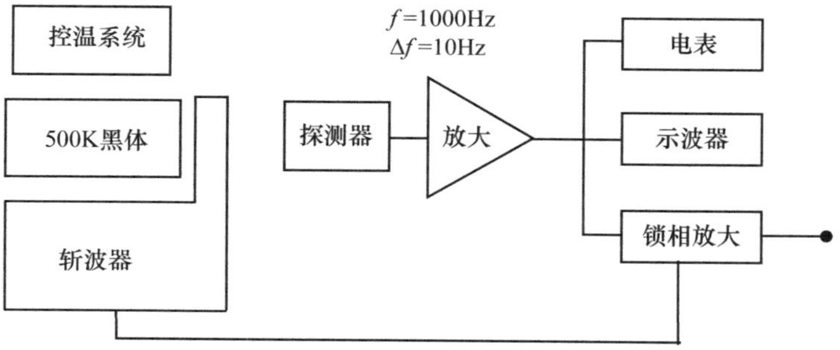

图 1-26　响应率测试装置示意图

探测器接收的辐射通量为

$$\bar{\phi}_e^s=\frac{\sigma_e(T_s^4-T_0^4)}{\pi}\cdot\frac{A_sA_d}{d^2}\cdot F_F \tag{1.147}$$

式中：ϕ_e^s 为探测器接收的辐通量基波分量的均方根值，如调制的波形为方波，用傅里叶级数展开式求得基波幅值，再用积分求其均方根；F_F 因子等于 0.45；T_s 为黑体色温；A_s、A_d 分别为黑体和探测器的有效面积；d 为两者间距。探测器的响应率为

$$R(500,1000)=\frac{V_s/K_a}{\phi_e^s}(V/W) \tag{1.148}$$

式中：K_a 为放大系数；V_s 为电表显示电压值。

1.6.2　光谱响应率函数的测试

图 1-27 所示为用替代法测定探测器相对光谱响应率函数的装置。光源 S 发出的光经反射镜 M_1 反射后进入单色仪，通过单色仪后获得单色辐射光。由单色仪出射的光线被分成两路，一路经 M_2、M_3 反射后，透过半反半透镜 H 入射到标准探测器 T 或被测探测器 D 上；另一路通过 M_2、M_3 及 H 反射到辅助探测器 A 上。从 A、T 或 D 输出的电信号均经数模（D/A）转换后输出数字量，并可直接输出它们的比值。

先在 T 或 D 的位置上安放标准探测器，A 的位置上安放辅助探测器，测出两者的信号比值，得

$$\gamma_1(\lambda)=\frac{V_A(\lambda)}{V_T(\lambda)}=\frac{\phi(\lambda)\rho(\lambda)S_A(\lambda)}{\phi(\lambda)\tau(\lambda)S_T(\lambda)}=\frac{\rho(\lambda)S_A(\lambda)}{\tau(\lambda)S_T(\lambda)} \tag{1.149}$$

式中：$\rho(\lambda)$ 为入射到 A 上的单色辐射的百分比；$\tau(\lambda)$ 为入射到 T 上的单色辐射的百分比。

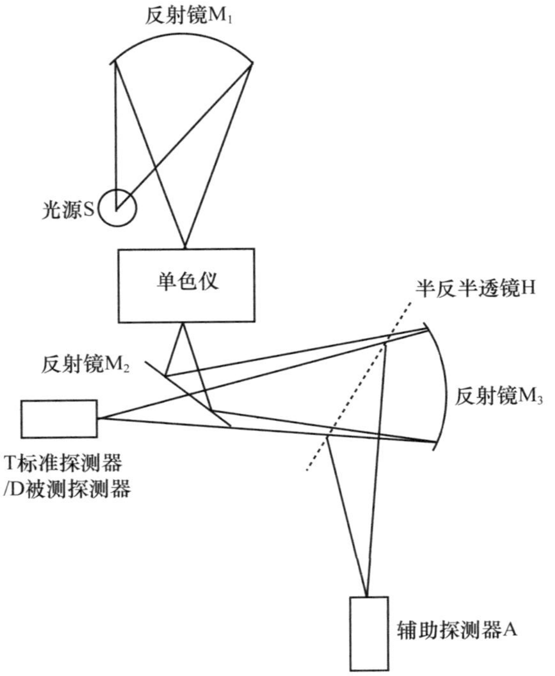

图 1-27　光谱响应率函数测试装置示意图

在同一位置上用被测探测器取代标准探测器,保持其他部分不变,再测出两者的信号比值,得

$$\gamma_2(\lambda)=\frac{V_A(\lambda)}{V_D(\lambda)}=\frac{\phi(\lambda)\rho(\lambda)S_A(\lambda)}{\phi(\lambda)\tau(\lambda)S_D(\lambda)}=\frac{\rho(\lambda)S_A(\lambda)}{\tau(\lambda)S_D(\lambda)} \tag{1.150}$$

再求出 $\gamma_1(\lambda)$ 与 $\gamma_2(\lambda)$ 的比值,有

$$\gamma(\lambda)=\frac{\gamma_1(\lambda)}{\gamma_2(\lambda)}=\frac{S_D(\lambda)}{S_A(\lambda)} \tag{1.151}$$

或

$$S_D(\lambda)=\gamma(\lambda)\cdot S_A(\lambda) \tag{1.152}$$

这样对 $\rho(\lambda)$ 和 $\tau(\lambda)$ 就不需要预先测定。只要标准探测器是非选择性探测器,如热电堆,辅助探测器有足够的波长响应范围,$\gamma(\lambda)$ 就代表了被测探测器的相对光谱响应率,在对峰值波长的响应率作归一化后,可获得被测探测器的相对光谱响应率函数。

这一方法的优点是消除了系统误差,提高了测量精度。

1.6.3　调制传递函数的测试

调制传递函数 MTF 的测试原理是根据它的定义或表达式而提出的。其主要的测试原理有以下几种。

1. 对比度法

因为调制传递函数 MTF 等于正弦图案的对比传递函数,所以只要测出正弦图案的物空间和像空间的对比度,而后相除就可求出对比传递函数即调制传递函数。如果其物的对比度为 1,其像的对比度就是调制传递函数 MTF。测试时,为了简便和易制作,可采用方波图案。首先测出方波对比传递函数,然后根据调制传递函数与方波对比传递函数的关系计算出调制传递函数。测量像的对比度可有两种方法:一种是用照相感光的方法拍摄输出图像,然后用光度计测出底片的透射比,从而计算出像的对比度;另一种是直接用狭缝扫描输出图像,经光电转换后显示或记录输出像的分布,从而算出对比度。

2. 光学模拟傅里叶变换法

由光学传递函数的定义可知,$\mathrm{MTF}=|F[S(x)]|$。所以对光电器件输入一个 $\delta(x)$ 的物函数,然后对其输出的像函数 $S(x)$ 进行傅里叶变换,其模就是 MTF。对 $S(x)$ 求傅里叶变换,可以用光学模拟法或者电学分析法。光学模拟法的整个过程是将狭缝的像直接投射在不同频率的正弦(余弦)板上,其作用公式为

$$F_c(f)=\int_{-\infty}^{\infty}S(x)\cos 2\pi fx\mathrm{d}x \tag{1.153}$$

及

$$F_s(f)=\int_{-\infty}^{\infty}S(x)\sin 2\pi fx\mathrm{d}x \tag{1.154}$$

正弦板扫描过程如图 1-28 所示,(a)图是 $f(x)$ 为 $S(x)$ 或 $\cos 2\pi N_x$ 的函数曲线,(b)图为光学模拟中,狭缝像直接投射在某一正弧(余弦)板上,调制后的曲线。测试时,使正弦板沿垂直狭缝的方向扫描,并将其透光量用光电倍增管转换成电信号,以供记录或显示。其输出波形如图 1-29 所示。取出各频率上的振幅,即 $F_c(f)$。如果 $S(x)$ 是对称函数,则 $F_c(f)$ 就是 MTF。

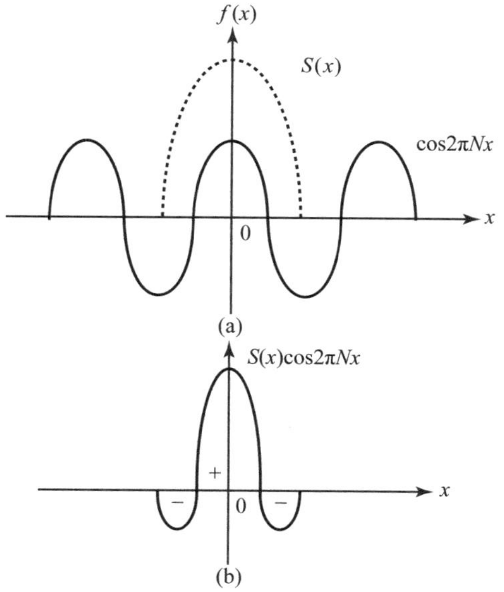

图 1-28　狭缝像投射于正弦板的调制过程

基于这种原理,根据 MTF 的定义,也可以把狭缝和正弦板对调位置,即用正弦图案作为物,用狭缝扫描它的输出像。另外,也可以固定狭缝而使物运动,同样可达到相对扫描的目的。但这种方法对惰性很大的光电器件不适用。

测试 OTF 或 MTF 时,狭缝不可能做得很窄。这样,若以狭缝为物,物函数就不是

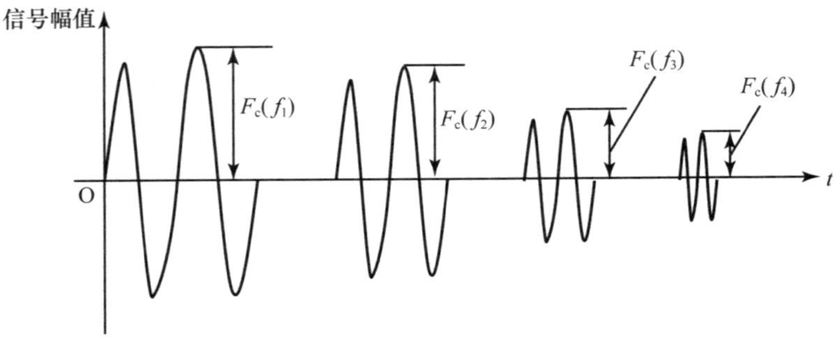

图 1-29　输出波形

$\delta(x)$函数。为此测试结果需要进行修正,有

$$\mathrm{OTF}(f)=\frac{F[L'(x)]}{F[L(x)]}$$

当$L(x)=\delta(x)$时,$L'(x)=S(x)$;当$L(x)\neq\delta(x)$时,$L'(x)\neq S(x)$。设狭缝亮度分布为矩形函数,即

$$L(x)=P(x)=\begin{cases}\dfrac{1}{b} & \left(|x|<\dfrac{b}{2}\right)\\[2ex] 0 & \left(|x|>\dfrac{b}{2}\right)\end{cases}$$

如图 1-30 所示。所以有

$$F[L(x)]=\frac{\sin\pi fb}{\pi fb} \tag{1.155}$$

$$\mathrm{OTF}(f)=F[L'(x)]\cdot\frac{\pi fb}{\sin\pi fb} \tag{1.156}$$

当狭缝宽度$b\to0$时,$\dfrac{\pi fb}{\sin\pi fb}\to1$;当$b>0$时,$\dfrac{\pi fb}{\sin\pi fb}>1$。

可见如果入射狭缝为有限宽度,它的像函数的傅里叶变换并不等于 OTF,应加修正因子。

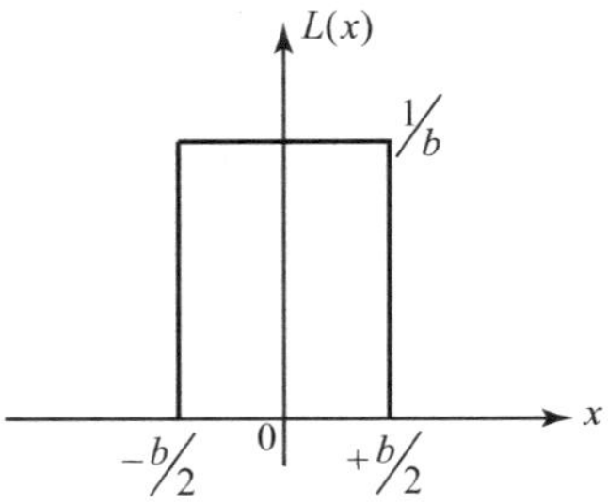

图 1-30　狭缝亮度分布

3. 刀口响应

由于光电器件对亮线的扩展作用,原来明暗清晰的图像边界变得模糊不清。模糊的程度可以用刀口响应函数来表征。以刀口形式输入的物,其亮度分布即阶跃函数$E(x)$。

其像的亮度分布即阶跃响应函数 $E'(x)$。由前面的讨论可知，将 $\delta(x)$ 作为物函数，得到的像是线扩展函数 $S(x)$。而 $\delta(x)$ 函数恰好是阶跃函数的导数，故 $S(x)$ 也必然是 $E'(x)$ 的导数，即

$$S(x)=\frac{\mathrm{d}E'(x)}{\mathrm{d}x} \tag{1.157}$$

刀口响应测试装置如图 1-31 所示。其中刀口和狭缝可以互换位置。测试时，用狭缝扫描刀口的像，取出 $E'(x)$，如图 1-32 所示，而后用 $E'(x)$ 定性或定量地评价像质。具体评定方法是：①看 $E'(x)$ 曲线的陡度，曲线越陡，器件成像质量越高；②由 $E'(x)$ 求出 $S(x)$，然后进行傅里叶变换，以得到 OTF 及 MTF。

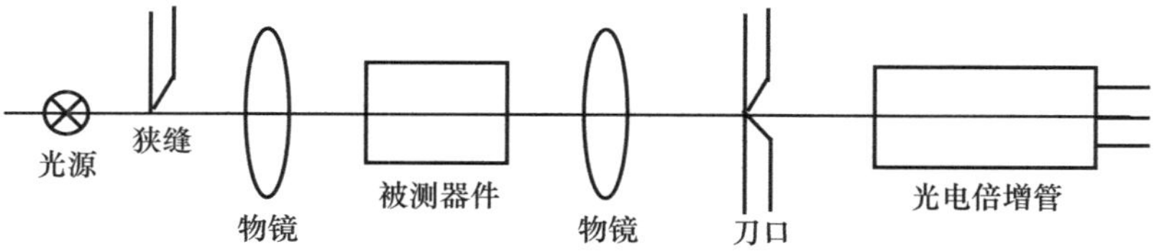

图 1-31　刀口响应测试装置

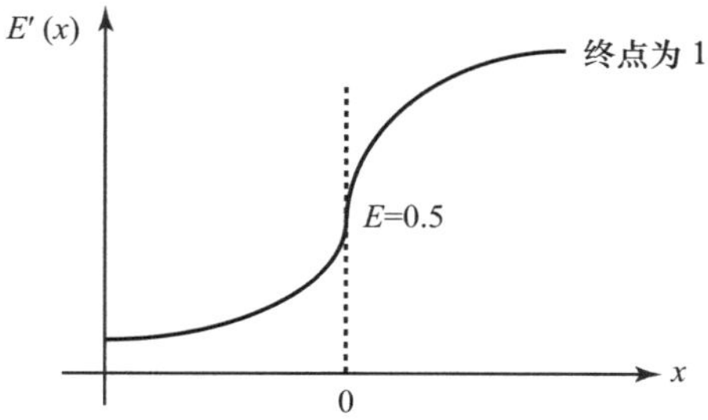

图 1-32　刀口响应函数

参考文献

[1]　杨应平. 光电技术[M]. 2 版. 北京：清华大学出版社，2023.

[2]　孟庆巨. 半导体器件物理[M]. 3 版. 北京：科学出版社，2022.

[3]　安毓英，刘继芳，李庆辉，等. 光电子技术[M]. 5 版. 北京：电子工业出版社，2021.

[4]　孙海金，杨国锋. 光电子器件及其应用[M]. 北京：科学出版社，2023.

[5]　方如章，刘玉凤. 光电器件[M]. 北京：国防工业出版社，1998.

[6]　张彤. 光电接收器件及其应用[M]. 北京：高等教育出版社，1987.

[7]　刘振玉. 光电技术[M]. 北京：北京理工大学出版社，1990.

[8]　缪家鼎，龚兆远，辛学耕. 光电技术基础[M]. 杭州：浙江大学出版社，1988.

[9]　汤定元，糜正瑜. 光电器件概论[M]. 上海：上海科学技术文献出版社，1989.

[10]　雷玉堂，王庆有，何加铭，等. 光电检测技术[M]. 北京：中国计量出版社，1997.

思考题与习题

1. 何为光电效应？光电效应分为哪几类？

2. 何为光电导效应？

3. 试推导公式 $\sigma_0 = e(n_0\mu_n + p_0\mu_p)$。

4. 何为光生伏特效应？简述光生伏特效应过程。

5. 何为信噪比？提高信噪比有哪几种方法？常用哪一种，为什么？

6. 如图 1-5 所示。图中的半导体是 I 型硅，有关尺寸 $d = 10\mu m$，$W = 2mm$，$L = 1cm$，施加电压 $V = 1V$，求在室温下通过半导体的电流以及它的阻值（提示：在室温（300K）下，硅的有关参数：$N_- = 2.8\times10^{19}$，$N_+ = 1.04\times10^{19}$，$E_g = 1.12eV$）。

第2章　发光器件及其应用

电致发光是通过电场或电流激发固体发光材料并使之发射光辐射的现象，是电能直接转换成光能的过程。利用这种现象制成的器件称为电致发光器件。目前，这类器件主要有发光二极管和半导体激光器等。

物体受激后，从不稳定的高能态回到低能态有两种方式：一是受激跃迁；二是自发跃迁。前者产生的发光称为受激辐射，后者产生的发光称为自发辐射。激光属于受激辐射，而一般的电致发光属于自发辐射。发光二极管和半导体激光器同属于结型电致发光器件，即注入式发光器件，本章将主要介绍这两种器件。

2.1　电致发光原理

2.1.1　电致激发过程

发光材料在电场或电流的作用下，能够由低能态过渡到高能态。即把光能转换成物体的热力学能。当由高能态回到低能态时，有可能发射光能。这一过程完成从电能到光能的转换。

根据发光材料的形态，电致发光分为结型、粉末型及薄膜型三种。对于结型电致发光，其激发过程是把电子送往导带，把空穴送往价带。根据输送的方式不同，电致发光又分为以下几种：①注入。靠对结区或势垒区施加正向偏压，以注入少数载流子。②雪崩。在雪崩现象出现之后，电子因吸收电能而进入导带。③隧道效应。靠隧道效应实现载流子注入。以下主要分析注入激发型。

2.1.2　辐射复合与非辐射复合过程

对于注入式结型发光而言，其复合过程与注入过程相反，即为实现电子同空穴结合的过程。在复合过程中，如果多余的能量以光的形式放出，则称为辐射复合；如果不以光的形式放出，则称为非辐射复合，又叫猝灭。如俄歇复合，表面复合或激发声子而变为热能，均属于非辐射复合过程。

在辐射复合过程中放出的多余能量同光波的关系为

$$\Delta E = h\nu = \frac{hc}{\lambda} \tag{2.1}$$

式中：ΔE 为光子的能量。它的大小由辐射复合过程决定。对于不同的复合过程，其值不同。

辐射复合分为：①带间复合；②边缘发射；③施主和受主的载流子复合；④深杂质能级复合；⑤激子复合等方式。以下简要说明各种辐射复合和非辐射复合的基本过程。

1. 辐射复合

1）带间复合

带间复合即电子直接从导带跃迁到价带，同那里的空穴复合，同时发射光子。由于这种跃迁是在两个能带之间进行的，起始点均有一定范围，因而发光具有一定谱带。

带间复合分为直接带隙复合及间接带隙复合。在直接带隙复合过程中，由于导带最小值与价带最大值具有相同的电子波矢，故跃迁前后，电子波矢基本不变。这一过程只伴随着光子的产生。因此又称一级过程或直接跃迁型，如图2-1所示。而在间接带隙复合过程中由于导带最小值与价带最大值的波矢 $\boldsymbol{k}$ 值不同，电子跃迁前后，波矢发生较大变化，因此在跃迁过程中，除了产生光子之外，还伴随着声子跃迁过程，如图2-2所示。声子的动量与电子同数量级。因为这种跃迁有声子参加，故称二级过程或间接跃迁型。间接跃迁型的概率较小。

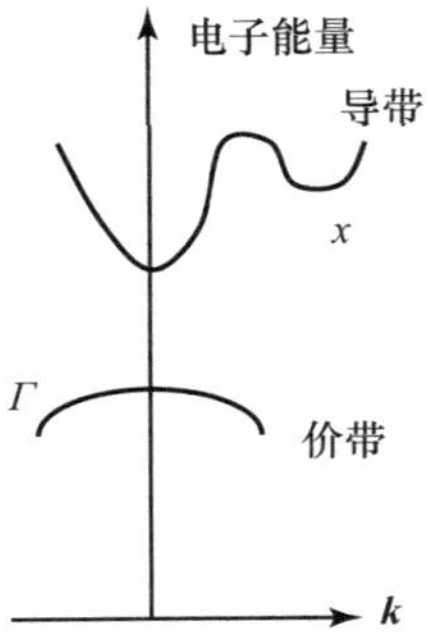

图2-1　直接带隙复合能带特征

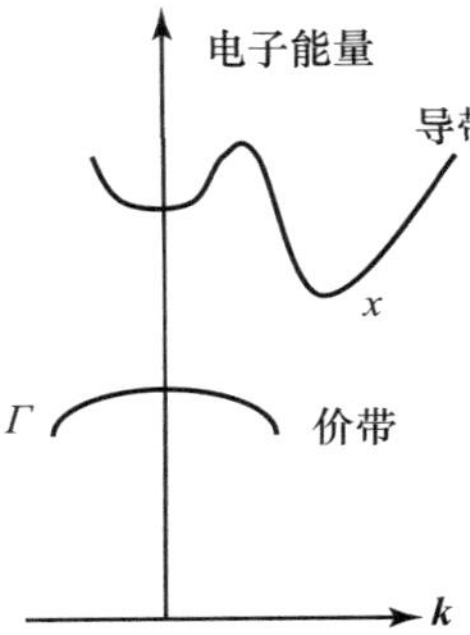

图2-2　间接带隙复合能带特征

2）边缘发射

边缘发射也是一种辐射复合过程。它是由浅施主所俘获的电子同价带空穴复合，或浅受主所俘获的空穴同导带电子复合的过程。由于是浅杂质能级，因此载流子跃迁范围同禁带宽度相差不多，但是由于浅杂质的中间作用，将影响发光效率。

3）施主和受主的载流子复合

在这种复合过程中，跃迁距离当然小于禁带宽度。

4）深杂质能级复合

在这种复合中，跃迁距离远小于禁带宽度，故辐射光子波长较长。但是往往由于深杂质，发光效率降低。

5）激子复合

激子，即晶体中电子和空穴的结合体。它是晶体中原子的一种中性激发态。当它释放出所存储的能量时，产生激子复合发光。因为激子能够引起电子和空穴的复合发光，从而提高发光效率。

2. 非辐射复合

1）多声子跃迁

电子和空穴复合时放出的能量，可以使晶格振动，产生声子。如果禁带中有许多杂质能级，可以在电子跃迁时，依次激发出许多声子。这一过程叫作声子跃迁。声子跃迁的结果,是电子放出的能量转变为晶格振动能。

2) 俄歇复合

当晶体中的电子和空穴复合时,可能把多余的能量传给第三个载流子。获得能量的载流子又会产生多声子过程。这种复合称为俄歇复合。

另外,还存在许多其他的非辐射复合过程。只要有非辐射复合中心存在,如杂质缺陷等,就可能产生非辐射复合。

2.1.3　注入式半导体发光器件的量子效率

对于注入式半导体发光器件,希望以少的注入载流子而得到多的输出光子。但是并非所有的注入载流子都能产生辐射复合而发出光子;也并非每个辐射光子都能到达体外。为了衡量发光过程的发光能力,已定义了多种发光效率。

发光二极管的量子效率的定义方式,在各处不尽相同。总的量子效率是由各个分过程决定的。这些过程包括注入电子的多少、因复合而产生内光子数的多少、射出晶体的光子数的多少。对于各分过程曾定义了与之相对应的量子效率。

1. 内量子效率

内量子效率用 η_{in} 表示,它定义为辐射复合时产生的内光子数 N_{pi} 与激发时注入的电子空穴对数 N_{eh} 之比,即

$$\eta_{in}=\frac{N_{pi}}{N_{eh}}=\frac{\text{单位时间的内光子数}}{\text{单位时间注入的电子空穴对数}} \tag{2.2}$$

有时又把 η_{in} 称为辐射发光效率。对于直接跃迁来说,η_{in} 取决于辐射复合和非辐射复合的载流子的寿命。η_{in} 可表示为

$$\eta_{in}=\frac{1/\tau_R}{(1/\tau_R+1/\tau_{NR})}=\left(1+\frac{\tau_R}{\tau_{NR}}\right)^{-1} \tag{2.3}$$

式中:τ_R 为少数载流子的辐射复合寿命;τ_{NR} 为少数载流子的非辐射复合寿命。

由上式可以看出,要提高内量子效率,应尽量增大 τ_{NR},使 $\tau_{NR}\gg\tau_R$。

对于间接跃迁,情况要复杂得多。由间接跃迁可知,增加发光中心浓度,减少猝灭中心浓度是提高 η_{in} 的重要途径。另外,发光中心的电离能要适当,不能太小,否则载流子容易产生再激发,而不产生复合。一般来说,直接跃迁比间接跃迁具有更大的复合概率。

2. 注入量子效率

注入量子效率用 η_i 表示,它定义为注入 PN 结的电子电流(或空穴电流)与总电流之比,即

$$\eta_i=\frac{I_n}{I_n+I_p+I_R} \tag{2.4}$$

式中:I_n 为由 N 区注入 P 区的电子电流;I_p 为由 P 区注入 N 区的空穴电流;I_R 为注入载流子在耗尽层中的复合电流。

对于 N^+P 结,因为

$$\eta_i=\frac{nL_n/\tau_n}{nL_n/\tau_n+pL_p/\tau_p+I_R} \tag{2.5}$$

所以有

$$\eta_i = \frac{N_d(kT\mu_n/e\tau_n)^{\frac{1}{2}}}{N_d(kT\mu_n/e\tau_n)^{\frac{1}{2}} + N(kT\mu_p/e\tau_p)^{\frac{1}{2}} + I_R} \tag{2.6}$$

式中:N_d 为施主杂质数;N 为自由电子数。由式(2.4)~式(2.6)可以看出,提高注入量子效率的各种途径。

3. 光出射效率

在晶体内部,因辐射复合而产生的光子还能全部射出晶体。这是因为它还要经受内部吸收和界面反射损失。通常定义光出射效率 η_{ou} 为从晶体射出的光子数 N_{op} 与辐射复合产生的光子数 N_{ip} 之比,即

$$\eta_{ou} = \frac{N_{op}}{N_{ip}} \tag{2.7}$$

4. 外量子效率

外量子效率用 η_w 表示,它定义为输出光子数 N_{op} 与注入电子空穴对数 N_{eh} 之比,即

$$\eta_w = \frac{N_{op}}{N_{eh}} \tag{2.8}$$

因为输出光子数等于辐射复合产生的光子数与出射效率 η_{ou} 之积,故 $\eta_w = \eta_{in} \cdot \eta_{ou}$

综合上述几个方面,可得到全过程的总效率:

$$\eta = \eta_i \cdot \eta_{in} \cdot \eta_{ou} = \frac{N_{op}}{N_e} \tag{2.9}$$

式中:N_e 为总电流电子数。

根据量子效率 η 的定义,举例说明发光二极管量子效率的大小。

设光源发射的光为单色光,则有

$$\eta = \frac{\phi_{e\lambda} \cdot \lambda \cdot e}{hcI} = \frac{\phi_{e\lambda} \cdot \lambda}{I} \cdot \frac{10^6}{1.24}(\mathrm{A/mW}) \tag{2.10}$$

式中:$\phi_{e\lambda}$、λ 分别为辐射功率谱密度及辐射波长;I 为通过二极管的总电流。

$\phi_{e\lambda}$ 的大小常采用光电池进行测量。设光电池量子效率为 η_b,则有

$$\eta_b = \frac{I_{psc}hc}{\phi_{e\lambda} \cdot \lambda e} = \frac{I_{psc}}{\phi_{e\lambda}\lambda} \cdot \frac{1.24}{10^6}(\mathrm{mW/A})$$

式中:I_{psc} 为光电池的短路电流。所以 $\phi_{e\lambda} = \frac{I_{psc}}{\eta_b\lambda} \cdot \frac{1.24}{10^6}$,将此式代入式(2.10)得到:

$$\eta = \frac{I_{psc}}{I\eta_b}$$

由此可见,用光电池很容易测得发光效率 η。例如,对 GaAs 发光二极管,$I = 300\mathrm{mA}$,测得 $I_{psc} = 10.5\mathrm{mA}$,而 $\eta_b = 70\%$,故得到 $\eta = 0.05$。

2.2　发光二极管结构与原理

2.2.1　发光二极管的结构原理

20 世纪 20 年代,陆西夫(Lossev)在以碳化硅(SiC)天然晶体为基体制成的二极管中,发现了场致发光现象;1962 年,在正向偏压下的砷化镓二极管中发现了载流子的强辐射复合;同年,在这种材料中又发现了受激发射,此时,发光二极管(LED)才真正被重视,并开始使用。

发光二极管的发光主要是复合发光,即在本征型半导体中是自由电子和自由空穴的带间复合,在非本征型半导体中,是通过复合中心的复合而发光。可见,要发光必须具备自由电子和自由空穴。使导带内有过剩电子和价带内有过剩空穴的简便方法是,用半导体材料制成 PN 结。由于热激发的作用,即使 PN 结不加正向偏置,导带和价带中也会有电子和空穴存在,因而也会有复合发光。但是,由于这些电子和空穴并非过剩的,虽也存在复合发光,但发出的光立即在晶格中被吸收而激发出别的电子,也就是说平衡态下的电子和空穴对发光没有贡献。因此,过剩电子和空穴是发光的必要条件。用图 2-3 来说明发光二极管的结构与发光机理。当发光二极管的两端加上一定的正向偏压时,PN 结势垒将降低,降低的数值为所加的正向偏压。势垒的降低破坏了空间电荷区的平衡状态,使靠近结区的少数载流子浓度发生变化,促使电子、空穴的相对流动。电子在正向偏压作用下被注入 P 区,空穴被注入 N 区,其结果是两个区域中的少数载流子浓度比无正向偏压时大幅增加,这就加速和增加了电子与空穴的相互复合,其中一部分高能电子直接从导带进入价带,与价带中的空穴复合,此时,电子便以光子的形式释放出对应于禁带宽度的能量(约 3eV),此时直接复合发光。

(a) 结构　　(b) 发光原理

图 2-3　青色 SiC 发光二极管结构与发光原理

另一部分电子通过杂质能级 E_D 和铝(Al)进行复合而发出能量约 2.58eV 的光子,此即间接复合发光。在碳化硅 SiC 发光二极管中,主要是这种类型的发光,与此光子能量对应的波长为 480nm,视感为青色。实际上,直接复合的发光波长 λ 可表示为

$$\lambda = \frac{hc}{E_g} = \frac{1.24}{E_g}(\mu m) \tag{2.11}$$

式中:h 为普朗克常数;c 为真空中的光速;E_g 为禁带宽度(eV)。

2.2.2 发光二极管的材料选择

为了得到高的量子效率,发光二极管的材料除应具有高的激发能力和辐射复合概率外,还应具有低的全反射和吸光能力。这就要求材料要有合适的禁带宽度或电离能、尽量低的非辐射复合中心浓度、纯度高。同时还要兼具机械、化学、加工处理等方面的良好性能。由于人眼所能感觉的光波长在380~760nm,即只有禁带宽度大于1.628eV的半导体材料才能用来制作可见光发光二极管。硅和锗的禁带宽度分别为1.12eV和0.6eV,重要的是它们均为非直接跃迁材料,因此,不能用来制作发光二极管。目前最常用的发光二极管材料是Ⅲ-Ⅴ族化合物,如砷化镓(GaAs)、镓砷铝($Ga_{1-x}A_xAs$)、磷化镓(GaP)、磷砷化镓($GaAs_{1-x}P$)以及前面介绍的SiC等。磷砷化镓是由一种直接跃迁型材料砷化镓和间接跃迁型材料磷化镓以一定比例组合而成的晶体,这种材料的禁带宽度随着组分值X的不同而不同。有两个极端情况,当$X=0$时,为GaAs,此时E_g为1.4eV;当$X=1$时,为GaP,此时E_g为2.25eV。可见,改变组分X,器件的发光波长可以从565nm(GaP)变至900nm(GaAs);当$X=0.405$时,材料由直接跃迁变化为非直接跃迁。镓铝砷是由砷化镓和砷化铝(AlAs)以一定比例组合而成的晶体,这种晶体的禁带宽度、组分的关系及所制成的发光二极管的发光效率类似于磷砷化镓组合晶体。对于SiC发光二极管,尽管发光效率很低,但它可以产生可见光内大部分波长的光,在高温下,可发射对应于禁带宽度的蓝光;在低温下,可发射绿色光或黄色光。除了上面介绍的几种发光材料外,还有一些其他制作发光二极管的材料,如InP_xAs_{1-x}和$In_xGa_{1-x}As$,只要以适当的比例组合,就可以得到从蓝色光到近红外光的各种发光二极管。表2-1列出了制造发光二极管的主要半导体发光材料的特性。

表2-1 某些半导体发光材料的主要特性

半导体发光材料	禁带宽度/eV	发射波长/nm
ZnS	3.6	340
SiC	2.8	480等
GaP	2.25	565,680
GaAs	1.4	900
CuSe-ZeSe	—	400~630
InP	1.17	920
$Zn_xCd_{1-x}Te$	—	590~830
$GaAs_{1-x}P_x$	—	550~900
InP_xAs_{1-x}	—	910~3150
$In_xGa_{1-x}As$	—	850~3150

2.2.3 发光二极管使用须知

(1) 熟悉各种LED的特性。根据有关LED的特性选择符合设计要求的LED。

(2) LED是一种电流控制器件,对电源电压无特殊要求,但必须使流经LED的正向电流小于最大正向工作电流,即一定要有限流措施。

(3) 发光管的驱动电流可以是交变的也可以是恒定的。脉冲电流驱动可提高 LED 的发光效率,但必须考虑 LED 的时间响应。

(4) 安装时,焊接时间不宜过长,在 260℃时一般在 3s 左右,并且最好用镊子夹住管脚,防止热量传至管心使发光亮度下降,甚至烧坏。

(5) 不要在管脚的根部弯曲,以免引起内部断丝或根部断脚而使发光失效。

(6) 绝不允许在超过极限参数的情况下使用,不然,轻则影响管子的使用寿命,重则损坏管子。

2.3　发光二极管的特性与参数

发光二极管的主要特性有伏安特性、光谱特性、发光特性、温度特性、辐射效率等。

2.3.1　伏安特性

发光二极管的两个重要参数是它的正向电流和正向电压。就整个伏安(I-V)特性而言,发光二极管与普通二极管大致相同,只是在正向特性的上升速度上略有差异。当所施加正向电压未达到开启点电压时,几乎无电流通过,但电压一超过开启电压时,电流急剧上升,电流电压几乎呈线性关系,即发光二极管呈现欧姆导通特性,如图 2-4 所示。发光二极管的开启点电压通常称作正向电压,它决定于制作器件的材料的禁带宽度,例如:GaAsP 红色 LED 约为 1.7V,而 GaAsP 绿色 LED 约为 2.2V。LED 的反向击穿电压一般大于 5V,但为使器件长时间稳定而又可靠地工作,安全使用电压选择在 5V 以下。

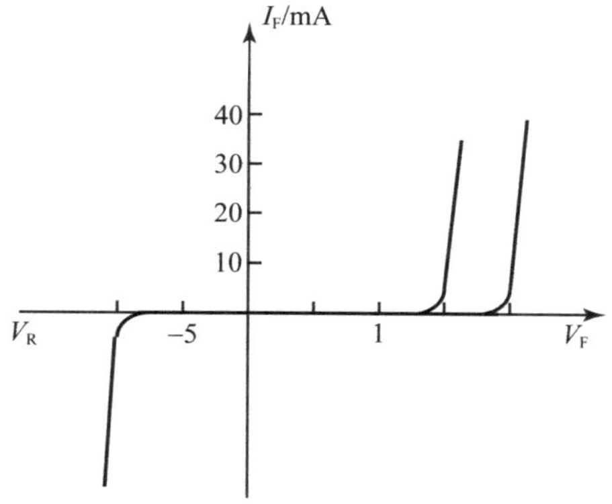

图 2-4　发光二极管 I-V 特性

2.3.2　光谱特性

前面谈到,发光二极管发光前后的能量差大体上与材料的禁带宽度 E_g 相对应,这说明,发光二极管发射光谱的峰值波长是由发光材料的 E_g 或电离能 E_i 决定的。但事实上,对于大多数半导体发光材料来说,在发射光逸出界面进入空气之前已经过多次反射,造成短波长光的大量吸收,所以与峰值波长相对应的光子能量要小于发光材料的禁带宽度。发光材料的折射率越大,光损失越大,造成的这种偏移也就越大。

发光二极管的光谱特性可用图 2-5 来描述。发光光谱有两个特点:一是峰值波长 λ_P

直接决定着发光二极管的发光颜色;二是半宽度 $\Delta\lambda$,即在光谱特性曲线上相对发光强度为 50%处的两点所对应的谱线宽度,它决定了光辐射的纯度,半宽度越窄,发光越纯,即单色性越好。

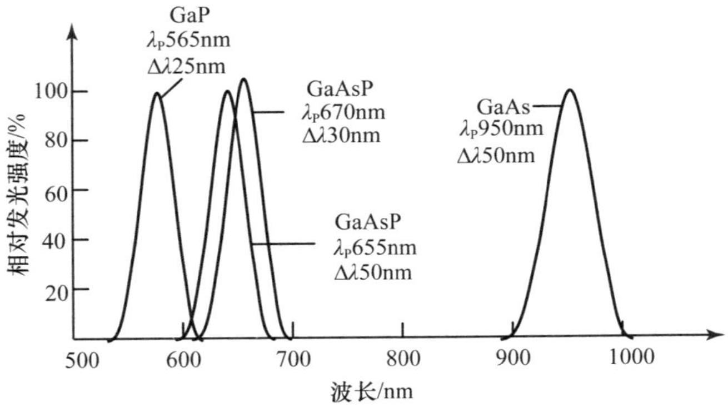

图 2-5　发光二极管的光谱特性

几种典型的发光二极管的峰值波长如表 2-2 所列。

表 2-2　发光二极管峰值波长

材料	GaAs	GaAsP	GaAsP	GaAsP	GaP
颜色	红色	红色	橙色	黄色	绿色
峰值波长/nm	940	650	610	590	560
电压/V	1.4	1.6	2	3	3

2.3.3 发光特性

发光特性是指发光二极管的发光强度 I_v 或辐射强度 I_e 随正向电流的变化规律。图 2-6 给出了发光二极管发光强度 I_v 与正向电流 I_F 之间的关系曲线。

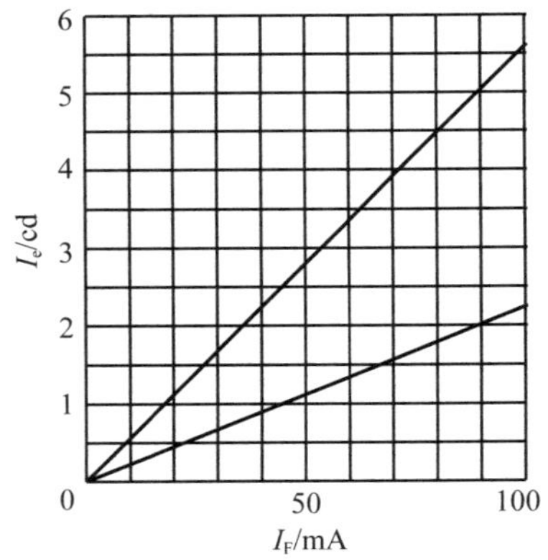

图 2-6　LED 的发光特性

发光二极管的发光强度随观察角度的不同而不同,其中轴向发光强度最强,逐渐偏离轴线方向,发光强度也相应减弱,这种发光强度随观察角不同而变化的曲线称为发光强度的角分布曲线。角分布曲线与封装有关,图 2-7(a)所示为不同封装窗口的 LED 的角分布曲线,具有曲线 1 特性的发光二极管结构如图 2-7(b)所示,头部有一个半圆形的透镜,起聚光作用,因此,发散角很小;具有曲线 2 特性的发光二极管的结构如图 2-7(c)所示,窗口无透镜,发散角很大。哪种好,这要看具体的使用场合。在发光特性中,发光二极管的光色及光亮度是非常重要的特性,表 2-3 列出了常用发光二极管的发光特性。

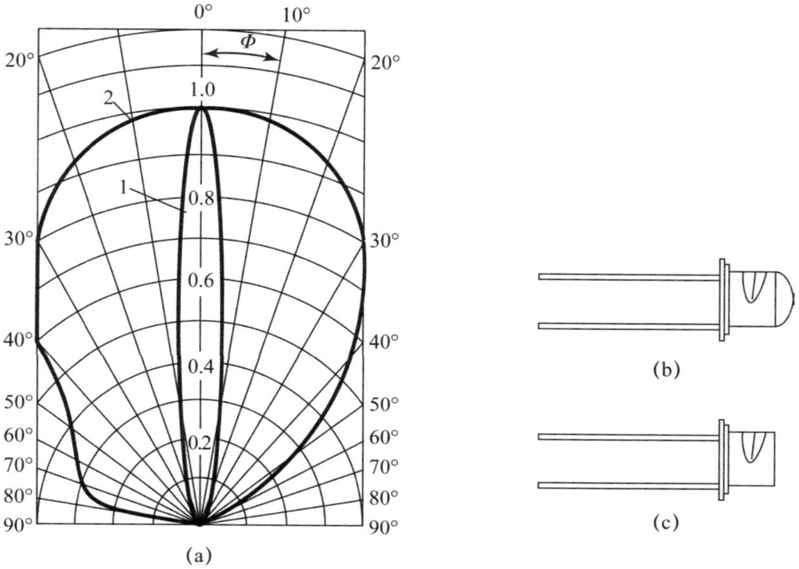

图 2-7　发光二极管的角分布曲线

表 2-3　常用发光二极管的发光特性

构造	峰值波长	光色	光亮度/mcd(I_p=20mA)
GaP/GaP	555	绿色	50
GaP:N/GaP	565	绿色	120
$GaAs_{0.15}P_{0.85}$:N/GaP	585	黄色	120
$GaAs_{0.25}P_{0.75}$:N/GaP	610	橙色	80
$GaAs_{0.35}P_{0.65}$:N/GaP	625	红色	100
$GaAs_{0.65}P_{0.35}$:N/GaP	660	红色	220
GaP:ZnO/ GaAs	700	红色	50

2.3.4　温度特性

发光二极管的光谱特性、发光特性、正向电压以及工作电流均与温度有关。峰值波长与温度的关系如图 2-8 所示。由于温度 T 时的禁带宽度 E_g 与 0K 时的禁带宽度 E_{g0} 有如下关系:

$$E_g = E_{g0} - kT \tag{2.12}$$

式中:k 为随材料不同而不同的常数,但大致为 4×10^{-4}eV/K。

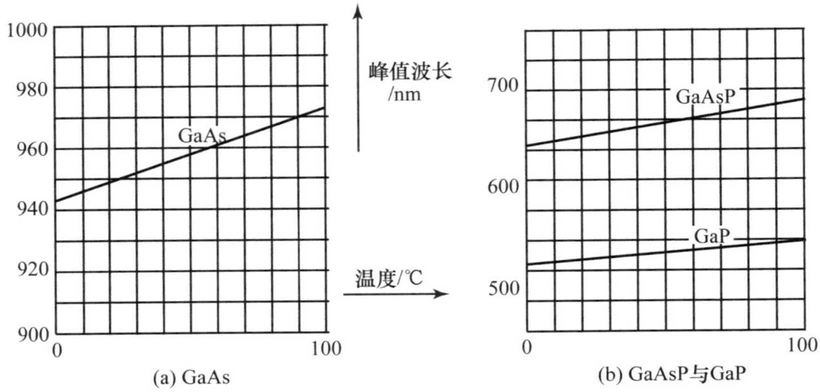

图 2-8 峰值波长与温度的关系

式(2.12)表明,温度升高将使 E_g 减小,从而使发光(或辐射)光谱的峰值波长增加。E_{g0} 越小,这种变化越明显,如图 2-8 中发红光的 GaAs 和 GaAsP 的峰值波长随温度的变化率约 0.3nm/K;而发绿光的 GaP 发光二极管的峰值波长随温度的变化率只有 0.15nm/K。

发光强度 I_v(或辐射强度 I_e)随温度的变化规律如图 2-9 所示。可以看出,GaAsP 的 I_v 随温度的变化率(温度系数)约为-0.8%/K;GaP 为-0.55%/K;GaAs 的 I_e 的温度系数约为-0.55%/K。为了获得较强而又稳定的发光强度,最好能降低或维持 PN 结的工作温度。

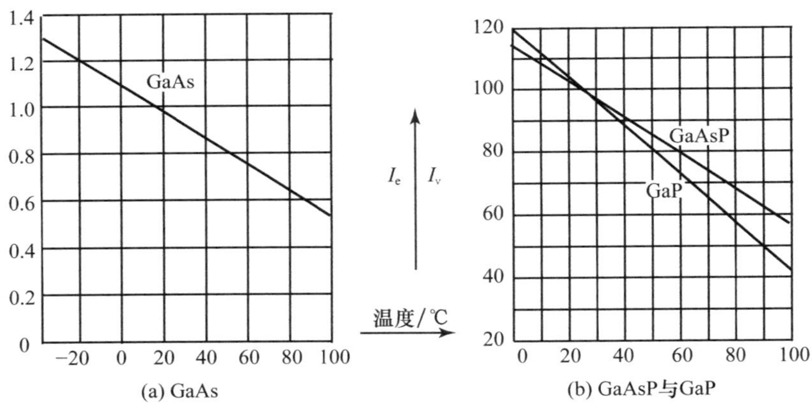

图 2-9 发光(辐射)强度与温度的关系

2.3.5 辐射效率 η_e

发光二极管的辐射效率定义为辐射功率 ϕ_e 与输入电功率 P 之比,即

$$\eta_e = \frac{\phi_e}{P} \tag{2.13}$$

而 $\phi_e = IU_e$,其中 U_e 为降在 PN 结上的电压,I 为流入器件的总电流。

由于热功率:

$$P = I^2R$$

式中:R 为材料和接触区的总电阻。

$$\eta_e = \frac{U_e}{IR + U_e} \tag{2.14}$$

由此可见,为了提高 η_e,可采取两方面的措施:一是尽量降低热功率。其办法是减少接触处的电阻,减少无辐射复合电流。二是尽量增大辐射功率。其方法是增大通过PN结的扩散电流,即增加由N到P的电子、由P到N的空穴。如果发光是以某一区(N区或P区)为主,则只有一种扩散电流是主要的。例如,以P区为主,则应主要考虑由N区扩散到P区的电子。这些电子同P区的空穴复合而发光。为此应提高N区的施主浓度,并适当增加P区受主浓度。

另外,为了使光能能够射出晶体,应尽量减少吸收及全反射损失。为了减少吸收,结区不能太深;但是也不能太浅,否则注入的载流子将来不及充分复合而流出。所以结深应有一个最佳值。

在正向偏压下,由扩散方程得到的P区电子浓度分布为

$$n(x) = n_{p0} + n_{p0}\left[\exp\frac{eU}{kT} - 1\right]\exp\left(-\frac{x}{L_n}\right) \tag{2.15}$$

当 $\exp(eU/kT) \gg 1$ 时:

$$n(x) = n_{p0}\left[1 + \exp\left(\frac{eU}{kT}\right)\exp\left(-\frac{x}{L_n}\right)\right] \tag{2.16}$$

可见 $n(x)$ 随 x 增大而减小,减少量用于产生辐射复合,所以辐射同 dn/dx 成正比。设P区厚度为 d_p,x 处的光吸收与 $\exp(-\alpha d_p)/\exp(-\alpha x)$ 成正比;而 x 处的发光又与 $n(x)$ 成正比,故同时考虑发光和吸收两方面的作用,输出辐射功率为

$$\phi_e = C\int_0^{d_p}\frac{\partial n}{\partial x}\exp[-\alpha(d_p - x)]dx \tag{2.17}$$

式中:C 为常数。使 ϕ_e 取得最大值时的最佳 d_p 值可由 $d\phi_e/dx=0$ 得到,有

$$d_{pm} = \frac{L_n}{\alpha L_n - 1}\ln(\alpha L_n) \tag{2.18}$$

对于GaAsP发光二极管,$\alpha = 700\text{cm}^{-1}$,$L_n = 1\mu\text{m}$,得到 $d_{pm} = 2.5\mu\text{m}$。

除了上面介绍的一些特性外,发光二极管还有响应时间、寿命等指标。响应时间的定义与光电器件相似,就上面介绍的GaAs、GaAsP及GaP发光二极管而言,它们的响应时间(上升和下降时间)分别为1μs、5ns及50ns。发光二极管的寿命是指发光亮度变为初始值的1/2所经历的时间。在通常情况下,寿命将随工作电流的增大、温度的升高而急剧下降。

2.3.6 发光二极管的参数

表2-4列出了发光二极管的一些主要参数,包括电气参数、光学参数、极限参数和机械参数四大类。该表中未列入机械参数,它包括外形、结构尺寸、封装材料等,另外,测试条件也不尽相同,各生产厂略有差异。

表 2-4 发光二极管参数表

类别	参数名称	定义	测试条件	符号	单位
电气参数	正向电流	正向导通时,流过 PN 结的正向电流(典型应用值)		I_F	mA
	正向压降	正向导通时,在 PN 结上产生的电压降	$I_F=20mA$	V_F	V
	反向电流	额定反向电压下,流过器件的电流	$V_R=3V$	I_R	μA
	结电容	PN 结电容	0V,1MHz	C_0	pF
	响应时间	上升(或下降)到极大值某一比例所需时间	63%或 37%	$t_r(t_f)$	ns
光学参数	峰值波长	发射光谱中与最大能量对应的波长	$I_F=20mA$	λ_p	nm
	半宽度	相对发光强度为 50%处所对应的谱线宽度	$I_F=20mA$	$\Delta\lambda$	nm
	发光(或辐射)强度	一定正向电流下,发光二极管的发光(或辐射)强度	$I_F=20mA$	I_v (I_e)	mcd (W/sr)
	λ_p 温度系数	发射光谱的峰值波长随温度的变化规律	$I_F=20mA$	TC	nm/K
	$I_v(I_e)$ 温度系数	$I_v(I_{ec})$ 随温度的变化规律	$I_F=20mA$	TC	%/K
极限参数	正向电流	所能承受的最大工作电流		I_F	mA
	耗散功率	所能承受的最大电功率		P_C	mW
	反向耐压	达到某一反向电流时的反向电压值	$I_R=10\mu A$	V_B	V
	最高结温	管心所能允许的最高温度		T_j	℃

2.4 半导体激光器

激光器的种类很多,目前主要有气体激光器、化学激光器、固体激光器、受激辐射激光器、拉曼激光器以及半导体激光器。同其他激光器相比,半导体激光器具有体积小、效率高、易调制、激光波长与接收器容易匹配、结构简单、制作容易、力学性能好以及寿命长等优点。目前,半导体激光器已在通信、测距、夜视、制导、光计算机等领域得到广泛应用,并且不断开辟新的应用领域。

激光也是光,它与普通光没有本质上的区别。但激光又是一种特殊的光,与普通光相比具有方向性好、单色性好、亮度高和相干性好四个特点。激光的各种应用正是基于这些特点的。

(1) 方向性好。方向性即光束的指向性。从激光器射出的激光束基本上是沿轴向传播的,即激光束的发散角 θ 很小。而且 θ 角越小,光束发散越小,方向性越好。若 θ 角趋于零,就可以近似地把它称为“平行光”。

由于谐振腔对光振荡方向的限制,激光只有沿腔轴方向受激辐射才能使振荡放大,因此激光束具有很高的方向性。激光的发散角 θ 一般约为 10^{-3}rad 量级。

(2) 单色性好。一种光所包含的波长范围越小,它的颜色就越纯,看起来就越鲜艳,通常我们把这种现象称为单色性好。一般把波长范围小于几埃(1Å=0.1nm)的一段辐射称为单色光。单色性的优劣用谱线宽度来评价,一个光源发射的光的谱线宽度越小,它的颜色就越纯,看起来就越鲜艳,我们就可以说光源的单色性越好。如果光的波长为 λ,谱线宽度为 $\delta\lambda$,则单色性表示为 $\delta\lambda/\lambda$,波长为 632.8nm 的氦氖激光器产生的激光的

谱线宽度小于 10^{-8}nm（大约 1/1000Å）。由于单色性好，因此可以精确地测量很长的距离。可测长度为

$$L = \lambda^2/\Delta\lambda \tag{2.19}$$

式中：λ 为平均波长；$\Delta\lambda$ 为谱线宽度。

（3）亮度高。光源的亮度是指单位面积的光源表面，在单位时间内向垂直于表面方向的单位立体角内发射的能量。因为激光束的方向性好，它发射的能量被限制在很小的立体角内，且线宽很窄，能量被压缩在很窄的宽度内，这使激光的光亮度增加很多。如红宝石激光器，每平方厘米的输出功率高达 1GW，发散角接近 1mrad。这相当于 10^{15}W/（cm^2 · sr）的辐射亮度。

（4）相干性好。激光是一种相干光，这是激光与普通光源最本质的区别。频率相同、振动方向相同、位相差恒定的两束激光（或同一个激光器发出，被分离后再相遇）相遇时，可产生干涉现象，并产生干涉条纹。根据光学知识，相干时间为

$$t = \frac{L}{c} = \frac{\lambda^2}{c\Delta\lambda} \tag{2.20}$$

式中：λ 为平均波长；$\Delta\lambda$ 为谱线宽度；L 为相干长度，也就是最大光程差。

2.4.1　激光的产生

激光器（light amplification by stimulated emission of radiation，Laser）是“光（或辐射）受激发射放大器”，与发光二极管的不同之处仅在于后者发出的光（或辐射）是自发发射，其光谱较宽，相位也不一致，而激光器发出的光（或辐射）是受激发射，发射的光是相干光，光谱宽度比发光二极管小 1~2 个数量级。受激发射必须具备三个条件：一是不断向高能级输送电子（如发光二极管加正向偏压就是为达到此目的）；二是必须使处于激发态的载流子多于处于基态的载流子，即受激辐射必须占主导地位；三是发射的光必须被存储起来，在形成很强的电磁场以后，再发射出去。以下简单叙述半导体中的受激发射过程。半导体中两能级之间的跃迁过程如图 2-10 所示。如果一个能量大于 E_g 的光子与材料中原子碰撞，光子被吸收，则原子最外层的一个电子获得足够的能量进入导带，如图 2-10（a）所示。进入导带的电子通过两种形式回到价带，一种形式如图 2-10（b）所示，进入导带的自由电子，与价带自由空穴直接复合，回到价带，同时释放出能量刚好等于该电子失去的能量的光子，即自发发射（发光二极管原理）。另一种形式是进入导带的自由电子与能量等于 E_g 的光子碰撞，然后回到价带，同时释放出一个能量为 E_g、相位与激励光子相同的光子，此即受激发射，如图 2-10（c）所示。可见，激光器的机理与微观形成过程是：在高能级（如导带）中注入电子（对 PN 结加正向偏压）；导带中的电子与价带空穴复合，产

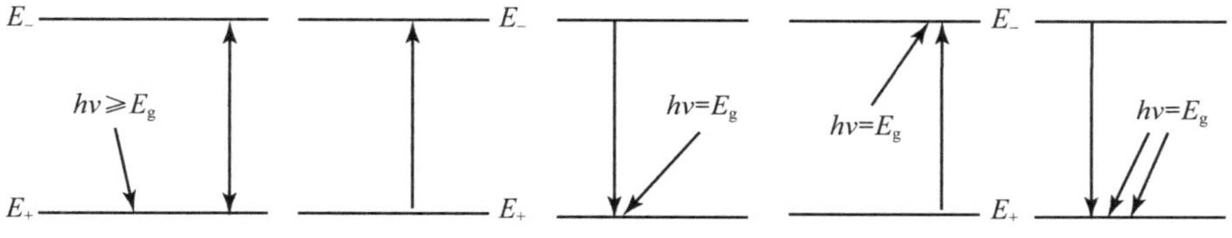

(a) 吸收　(b)自发发射　(c) 受激发射

图 2-10　半导体价带和导带间三种基本的光-电子跃迁

生自发发射;自发发射的光子与注入导带中的电子碰撞,然后电子回到价带,同时发射出能量相同、相位也相同的两个光子,受激发射的光子再通过特殊设计的途径,便产生激光。

激发发光有两种形式,即自发辐射和受激辐射。激光属于受激辐射,但它并非普通的受激辐射,而是具有增强能力的受激辐射,即受激后的辐射要比入射大得多。入射光往往就是自发辐射所产生的光。因而可以说,受激辐射比自发辐射强得多。在这样的条件下,才有可能发射激光。要实现这一点,发射体必须具备粒子数反转条件。

1. 粒子数反转

所谓粒子数反转,就是指在外来能量的激发下,发射体中处于高能态的原子数大于低能态的原子数。在这一状态下,如果有一束光通过发射体,而且光子能量正好等于高低能态的能量差,就有可能使受激辐射大于入射光,从而实现光增益。

2. 光学共振腔

产生激光所需的引发光是由发射体的自发辐射提供的。自发辐射在方向上和频率上是杂乱无章的。怎样从中选取一定方向和频率的光,使之通过受激辐射过程,得到单色性好、方向性强的激光呢?为了达到这个目的,可在发光材料两端分别加上相互平行的反射镜。这对反射镜就称为光学共振腔。

开始工作时,自发辐射引发受激辐射,而后凡垂直于反射镜的光,因全反射而在体内来回振荡。每次通过发光材料时便产生受激辐射。如果光每次通过共振腔所产生的光放大系数大于 1,很快就会产生高强度的激光。为了实现光放大系数大于 1,除了必须具备粒子数反转和共振腔之外,光路上的光损失也要足够小。

为了抵消损失并实现粒子数反转,要求外来激发源足够强。正好产生激光时的高能级与低能级的粒子数密度之差,称为阈值粒子数反转密度。这时的激发量(激发能、激发功率、激发电流等)称为阈值泵浦(激发)能(功率、电流)。

2.4.2 PN 结注入式半导体激光器

半导体激光器的工作物质主要有 Ⅱ-Ⅵ族、Ⅲ-Ⅴ族、Ⅳ-Ⅳ族半导体化合物,如 GaAs、CdS、PbSnTe 等。其根据外界激发源的激发方式不同可分为:PN 结正向注入、电子束激发、光激发以及粒子碰撞电离激发等。

主要的半导体激光器材料、波长和激发方式如表 2-5 所列。

表 2-5 半导体激光器的工作物质

材料	波长/(μm,77K)	激发方式	材料	波长/(μm,77K)	激发方式
ZnS	0.32	电子束	$In_xGa_{1-x}As$	0.84~3.1	PN 结,电子束
ZnO	0.37	电子束	GaSb	1.5	PN 结,电子束,光
CdS	0.49	电子束,光	InP_xAs_{1-x}	0.9~3.1	PN 结,电子束,光
GaSe	0.59	电子束	Te	3.64	PN 结,电子束
CdS_xSe_{1-x}	0.49~0.69	电子束	$Hg_xCd_{1-x}Te$	3.7~4.1	光
CdSe	0.68	电子束	PbS	4.26	PN 结,电子束,光

续表

材料	波长/(μm,77K)	激发方式	材料	波长/(μm,77K)	激发方式
CdTe	0.78	电子束	InSb	5.2	PN 结,电子束
$GaAs_xP_{1-x}$	0.63~0.88	PN 结	$InAs_{1-x}Sb_x$	3.1~5.2	PN 结
$Ae_xGa_{1-x}As$	0.63~0.84	PN 结	PbTe	6.5	PN 结,电子束,光
GaAs	0.84	PN 结	PbSe	8.5	PN 结,电子束
InP	0.9	PN 结,电子束,光	$Pb_xSn_{1-x}Te$	6.5~13.5	光

PN 结正向注入半导体激光器又称结型激光器。

1. 结构原理

现以 GaAs 激光二极管为例进行说明。激光二极管的核心部分是 PN 结。这个 PN 结与普通的 PN 结的不同之处在于,垂直于 PN 结平面的两个端面必须严格平行,以便形成共振腔。这两个平面是由晶体本身的解理面构成的,它具有精确的平行度和较小的粗糙度。在 GaAs 的上下两面分别焊上电极,以便提供所需的脉冲电流。整个 GaAs 装在带有窗孔的壳体内。当通过脉冲电流时,便有激光从窗孔射出。

PN 结的形成可以采用外延或扩散技术。但是如果用扩散法,应该用 N 型 GaAs 单晶,其中掺杂为碲、硒、硅锡等。因为 P 型尚无合适的扩散材料,即找不到能够扩散进去的施主。

采用扩散法时,通常将 Zn 扩散进入 N 型 GaAs 中去形成受主。当 Zn 的浓度超过碲的浓度时,即由 N 型转变成 P 型。P 型同本底 N 形成 PN 结。杂质 Zn 由 $ZnAs_2$ 所提供。如果采用液相外延法,既可用 N 型,也可用 P 型材料。首先将 GaAs 单晶片放在纯氢保护的石英管中,升温至 900~930℃。如果用 P 型进行外延,需将含有一定配比的镓,砷化镓和杂质碲的熔体,倾倒在片子上,经过一定时间的冷却后,生长出 N 型 GaAs。如果用 N 型进行外延,应采用镓、砷化镓和杂质锌的熔体,倾倒在片子上,冷却生长,以得到 P 型层。

激光二极管在工作时,加有正向电压。这样能使载流子注入到半导体中去,以实现粒子数反转。当载流子流到 PN 结区时,电子同空穴开始自发复合,产生自发辐射。自发辐射光子在时间上和方向上并不相同,大部分光子会很快穿过 PN 结射到体外。但也有少部分沿 PN 结平行穿行。沿 PN 结平面穿行的部分光子在行进过程中,能够引发受激辐射。如果 PN 结的两端具有反射面,则沿 PN 结平面运动的光子将来回振荡,反复引发受激光子,从而获得激光。当然光子在每次穿行中,增益要大于 1,为此要克服种种损失。对于激光二极管,这些损失是:①自由载流子吸收使激发能量损失;②发射光被吸收;③发射光扩散到侧面;④端面透射损失等。以上四种损失可归结为内部和端面两种损失。为减少这些损失,必须把电流提高到阈值以上。

2. 粒子数反转条件

设受激跃迁的高能级为导带中的 E_2,低能级为导带中的 E_1,二者的能量差为 $h\nu$,则在时间 dt 内因受激发射而增加的光子数为

$$\mathrm{d}N_e = N_c(E_2)N_v(E_1)f_c(E_2)[1-f_v(E_1)]B_{cv}\rho(v)\mathrm{d}t \tag{2.21}$$

式中:$N_c(E_2)$为能级E_2的能态密度;$N_v(E_1)$为能级E_1的能态密度;$f_c(E_2)$为电子占据E_2能级的概率;$f_v(E_1)$为电子占据E_1能级的概率;B_{cv}为受激发射的爱因斯坦常数;$\rho(v)$为激发光的能量密度。

与受激发射过程相反,还存在着受激吸收过程。在dt时间内,因受激吸收而减少的光子数为

$$\mathrm{d}N_a = N_c(E_2)N_v(E_1)f_v(E_1)[1-f_c(E_2)]B_{vc}\rho(v)\mathrm{d}t \tag{2.22}$$

式中:B_{vc}为受激吸收的爱因斯坦常数。由量子力学的知识可以证明,在半导体中:

$$B_{vc} = B_{cv} = B \tag{2.23}$$

为了产生激光,必须使$\mathrm{d}N_e>\mathrm{d}N_a$,即

$$f_c(E_2) > f_v(E_1) \tag{2.24}$$

而

$$f_c(E_2) = \left[1+\exp\left(\frac{E_2-E_{FN}}{kT}\right)\right]^{-1} \tag{2.25}$$

$$f_v(E_1) = \left[1+\exp\left(\frac{E_1-E_{FP}}{kT}\right)\right]^{-1} \tag{2.26}$$

式中:E_{FN}为电子的准费米能级;E_{FP}为空穴的准费米能级。

考虑到$E_2=E$;$E_1=E-hv$,得

$$E_{FN} - E_{FP} > hv \tag{2.27}$$

式(2.27)为实现粒子数反转的条件。$h\nu$一般应等于禁带宽度,所以$E_{FN}-E_{FP}>E_g$。这意味着实现粒子数反转的条件为,PN结两边的N区和P区的掺杂浓度都达到了简并化的程度,或至少有一个是简并化的。

为了实现粒子数反转条件,外加电场应足够强,以便注入足够多的载流子,使得

$$E_{FN} - E_{FP} > E_g$$

因为

$$E_{FN} - E_{FP} = eU$$

故

$$eU > E_g \tag{2.28}$$

3. 阈值条件

设在光学共振腔中,频率为v的发光强度为$I(x,v)$。光沿腔的长度方向运动时,单位长度上的增益为G,线性吸收系数为α,则光通过dx路程后,增加量为

$$\mathrm{d}I(x,v) = (G-\alpha)I(x,v)\mathrm{d}x \tag{2.29}$$

相对增量为

$$\frac{\mathrm{d}I(x,v)}{I(x,v)} = (G-\alpha)\mathrm{d}x \tag{2.30}$$

设G、α为常数,则光从一端经过x后,相对增量为

$$\int_{I(0,v)}^{I(x,v)} \frac{\mathrm{d}I(x,v)}{I(x,v)} = (G-\alpha)x \tag{2.31}$$

所以

$$I(x,v) = I(0,v)\exp[(G-\alpha)x] \tag{2.32}$$

当$x=2L$时,即振荡一次,并考虑到两次端面损失,得

$$I(2L,v) = I(0,v)\exp[(G-\alpha)2L]\rho_1\rho_2 \tag{2.33}$$

要实现增益,至少应满足

$$\frac{I(2L,v)}{I(0,v)}=\exp[(G-\alpha)2L]\rho_1\rho_2\geq 1 \tag{2.34}$$

当式(2.34)取等号时,得到的增益为阈值增益,记为 G_{th} 阈值条件,可写为

$$G_{th}L=\alpha L+\frac{1}{2}\ln\frac{1}{\rho_1\rho_2} \tag{2.35}$$

式中:$G_{th}L$、αL 分别为光在共振腔中来回穿越一次所产生的总增益和总吸收。$\ln(1/\rho_1\rho_2)/2$ 表示端面输出。式(2.35)又可写为

$$G_{th}=\alpha+\frac{1}{2L}\ln\frac{1}{\rho_1\rho_2} \tag{2.36}$$

为了保证阈值增益,应提供足够强的电流密度。经研究指出,G 和 J 有如下关系:

$$G=\beta J^m \tag{2.37}$$

所以在阈值条件下,有

$$J_{th}^m=\frac{1}{\beta}\left(\alpha L+\frac{1}{2}\ln\frac{1}{\rho_1\rho_2}\right) \tag{2.38}$$

式中:β 为增益因子;m 为材料指数。

实验指出,对于 GaAs 激光管,$J_{th}\propto 1/L$。这意味着 $m=1$。此外,J 还与温度有关。温度下降,J_{th} 下降。在 77K 以上,$J_{th}\propto T^3$。为了得到 β、α 值,考虑式(2.38)。因 $m=1$,并设 L 为无限长,所以 $J_{th}\propto\alpha/\beta$。仍由式(2.38),得到:

$$\alpha=\frac{\ln(1/\rho_1\rho_2)}{2L(J_{th}-J_\infty)}J_\infty \tag{2.39}$$

$$\beta=\frac{\ln(1/\rho_1\rho_2)}{2L(J_{th}-J_\infty)} \tag{2.40}$$

J_{th} 由实验确定。至于 J_∞ 可由实验曲线外推至 $1/L=0$ 处得到。不同温度下的 GaAs 激光管的 β、α 值如表 2-6 所列。

表 2-6　不同温度下的 GaAs 激光管的 β、α 值

T/K	β/(cm/kA)	α/cm^{-1}
4.2	51	13
77	25	15
165	1.8	16
266	0.46	30

2.4.3 半导体激光器的性能

1. 输出功率

当激发电流小于阈值电流 J_{th} 时,激光器所发出的并非激光,而是一般的激发辐射光。当激发电流超过阈值时,便产生激光,如图 2-11 所示。当产生激光时,其输出辐射功率同激发电流呈线性关系。因为激发所需的阈值电流很大,故一般采用脉冲激发方式,如重复频率为 5kHz、脉冲宽度为 100ns 的脉冲电流。

2. 量子效率

根据内量子效率的定义,激光器的量子效率为

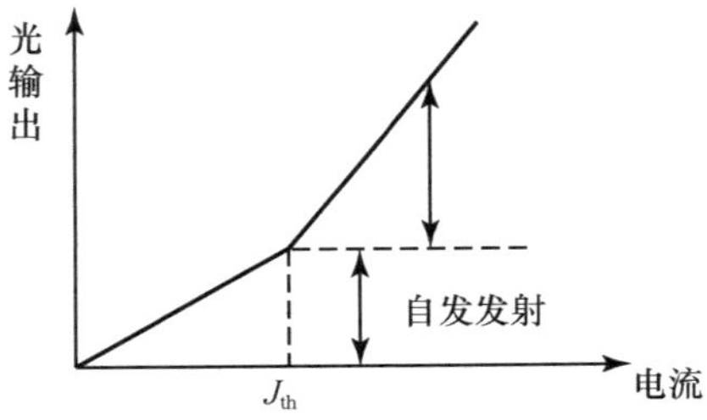

图 2-11　光输出与电流的关系

$$\eta_{in}=\frac{\phi_{ie}/h\nu}{I/e} \tag{2.41}$$

式中：ϕ_{ie} 为内辐射功率；I 为注入电流。

因为在粒子反转条件下，$h\nu=E_g=eU$，所以有

$$\eta_{in}=\frac{\phi_{ie}}{IU} \tag{2.42}$$

根据外量子效率的定义，有

$$\eta_w=\eta_{in}\eta_{ou}=\frac{\phi_e}{IU} \tag{2.43}$$

实际上，所关心的是，当 $J>J_{th}$ 时的外量子效率。而此时 ϕ_e 与 I 存在线性关系。故在此范围内，η_w 是常数，不随 I 变化，记为 η_{wc}。也有人称之为微分量子效率。

$$\eta_{wc}=\eta_w(I>I_{th})=\frac{\phi_e-\phi_{th}}{(I-I_{th})U}=\eta_{in}(I>I_{th})\eta_{ou}(I>I_{th}) \tag{2.44}$$

因为 $\phi_e\gg\phi_{th}$，故又可以写为

$$\eta_{wc}=\frac{\phi_e}{(I-I_{th})U} \tag{2.45}$$

在满足阈值条件下，由式(2.36)得

$$\eta_{ou}=\frac{\frac{1}{2L}\ln\frac{1}{\rho_1\rho_2}}{GL}=\frac{\frac{1}{2L}\ln\frac{1}{\rho_1\rho_2}}{a+\frac{1}{2L}\ln\frac{1}{\rho_1\rho_2}} \tag{2.46}$$

故有

$$\eta_{wc}=\eta_{in}\frac{\ln(1/\rho_1\rho_2)}{2L\alpha+\ln(1/\rho_1\rho_2)} \tag{2.47}$$

或写为

$$\eta_{in}=\frac{2L\alpha+\ln(1/\rho_1\rho_2)}{\ln(1/\rho_1\rho_2)}\eta_{wc} \tag{2.48}$$

3. 光谱分布

结型激光器在 $I<I_{th}$ 时，输出光谱分布就相当于普通发光二极管，一旦激发电流超过了阈值，就会产生强度非常集中的谱线。因为光强为

$$I(2L,v)=I(0,v)\exp[2(G-\alpha)L]=I_0e^{-2\alpha L}e^{2GL} \tag{2.49}$$

且在阈值条件下，有

$$G_{th}=\beta J_{th}^m \tag{2.50}$$

并设 $m=1$，则得

$$I=I_0e^{-2\alpha L}e^{2\beta J_{th}L} \tag{2.51}$$

可见激光光强同 J_{th} 呈指数关系。一旦达到阈值条件，光强就会突然增大。

半导体激光器的谱线由材料性质决定，一般来说由 E_g 决定。但是由于发光是导带和价带间的辐射跃迁，而不是由单能级间的跃迁形成，所以半导体激光器的光谱分布有一定范围。

由激光原理知道，形成激光时，光波长必须满足共振腔的长度要求，这样使相邻二波长的间隔受到限制。其大小计算公式如下：

共振腔长度对波长的要求是

$$L=N\frac{\lambda'}{2}=N\frac{\lambda}{2n} \tag{2.52}$$

式中：λ'为光在激光材料中的波长；λ 为光在真空中的波长；n 为半导体材料的折射率；N 是正整数。

式(2.52)又可写为

$$\lambda=2nL/N \tag{2.53}$$

现在考虑相邻二谱线的间隔 $\Delta\lambda$，即 N 和 $N+1$ 的情况。因为 n 是 λ 的函数，故不能直接用式(2.53)求解，应先求微分：

$$\frac{d\lambda}{dN}=\lambda\left[2L\frac{dn}{d\lambda}-N\right]^{-1} \tag{2.54}$$

因为 $N=2nL/\lambda$，代入式(2.54)并考虑到 $\Delta N=1$，得

$$\Delta\lambda=\lambda^2\left[2nL\left(\frac{\lambda}{n}\cdot\frac{dn}{d\lambda}-1\right)\right]^{-1} \tag{2.55}$$

只要材料和 L 给定，就可求出 $\Delta\lambda$。

此外，λ 还是温度的函数。当温度升高时，谱线向长波推移。这是 E_g 变窄的缘故。

为了对激光器的参数及性能有一个大概的了解，表 2-7 列出了两种激光器的主要特性，供参考。

表 2-7　两种激光器的参数与特性

参数								
型号	峰值波长 $\lambda_p/\mu m$	正向压降 V_F/V	反向压降 V_R/V	寿命 τ/h	标准梯度光纤 芯径/μm	标准梯度光纤 数值孔径 NA	出纤功率 P_f/mW	阈值电流 I_{th}/mA
GJ221-B 实用化封装 LD	0.85			$\geqslant 5\times10^3$	50/125	0.2±0.02	0.5~3	≥50~100
GJ322-B 低阈值 LD	1.3	0.6	2	10^4	50/125	0.2±0.02	≥1	≤30 30~50 >50

2.5 发光器件的应用

发光二极管具有体积小、发光响应速度快、寿命长、可靠性高、稳定性好、驱动简单、单色性好、色彩鲜艳、价格低廉、能与集成电路很好地匹配等特点。因而,发光二极管的应用领域随着其发光特性的日趋完善及电子技术的迅猛发展,正在迅速扩大。本节介绍两种典型的发光二极管应用实例。

因激光的特点决定了激光与普通光不同,因而开辟了一般经典光学所不具有的广泛用途。特别是近年来,由于新型器件不断涌现,生产、科学技术发展所提供的条件不断改进,以及现代工业、农业、国防和科学技术的需要,激光技术得到了更加迅速的发展,正加速转变为整个科学技术领域的强大研究工具,开辟了更加广阔的应用前景。就现代技术的几大范畴来看,激光技术的应用已渗透到每个高新技术中。如在信息技术中,激光在精密测量和测试、准直、测距、全息照相等方面的应用,激光在通信、计算机、军事方面的应用等;在新材料技术中,激光在材料加工等方面的应用;在生物技术中,激光在农业、医疗上的应用;在空间技术中,激光在跟踪人造卫星等方面的应用;等等。可以说,激光已在各方面开辟了应用天地。本节将对激光在精密测量和测试方面的应用作概括介绍。

2.5.1 发光二极管应用实例

1. 光电子玩具

图2-12所示是利用JK触发器和发光二极管组成的时间先后判决器,在智力竞赛时,可用来准确区分抢答问题的先后,它的工作原理如下:在回答问题之前,裁判员先按一下S,使各JK触发器"置零",即$\overline{Q}_1 \sim \overline{Q}_3$均为1,这时,门D输出为0。由于门F、G和扬声器等组成的音响电路不工作,LED1~LED3不发光,门E的输出为0,整个电路处于准备状态。当有人抢答问题时,应首先按下所在位置的按钮。若有人先按下S_1,由于此时门电路输出为0,所以CP1端出现一个负脉冲。因为JK触发器是用下降沿触发的,所以,触发器A翻转,$\overline{Q}_1$为0,LED1发亮,门D输出变为1,音响电路发出声响。与此同时,由于门E输出也变为1,此时即使将S_2、S_3再按下去,在CP2、CP3端也不产生下降沿,故触发器B、C均无法翻转。当裁判看清后,重按一下S,电路又恢复到开始的准备状态,以便下次抢答使用。电路中JK触发器采用T079或T078;与非门可选用T063、T067或7MY23等型号的双与门集成电路。发光二极管可采用磷化镓或磷砷化镓发光二极管。

图2-13是光电打靶控制电路,与非门YF2和非门F2组成音频振荡器;与非门YF3和非门F3组成超低频振荡器。两振荡器的一个输入端均接在非门F1的输出端,因此,它们振荡与否是受到非门F1控制的,与非门YF4和YF1组成微分型单稳态电路,稳态时,即3DU2不受光照,VT2无电流注入,处于截止状态,集电极输出高电位,YF4输出低电平,YF1输出高电平,经非门F1反相输出低电平,此时,两个振荡器均不振荡,扬声器不发声,LED1和LED2不发光。当VT1(3DU2)被闪光枪击中时,VT2由截止突变到导通,集电极输出一个负脉冲,所以单稳态电路YF4和YF1由稳态翻转为暂态,这时,YF4输出高电平,YF1输出低电平,经非门F1反相,输出高电平,这时两个振荡器立即起荡,

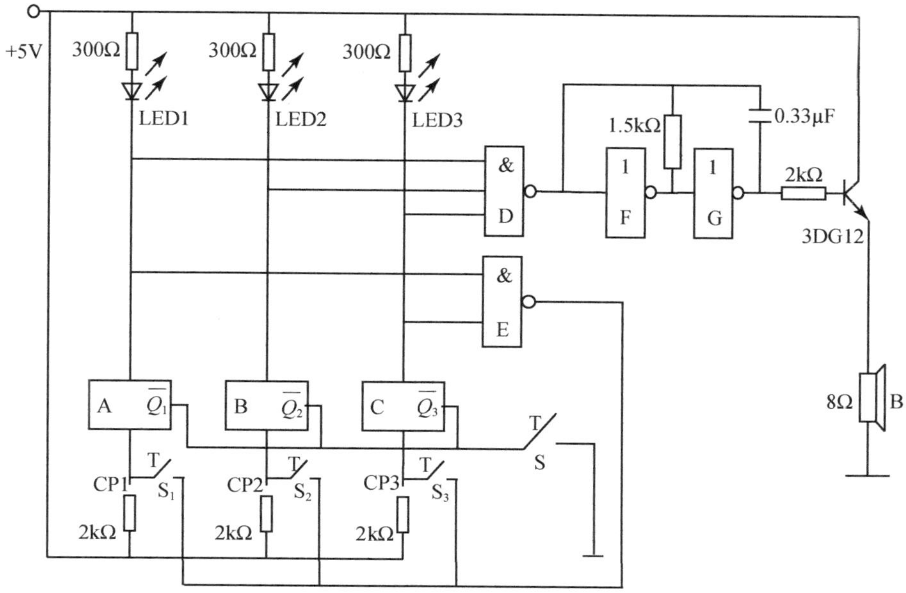

图 2-12　时间先后判决器电路

扬声器发出音频声,LED1 和 LED2 也闪闪发光。经过一段时间后,单稳态电路由暂态翻回稳态,这时,非门 F1 输出低电平,两个振荡器停振,电路恢复到原始状态。该控制电路仅用一块 CMOS 数字集成电路以及少量分立元件,结构简单,容易制作。这里 CMOS 电路采用 CH1001 型,它具有 4 个与非-非门的集成电路。在图 2-13 中,VT1 为光敏三极管 3DU2;VT2~VT4 是放大倍数约为 100 的 3DG6;LED1 和 LED2 为红色发光二极管。调节 R_2(或 C_1)的数值,可改变单稳态电路的暂态时间。调节 R_3(或 C_2)可改变 LED 的闪光频率。调节 R_4(或 C_3)可改变发音的音调。RP 用来调节光照灵敏度,视光枪与靶子距离及光枪发光强度而定。

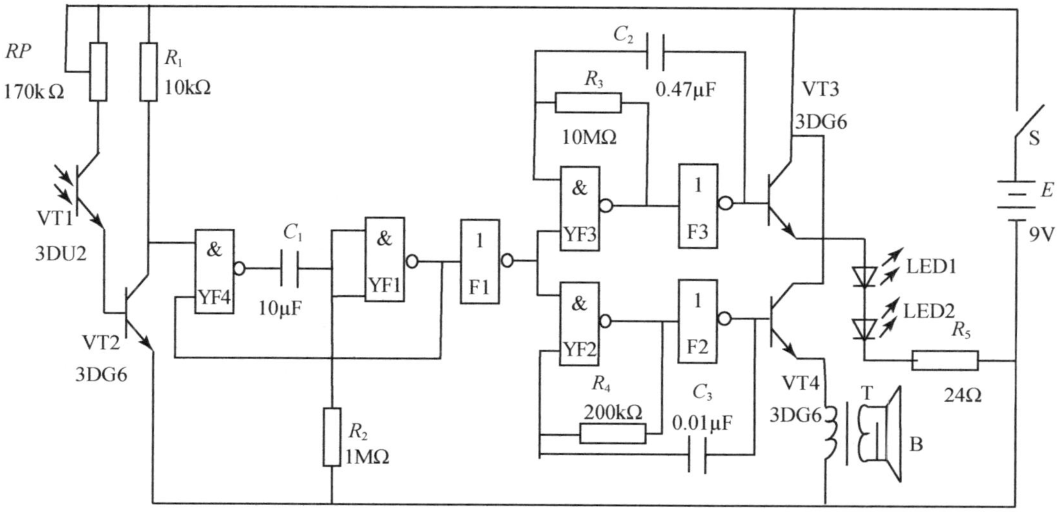

图 2-13　光电打靶控制电路

2. 数码管及其应用

发光二极管的一个极其重要的应用是以数字的形式显示固态信息。如果将条状或点状发光二极管根据需要组成阵列,可作为各种形状的固体显示器件。如将发光二极管组成如图2-14所示段形阵列,并对阵列的各段进行选择性显示,就可实现0~9阿拉伯数字的显示、英文字母显示以及正负号符号标记的显示。如将发光二极管组成直线阵列,可作电平显示器、调谐指示器、功率指示器等固体显示装置。如将发光二极管组成平板矩阵显示器,可实现字符、汉字以及图像的显示。

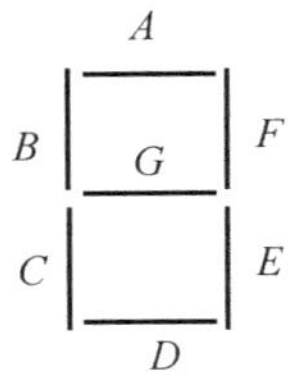

图2-14　LED信息显示器件

可见,凡是需要读数或指示的场合都可采用数字与字符显示,例如,数字电压表、频率计、电子转速计、流量计、数字钟、电子秤、数字式千分尺、收录机、计算机接口显示以及汉字信息显示等设备,无一不用到它。这里给出一个实用例子。图2-15是CMOS-LED石英晶体钟的实际电路。总电路由三个基本电路组成:一块C4001时标信号电路产生1s时标信号,三块CMOS集成电路和四块与非门C306组成的校时信号控制电路,六块CMOS-LED光电组合CL102十进制计算显示计组成的面板时、分、秒时间显示电路。单片CMOS集成电路C4001与振荡频率为32768周的石英晶体等元件构成电容三点式振荡器。振荡器产生的32768周频率信号经整形和15级二分频后,输出一个稳定的1s时间标准信号,作为数字钟的时标信号。1s时标信号送入显示电路秒个位显示秒,进行秒个位的十进制计时,并将计时信号经内部暂存器输入七段笔画译码器进行笔画译码,随后驱动数码管进行显示。S_1的10s进位输出端接至与它相匹配的秒十位六进制计数器S_2进行秒十位的计数与显示,秒十位六进制信号与分个位十进制计数显示器S_3相接,S_3的分个位十进制信号输给分十位六进制信号,依次类推进行24h的时、分、秒计数显示。可见,秒、分、时显示电路是数字钟的核心部分。校时控制电路的工作过程是这样的:当开始使用数字钟或因某种原因使时间乱套以后,数字钟的显示与实际时间不符,必须进行校时,首先同时按下S_1和S_3,使小时显示状态与实际小时相符;再同时按下S_1和S_2,校准分钟的显示状态;最后单独按下下S_1,进行秒显示的零位校准,使数字钟与标准时间同步。在标准校时过程中,下S_1起保护键的作用,以防止由于无意的动作或触动下S_2或下S_3而引起误动作。只有同时按下下S_1、下S_2或下S_3时,才能变动时和分的显示状态。数字钟附加标点显示可用时分个位的小数点显示表示(单点),也可用点状发光二极管光点显示(可单点或双点)。该数字钟耗电省,对电源的质量要求也不高,可用一般整流电源供电,也可用4节干电池供电或从其他设备中引出电源供电。

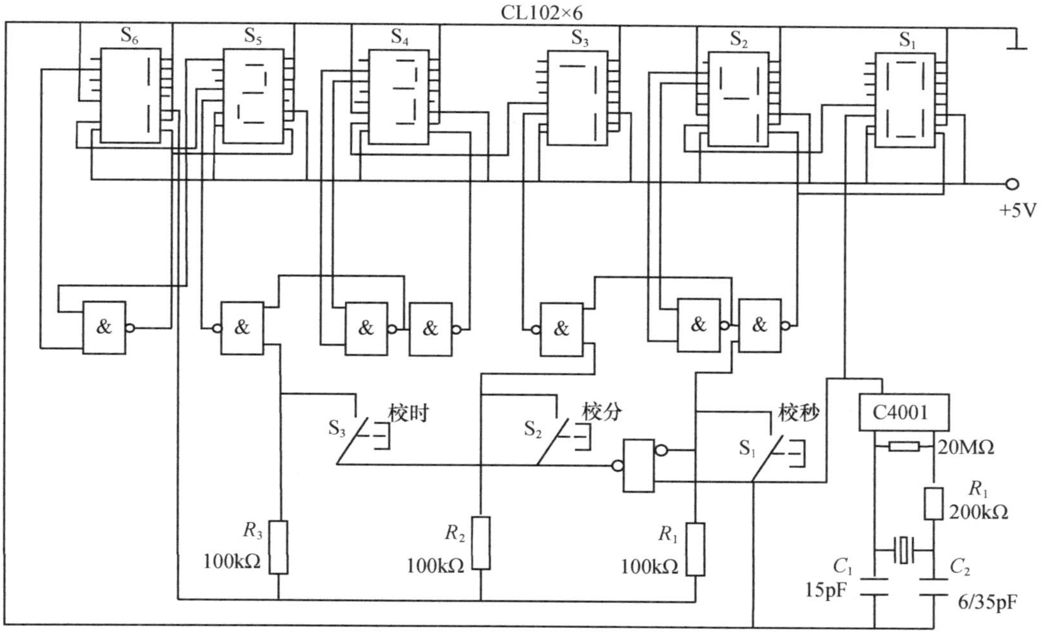

图 2-15　CMOS-LED 石英晶体钟电路图

2.5.2　半导体激光器的应用

1. 激光干涉测长

所谓激光干涉测长,就是指用光波的波长做尺子来测量物体的长度,它是通过光的干涉现象进行测量的。激光干涉测量与一般的光学测量相比有以下优点。

(1) 增加了精确测量的长度。用光波波长做尺子能够准确测量的最大长度取决于光的单色性;单色性越好,可以测量的长度就越长。

(2) 缩短了测量所用的时间。因激光的亮度很高,因此接收器件产生的光电信号强度大,这样计数的速度大大提高,从而缩短了测量的时间。

(3) 提高了测量精度。激光干涉测量的精度除要求激光单色性好外,还要求激光波长稳定,激光输出连续。而目前氦氖激光器的频率稳定度有了很大提高,这就使干涉仪的测量精度达到前所未有的高度。

2. 激光测速

利用激光进行非接触式速度测量可弥补机械接触式速度测量方法的不足。其测速的基本原理是:当激光束照射运动着的物体或流体时,由于多普勒效应,被目标散射的光的频率将发生变化。如果把激光器射出的光分成两束,从不同的角度同时照射测量目标,那么这两束光在某一方向上散射光的频差将与测量目标的速度有一定关系。利用这种关系,测出频差,便可确定速度。利用激光多普勒系统,可以测量物体运动的速度、转数和转速;流体的流速和流场的分布、流量;测量火焰或超声波的运动、飞机产生的气流旋涡等。由于激光测速是非接触测量,因此不会干扰物体的运动,尤其是流场的分布,另外还具有测量精度高、动态响应快、测速范围广等特点。

3. 激光测径

激光具有良好的聚光性和高度的相干性,当激光照射到棒、线材上时,就得到与直径大小有关的衍射图像信号,只要高精度地检测这个信号,就能测出棒、线材的直径,并能在生产过程中实现连续非接触动态测量,其测量的结果可以随时以数码显示。

4. 激光测温

激光非接触式测温是一项很有发展前途的新技术,目前测量范围已达-20~3227℃。激光测温的主要方法:利用线膨胀系数大的耐高温材料做探头,通过激光干涉测量或激光全息技术测定高温;利用不同温度的高温气体散射激光的差别来测定高温;利用等离子体激光诊断测量方法测量等离子体超高温;利用钺铁石榴石晶体的法拉第磁致偏转效应的温度依赖关系测温。

5. 激光检测光学零件

在光学零件加工过程中,经常需要检查光学零件平面的平面度、上下两个面的平行度、小角度光楔的楔角、球面的曲率等。检查这些零件时,过去用立式光学比较仪或接触式干涉仪测量,误差大、时间长,而且容易碰伤零件表面。采用激光技术的平面干涉仪和球面干涉仪进行精密测量就可避免这一问题。用激光平面干涉仪检查平面平直度与普通平面干涉仪检验方法一样,即通过观察被测零件的平面上与平晶的平面上的反射光叠加所产生的干涉条纹的平直度来检验。在检查平面平行度时,只要将被测零件放在激光平面干涉仪的工作台上,就可检验上下表面的平行度。激光球面干涉仪就是用激光作光源,通过干涉仪产生一个曲率可调的参考球面波与被测球面进行比较。目前,球面干涉仪测量精度达到0.05μm。

参考文献

[1] 王丽,沈湘. 第三代半导体材料发展态势分析[M]. 北京:电子工业出版社,2020.
[2] 谭保华. 光电子技术基础[M]. 北京:电子工业出版社,2014.
[3] 韩涛,曹仕秀,杨鑫. 光电材料与器件[M]. 北京:科学出版社,2023.
[4] 王驰. 激光检测技术及应用[M]. 上海:上海大学出版社,2016.
[5] 张烽生,龚全宝. 光电子器件应用基础[M]. 北京:机械工业出版社,1993.
[6] 方如章,刘玉凤. 光电器件[M]. 北京:国防工业出版社,1988.
[7] 邱元武. 激光技术和应用[M]. 上海:同济大学出版社,1997.
[8] 乐俊淮,杨立忠,常照波. 激光技术[M]. 北京:中国科学出版社,1994.
[9] 刘忠达. 激光及其应用[M]. 沈阳:辽宁人民出版社,1979.

第3章 半导体光电器件

3.1 光电导型光电探测器件

光电导型光电探测器件又称均质型光电探测器件，它是利用光电导效应制成的。光电导器件是光电器件的重要分支，其应用范围越来越广泛。为了充分了解和分析光电导器件，首先分析光电导材料的主要性能。

前面已经讲过光电导效应及其现象，为了进一步分析光电导器件，应首先分析光电导材料的主要特性。光电导的特性很多，但是作为光电探测和成像用的光电导，最重要的性能参数主要有三个，即灵敏度、光谱响应特性、惰性。

1. 光电导的灵敏度

光电导的灵敏度通常定义为单位入射光所产生的光电导率。它与材料和入射光的状况有关。设单位时间，入射在样品单位面积上的光子数为 N_0，样品的线性吸收系数为 α，量子效率为 η，则样品的光生载流子产生率 g 为

$$g=\eta\alpha N_0 \tag{3.1}$$

由于光生载流子在产生的同时，还伴随着载流子的复合消失，所以光生载流子浓度的变化关系为

$$\frac{\mathrm{d}\Delta n}{\mathrm{d}t}=g-\frac{\Delta n}{\tau_{\mathrm{n}}} \tag{3.2}$$

$$\frac{\mathrm{d}\Delta p}{\mathrm{d}t}=g-\frac{\Delta p}{\tau_{\mathrm{p}}} \tag{3.3}$$

式中：τ_{n}、τ_{p} 分别为电子、空穴的平均寿命。

在定态情况下，有 $\frac{\mathrm{d}\Delta n}{\mathrm{d}t}=0$ 及 $\frac{\mathrm{d}\Delta p}{\mathrm{d}t}=0$，所以产生的电子和空穴浓度分别为

$$\Delta n_0=g\cdot\tau_{\mathrm{n}}=\eta\alpha N_0\tau_{\mathrm{n}} \tag{3.4}$$

$$\Delta p_0=g\cdot\tau_{\mathrm{p}}=\eta\alpha N_0\tau_{\mathrm{p}} \tag{3.5}$$

所以光电导率为

$$\Delta\sigma=e(\Delta n\cdot\mu_{\mathrm{n}}+\Delta p\cdot\mu_{\mathrm{p}})=e\eta\alpha N_0(\tau_{\mathrm{n}}\mu_{\mathrm{n}}+\tau_{\mathrm{p}}\mu_{\mathrm{p}}) \tag{3.6}$$

式中：e 为电子电荷；μ_{n}、μ_{p} 分别为电子、空穴的迁移率。

由式(3.6)可知，定态光电导率同载流子的迁移率、平均寿命、光电导的线性吸收系数、量子效率以及入射发光强度有关。

根据光电导的灵敏度定义，其灵敏度 R 为

$$R=\frac{\Delta\sigma}{N_0}=e\eta\alpha(\tau_{\mathrm{n}}\mu_{\mathrm{n}}+\tau_{\mathrm{p}}\mu_{\mathrm{p}}) \tag{3.7}$$

在仅有光生电子的情况下，式(3.7)变成：

$$R=e\eta\alpha\tau_{n}\mu_{n} \tag{3.8}$$

在仅有光生空穴的情况下,式(3.7)变成:

$$R=e\eta\alpha\tau_{p}\mu_{p} \tag{3.9}$$

这里需要指出,有时也用光电导与暗电导的比值来表示光电导的灵敏度。其定义为

$$R=\frac{\Delta\sigma}{\sigma_{0}} \tag{3.10}$$

而

$$\Delta\sigma=e(\Delta n\cdot\mu_{n}+\Delta p\cdot\mu_{p}) \tag{3.11}$$

$$\sigma_{0}=e(n\cdot\mu_{n}+p\cdot\mu_{p}) \tag{3.12}$$

式中:n、p 分别为热平衡状态下电子、空穴的浓度。

根据定义,有

$$R=\frac{\Delta n\mu_{n}+\Delta p\mu_{p}}{n\mu_{n}+p\mu_{p}} \tag{3.13}$$

由式(3.13)可知,n、p 越小,R 越高。使用中应选用高阻低温材料作光电导元件。

2. 光电导的增益

光电导的灵敏度仅描述了光电导在光照下产生光电导的能力,而光电导的增益描述了光电导在工作状况下,各参数对光电导效应的增强能力。这些参数包括样品的结构及工作电压。光电导的工作原理如图3-1所示。

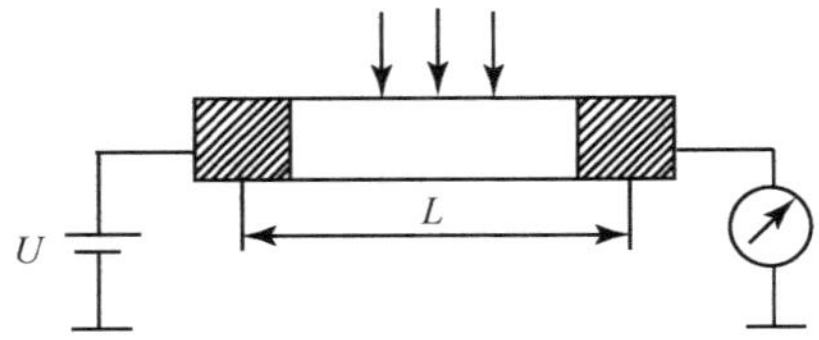

图3-1 光电导的工作原理

设样品在光照下产生光生电子,电子在外电场作用下向阳极漂移。如果电子的寿命 τ_{n} 大于电子的渡越时间 t_{r},则在电子从阳极出走之后,为了保持样品的电中性,必须从电源的负极吸收一个电子加以补充,这样在 τ_{n} 时间内,从阳极得到的电子就不是一个,而是 τ_{n}/t_{r} 个。由此可得到光电导的增益定义:样品中每产生一个光生载流子所构成的流入外电路的载流子数。若用 G 表示光电导的增益,当仅有光生电子时,有

$$G=\frac{\tau_{n}}{t_{r}} \tag{3.14}$$

而电子的渡越时间为

$$t_{r}=\frac{L}{v_{d}}=\frac{L}{\mu_{n}\cdot E} \tag{3.15}$$

式中:L 为样品长度;v_{d} 为电子迁移速度;E 为电场强度。

所以有

$$G=\frac{\tau_{n}\cdot\mu_{n}}{L}\cdot E=\frac{\tau_{n}\cdot\mu_{n}}{L}\cdot\frac{U}{L}=\tau_{n}\cdot\mu_{n}\cdot\frac{U}{L^{2}} \tag{3.16}$$

如果电子及空穴两种光生载流子都存在,则有

$$G=(\tau_n\mu_n+\tau_p\mu_p)\cdot\frac{U}{L^2} \tag{3.17}$$

由式(3.17)可知,光电导的增益与样品上所加的电压成正比,与样品长度的平方成反比。减小样品长度可以大大提高增益;增加载流子的寿命也可提高增益,但寿命长势必增大惰性。

3. 惰性

我们在衡量器件的惰性时,是用起始弛豫和衰减弛豫表示的。也就是说,以下仅讨论载流子寿命对光电导的上升和下降速度的影响情况。

以上分析了定态光电导的工作情况,所谓定态就是指光照达到稳定状态的情形。对于非定态情况,例如当光照开始及撤去的瞬间,则有$\frac{\mathrm{d}\Delta n}{\mathrm{d}t}\neq 0$及$\frac{\mathrm{d}\Delta p}{\mathrm{d}t}\neq 0$,此时 Δn 及 Δp 是时间的函数,其大小可由连续性方程解出。由于不同的光照水平和不同的光电导类型,方程的形式也不同,故下面分两种情况讨论。

1) 弱光照射情况

所谓弱光,是指光照情况下产生的光生载流子浓度远远小于热平衡载流子浓度。在这种情况下,载流子的寿命 τ 为定值。以仅有电子为例,Δn 满足式(3.2)。

当光照开始时,即上升情况,$t=0$,$\Delta n=0$,解式(3.2)得

$$\Delta n=g\tau_n\left[1-\exp\left(-\frac{t}{\tau_n}\right)\right]=\Delta n_0\left[1-\exp\left(-\frac{t}{\tau_n}\right)\right] \tag{3.18}$$

式中:Δn_0 为定态光电子浓度。

此时光电导率为

$$\Delta\sigma=\Delta\sigma_0\left[1-\exp\left(-\frac{t}{\tau_n}\right)\right] \tag{3.19}$$

当 $t\gg\tau_n$ 时,$\Delta\sigma=\Delta\sigma_0$,即趋于定态情况,如图 3-2 所示。

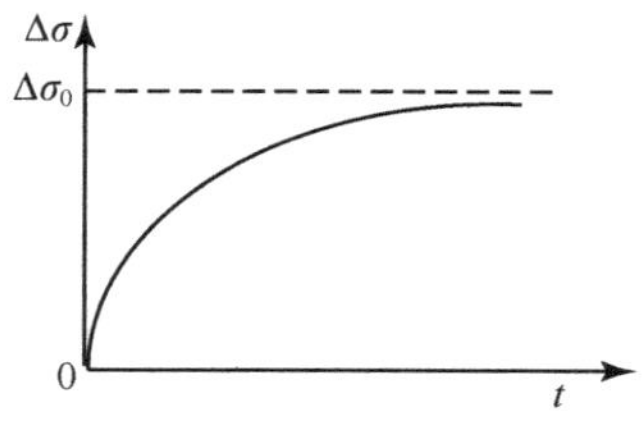

图 3-2　光电导在光照开始时的变化曲线

当光照撤去时,$g=0$,初始条件为 $t=0$,$\Delta n=\Delta n_0$,解式(3.2)得

$$\Delta n=\Delta n_0\exp\left(-\frac{t}{\tau_n}\right) \tag{3.20}$$

此时的光电导率为

$$\Delta\sigma=\Delta\sigma_0\exp\left(-\frac{t}{\tau_n}\right) \tag{3.21}$$

当 $t\gg\tau_n$ 时,$\Delta\sigma=0$,如图 3-3 所示。

由此看出,$\Delta\sigma$ 的上升和下降速度都取决于 τ_n 值,此 τ_n 值表征了光电导的惰性大小。

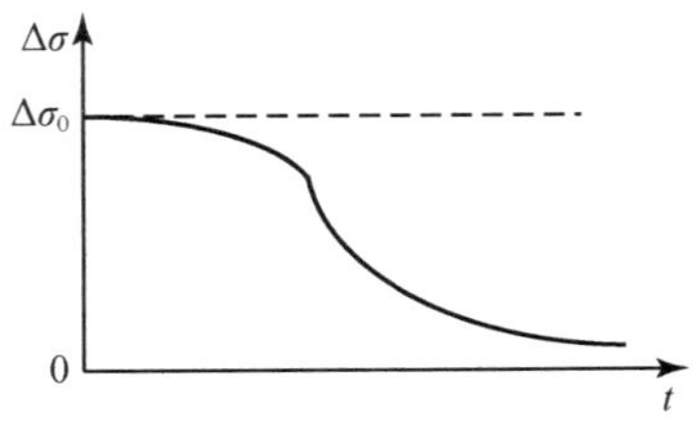

图 3-3 光电导在光照撤去时的变化曲线

2）强光照射情况

所谓强光，是指光生载流子浓度 Δn、Δp 远远大于热平衡条件下的载流子浓度 n、p。在这种情况下，载流子寿命是一个变量。仍以仅有电子为例，Δn 满足：

$$\frac{\mathrm{d}\Delta n}{\mathrm{d}t}=g-r\Delta n^2 \tag{3.22}$$

式中：r 为复合率。

当光照开始时，$t=0$，$\Delta n=0$，解式(3.22)得上升情况时的 Δn 为

$$\Delta n=\sqrt{\frac{g}{r}}\cdot\tan(\sqrt{gr}\cdot t) \tag{3.23}$$

当光照撤去时，$t=0$，$\Delta n=\Delta n_0$，解式(3.22)得下降情况时的 Δn 为

$$\Delta n=\frac{1}{\sqrt{\frac{r}{g}}+rt}=\sqrt{\frac{g}{r}}\cdot\frac{1}{1+\sqrt{gr}\cdot t} \tag{3.24}$$

在强光照射下，光电导的弛豫时间常数比较复杂，它已不再是常数。按定义应为$\tau=1/\Delta n$。

3）陷阱对惰性的影响

以上在推导非平衡载流子的寿命时，没有考虑陷阱的作用。实际上陷阱起着重要作用。陷阱是材料中的一种局部能级，它能够俘获或释放电子和空穴。从这个意义上说，材料中的一切杂质和缺陷都可能成为陷阱。但是实际上，由于局部能级的位置不同，所起的作用也不同。例如，一般的施主能级和受主能级的主要作用是提供电子和空穴，决定材料的导电类型。又如，深杂质能级主要是俘获电子和空穴，而浅杂质能级，既能俘获又能释放载流子，真正起着陷阱作用。所以从广义上说，陷阱包括一切局部能级；从狭义上说，陷阱仅指浅杂质能级。我们所指的就是这一种。

陷阱分为电子陷阱和空穴陷阱。电子陷阱能够同导带交换电子，空穴陷阱能够同价带交换空穴。这里仅以电子陷阱为例，分析电子陷阱对惰性的作用。为叙述方便，以陷阱代替电子陷阱。

陷阱对电子的俘获与激发过程如图 3-4 所示。电子陷阱的作用主要是把电子俘获，而后再释放出去。在光电导上升阶段，因为自由电子数增加，陷阱的俘获作用大于激发作用；在光电导下降阶段，恰好与此相反。这样看来，陷阱起着延缓光电导上升和下降的作用。这已定性地说明，陷阱能增长光电导的响应时间。应注意的是，陷阱并不能促进电子的复合。复合是通过另外的途径进行的。如通过复合中心及直接复合。复合率不

因陷阱而变化，仍为 n/τ，其中 τ 仍为电子寿命。在这里寿命和响应时间常数是两回事。有陷阱时，尽管响应时间很长，但寿命并不长。这是因为电子在被俘期间并不自由，不参与导电。所以被俘时间不计入寿命，但计入惰性时间。

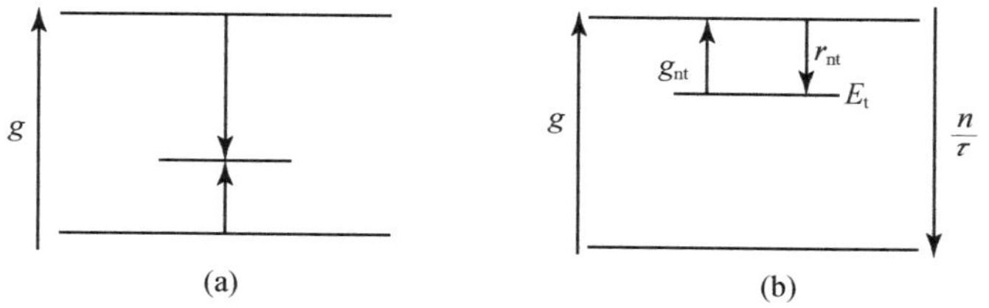

图 3-4　陷阱对电子的俘获与激发过程

（a）复合中心；（b）陷阱。

参见图 3-4：设有单能级陷阱。E_t 为陷阱能级；N_t 为陷阱浓度；n_t 为被电子占据的陷阱浓度；n 为导带电子浓度；c_{nt} 为电子俘获系数；g_{nt} 为电子激发率；r_{nt} 为电子俘获率。

由图 3-4 可直接写出陷阱上电子的激发率和俘获率分别为

$$g_{nt}=n_1 n_t c_{nt} \tag{3.25}$$

$$r_{nt}=n(N_t-n_t)c_{nt} \tag{3.26}$$

式中：$n_1=N_-\exp[-(E_--E_t)/kT]$。

假设光照很弱，陷阱浓度很高，则 $n_t \ll N_t$，此时可得电子俘获率：

$$r_{nt}=nN_t c_{nt} \tag{3.27}$$

式(3.27)又可表示为

$$r_{nt}=\frac{n}{\tau'} \tag{3.28}$$

其中

$$\tau'=\frac{1}{N_t c_{nt}} \tag{3.29}$$

式中：τ'为陷阱俘获 n 个电子所需的时间。

（1）快俘获陷阱。在有快俘获陷阱的情况下，陷阱的俘获率远大于复合中心的复合率，即

$$r_{nt} \gg r_{nr},\ \frac{n}{\tau'} \gg \frac{n}{\tau} \tag{3.30}$$

所以有

$$\tau \gg \tau' \tag{3.31}$$

在俘获的情况下，陷阱迅速地调节着 n 和 n_t 的大小。如果 n 增大，n_t 立即随着增大，使得 n/n_t 保持常数。在 n 减小时也是一样。由于有快俘获陷阱的存在，当撤去光照时，通过复合中心复合的电子数，不再是 Δn 个，而应为 $\Delta n+n_t$ 个，即不仅导带中的 Δn 个电子需要复合，而且陷阱中的 n_t 个也需要复合（先激发，后复合）。这样一来，衰减时间常数不再是 τ，而比 τ 大，记为 τ_0，有

$$\frac{\tau_0}{\tau}=\frac{\Delta n+n_t}{\Delta n}=1+\delta \tag{3.32}$$

或

$$\tau_0=(1+\delta)\tau \tag{3.33}$$

式中:$\delta=n_t/\Delta n$。

如果 $n_t \gg \Delta n$,则有

$$\tau_0=\delta\tau \tag{3.34}$$

这说明在弱光、高陷阱浓度、快俘获情况下,光电导的时间响应常数 τ_0 要比非平衡载流子寿命大 δ 倍。其倍数决定于 $n_t/\Delta n$。

由此看来,不能简单地用非平衡载流子寿命来衡量材料的惰性,而要看光电导所含的陷阱情况。如果含有高浓度、快俘获陷阱,在弱光下,其惰性很大。这就是在微光条件下,许多光电导惰性特别大的原因。

(2) 慢俘获陷阱。与快俘获陷阱情况相反,在慢俘获情况下,俘获时间常数远大于载流子寿命,即 $\tau' \gg \tau$。这样,陷阱俘获的电子数 n_t 是微不足道的。此时有

$$\frac{\tau_0}{\tau}=\frac{\Delta n+n_t}{\Delta n}\approx 1 \tag{3.35}$$

所以在这种情况下,光电导的时间常数 τ_0 与载流子寿命近似相等,陷阱效应可以忽略不计。

从以上分析可以看出,要想提高光电导的响应速度,应尽量减少快俘获陷阱浓度。除了可通过减小陷阱效应来提高光电导的响应速度外,还可采用以下方法:

方法1:增强入射发光强度,从而增大 Δn、减小 δ、减小 τ_0。

方法2:增大复合中心浓度,以降低少子寿命 τ。但是 τ 的减小会使非平衡载流子浓度下降,致使灵敏度降低。可见这并非万全之策。在选材时,对惰性和灵敏度应综合考虑。

4) 光电导的增益和惰性的综合分析

增益和惰性是光电导的两个重要的性能指标。前者决定着器件所能探测到的最小光信号,后者决定着可能探测到的最大目标速度。但是对于具体光电导来说,二者往往不可兼得,故要综合考虑。

由光电导的增益公式知道:

$$G=\frac{\tau}{t_r}$$

由于渡越时间 t_r 随电压 U 的升高而下降,但最小不得小于介电时间常数 τ_{rel};而寿命 τ 在没有陷阱时就等于光电导的响应时间常数 τ_0,这样应有

$$G=\frac{\tau_0}{\tau_{rel}} \tag{3.36}$$

如果有快俘获陷阱存在,则电子的渡越时间变为

$$t_r'=\frac{n}{n_t}\tau_{rel} \tag{3.37}$$

此时光电导的响应时间常数为

$$\tau_0=\delta\cdot\tau=\frac{n_t}{n}\cdot\tau \tag{3.38}$$

所以增益为

$$G=\frac{\tau}{t'_{r}}=\frac{\tau_0}{\tau_{rel}} \tag{3.39}$$

可见有无陷阱存在，光电导的最大增益总等于它的响应时间常数与其介电时间常数之比。也就是说增大 τ_0，或减小 τ_{rel} 均能使 G 增大。但是，τ_0 大时，惰性大；τ_{rel} 小时，暗电流大。

4. 光电导的光谱响应特性

光谱响应特性是光电导的一个重要性能指标，它决定着光电导的应用范围和灵敏度。光电导的光谱响应范围是由它的激发类型决定的。

对于本征激发，要求入射光子能量 $h\nu$ 要大于禁带宽度，即

$$h\nu>E_g \tag{3.40}$$

由此可得到阈值波长为

$$\lambda\leqslant\frac{hc}{E_g}=\frac{1.24}{E_g}(\mathrm{nm}) \tag{3.41}$$

对于杂质光电导，则要求入射光子能量大于杂质电离能 E_i，即

$$h\nu>E_i \tag{3.42}$$

同样可得到阈值波长为

$$\lambda\leqslant\frac{hc}{E_i}=\frac{1.24}{E_i}(\mathrm{nm}) \tag{3.43}$$

本征激发的结果是产生电子空穴对，而杂质激发可能产生电子或空穴，这要看是什么杂质半导体。

我们前面已经导出光谱响应率 R_λ 同波长 λ 的关系：

$$R_\lambda=k\cdot\lambda$$

由此关系描出的曲线表示了光电导光谱响应特性。一般通过实验来定性描绘器件的光谱响应特性曲线。

5. 光电导体与金属的接触

给光电导施加偏压，或从光电导取出信号，都必须通过金属同光电导体的接触来实现。我们希望接触处不影响光电流的流通，即服从欧姆定律。但实际上并非如此。金属同光电导体的接触有可能形成单向导电性势垒，影响光电流流出。为此要分析接触问题，以选择合适的接触方法。

金属同光电导体接触，根据接触面势垒状况，分以下几种情况，如图 3-5 所示。

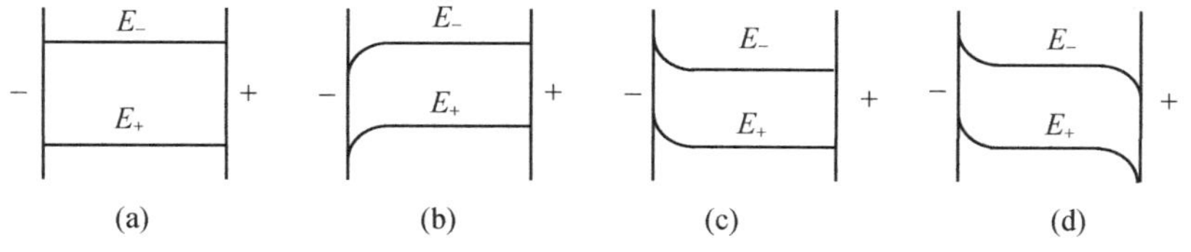

图 3-5　金属同光电导体接触形式

图 3-5(a)没有表面势形成，能带不发生弯曲，因此接触处相当于一个普通电阻，这种接触即欧姆接触。图 3-5(b)金属的溢出功小于光电导体的溢出功，由于电子进入光

电导体而使其表面能带下弯,这种接触不影响从光电导提取电流,因而起着欧姆接触的作用,这种接触也称注入接触。但在电压过高时,这种接触将失去欧姆接触作用。图3-5(c)金属的溢出功比光电导的大,二者接触后,因电子进入金属而使光电导表面能带上弯,形成单向导电性接触,阻碍从光电导提取电流,这种接触,只有在特殊情况下才可视为欧姆接触。图3-5(d)在正负极两端分别形成单向导电性接触。这里主要讨论欧姆接触和注入接触。

1) 欧姆接触

由单向导电性接触的理论知道,金属同半导体接触,由于高表面态的存在,会形成高为$2/3E_g$的势垒,按理就不存在欧姆接触。事实上,尽管有表面势垒存在,但是如果E_g较小,且势垒很窄,电子穿透概率很大,致使隧道电流大于热发射电流,在这种情况下,仍能形成欧姆接触。条件就是选择E_g小或掺杂浓度高的材料,如选择掺杂浓度高于$10^{20}/cm^2$的N型材料。

2) 注入接触

金属同半导体接触时,如果$W_m<W_s$(W_m和W_s分别表示金属和半导体的功函数),在界面处半导体能带下弯如图3-5(b)所示。这种接触不影响电流的提取。当电子从右端取出时,金属将源源不断地向半导体注入电子。只要提取的电流不超过热平衡所能提供的电子数,将一直保持欧姆关系。但是如果偏压提高,提取的电子数超过热平衡所能提供的电子数,由金属注入的电子浓度将大于热平衡所能提供的电子数,这样会形成空间电荷电流。此时不再服从欧姆关系。所以在高电压下,通过样品的主要电流不是扩散电流,而是漂移电流。

综上所述,当金属和半导体接触时,为得到所需的欧姆接触,可以采用两种方法:①如果$W_m>W_s$,即形成表面势垒的情况,可采用高掺杂和窄禁带的半导体;②如果$W_m<W_s$,可通过陷阱浓度和控制外加电压来保证欧姆接触。在这种情况下,如果偏压过高,就会破坏欧姆接触,使得暗电流突然上升,介电时间常数大大下降。这对于光电导的应用是不利的。

3.2 光敏电阻

光敏电阻是利用光电导效应制成的一种均质型半导体光电器件。当光照射到光敏电阻上时,半导体材料因吸收光能而产生光生载流子(电子和空穴),载流子浓度的增加,必然导致器件电导率增大。当在器件两端加上一定电压后,光生载流子在外电场的作用下沿一定方向运动,在电路中产生光电流。利用这种效应制成的探测器称为光电导探测器或光导管,由于这种探测器的电阻对光强的变化非常灵敏,故称为光敏电阻。

光敏电阻具有体积小、偏置电压低、光谱响应范围宽的特点。它的时间常数一般为$10^{-7}\sim10^{-2}$s,特制的可达10^{-10}s。光敏电阻经过合理选材和参数设计会产生增益。在紫外光区和可见光区,光敏电阻的优点不突出,主要用在自动相机和控光系统中。在红外区它的响应相对比较快、响应率较高,力学性能好,因而得到广泛应用。

3.2.1 光敏电阻的工作原理

当无光照射在光电导体上时,由于存在一定的禁带宽度E_g,由热激发跃入导带的电子及价带中的空穴都很少,导带上基本是空的,价带上基本是满的,因此,能够参与导电的载流子很少,电阻率很高。当有光照射在光电导体上时,对于本征型半导体,由于 $h\nu>E_g$,价带上的自由电子获得能量跃迁到导带,同时在价带中产生空穴,从而使导带上的电子和价带上的空穴增加,使光电导体的电导率变大,在外电场作用下形成光电流。如图 3-6(a)所示。

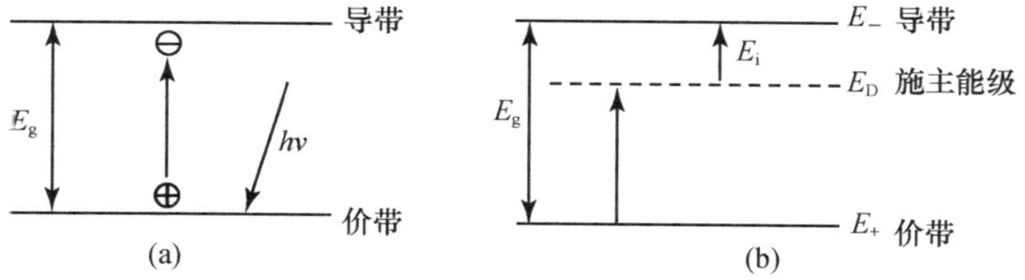

图 3-6　光敏电阻工作能级图

当光敏电阻为杂质型时(假定为 N 型半导体),$h\nu>E_i$,价带上的电子吸收光子能量至施主能级(受阻层),光子再把施主能级上的电子激发到导带形成导电电子,在外加电场作用下形成光电流,如图 3-6(b)所示。

光照使光敏电阻的电导率增大,电阻减小,从而产生光电流;光照越强,产生的光电流越大。从原理上讲,光敏电阻的材料,可以是 P 型的,也可以是 N 型的,但实践证明,用 N 型材料制作光敏电阻时,其性能比较稳定,特性也较好,所以目前多用 N 型材料制作光敏电阻。

3.2.2　光敏电阻的结构分类特性、偏置电路及其应用

光敏电阻是一种均质型半导体光电器件,由一块两边带有金属电极的光导体组成。电极和光电导体之间呈欧姆接触,使用时在光敏电阻两端加直流电压或交流电压。

1. 光敏电阻的结构

光敏电阻常见结构:
- 梳状式
- 刻线式
- 涂膜式

1) 梳状式

梳状式光敏电阻是在一块玻璃基底上利用加热法粘上梳状金属膜而制成;或在玻璃基底上面蚀刻成互相交叉的梳状槽,在槽内填入黄金或石墨等导电物质,在表面再敷上一层光敏材料,如图 3-7 所示。

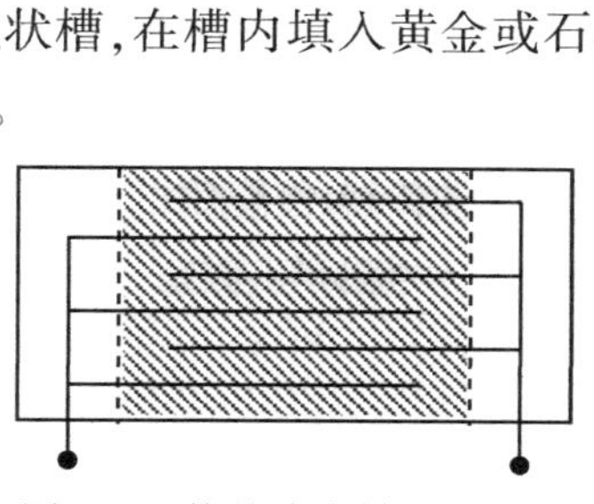

图 3-7　梳状式光敏电阻结构

2) 刻线式

刻线式光敏电阻是在玻璃基片上镀制一层薄的金属箔,用尖锐的工具刻划成栅状

槽,然后在槽内填入光敏电阻材料层而制成。其结构如图 3-8 所示。

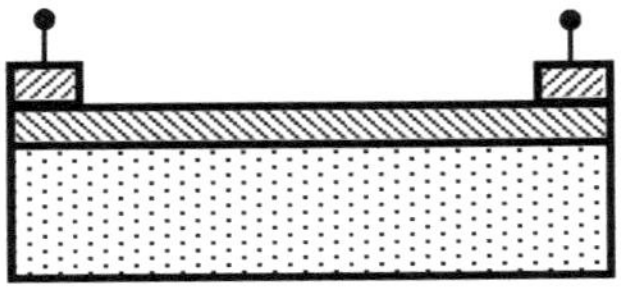

图 3-8 刻线式光敏电阻结构

3）涂膜式

涂膜式光敏电阻是在玻璃基片上直接涂上光敏材料膜而制成,其结构如图 3-9 所示。

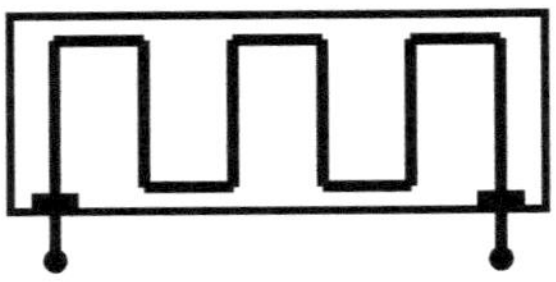

图 3-9 涂膜式光敏电阻结构

光敏电阻在电路中的符号如图 3-10 所示。

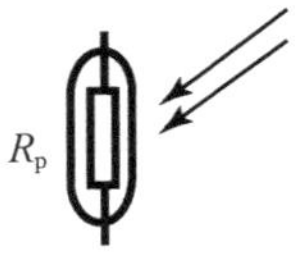

图 3-10 光敏电阻电路符号

2. 光敏电阻的分类

按光谱特性及最佳工作波长范围分
- 对紫外光灵敏(如硫化镉、硒化镉)
- 对可见光灵敏(如硒化镉、硫化铊、硫化镉)
- 对红外光灵敏(如硫化铅、碲化铅、硒化铅、碲化铟)

按所用材料分
- 单晶
  - 本征型
  - 杂质型
- 多晶
  - 真空蒸发型
  - 烧结型

3. 光敏电阻的特性

1）光谱响应特性

光谱响应特性是指光敏电阻的输出光电流 I 与入射光波长 λ 之间的关系。此特性与所用材料的光谱响应、制造工艺、掺杂浓度和使用的环境温度有关。不同的制作材料对同一入射波长光的吸收是不同的;即使是同一材料,对不同波长的光波吸收也是不相同的。因此输出光电流值与波长密切相关。图 3-11 所示为光敏电阻使用不同制作材料时的光谱响应曲线。图 3-12 所示为光敏电阻使用同一材料,但制作工艺、掺杂浓度不同时的光谱响应曲线。

由图 3-11 可知,CdS 光敏电阻的特点是它的峰值波长很接近人眼最敏感的 555nm 波长,可用于与视觉亮度有关的测量和底片曝光方面的测量。其响应度为 50A/lm,响应时间为毫秒级至秒级,响应波长为 0.3~0.8μm。CdSe 光敏电阻比 CdS 光敏电阻工作波

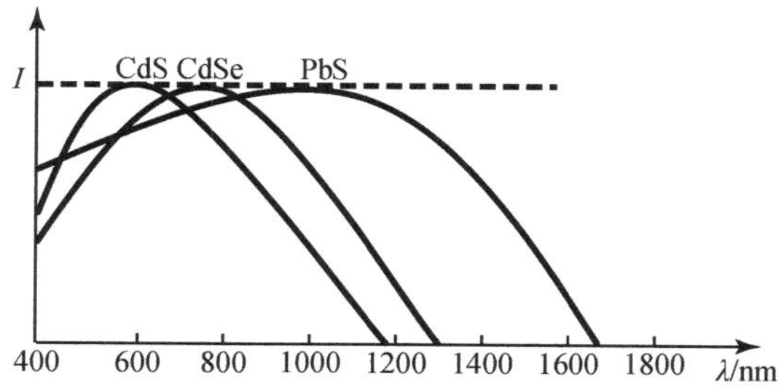

图 3-11　光敏电阻使用不同材料的光谱响应曲线

长稍长一些。它的响应度为 50A/lm，响应时间为 500μs～1s，工作波长范围为 0.3～0.4μm。室温工作的 PbS 光敏电阻响应波长范围为 1.0～3.5μm，峰值响应波长为 2.4μm 左右，响应时间一般为 100～300μs。

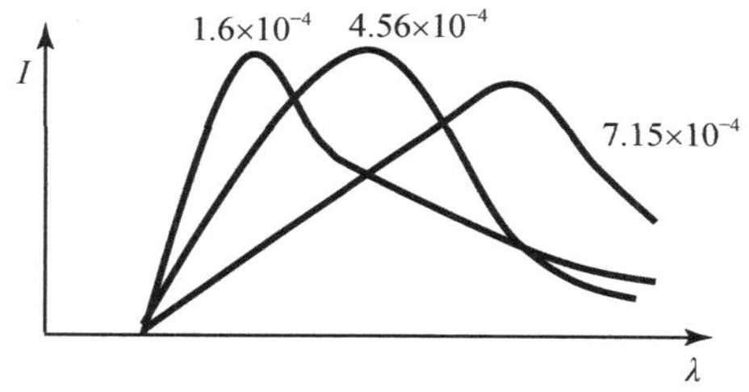

图 3-12　光敏电阻使用同一材料(CdS)，但制作工艺、掺杂浓度不同时的光谱响应曲线

各种光敏电阻的光谱特性可查阅有关手册和产品说明书。表 3-1 给出了几种本征型光敏电阻的有关参数。表 3-2 给出了几种杂质光电导探测器的性能参数。

表 3-1　几种本征型光敏电阻的有关参数

材料	工作温度/K	响应范围/μm	峰值波长/μm	量子效率	峰值波长响应率/(V/W)	时间常数	典型暗电阻/Ω	低频时的探测率 $D*$/($cm \cdot Hz^{1/2}/W$)
PbS	295	0.9～2.8	2.5		$(1\sim4)\times10^6$	$5\times10^{-3}\sim4\times10^{-5}$	$0.5\times10^5\sim3\times10^6$	1.5×10^{10}
	77	1.4～3.8	3			3×10^{-3}	2×10^6	7×10^{11}
PbSe	295	0.5～5.4	3.4		$(3\sim6)\times10^5$	2×10^{-6}	3×10^6	2×10^{10}
	77	2.7～6.3	4.8			4×10^{-5}	5×10^6	$(2\sim5)\times10^{10}$
InSb	295	3.6～7.5	6.8	0.5～0.8	1	$10^{-6}\sim10^{-8}$	2×10^6	1.2×10^9
	77	3～5.6	5.3	0.5～0.8	3×10^4	6×10^{-6}	$10^3\sim10^4$	$6\times(10^{10}\sim10^{11})$
InSe	295	1～6	5.5		20	0.2×10^{-6}	4×10^6	6×10^8
HgCdTe	295	2～5.5	4～5			5×10^{-6}	70～200	$(3\sim5)\times10^9$
	245							
	200		9.6～11.6			$(10\sim50)\times10^{-6}$	10～200	$(2\sim8)\times10^8$
	77		12	0.05～0.3		2×10^{-8}	60～400	10^{10}
PbSnTe	77	3.5～11	10		1	1.5×10^{-8}	42	3×10^8
	4.2	≤15	14		80	1.2×10^{-6}	52	1.7×10^{10}

表 3-2 几种杂质光电探测器的性能参数

探测器类型	工作温度/K	长波限/μm	峰值探测度/ (cm·Hz$^{1/2}$/W)	响应时间/s
Ge(Au)	77	8.0	1×10^{10}	5×10^{-8}
Ge(Hg)	38	14	4×10^{10}	1×10^{-9}
Ge(Cd)	20	23	4×10^{10}	5×10^{-8}
Ge(Cu)	4.2	27	5×10^{10}	$<10^{-6}$
Ge(Zn)	4.2	40	5×10^{10}	$<10^{-6}$
Ge-Si(Au)	50	10.3	8×10^{8}	$<10^{-6}$
Ge-Si(Zn)	50	13.8	1×10^{10}	$<10^{-6}$

2）光照特性

光敏电阻的光照特性指的是光电流与光通量或照度之间的关系,也称光电特性。对于不同类型的光敏电阻,光照特性是不同的。图 3-13 为光敏电阻的光照特性曲线。

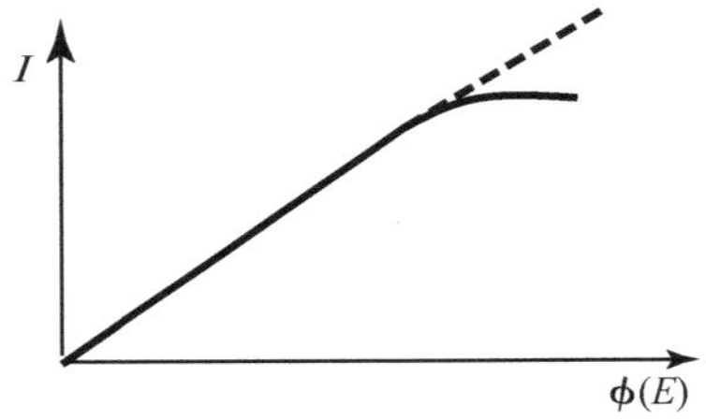

图 3-13 光敏电阻的光照特性曲线

光电流 I 与外加直流电源电压 V 和入射光通量 ϕ(或照度 E)的关系可用下面的一般关系式表示:

$$I=kV\phi^{\gamma} \quad 或 \quad I=kVE^{\gamma} \tag{3.44}$$

式中:k 为光敏电阻材料决定的常数;V 为外加直流电源电压;γ 为系数,其值一般在 0.5~1。

在弱光照射时,$\gamma=1$,此时 $I=kV\phi$ 或 $I=kVE$,这时的光电导称为直线型光电导,即光电流与光通量或照度呈线性关系。如 Si、Ge、PbO 等许多材料至少在较低的光强下都具有这种性质。

在强光照射时,$\gamma=0.5$,此时,$I=KV\sqrt{\phi}$ 或 $I=KV\sqrt{E}$,这时的光电导称为非线性光电导,也称抛物线型光电导,指的是光电流与光通量或照度的平方根成正比。有不少光敏电阻在低光照($\phi<0.01\text{lm}$)下光电特性呈线性,但在较高的光照($\phi>0.1\text{lm}$)下光电特性就呈非线性。无论本征型光电导还是掺杂型光电导都具有这种特性。

光敏电阻的光照特性之所以会出现非线性,这是因为在强光照射时,光敏电阻在光生载流子增加的同时,其温度也在升高。由于温度升高,载流子的热运动加剧,于是复合的概率也增大,因此出现了光电流的饱和趋势。很显然,对光敏电阻进行冷却,不仅对改善其光谱特性是有益的,而且对改善它的光照特性也是有益的。另外,对非本征型光电导来说,二次电子的增益作用也是产生非线性的原因之一。正因为光敏电阻在强光照射时出现严重的非线性,所以光敏电阻不宜作为测量元件。在使用中为了直观,常将光敏电阻的光照特性曲线改画成电阻和照度的关系曲线。它是从不同角度来反映光敏电阻的光电特性，有时也将此曲线画在对数坐标中，此时常数 γ 为曲线的斜率。

3）伏安特性

在一定的光照下，光敏电阻的光电流与所加电压的关系曲线称为伏安特性。一般来说，光敏电阻的伏安特性为线性关系。伏安特性有时也叫输出特性，如图 3-14 所示。

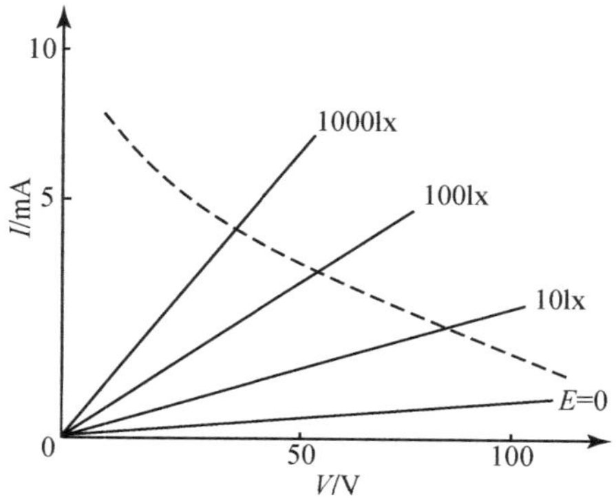

图 3-14　光敏电阻的伏安特性曲线

由图 3-14 看出，在一定的光照情况下，伏安特性是线性的，在不同的光照情况下，光敏电阻的电阻值不同，这样组成了一组输出特性簇。随着电压的增加，伏安特性会出现非线性，这是因为在强光照射下，出现了饱和现象。曲线簇中最下面一条线的 $E=0$，即无光照情况，该曲线的斜率为暗电导 G_d，其倒数为暗电阻 R_d。由电源电压和负载电阻决定的负载线与伏安特性的交点，就是不同光照情况下光敏电阻的工作点。由图 3-14 可知：当 V 增加时，I 也增加，对于同一电压 V 值，光电流 I 增加，$E=0$ 增加，ϕ 也增加；E 和 ϕ 越大，其 I/V 斜率越大。

电流流过光敏电阻所消耗的功率会导致光敏电阻发热，为了保证良好的工作状态，规定了它们允许的最大耗散功率。最大耗散功率决定了光敏电阻伏安特性的安全工作区。

4）响应特性

光敏电阻的响应特性（频率特性，时间常数）都比较差，它与光照度、工作温度有明显的依赖关系（图 3-15）。

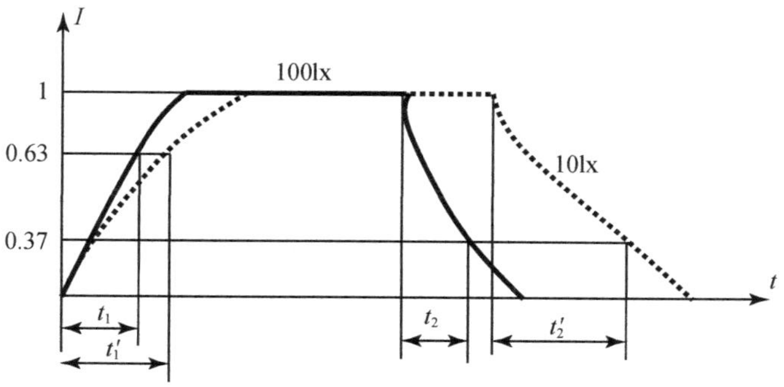

图 3-15　光敏电阻的响应特性曲线

图 3-15 中 t_1 及 t_1' 表示上升时间常数;t_2 及 t_2' 表示下降时间常数。照度大的 t_1、t_2 较照度小的 t_1'、t_2' 要小得多。这表明,光照度越大,其响应特性越好,惰性越小。

响应特性较差的原因是当有光照射光敏电阻时,光生载流子浓度逐渐增加,开始时,激发的多,复合的少,于是载流子浓度不断增加。但随着载流子浓度的增加,其复合的机会增多,经过一段时间后,产生和复合之间达到动态平衡,即载流子浓度达到稳定值。同样,停止光照后,光生载流子的消失也需要一定时间。这说明光电导响应存在惰性,因而使光敏电阻的频率特性变差。这种惰性用时间常数(或称响应时间)定量描述。

5) 温度特性

光敏电阻和其他半导体器件一样,它的特性受温度影响很大,特别是掺杂半导体光电器件。当温度略有变化时,它的灵敏度、光照特性、响应率、光谱响应率、峰值波长、长波限都将发生变化,而且这种变化缺乏一定的规律,这是光敏电阻的一大缺陷。为了提高其灵敏度、稳定性,降低噪声和提高探测率等,必须给光敏电阻降温(图 3-16)。

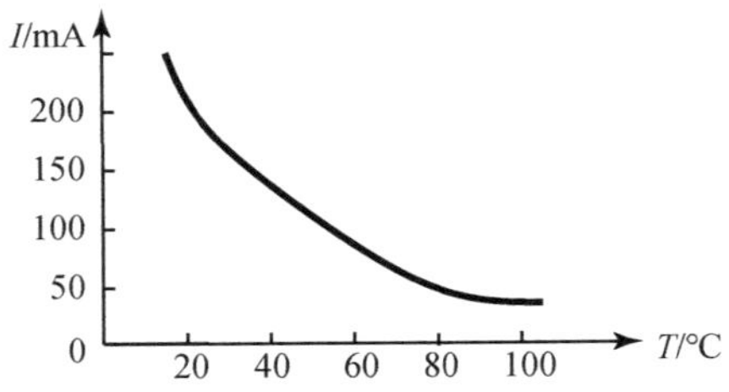

图 3-16　光敏电阻的温度特性

随着温度的升高光电导值下降,随着温度的下降光电导值增大,而这与光照度值有关。

6) 暗电阻和亮电阻

暗电阻:当无光照时光敏电阻值。在伏安特性中为 $E=0$ 的曲线的斜率的倒数。

$$G_d=\frac{I}{V}\quad R_d=\frac{V}{I}\tag{3.45}$$

式中:G_d 为暗电导;R_d 为暗电阻,其值一般为几十千欧到几兆欧。

亮电阻:当有光照时的光敏电阻值,其值与光照大小有关。

7) 噪声

在检测微弱信号时,应当考虑器件的噪声。光敏电阻的固有噪声主要有三种:热噪声、产生-复合噪声及 $1/f$ 噪声。这些噪声与调制频率的定性关系如图 3-17 所示。在频率 f 低于 100Hz 时,以 $1/f$ 噪声为主;频率在 100~1000Hz 时以产生-复合噪声为主;频率在 1000Hz 以上以热噪声为主。

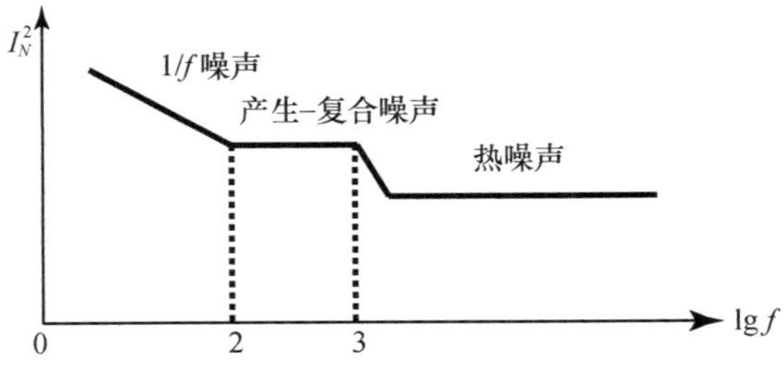

图 3-17　噪声随调制频率的分布关系

在红外探测中，为了减小噪声一般采取如下措施。

（1）采取光调制技术（如光调制盘），一般调制频率为 800Hz 或 1000Hz，这样可以消除 $1/f$ 噪声和产生-复合噪声；

（2）采用制冷装置来降低器件的温度，使热噪声减至最小；

（3）设计合理的偏置电路，达到最佳运用状态，即选择最佳偏置电流使信噪比最大。

4. 光敏电阻的偏置电路

1）基本偏置电路

光敏电阻最简单的基本偏置电路如图 3-18 所示。

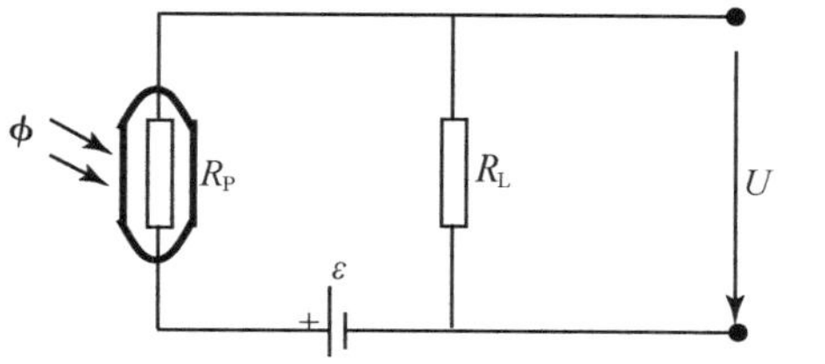

图 3-18　光敏电阻最简单的基本偏置电路

图 3-18 中 R_L 为负载电阻，U 为负载电阻两端的电压，ε 为电源的电动势，R_P 为光敏电阻对应于光通量为 ϕ 时的电阻值。求解负载电阻两端的电压变化有两种方法。

（1）方法一：解析法。当光敏电阻上所接收的光通量由 ϕ_1 变为 ϕ_3 时（$\phi_3>\phi_1$），由伏安特性曲线（图 3-19）知点（ε,0）和（0,ε/R_L）决定了负载线，负载线和伏安特性曲线的交点为工作点（1 点和 3 点），工作点 1 和工作点 3 之间的横向距离为 R_L，两端的电压变化 ΔV，纵向距离为 R_L 两端的电流变化 ΔI。

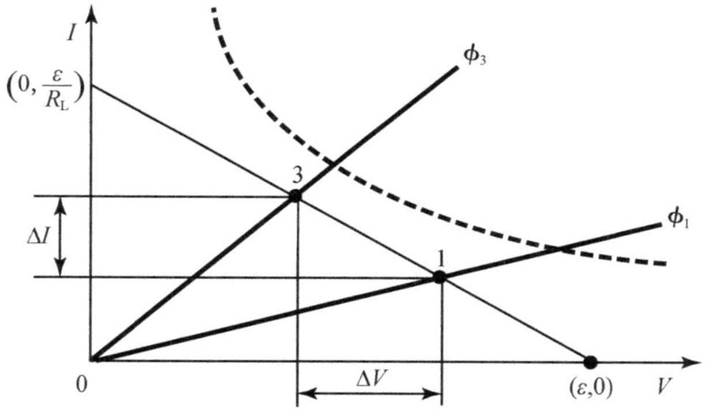

图 3-19　光敏电阻伏安特性曲线

（2）方法二：分析法。当光通量为 ϕ_1 时，R_L 两端的电压为

$$V_1=\frac{\varepsilon}{R_L+R_{P1}}\cdot R_L \tag{3.46}$$

式中：R_{P1} 为光通量为 ϕ_1 时的光敏电阻阻值。

当光通量为 ϕ_3 时，R_L 两端的电压为

$$V_3=\frac{\varepsilon}{R_L+R_{P3}}\cdot R_L \tag{3.47}$$

式中:R_{P3} 为光通量为 ϕ_3 时的光敏电阻阻值。
所以有

$$\Delta V=V_1-V_3=\frac{R_{P3}-R_{P1}}{(R_L+R_{P1})(R_L+R_{P3})}\cdot\varepsilon\cdot R_L \tag{3.48}$$

式(3.48)为 R_L 两端的电位差变化公式,两端同除以 R_L,则得到流过 R_L 的电流变化。对式(3.48)进行讨论。

(1) 当 R_{P1} 和 R_{P3} 相差不太大时,假定 $R_{P1}\approx R_{P3}\approx R_P$,式(3.48)变为

$$\Delta V\approx\frac{\Delta R_P}{(R_L+R_P)^2}\cdot\varepsilon\cdot R_L \tag{3.49}$$

令

$$\frac{\mathrm{d}\Delta V}{\mathrm{d}R_L}=0 \tag{3.50}$$

可得到:

$$R_L=R_P \tag{3.51}$$

式(3.51)就是选用负载电阻的基本原则。同时式(3.48)取得极大值。

(2) 当 R_{P1} 和 R_{P3} 相去甚远时,令

$$\frac{\mathrm{d}\Delta V}{\mathrm{d}R_L}=0$$

可得到:

$$R_L=\sqrt{R_{P1}\cdot R_{P3}} \tag{3.52}$$

同时式(3.48)取得极大值。

(3) 电源电动势 ε 的选取问题。

由偏置电路图3-18知

$$P\geqslant I\cdot U=I^2\cdot R_P=\left(\frac{\varepsilon}{R_L+R_P}\right)^2\cdot R_P \tag{3.53}$$

所以有

$$\varepsilon\leqslant(R_L+R_P)\cdot\sqrt{\frac{P}{R_P}} \tag{3.54}$$

由于

$$P<P_{\max} \tag{3.55}$$

式中:$P_{\max}$ 为耗散功率。
所以有

$$\varepsilon\leqslant(R_L+R_P)\cdot\sqrt{\frac{P_{\max}}{R_P}} \tag{3.56}$$

当达到匹配时,$R_L=R_P$,所以有

$$\varepsilon\leqslant 2R_P\cdot\sqrt{\frac{P_{\max}}{R_P}}=\sqrt{4P_{\max}\cdot R_P} \tag{3.57}$$

式(3.53)~式(3.57)就是电源电动势 ε 的选取原则。

2）恒流偏置电路

图 3-20 为简单的恒流偏置电路。设某一辐射光通量为 ϕ，光敏电阻的阻值为 R_p，灵敏度为 R，光电导为 $\Delta\sigma$，则流过负载电阻 R_L 的电流(回路电流)为

$$I_L=\frac{\varepsilon}{R_p+R_L} \tag{3.58}$$

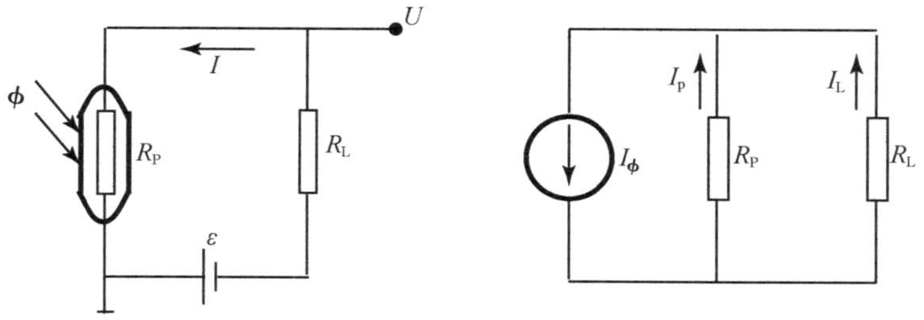

图 3-20　简单的恒流偏置电路

若用微变量表示，式(3.58)变为

$$\mathrm{d}I_L=-\frac{\varepsilon}{(R_P+R_L)^2}\mathrm{d}R_P \tag{3.59}$$

而由光电导灵敏度 R 的定义(单位入射光所产生的光电导)有

$$R=\frac{\mathrm{d}(\Delta\sigma)}{\mathrm{d}\phi}=\frac{\mathrm{d}\frac{1}{R_P}}{\mathrm{d}\phi}=\frac{-\frac{\mathrm{d}R_P}{R_P^2}}{\mathrm{d}\phi}=-\frac{\mathrm{d}R_P}{R_P^2\mathrm{d}\phi}$$

即

$$\mathrm{d}R_P=-R_P^2\cdot R\cdot \mathrm{d}\phi \tag{3.60}$$

将式(3.60)代入式(3.59)，得

$$\mathrm{d}I_L=\frac{\varepsilon\cdot R_P^2\cdot R}{(R_P+R_L)^2}\mathrm{d}\phi \tag{3.61}$$

若令 $I_L=\mathrm{d}I_L$，$\phi=\mathrm{d}\phi$，式(3.61)变成：

$$I_L=\frac{\varepsilon\cdot R_P^2\cdot R}{(R_P+R_L)^2}\phi \tag{3.62}$$

加在光敏电阻上的电压 U 为

$$U=\frac{\varepsilon\cdot R_P}{R_P+R_L} \tag{3.63}$$

所以，光电导上产生的光电流的微变量为

$$I_\phi=\frac{U}{R_P}=U\cdot\Delta\sigma=U\cdot R\cdot\phi=R\cdot\frac{\varepsilon\cdot R_P}{R_P+R_L}\cdot\phi \tag{3.64}$$

将式(3.64)与式(3.62)进行比较，有

$$I_L=\frac{R_P}{R_P+R_L}I_\phi \tag{3.65}$$

由式(3.65)得到的光电流微变量的等效电路如图3-20(b)所示。

当$R_L \gg R_p$时,图3-20为恒流偏置电路。由式(3.58)可知,恒流偏置电路的偏置电流为

$$I_L \approx \frac{\varepsilon}{R_L} \tag{3.66}$$

由式(3.66)知,偏置电流I_L近似为恒定值。电路输出电压信号的增量值

$$dU = I_L dR_P \tag{3.67}$$

而由式(3.60)知 $dR_P = -R_p^2 \cdot R \cdot d\phi$

所以有

$$dU = -I_L \cdot R \cdot R_P^2 d\phi \tag{3.68}$$

若令$dU=U, d\phi=\phi$,则有

$$U = -I_L \cdot R \cdot R_P^2 \phi \tag{3.69}$$

光电变换电路的电压灵敏度为

$$R_U = \frac{U}{\phi} = I_L \cdot R \cdot R_P^2 \tag{3.70}$$

由式(3.70)可知,调节偏置电流I_L值可以改变变换电流的电压灵敏度R_U,且R_U值随I_L值的增加而增加;另外,输出电压信号与光敏电阻阻值R_P的平方成正比,当选择具有较大R_P的光敏电阻时,将有较高的电压灵敏度。

3) 恒压偏置电路

在图3-20中,当$R_L \ll R_P$时,可认为是恒压偏置电路,即加在光敏电阻上的偏置电压为

$$U = \frac{\varepsilon \cdot R_P}{R_P + R_L} \approx \varepsilon \tag{3.71}$$

光敏电阻输出的电流信号的微变量由式(3.64)得

$$I_p \approx R \cdot \varepsilon \cdot \phi \tag{3.72}$$

输出电压信号的微变量为

$$U \approx I_p \cdot R_L \approx R \cdot \varepsilon \cdot \phi \cdot R_L \tag{3.73}$$

由式(3.73)可知,因为一般情况下,$R_P \gg R_L$都成立,所以恒压偏置电路输出的电压信号与光敏电阻的阻值无关。故在更换光敏电阻或其阻值发生变化时,不影响仪表的精度。

4) 恒功率偏置电路

在图3-20中,若$R_L = R_P$,此电路变为恒功率电路。当恒功率偏置时,光敏电阻消耗的直流功率恒定,即

$$P = \frac{\varepsilon \cdot {}^2 R_P}{(R_P + R_L)^2} = \frac{\varepsilon^2}{4R_L} \tag{3.74}$$

恒功率偏置电路输出信号的表达式与基本偏置电路相同。其电路特点是负载可获得较大功率,而且输出的信噪比稳定。

5. 光敏电阻的应用

由于光敏电阻随光照不同而呈现出不同的电流值,故可作为可变电阻使用。

1）照相机的电子快门

图 3-21 所示为一个照相机电子快门电路,可用于自动控制曝光时间。当按动快门的瞬间,与快门相连的开关 SW 就闭合,使电磁铁线圈 DT 通电,快门打开。通过快门进入相机的光,一方面使胶片感光,另一方面照到光敏电阻 R_P 上,使 R_P 的阻值下降,从而对电容器 C 充电。当 C 上的电压达到或超过 $E_{R_2}+0.7V$ 时,BG1 开始导通,BG2、BG3 也随之导通,使 BG4 截止,DT 断电,关闭快门。DT 从通电到断电所经过的时间就是胶片的曝光时间,此时间的长短取决于 C 的充电时间 t,即

$$t=1.57R_uR_PC(\mu s) \tag{3.75}$$

式中:$R_u=\dfrac{R_2}{(R_1+R_2)}$,为分压系数,并且与预定的光圈有关;$R_P$ 为光敏电阻阻值,其大小与入射的光强有关;C 为电容。

显然 C 值确定后,照度越强,R_P 越小,曝光时间越短;照度越弱,R_P 越大,曝光时间越长。

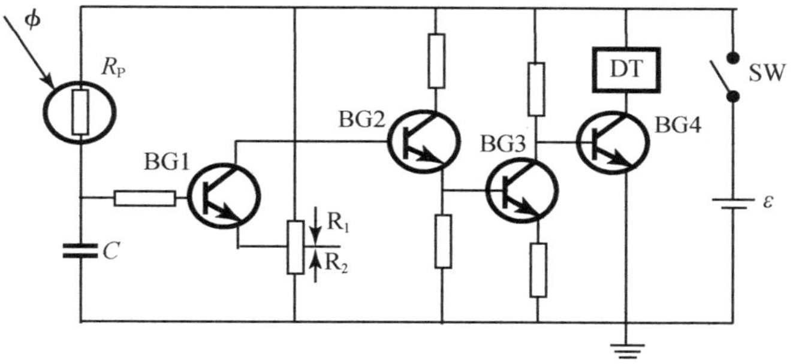

图 3-21　照相机电子快门电路图

2）光敏电阻的触发电路

图 3-22 为光敏电阻的触发电路。当无光照时 BG1 截止,BG2 导通,输出电压处于低电位。当有光照时光敏电阻阻值变小,BG1 基极电位提高,管子导通。而 BG2 的基极电位下降,BG2 截止,输出电压增大,从而使工作态翻转。这类电路可用于物品的计数或机构的控制等。

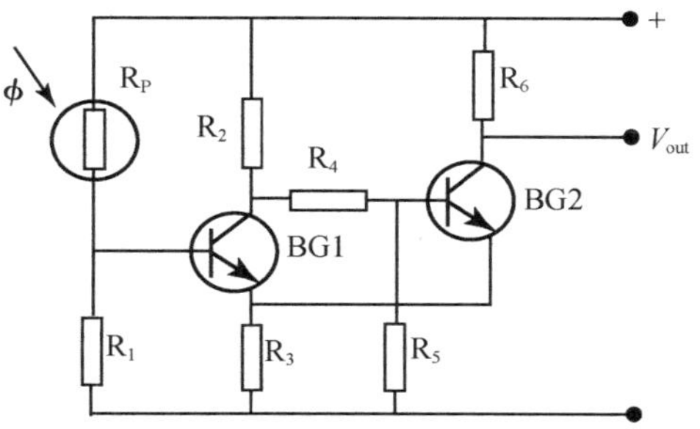

图 3-22　光敏电阻的触发电路

总之,由于光敏电阻参数受外界环境的温度、光照的影响较大,从等效电路看存在固有的非线性,因此一般用在要求不太高的场合。在红外区工作时需要采取低温恒温措施

才能进行较精密的测量。

3.3 势垒型光电探测器件

势垒型光电探测器件是利用光生伏特效应制成的光电探测器件。它是由对光照敏感的“结”构成的,故也称结型光电探测器件。势垒型光电探测器件按结的种类不同,可分为PN结型、PIN结型、异质结型和金属-半导体结型等。最常见的有光电池、光电二极管、PIN管、雪崩型光电二极管、光电三极管和光电场效应管。势垒型光电探测器件与均质型光电探测器件相比较,主要区别在于:

(1) 产生光电变换的部位不同。光电导探测器件是均质型,光不论照在它的哪一部分,受光照部分的电导率就要增大;而势垒型光电探测器件是结型,只有到达结区附近的光才产生光生伏特效应。

(2) 均质型光电探测器件没有极性,工作时必须有外加电压;而势垒型光电探测器件有确定的正负极,不需要外加电压即可把光信号变为电信号。

(3) 均质型光电探测器件的光电效应主要依赖非平衡载流子的产生与复合运动,弛豫过程的时间常数较大,因此,响应速度慢,频率响应性能较差;而势垒型光电探测器件的光电效应主要依赖结区非平衡载流子中的少数载流子的漂移运动,弛豫过程的时间常数较小,因此响应速度快,频率响应特性好。另外,雪崩型光电二极管、光电三极管和光电场效应管还有很大的内增益作用,不仅灵敏度高,而且可以产生较大的电流。

势垒型光电探测器件多用于光学测量、光开关、报警系统、图像识别、自动控制等方面。

3.3.1 光电池

光电池是直接把光能转变成电能的光电器件,由于它是利用光生伏特效应制成的,故称为光生伏特电池,简称光电池。

1. 分类

光电池的种类较多,有以下几种分类方法。

按用途分:
- 太阳能光电池:直接将太阳能转换成电能,属于换能器件,主要做电源用
- 测量光电池:将光信号转换成电信号,属于光探测器件

按材料分:
- 硅光电池
- 硒光电池
- 砷化镓光电池
- 锗光电池
- 硫化镉光电池

其中最受重视的是硅光电池和硒光电池。因为目前对硅材料的研究比较充分,而且硅光电池具有一系列的优点,如性能稳定、寿命长、光谱响应范围宽、频率特性好和能耐高温等。因此硅光电池在光度学、辐射测量、光学精密计量和测试及激光参数测量等方面得到日益广泛的应用。硒光电池的光谱响应曲线和人眼的光谱光视效率曲线的形状很相似,其光谱响应峰值波长与人眼的光谱光视效率的峰值重合,若与适当的滤光片相

配合，就能近视重合，且硒光电池价廉，因而在一些与人眼视觉有关系的光学器件中，在测量与控制应用中，多用硒光电池。但应指出，硒光电池稳定性很差。以下主要介绍硅光电池和硒光电池。

2. 光电池的结构原理

常用光电池的结构有两种：一种是金属-半导体接触型，如图 3-23(a)所示；另一种是 PN 结型，如图 3-23(b)所示。

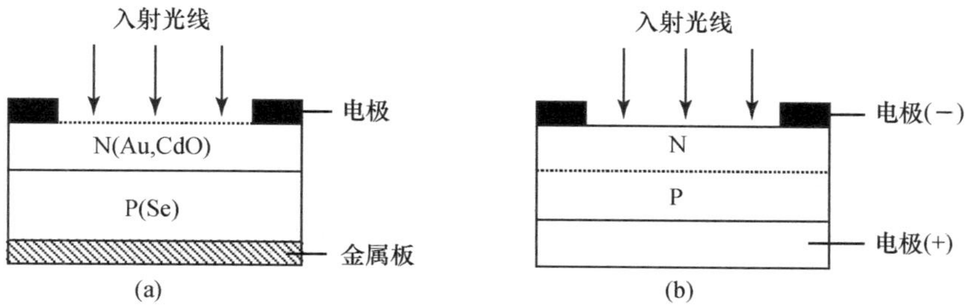

图 3-23　光电池的结构简图

金属-半导体接触型是以铁或铝作金属基板，在上面镀制一层镍，在镍上涂一层 P 型半导体硒层，经热处理后形成多晶形式，然后在硒层上涂一层半透明的导电薄膜(Au 或 CdO)，并在导电薄膜的四周喷有环形金属层集电极。硒光电池属于此结构。其原理与 PN 结相类似，是由热处理后在硒层与金属金(或氧化镉)半透明导电膜之间形成阻挡层(势垒)，它阻止金属金中的电子及硒中的空穴向对方流动。当光透过导电薄膜照射在 P 型半导体硒上时，便产生电子空穴对，电子在阻挡层作用下，顺利地到达导电薄膜一端，空穴则留在另一端。此时两端之间形成光生电动势，当外电路接通时，便有电流通过，光电流的大小取决于光照强弱。

PN 结型光电池是在 P 型(或 N 型)半导体表面上扩散一层 N 型(或 P 型)杂质，形成 PN 结，硅光电池属于此结构。硅光电池的结构形式多种多样。

1）按基底材料不同分

{ 2DR 型，其结构如图 3-24(a)所示
{ 2CR 型，其结构如图 3-24(b)所示

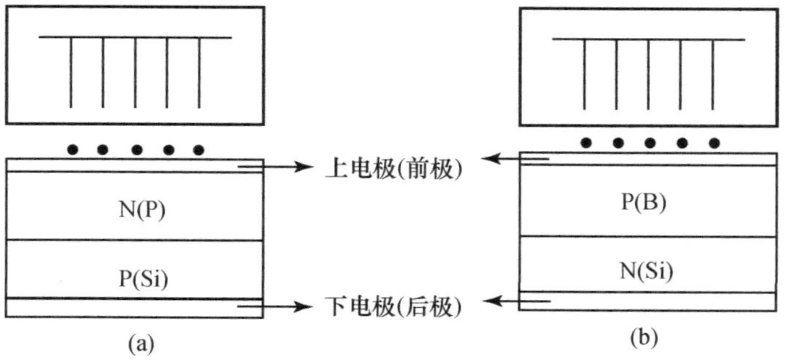

图 3-24　2DR 型硅光电池及 2CR 型硅光电池结构

2DR 型是以 P 型硅为基底，在基底上扩散磷材料后形成 N 型薄层受光面，构成 PN 结；2CR 型是以 N 型硅为基底，在基底上扩散硼材料后形成 P 型薄层受光面，构成 PN

结。再经过各种工艺处理,引出电极,受光表面涂上保护膜,便制成光电池。加在受光面上的电极称为上电极或前极;加在基底上的电极称为下电极或后极。上电极一般多作成栅指状,其目的在于:①便于透光;②减小串联电阻。在受光面上涂保护膜的目的在于①减小反射损失;②增加对入射光的吸收;③可以防潮、防腐蚀。常用于保护膜的材料有 SiO_2、MgF_2 等。

2)按用途不同分

- 阵列式硅光电池,其结构如图 3-25(a)所示
- 象限式硅光电池,其结构如图 3-25(b)所示
- 硅蓝光电池

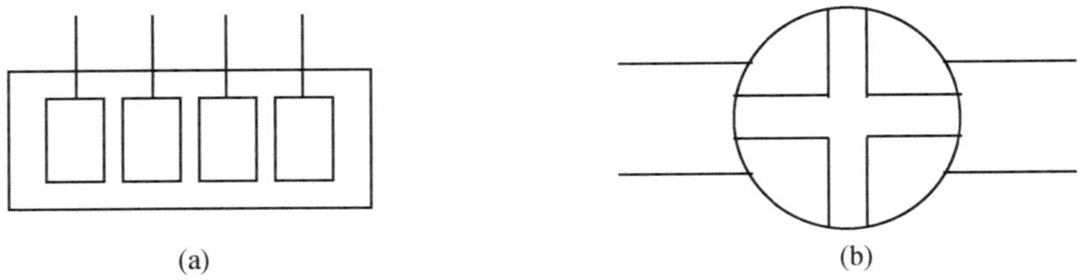

图 3-25 光电池结构

阵列式硅光电池是在一块半导体基底上有许多分立受光面,每个受光面和基底之间均构成独立光电池。其特点是容易使各光电池的参数一致,便于信号处理。象限式硅光电池是在一个半导体基底上把受光面划分成 4 个象限,变成 4 个特性参数相同的独立光电池。它常用于激光定中、导向、准直和跟踪等仪器中,根据光斑在象限光电池上的位置,便可了解到光斑相对中心的偏差值及跟踪是否准确。

硅蓝光电池同硅光电池结构是相同的,只是表面做得特别薄,PN 结距受光面很近。这样,通过减小结深,可以提高对入射光短波部分的吸收,从而使光谱响应向短波方向推移,即提高它的蓝光响应,故称为硅蓝光电池。

3. 光电池的符号、连接电路及等效电路

由于光电池的基本结构就是一个 PN 结,它在光照射下要产生电动势或电流,故可用一个电流源 I_p 与一个晶体二极管并联作为其等效电路(图 3-26)。

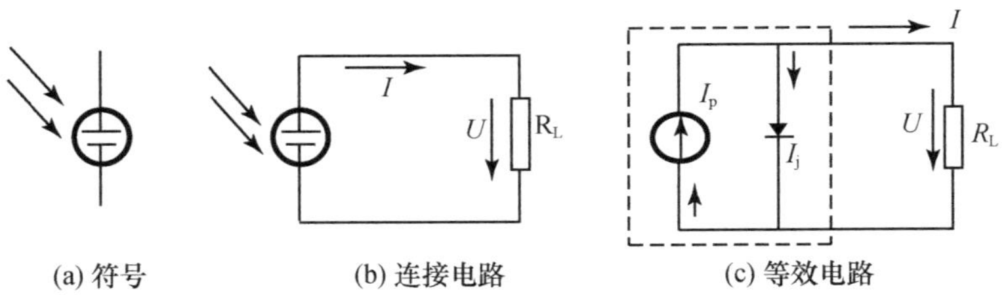

图 3-26 光电池的符号、连接电路及等效电路

4. 光电池的主要特性

1)光照特性

光电池的光照特性是指光生电动势、光电流与照度之间的关系。其关系曲线如图 3-27 所示。光电池的电动势,即开路电压 U_{oc} 与照度 E 呈非线性关系,在照度为 2000lx 时就趋向饱和了;短路电流 I_{sc} 与光照呈线性关系。一般来说,光照特性与所用材

料、结构、使用条件(如负载大小、工作电压高低)有关。

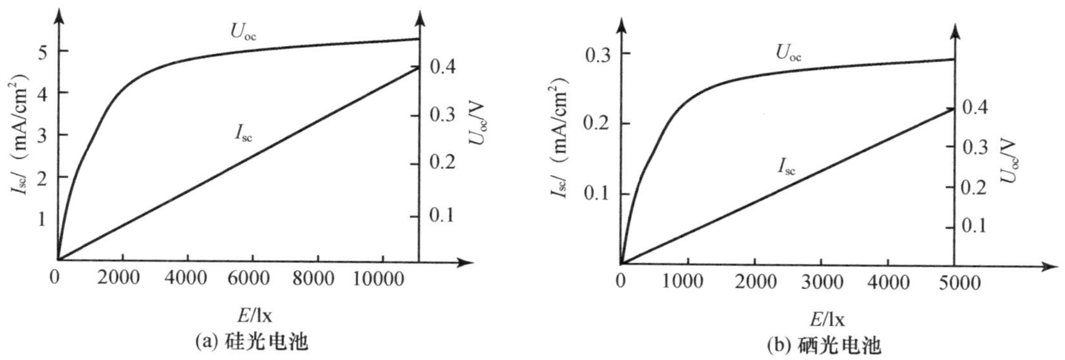

图 3-27　光电池光照特性的关系曲线

图 3-28 给出了硅光电池光照特性与负载电阻关系曲线。

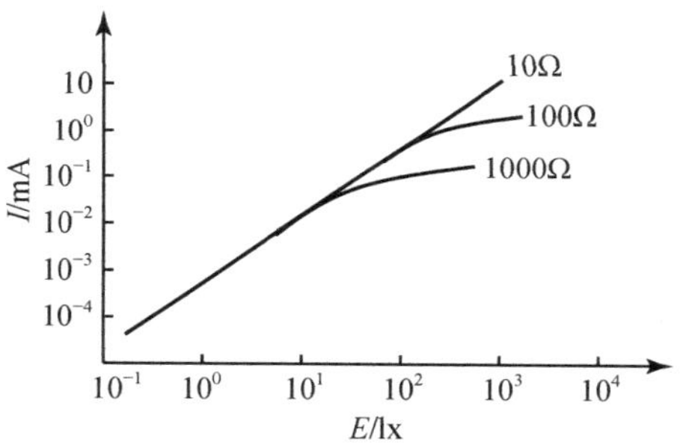

图 3-28　硅光电池光照特性与负载电阻的关系曲线

显然,在同样光照下,负载增大时,光电流变小,而且光照特性的线性区变小。这是因为光电池的内阻随照度和电压而改变。由图 3-26 的等效电路可以看出,当负载电阻 R_L 不为零时,随着照度的增加,光电流 I_p 与电压都增加,二极管处在正向偏置下,所以结电流 I_j 增大,故外电流 I 减小,与光照呈非线性关系。负载电阻越大,流至外电路的电流越小,非线性越显著。在应用中,为保证测量具有较好的线性关系,应选择较小的负载电阻。

2）光谱特性

光电池的光谱特性主要取决于所用的材料与制作工艺(如结的深浅),也与使用温度有关。图 3-29 所示为硅光电池和硒光电池的光谱特性曲线。硒光电池在 400~700nm 的可见光谱范围内有较高的灵敏度,峰值波长在 540nm 附近,和人眼的视觉特性很接近;硅光电池在 400~1150nm 光谱范围内,有较高的灵敏度,峰值波长在 850nm 附近,和色温为 2856K 的钨丝灯光源、砷化镓激光器的发光波长是很接近的。而对于可见光,其灵敏度就差一些。为了在短波长范围内有较好的灵敏度,研制出新的硅蓝光电池。

硅蓝光电池与普通硅光电池比较,其区别在于结深比较浅(一般结深为 0.4μm),PN 结距受光面很近,从而减少了短波长的光在透过受光材料表面时的吸收损耗,提高了短波光到达 PN 结的概率。因此,硅蓝光电池改善了普通硅光电池的光谱响应特性,它的光谱响应峰值比普通硅光电池的短,其峰值在 600nm 附近。图 3-30 表示了硅蓝光电池和普通硅光电池的光谱特性曲线。

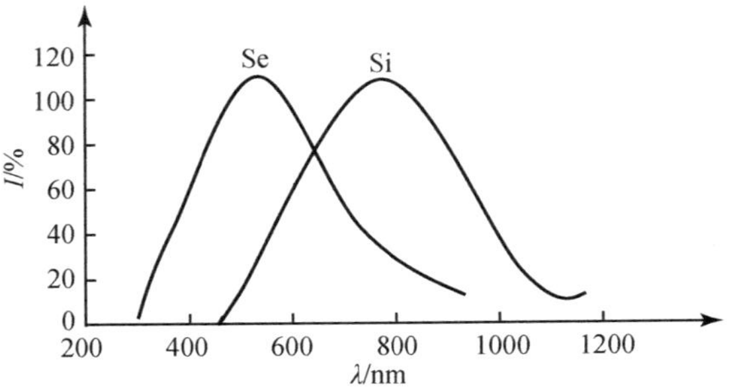

图3-29　光电池的光谱特性特性曲线

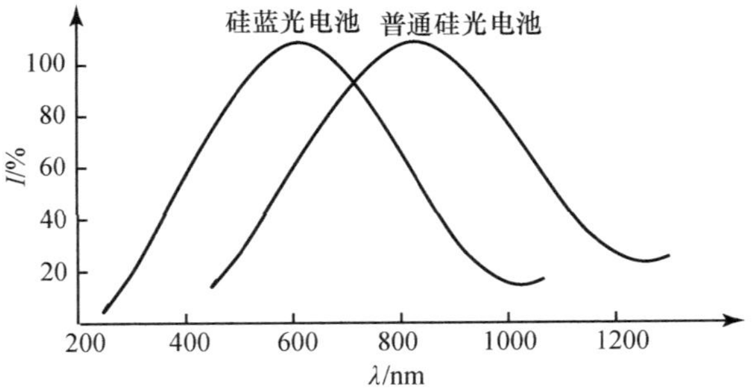

图3-30　硅蓝光电池和普通硅光电池的光谱特性曲线

3）伏安特性

光电池的伏安特性是PN结作光电池使用时，在有光照条件下，光电流与电压的关系。如图3-31所示，图(a)为在一定光照下，光电流与电压的关系曲线，图(b)为在不同的光照下，光电流与电压的关系曲线。

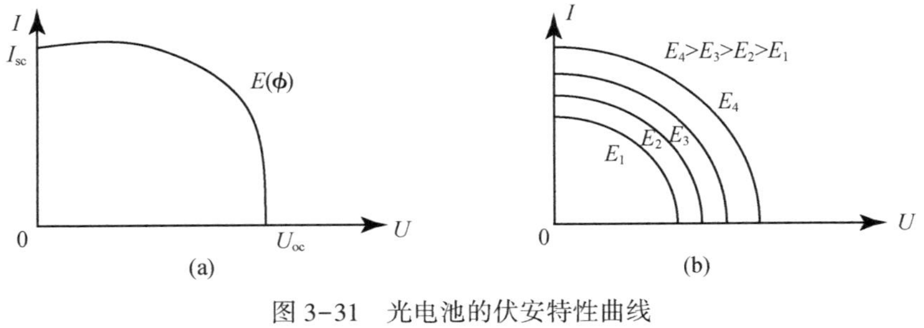

图3-31　光电池的伏安特性曲线

由光电池的等效电路知，外部电路中流过的电流 I 与光电流 I_p、结电流 I_j 有如下关系：

$$I=I_p-I_j \tag{3.76}$$

因光电流 I_p 又可写成积分灵敏度 R 与光通量 ϕ 的乘积，式(3.76)可写成：

$$I=I_p-I_j=R\cdot\phi-I_0(e^{\frac{eU}{kT}}-1) \tag{3.77}$$

由式(3.77)可知，当光电池短路，即 $U=0$ 时，外电路中的电流 I 为 $I_{sc}=I_p=R\cdot\phi$，I_{sc} 为短

路电流；当光电池开路时，即 $I=0$，此时负载电阻两端的电压 U 为 $U_{oc}=\frac{kT}{e}\ln\left(\frac{I_p}{I_0}+1\right)$，$U_{oc}$ 为开路电压。由式(3.77)可知，光电池短路时，短路电流就等于光电流，其大小与光照成正比，光电池开路时，开路电压 U_{oc} 与光照之间呈对数关系，它随光照度的增加而增加的很小。

4）频率特性

当光照射光电池时，由于载流子在 PN 结区内扩散、漂移、产生复合都要有一个时间过程，所以产生的光电流有滞后于光照变化的现象。光电池的频率特性除了载流子运动的内在因素外，还与材料、结构、光敏面的大小及使用条件有关，如图 3-32 所示。

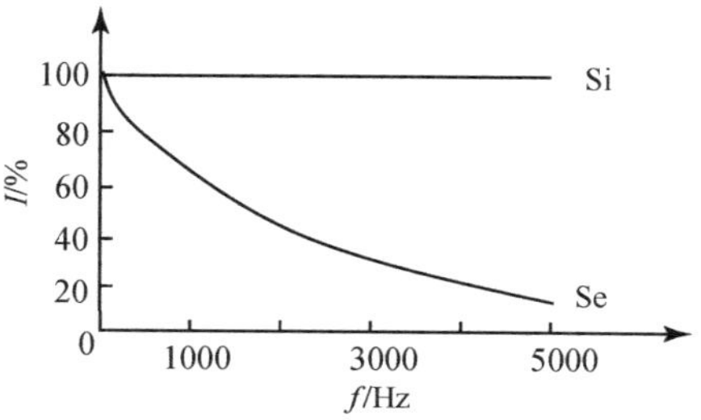

图 3-32　光电池的频率特性曲线

由图 3-32 可知，硅光电池的频率特性比硒光电池的频率特性好。硒光电池的频率特性曲线在高频段光电流下降得很厉害，因此不宜探测交变光通量。硅光电池的频率特性也与负载有关，其关系曲线如图 3-33 所示。

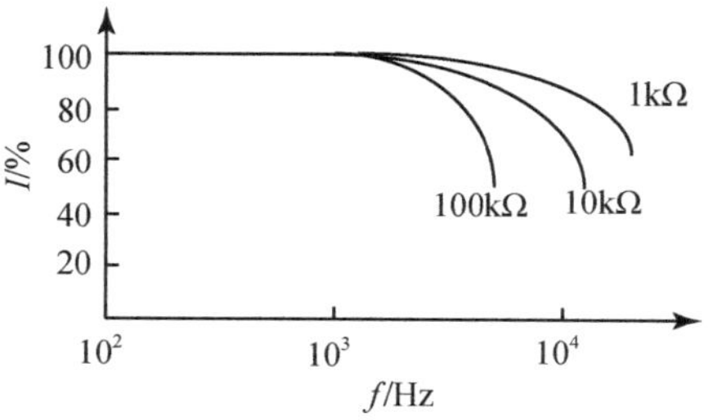

图 3-33　硅光电池的频率特性与负载的关系曲线

由图 3-33 知，负载大时频率特性变差，负载越大，频率特性越差。

5）温度特性

光电池的温度特性曲线是描述开路电压 U_{oc} 与短路电流 I_{sc} 随温度变化的情况。一般来说，光电池的电参数都是在 30℃ 条件下测得的。当环境温度发生变化时，开路电压 U_{oc} 和短路电流 I_{sc} 均发生变化。图 3-34 所示为光电池的温度特性曲线。

由图 3-34 可以看出，硅光电池的开路电压，具有负温度系数，即随着温度的升高，U_{oc} 值减小，其值为 2～3mV/℃；而短路电流具有正的温度系数，即随着温度的升高，I_{sc} 值增加，但增加的比例很小，为 $10^{-5}\sim10^{-3}$mA/℃ 数量级。温度变化对开路电压影响较大。因为随着温度升高，热运动加剧，光生载流子复合的概率增大，结表面电荷积累相应减少，所以开路电压 U_{oc} 随着温度升高而减小。

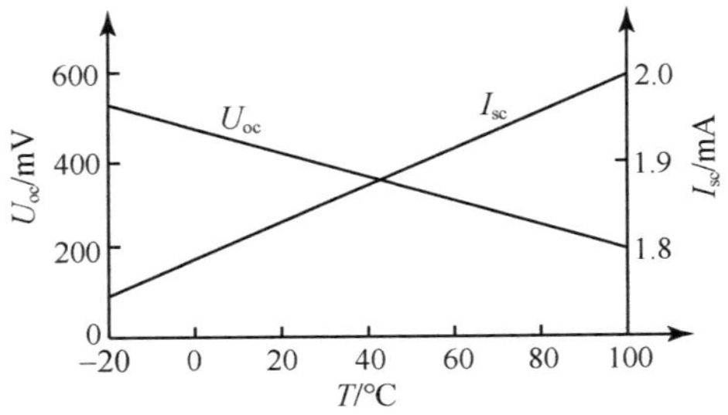

图3-34 光电池的温度特性曲线

值得注意的是,光电池受强光照射时,必须考虑光电池的工作温度。当硒光电池的结温度超过50℃、硅光电池的结温度超过200℃时,它们的晶格结构就要受到破坏,导致器件的破坏。

硅光电池的特性如表3-3所列。

表3-3 硅光电池的特性

型号	参数名称及测试条件				
	开路电压 U_{oc}/mV	短路电流 I_{sc}/mA	输出电流 I/mA	转换效率 η/%	面积/mm^2
	$T=30℃$ $E=100mW/cm^2$	$T=30℃$ $E=100mW/cm^2$	$T=30℃$ $E=100mW/cm^2$ 输出电压为100mV		
2CR11	450~600	2~4		>6	2.5×5
2CR21	450~600	4~8		>6	5×5
2CR31	450~600	9~15	6.5~8.5	6~8	5×10
2CR32	550~600	9~15	8.6~11.3	6~10	5×10
2CR41	450~600	18~30	17.6~22.5	6~8	10×10
2CR42	500~600	18~30	22.5~27	6~10	10×10
2CR51	450~600	36~60	35~45	6~8	10×20
2CR52	500~600	36~60	45~54	6~10	10×20
2CR61	450~600	40~65	30~40	6~8	ϕ17
2CR62	500~600	40~65	40~51	6~10	ϕ17
2CR71	450~600	72~120	54~120	>6	20×20
2CR81	450~600	88~140	66~85	6~8	ϕ25
2CR82	500~600	88~140	86~110	6~10	ϕ25
2CR91	450~600	18~30	13.5~30	>6	5×10
2CR101	450~600	173~288	130~288	>6	ϕ35

注:2DR系列硅光电池具有抗辐射的特点,其参数分类均与2CR系列硅光电池相同。

3.3.2 光电二极管

光电二极管和光电池一样,也属于结型器件,它的光电转换机理也是光生伏特效应。光电二极管与光电池的主要不同点是结面积大小不同,光电二极管结面积较光电池要小;且 PN 结的工作状态不同,光电池的 PN 结工作于零偏置状态下,而光电二极管的 PN 结工作于反向偏置状态下。因此,光电二极管的内建电场强,结区较宽,结电容很小,频率特性比较好,但其光电流比光电池的小,一般在微安数量级。

1. 分类

光电二极管的种类很多,有以下几种分类方法。

1) 按组成材料分

- 硅光电二极管
- 锗光电二极管
- 化合物型光电二极管

2) 按工作基础分

- 耗尽层型
  - PN 结型
    - 2DU
    - 2CU
  - PIN 结型
  - 异质结型
  - 金属-半导体结型
- 雪崩型

3) 按结特性分

- PN 结型
- PIN 结型
- 异质结型
- 金属-半导体结型
- 点接触型

4) 按对光的响应分

- 紫外光光电二极管
- 可见光光电二极管
- 红外光电二极管

5) 按制造工艺分

- 生长型
- 合金型
- 台面型
- 平面型

6) 按用途不同分

- 聚光透镜式
- 平板玻璃式

目前,光电二极管绝大部分用硅或锗材料,采用平面型结构。由于硅管比锗管有小得多的暗电流和较小的温度系数,而且硅工艺可以使结构和尺寸得到精确控制,因此以硅为制作材料的光电二极管得到了很大发展。下面主要讨论硅光电二极管的结构及主要特性。

2. 结构

1) 耗尽层型光电二极管

耗尽层型光电二极管是指光电转换区域主要在耗尽层内,光电流主要是由漂移电流引起的。

(1) PN结型硅光电二极管。

硅光电二极管同光电池一样,按基底材料不同可分为2DU型和2CU型。图3-35为2DU型光电二极管结构示意图。

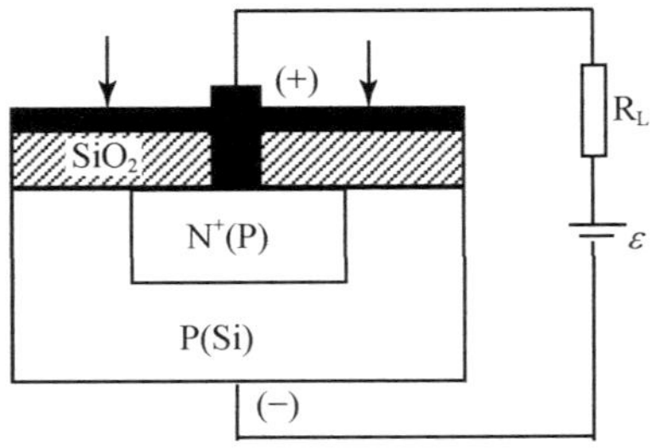

图3-35 2DU型光电二极管结构示意图

光电二极管电路符号如图3-36所示。

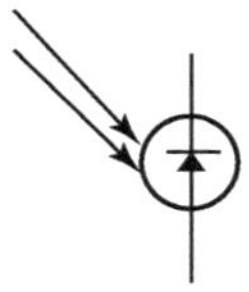

图3-36 光电二极管电路符号

光电二极管等效电路如图3-37所示。

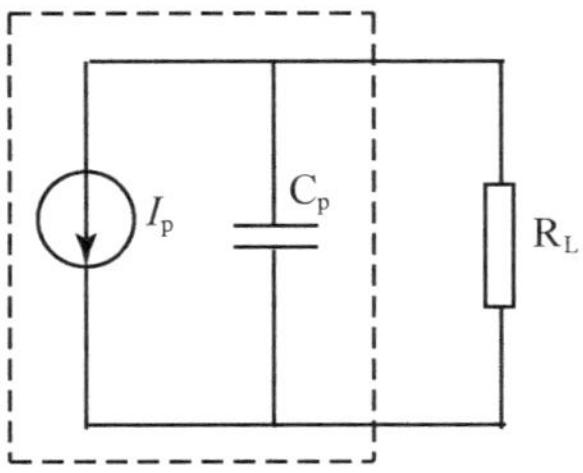

图3-37 光电二极管等效电路

2DU型光电二极管在制作时,是以掺杂少、电阻值较高的P型硅材料作基底,在P型材料上扩散五价元素磷,形成重掺杂N^+型层,P型和N^+型层接触形成PN结,在N^+层上引出正电极,并涂以SiO_2作保护膜,以防潮和抗反射光,基底镀镍材料,蒸发金属铝后引出负电极。

当入射光透过 SiO_2 膜层进入 PN 结区后，激发出光生电子空穴对，在内建电场和外电场的作用下，光生电子向 N 区漂移，空穴向 P 区漂移，形成光生电流。它随入射发光强度变化而相应变化。这样，当光生电流流过负载电阻 R_L 时，便可得到一个随入射光变化的电压信号。

为了防潮、防腐蚀，提高光的透过率，减小反射率，在制作光电二极管时，常在受光面上涂一层 SiO_2 保护膜。在保护膜 SiO_2 中，由于材料不纯，不可避免地夹杂少量的杂质正离子(如 Na^+、K^+、H^+ 等)，由于静电感应，在 SiO_2 膜下面，P 型 Si 基底表面将感应出一些负电荷，这些负电荷积累的结果会产生一个电子层，称为反型层，它在表面处与 N^+ 区中的电子沟通，在外加反向偏压的作用下，由于势垒电场很强，在外电路中就有电流流过负载电阻而形成表面漏电流。由于这种漏电流发生在 N^+ 区和 P 区表面，故称为表面效应和沟道效应。这种表面漏电流可达几微安数量级，将占据暗电流的大部分。而暗电流是产生噪声的主要因素，因此会影响测量精度。为了减小这种噪声，就要设法消除这种因感应而产生的表面漏电流，使其不要流过外电路的负载。目前，一般采用在 P 型基底上扩散磷形成 N^+ 型层的同时，再扩散一层环形 N^+ 型层把原来的 N^+ 层环绕起来，单独引出一个电极，称为环极。使用时引出环极，并使其电位始终保持高于前极，如图 3-38 所示。这样，大部分表面漏电流通过环极直接流向后极，而不经过负载电阻，因此也就减少了流过前极的暗电流和噪声。其简化电路如图 3-39 所示。

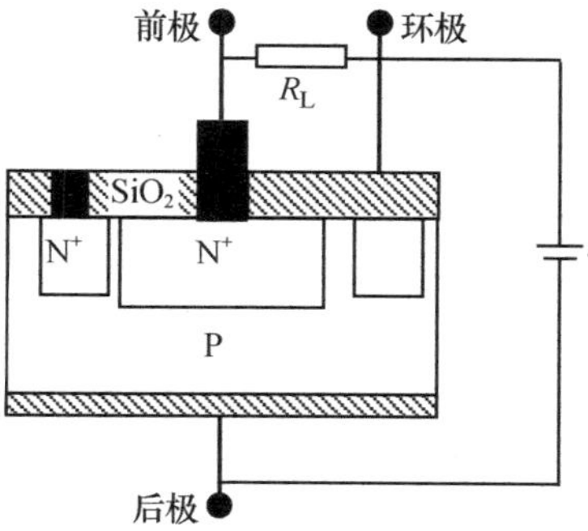

图 3-38　带环极的 2DU 型光电二极管结构示意图

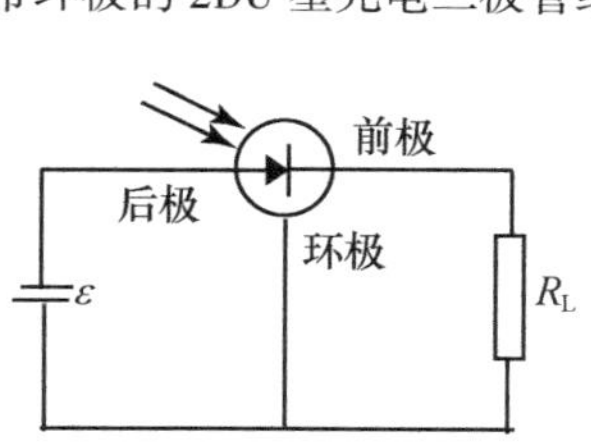

图 3-39　带环极的简化电路

图 3-40 为一个 2CU 型光电二极管结构示意图。2CU 型光电二极管是以 N 型硅材料作基底，在表面扩散Ⅲ族元素硼材料形成重掺杂 P^+ 层。P^+ 层和 N 型硅接触形成 PN 结。引出电极，涂上 SiO_2 保护膜，加上反向偏压，在光照作用下便有光电流流过负载。

由于 2CU 型光电二极管是以 N 硅为基底，电子是 N 型硅中的多数载流子，SiO_2 中的少量正离子的静电感应不会使 N 型硅表面产生反型层，所以也就不会产生少数载流子的沟道效应，因此不需要设置环极。

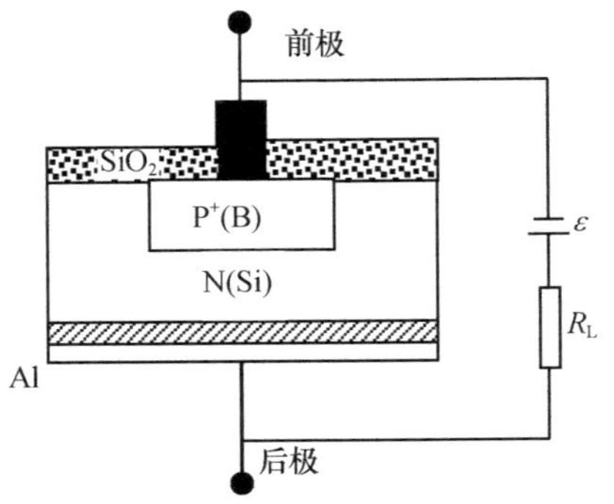

图 3-40　2CU 型光电二极管结构示意图

表 3-4 及表 3-5 给出了几种常用的光电二极管的特性。

表 3-4　几种常用的 2DU 型硅光电二极管特性

型号	参数名称及测试条件							
	最高工作电压/V	中心暗电流/μA	环电流/μA	光电流/μA	光电灵敏度/(μA/μW)	响应时间/s	结电容/PF	正向电压/V
		$V=-50V$	$V=-50V$	$V=-50V$ 在 1000lx 的照度下	入射波长 0.9μm $V=-50V$	$V=-50V$ $R_L=100\Omega$	$V=-50V$ $f=1kHz$	正向电流 $I=10mA$
2DUAG	50	≤0.05	≤3	>6	>0.4	$<10^{-7}$	2~3	≤3
$2DU_1A$	50	≤0.1	≤3	>6	>0.4	$<10^{-7}$	2~3	≤5
$2DU_2A$	50	0.1~0.3	5~10	>6	>0.4	$<10^{-7}$	2~3	≤5
$2DU_3A$	50	0.3~1.0	10~30	>6	>0.4	$<10^{-7}$	2~3	≤5
$2DU_1BG$	50	≤0.05	≤3	>20	>0.4	$<10^{-7}$	3~8	≤3
$2DU_1B$	50	≤0.1	≤5	>20	>0.4	$<10^{-7}$	3~8	≤5
$2DU_2B$	50	0.1~0.3	5~10	>20	>0.4	$<10^{-7}$	3~8	≤5
$2DU_3B$	50	0.3~1.0	10~30	>20	>0.4	$<10^{-7}$	3~8	≤5

表 3-5　几种常用的 2CU 型硅光电二极管特性

型号	参数名称及测试条件					
	最高工作电压/V	暗电流/μA	光电流/μA	光电灵敏度/(μA/μW)	响应时间/s	结电容/PF
	$I_D<0.2\mu A$ $E_e<0.1\mu W/cm^2$	$U=U_{max}$	$U=U_{max}$	$U=U_{max}$ $\lambda=0.9\mu m$	$U=U_{max}$ $R_L=100\Omega$	$U=U_{max}$
$2CU_1A$	10	≤0.2	>80	>0.5	$<10^{-7}$	≤5
$2CU_1B$	20	≤0.2	>80	>0.5	$<10^{-7}$	≤5
$2CU_1C$	30	≤0.2	>80	>0.5	$<10^{-7}$	≤5
$2CU_1D$	40	≤0.2	>80	>0.5	$<10^{-7}$	≤5
$2CU_1E$	50	≤0.2	>80	>0.5	$<10^{-7}$	≤5

续表

型号	参数名称及测试条件					
	最高工作电压/V	暗电流/μA	光电流/μA	光电灵敏度/(μA/μW)	响应时间/s	结电容/PF
	$I_D<0.2\mu A$ $E_e<0.1\mu W/cm^2$	$U=U_{max}$	$U=U_{max}$	$U=U_{max}$ $\lambda=0.9\mu m$	$U=U_{max}$ $R_L=100\Omega$	$U=U_{max}$
$2CU_2A$	10	≤0.1	>30	>0.5	$<10^{-7}$	<5
$2CU_2B$	20	≤0.1	>30	>0.5	$<10^{-7}$	<5
$2CU_2C$	30	≤0.1	>30	>0.5	$<10^{-7}$	<5
$2CU_2D$	40	≤0.1	>30	>0.5	$<10^{-7}$	<5
$2CU_2E$	50	≤0.1	>30	>0.5	$<10^{-7}$	<5
⋮	⋮	⋮	⋮	⋮	⋮	⋮
$2CU_5A$	10	≤0.1	>10	>0.5	$<10^{-7}$	≤0.2
$2CU_5B$	20	≤0.1	>10	>0.5	$<10^{-7}$	≤0.2
$2CU_5C$	30	≤0.1	>10	>0.5	$<10^{-7}$	≤0.2

(2) PIN 型硅光电二极管。

PIN 型(2DUL 型)光电二极管是一种常用的耗尽层型光电二极管,通过适当选择耗尽层的厚度,可获得较高的灵敏度和较好的频率响应特性,适用于快速探测的场合。

PIN 型光电二极管的光电转换主要发生在耗尽层内,其工作原理与普通光电二极管相同,只是在结构上有差别。如图 3-41 所示,它是在 P 型和 N 型之间加进了一个本征型半导体 I 型层,I 型层电阻很高,厚度为毫米数量级,因此,在反向偏压作用下,PN 结耗尽层在整个 I 区展开,耗尽区宽度就是 I 区的宽度。由于耗尽层变宽,从而展宽了光电转换的有效工作范围,即增加了吸收层厚度。因此,改善了对长波光的吸收,提高了灵敏度,改善了频率响应,增大了长波响应率。PIN 型光电二极管结构示意图如图 3-41 所示。

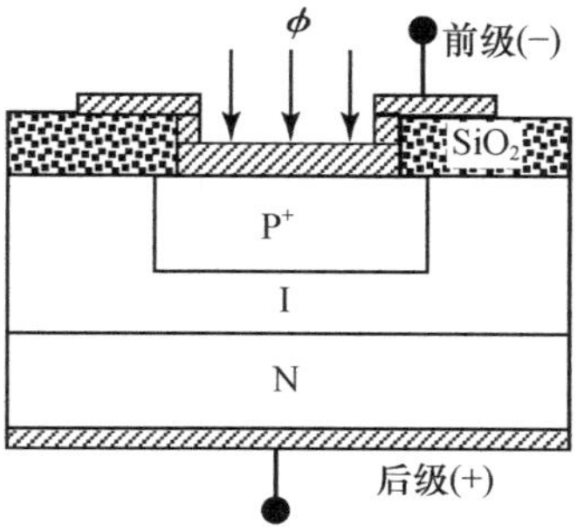

图 3-41　PIN 型光电二极管结构示意图

PIN 型光电二极管结构简图及反偏能带图如图 3-42 所示。

光电二极管的时间响应特性主要取决于结电容和载流子渡越耗尽层所需的时间。由于耗尽层变宽,相当于增大了结电容之间的距离,使结电容变小。而耗尽层的厚度随反向电压的增加而加宽,因而结电容随着外加反向偏压的增大变得更小。同时,由于 I 层的电阻率很高,故能承受很高的电压而不被击穿。这样,在很高的反向偏压下,I 层中的

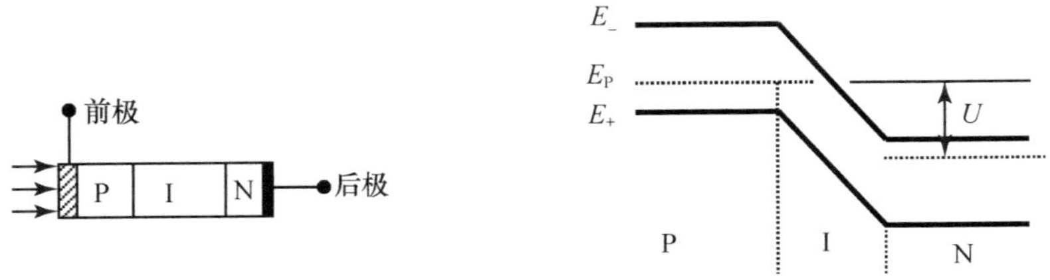

(a) 结构简图　　(b) 反偏能带图

图 3-42　PIN 型光电二极管

电场很强,强场对少数载流子起加速作用,虽然距离增大一些,但少数载流子的渡越时间相对的还是短了。由于载流子渡越耗尽层时间的缩短,从而提高了频率响应。

2) 雪崩型光电二极管

一般光电二极管的灵敏度都不高,大约在每 1000lx 照射下,只输出几微安的光电流。雪崩型光电二极管(APD),由于利用了高反向偏压下二极管耗尽层产生载流子的雪崩倍增效应而获得很高的光电流增益,其增益可达 $10^2 \sim 10^4$,因此其灵敏度很高,响应速度很快,可达 10^5MHz。APD 适用于探测弱光信号,是一种很有发展前途的光电探测器件。

当光电二极管的 PN 结加上相当大的反向偏压时,在耗尽层内将产生一个很高的电场,它足以使在该强场区漂移的光生载流子获得充分的动能,通过与晶格原子碰撞产生新的电子空穴对。新的电子空穴对在强电场作用下,分别向相反的方向运动,在运动过程中,又可能与原子晶格碰撞,再一次产生新的电子空穴对。如此反复,形成雪崩式的载流子倍增。该过程是雪崩光电二极管的工作基础。在正常情况下,雪崩光电二极管的反向工作偏压,一般略低于反向击穿电压。在无光照时,PN 结内不会发生雪崩倍增效应。但结区一旦有光照,激发出的光生载流子就被临界强电场加速而导致雪崩倍增。当反向偏压大于反向击穿电压时,光电流的增益可达 10^6 数量级,发生所谓"自持雪崩倍增"。由于这时出现的散粒噪声可增大到放大器的噪声水平,以致器件无法使用。

雪崩型光电二极管的光电流倍增系数即内增益 M(倍增因子)定义为:倍增光电流 I_L 与不发生倍增效应时的光电流 I_{L0} 之比,即

$$M=\frac{I_L}{I_{L0}}=\frac{1}{1-\left(\dfrac{U}{U_B}\right)^n} \tag{3.78}$$

式中:U_B 为反向击穿电压;U 为外加反向电压;n 为调整参数,它与半导体材料、器件结构和入射光波长有关:

对硅的 PN 结,$n=1.5\sim4$;

对锗的 PN 结,$n=2.5\sim8$。

上式为一个经验公式。当 U 增大时,M 也增大;当 U 接近 U_B 时,M 将趋于无穷大。但当 U 增大时,由于热激发载流子所形成的暗电流也增大,噪声也随之增大。因此,在实际使用时,加在雪崩光电二极管上的反向偏压要适当。U 太大时则会发生雪崩击穿。

由于雪崩型光电二极管具有雪崩倍增效应,它的特性也就与普通光电二极管不同。其主要的特性是伏安特性和温度特性。

（1）伏安特性。图 3-43 给出了雪崩型光电二极管反向偏压与光电流倍增系数及暗电流的关系曲线，即伏安特性曲线。

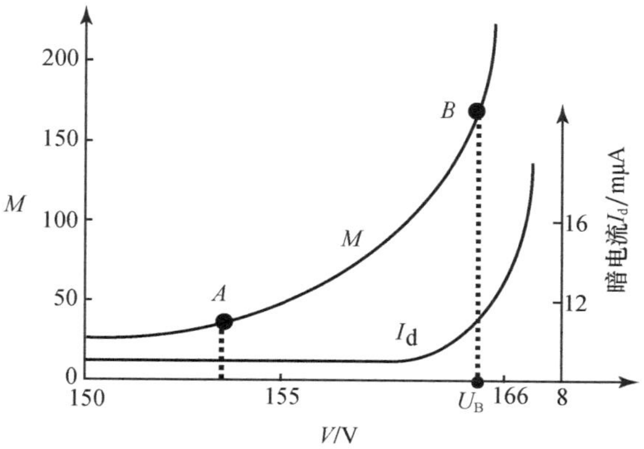

图 3-43　APD 与增益 M、暗电流 I_d 的关系曲线

由图 3-43 可以看出，在偏压较小的 A 点以左，能产生光电激发，但无雪崩倍增效应，光电流较小；随着反向偏压的增大（从 A 点到 B 点），将引起雪崩倍增效应，使光电流有较大的增益；超过 B 点以后，将容易发生雪崩击穿，同时暗电流 I_d 也越来越大。因此最佳工作电压不宜超过 U_B，否则将进入不稳定的、易击穿的工作区。

（2）温度特性。图 3-44 给出了雪崩型光电二极管的光电流倍增系数（内增益）、反向偏压与温度之间的关系曲线，即温度特性曲线。

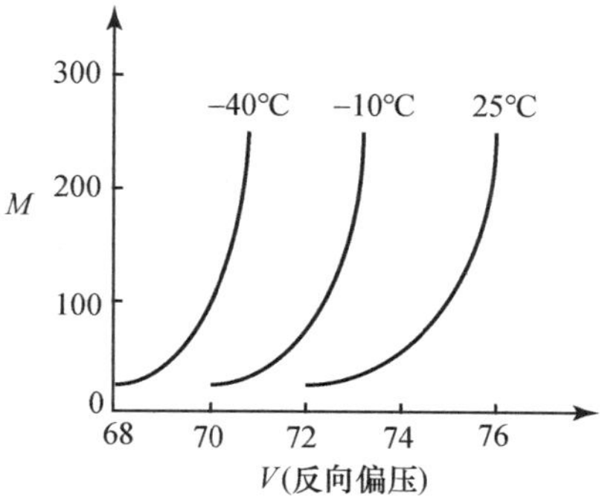

图 3-44　雪崩型光电二极管的温度特性曲线

由图 3-44 可知，对于同一增益，工作温度较低的 APD 所要求的反向偏压要小，不同的工作温度需要不同的反向偏压。因此，为了获得很大的增益，又在反向偏压不超过 U_B 的情况下，对 APD 采用降温措施或恒温措施是很有必要的。

雪崩型光电二极管的电路符号与普通二极管的电路符号一样。

3. 光电二极管的特性

1）光照特性

图 3-45 画出了硅光电二极管在加上 15V 反向偏压时的光电流 I 与照度 E 的特性曲线。

由图 3-45 可知，光照特性的线性比较好，因此适用于检测方面的应用。

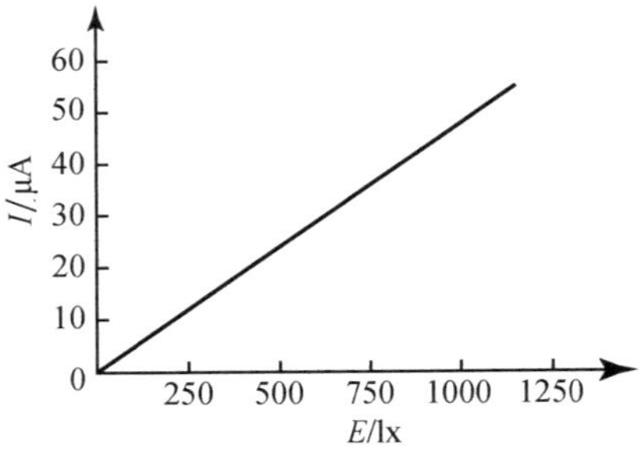

图 3-45　光电二极管的光照特性曲线

2）光谱特性

光电二极管的光谱特性主要取决于所用材料的禁带宽度,同时与结构、工艺也有密切关系。图 3-46 表示了硅光电二极管和锗光电二极管的光谱特性曲线。

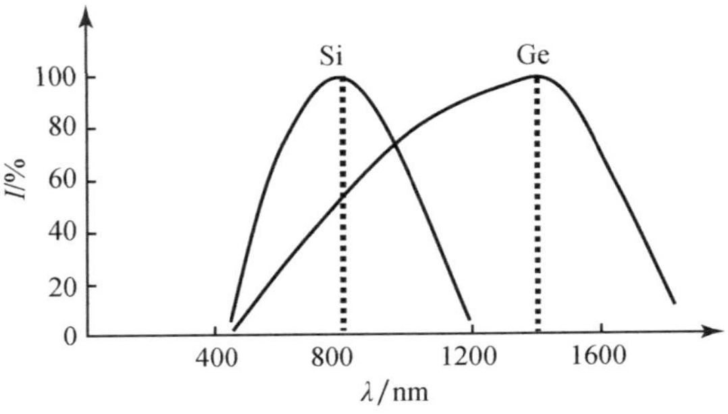

图 3-46　光电二极管的光谱特性曲线

由图 3-46 可知,硅光电二极管的光谱响应范围在 400～1150nm,峰值波长在 800～900nm;锗光电二极管的光谱响应范围在 400～1800nm,峰值在 1400～1500nm。它们的峰值都在红外区,光谱都具有选择性。采用较浅的 PN 结和适当的表面处理方法,可使峰值波长和短波限向短波方向移动,以改进短波响应。

3）伏安特性

光电二极管的伏安特性指的是其反向偏压与光电流之间的关系。图 3-47 给出了光电二极管的伏安特性曲线。

由图 3-47 可知,在零偏压下,光电二极管仍有光电流,这是光生伏特效应所产生的短路电流。在低反向偏压下,光电流随电压的变化比较敏感;反向偏压增大,加大了耗尽层的宽度及电场强度,提高了光吸收效率及对载流子的收集;反向偏压再进一步加大,对光生载流子的收集达到极限,光生电流趋向饱和,此时,光电流与所加电压几乎无关,仅取决于光照强度。

4）温度特性

温度特性是指光电二极管在偏压不变(－50V)和照度不变的情况下,光电流和暗电流随温度的变化情况。图 3-48 给出了光电二极管光电流与温度的关系曲线。图 3-49 给出了光电二极管暗电流与温度的关系曲线。

由图 3-48 可知,当环境温度改变 25～30℃时,光电流的变化量约为 10%,而暗电流

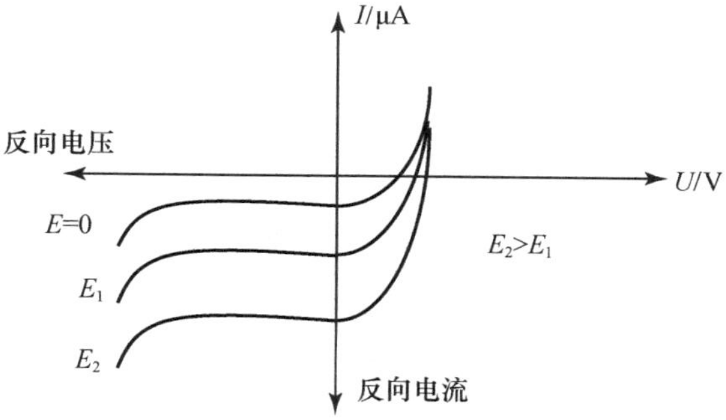

图 3-47　光电二极管的伏安特性曲线

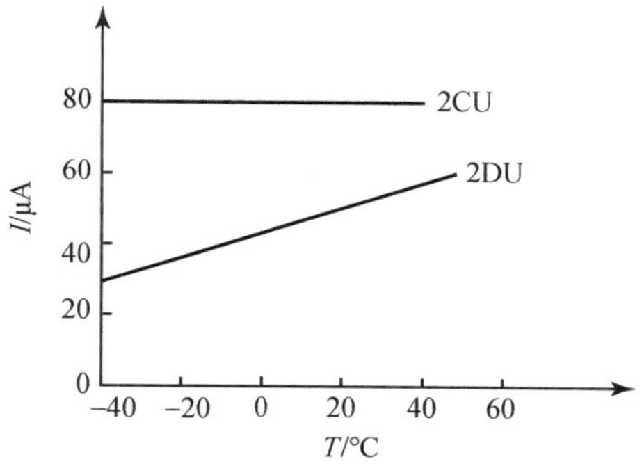

图 3-48　光电二极管光电流与温度的关系曲线

变化了约为 10 倍。由此可见,光电二极管受温度影响最大的是暗电流。因此,探测恒定光时,必须考虑温度的影响。

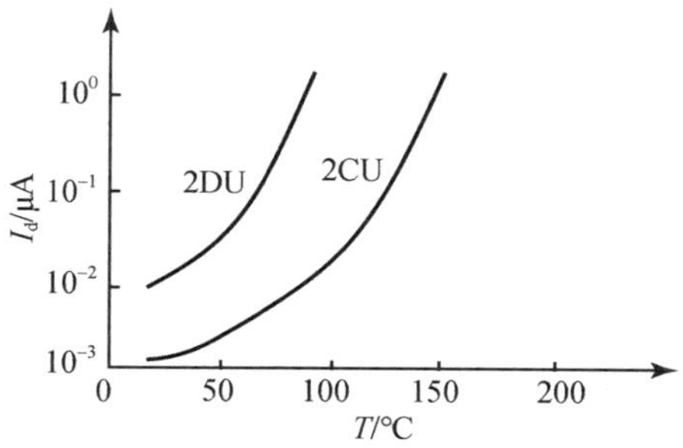

图 3-49　光电二极管暗电流与温度的关系曲线

5）入射角特性

这是由光电二极管入射窗口的不同封装而造成的灵敏度随入射角的变化。一般,入射窗有玻璃或塑料做成的聚光透镜式或平板玻璃式两种。

聚光透镜式入射窗的优点是可以聚光,使入射光汇聚于面积很小的光敏面上,以提高其灵敏度;此外,由于聚光位置和入射方向有关,因此还减少了背景杂散光的干扰,这样也就使得灵敏度与入射角之间发生了联系。图 3-50 给出了光电二极管的灵敏度与入射角之间的关系曲线。

由图3-50可知,当$\theta=0$时,即入射光同透镜光轴重合时,灵敏度最高;入射光偏离透镜光轴,灵敏度呈下降趋势。θ越大,灵敏度越低,这给使用带来了不便;平板玻璃窗口使用比较方便,但易受散射光的干扰。

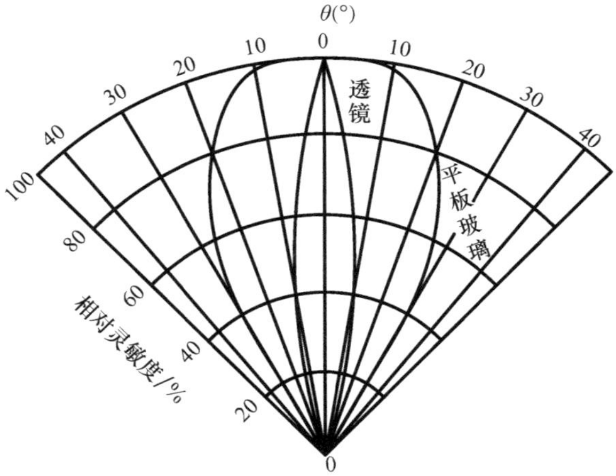

图3-50　光电二极管灵敏度与入射角之间的关系曲线

6）频率特性

光电二极管的频率特性,主要由光生载流子的渡越时间和时间常数$R_L \cdot C_P$的乘积决定。光电二极管光生载流子的渡越时间包括光生载流子向结区扩散和在结电场中载流子的漂移。无论是光生载流子的扩散还是漂移,都需要一定时间,这个弛豫时间影响光电二极管的频率特性。若只考虑渡越时间的影响,光电二极管的频率响应由扩散与漂移两者中弛豫时间较长的来决定。耗尽层型光电二极管的频率特性,主要由少数载流子在耗尽层中的漂移时间来决定。对于可见光来说,由渡越时间决定的频率上限可高达2000MHz。这时决定光电二极管的频率响应上限的因素是它的电容和负载电阻所构成的时间常数。由光电二极管等效电路图3-37可知,对交变频率为ω的入射光,输出电压为

$$U_L = I_P \cdot \frac{1}{\frac{1}{R_L}+j\omega C_P} = \frac{I_P \cdot R_L}{1+j\omega R_L \cdot C_P} \tag{3.79}$$

式中:C_P为光电二极管PN结的结电容。

由式(3.79)可知,要改善频率特性,就应缩小时间常数$R_L \cdot C_P$的值,即应分别减小R_L和C_P的数值,减小R_L可改善频率特性,但R_L减小,U_L也随之减小,因此应使负载电阻R_L选择最佳化;减小结电容C_P的途径有:减小结面积,尽可能增大耗尽层宽度,适当加大偏压,减小封装和引线电容等。

3.3.3　光电三极管

光电三极管是在光电二极管的基础上发展起来的,它不仅能把光辐射转变为光电流,而且具有放大作用。其结构相当于在基极和集电极之间接有光电二极管的晶体三极管。和光电二极管相比,它具有较大的内增益和较大的输出电流(一般在毫安级),多用于输出电流较大的场合。目前用得较多的是PNP型和NPN型平面硅光电三极管两种。

PNP 型称为 3CU 型光电三极管；NPN 型称为 3DU 型光电三极管。以下以 3DU 型为例，说明其结构、工作原理及主要特性。

1. 光电三极管的结构和工作原理

硅 NPN 型光电三极管是在两片 N 型材料（发射极和集电极）之间夹一片 P 型材料（基极）而制成的，且集电极结面积较大，发射极结面积较小。使用时，基极开路，并在基极和集电极之间形成的 PN 结即集电结上加反向偏压。图 3-51 为 NPN 型光电三极管的结构示意图、原理图及电路符号。

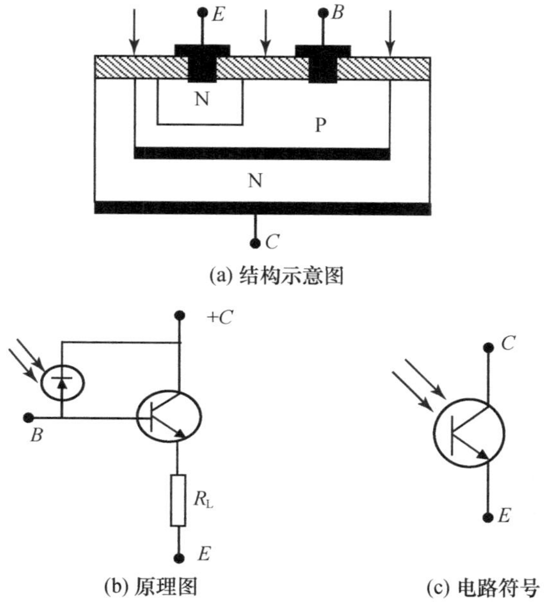

图 3-51　NPN 型光电三极管的结构示意图、原理图及电路符号

当光电三极管不受光照时，相当于一般晶体三极管基极开路状态，基极电流 $I_b=0$，因此集电极电流很小，这时的集电极电流称为光电三极管的暗电流。

当光线透过保护膜照射到 P 型材料与基底的 N 型材料上即集电结（基极与集电极结）而被吸收后，就会激发出光生电子空穴对，由于集电结处于反向偏置，在结区内有很强的内建电场，这些电子空穴对被内建电场分离，电子漂移到集电结，空穴漂移到基极，这就相当于外界向基极注入一个控制电流 $I_b=I_p$；光照越强，I_p 越大；而发射结处于正向偏置，和一般晶体管放大作用一样，当基极没有引线时，集电极电流等于发射极电流，即 $I_c=I_e=(1+\beta)I_p$，其中，β 为电流放大倍数。由此可见，光电三极管的工作有两个过程，一是光电转换，二是光电流放大。在光电三极管中，集电结是光电变换部分，而集电极、基极和发射极又构成一个有放大作用的晶体管。所以在工作原理上，可以把光电三极管看成一个由光电二极管与普通晶体三极管结合而成的组合件。

值得注意的是，由于光电三极管的信号注入方式是光注入即光辐射，所以一般无须基极引线，只有 E、C 两端的引线，使用时应加以注意，以免与光电二极管混淆。

3CU 型光电三极管在原理上和 3DU 型相同，只是它的基极材料是 N 型硅，工作时，集电极要加负电压,发射极要加正电压。

2. 光电三极管的特性

1) 光照特性

光电三极管的光照特性指的是集电极光电流 I_c 与照度 E 之间的关系,如图 3-52 所示。

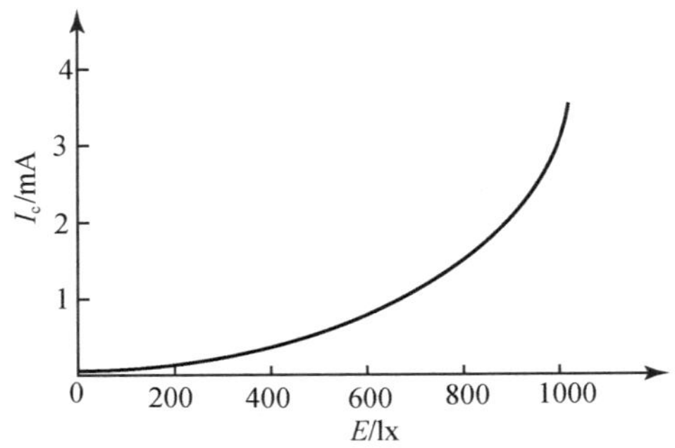

图 3-52 光电三极管的光照特性曲线

同光电二极管的光照特性相比,光电三极管的光照特性要差一些。在弱光照射时,电流增加缓慢;在强光照射时(几千勒克斯)将出现饱和现象,这是由于电流放大倍数 β 在小电流和大电流时都下降,这种情况不利于对弱光的探测。

2) 伏安特性

光电三极管的伏安特性指的是集电极电流 I_c 和集电极电压 U_c 之间的关系曲线。普通晶体三极管的伏安特性曲线是以基极电流 I_b 为参量,而光电三极管是以照度 E 为参量。图 3-53 给出了光电三极管的伏安特性曲线。

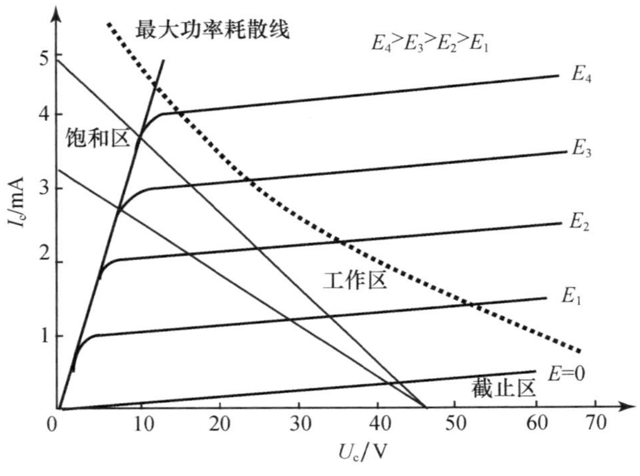

图 3-53 光电三极管的伏安特性曲线

图 3-53 有以下特点。

(1) 由于光电三极管的放大作用,它的光电流和灵敏度要比光电二极管大几十倍。

(2) 在照度低的情况下曲线比较均匀,而随着照度增加曲线变密。这主要是光照特性的反映,因为电流放大倍数 β 是信号电流的函数。

（3）工作电压低时，光电三极管的集电极电流 I_c 与照度 E 呈非线性关系。这是由于 β 与工作电压有关。所以，为了避免电压对线性的影响，光电三极管工作电压应尽可能高一些。

（4）曲线有三个区：$E=0$ 以下为截止区。同时又有饱和区，在饱和区、截止区和最大功率耗散线所围成的区域才是光电三极管的安全工作区。

3）温度特性

光电三极管的温度特性指的是集电极光电流 I_c、暗电流 I_{ceo} 与温度 T 之间的关系曲线。图 3-54 给出了光电流 I_c 与温度 T 之间的关系曲线。图 3-55 给出了暗电流 I_{ceo} 与温度 T 之间的关系曲线。

由于光电流放大系数随温度升高而变大，因此，光电三极管的光电流和暗电流随温度升高都比光电二极管的要大。

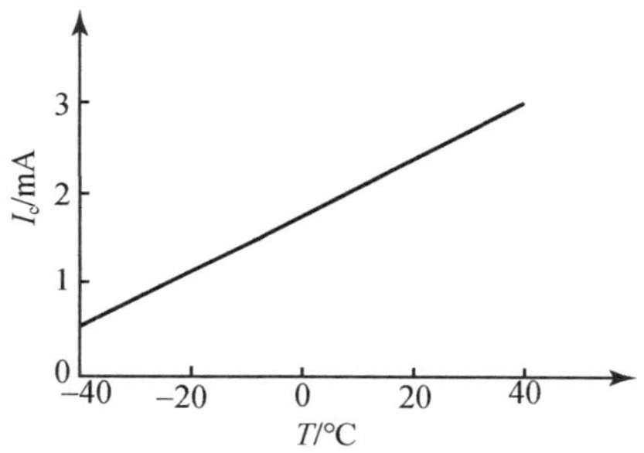

图 3-54　光电流 I_c 与温度 T 之间的关系曲线

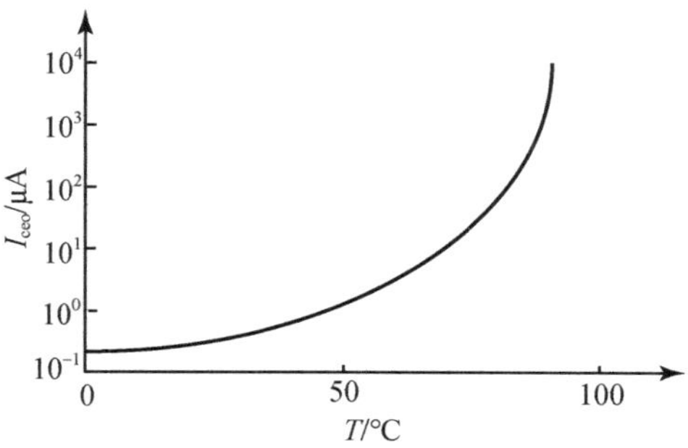

图 3-55　暗电流 I_{ceo} 与温度 T 之间的关系曲线

4）频率特性

光电三极管的频率特性响应曲线如图 3-56 所示。

光电三极管的频率特性与结的结构、负载及结电容有关。由于光电三极管的集电结做得较大，因此结电容 C_{eb}、C_{bc}、C_{ce} 也较大，它们严重地影响着光电三极管的频率特性。特别是发射结电容 C_{eb} 和基区渡越时间即发射极的载流子通过基区所需要的时间，使它的频率特性比光电二极管的要差。如图 3-56 所示，负载电阻越大，频率特性越差，尤其是高频响应。

表 3-6 给出了几种常用的 3DU 型光电三极管特性参数值。

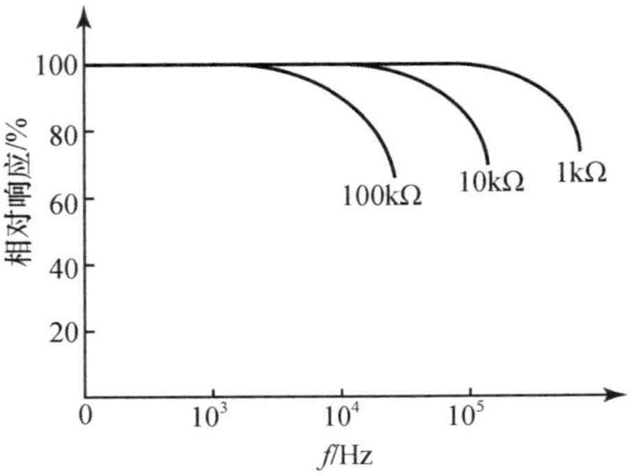

图 3-56　光电三极管的频率响应曲线

表 3-6　几种常用的 3DU 型光电三极管特性参数值

型号	参数名称及测试条件						
	最高工作电压/V	暗电流/μA	光电流/mA	结电容/PF	响应时间/s	集电极最大电流/mA	最大功耗/mW
		$U_{ce}=U_{max}$	$U_{ce}=U_{max}$ $E=1000lx$	$U_{ce}=U_{max}$ $f=1kHz$	$U_{ce}=U_{max}$ $R_L=100\Omega$		
3DU11	10	≤0.3	>0.5	≤10	$<10^{-5}$	20	150
3DU12	30	≤0.3	>0.5	≤10	$<10^{-5}$	20	150
3DU13	50	≤0.3	>0.5	≤10	$<10^{-5}$	20	150
3DU21	10	≤0.3	>1.0	≤10	$<10^{-5}$	20	150
3DU22	30	≤0.3	>1.0	≤10	$<10^{-5}$	20	150
3DU23	50	≤0.3	>1.0	≤10	$<10^{-5}$	20	150
3DU31	10	≤0.3	>2.0	≤10	$<10^{-5}$	20	150
3DU32	30	≤0.3	>2.0	≤10	$<10^{-5}$	20	150
3DU33	50	≤0.3	>2.0	≤10	$<10^{-5}$	20	150
⋮	⋮	⋮	⋮	⋮	$U_{ce}=10V$	⋮	⋮
3DU51	15	≤0.2	>3.0	<5	$<10^{-5}$	10	50
3DU52	30	≤0.2	>3.0	<5	$<10^{-5}$	10	50
3DU153	50	≤0.2	>1.0	<5	$<10^{-5}$	10	50

3. 光电三极管与光电二极管的主要区别

(1) 光电流的差别。光电二极管的光电流一般只有几微安到几百微安,而光电三极管的光电流大都在几毫安以上,两者相差几十倍以上。光电二极管的暗电流比光电三极管小得多,一般不超过 1μA;而光电三极管的暗电流比较大,大约为 10μA。

(2) 响应时间的差别。光电二极管的时间常数在 0.1μs 以内;PIN 型光电二极管和雪崩型光电二极管的时间常数在纳秒数量级;而光电三极管的时间常数长达 5~10μs,另外为了提高光电转换效率,一般集电结面积做得较大,结电容 C_{bc} 也较大,可达 20pF,导致光电三极管的频率响应特性较光电二极管差。

（3）输出特性的差别。光电二极管在 $10^{-3} \sim 10^{3}$lx 的光照度范围内具有良好的线性，而光电三极管输出特性的线性区很窄。光电三极管在低照度时响应率低，而在高照度时光电流趋向饱和。

3.3.4　光电场效应管

光电场效应管在原理上可以看成光电二极管与具有高输入阻抗和低噪声的场效应晶体管的结合。它与其他光电器件相比具有灵敏度高、线性动态范围大、光谱响应范围宽、输出阻抗低等优点。因此，在对微弱光信号和紫外光的检测中得到越来越广泛的应用。

1. 光电场效应管的结构

图 3-57 为 N 型沟道结型光电场效应管的结构示意图。图 3-58 为其工作原理。

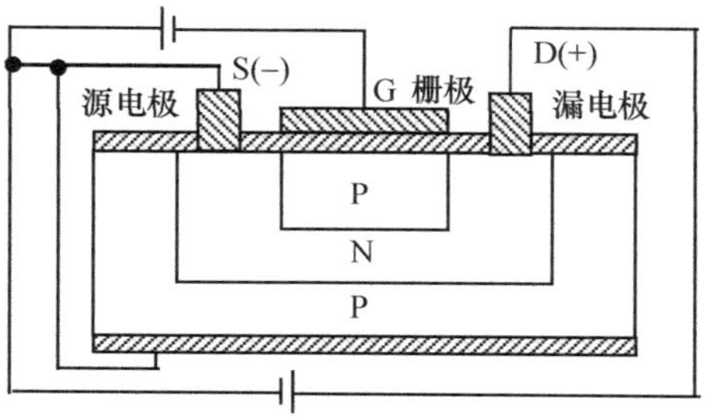

图 3-57　N 型沟道结型光电场效应管的结构示意图

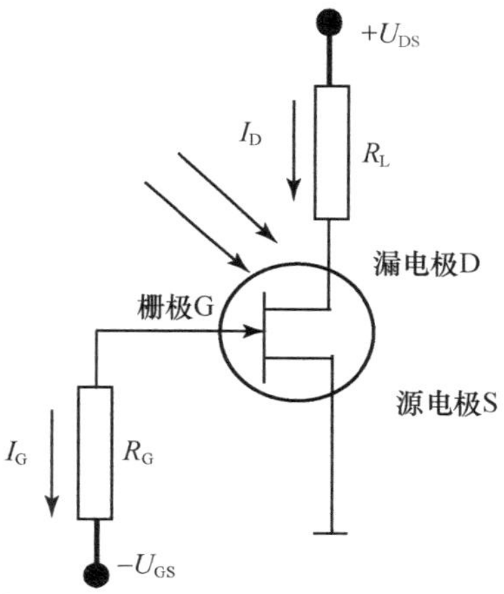

图 3-58　光电场效应管的工作原理

在一块 N 型半导体硅片的上、下面各制作一个 P 型层，结果形成两个 PN 结，把它用作控制栅极 G，PN 结耗尽层厚度由加在栅极上的偏压的大小来控制；同时在 N 型半导体两端各引出一个源电极 S 和漏电极 D，并在源电极和漏电极之间加上电源，使漏电极 D 为正，源电极 S 为负，这样就使 N 型材料中的电子从源电极 S 通过 N 沟道向漏电极 D 漂移，这时 N 型半导体起电阻作用，称为沟道电阻。沟道电阻不仅与源电极、漏电极之间的电压有关,而且要受栅极上的偏压的调制。

2. 光电场效应管的工作原理

通过栅极电阻 R_G,在场效应管的栅极上加有一定的负电压。无光照射时,管子处于截止状态;在负载电阻 R_L 上流过的仅是反向电流。当管子受到光照射时,在栅极、源电极之间的PN结附近产生光生电子空穴对,它们在PN结内建电场的作用下,分别向源电极和栅极漂移,引起栅极、源电极之间的电荷积累,产生光生电动势。当栅极、源电极之间由 R_G 形成回路时,将有栅极电流 I_G 流过 R_G,I_G 正比于入射光强,它在 R_G 上产生的电压为信号电压。由于场效应管的放大作用,在漏极的负载电阻 R_L 上得到一个随入射光强而变化且放大了的输出信号。

漏极电压的变化量为

$$\Delta U_D = E \cdot R \cdot R_G \cdot G_m \cdot R_L \tag{3.80}$$

式中:E 为入射光照度;R 为积分灵敏度;G_m 为跨导。

由式(3.80)可知,当 R_L 一定时,输出电压 ΔU_D 与照度 E 和栅极电阻 R_G 有关,由于 R_G 很大($10^{10}\Omega$ 数量级),所以尽管入射光信号很弱,但 $E \cdot R \cdot R_G$ 仍然很大,加之场效应管的放大作用和本身的低噪声特点,仍可得到较大的信号输出及相当高的光检测灵敏度。

3. 光电场效应管的特性

1) 光谱响应特性

图3-59给出了结型光电场效应管的光谱响应特性曲线。

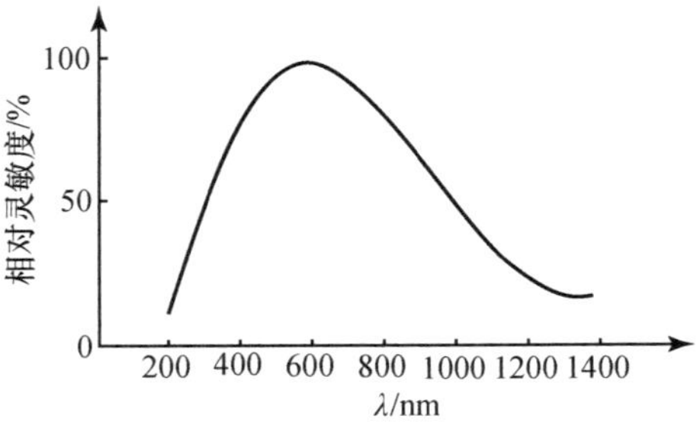

图3-59 结型光电场效应管的光谱响应特性曲线

由图3-59可知,光电场效应管具有较宽的光谱响应范围。

2) 伏安特性

光电场效应管同普通场效应晶体管一样,栅极可以在正、负偏压下工作,不同的是,其变量是由于不同光照而引起的栅极电压变化。即随着光照的增强,栅极与源极之间可能出现正向偏压,此时栅极与源极之间的PN结处于正向导通状态。由于光电二极管的非线性特性,强光下信号大大压缩,从而使输出与光照呈非线性关系。为此,应当选用合适的偏压,使大信号时不至于进入非线性区。同时,当栅极出现正电位时,输入阻抗将急剧下降。因此,光电场效应管更适于对微弱光信号进行检测。图3-60给出了光电场效应管的伏安特性曲线。

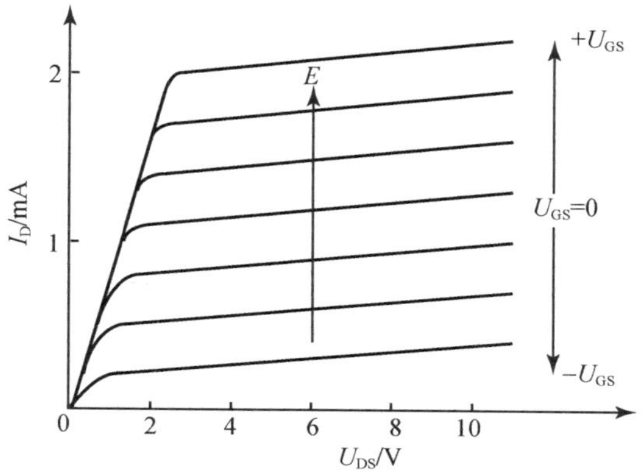

图 3-60　光电场效应管的伏安特性曲线

参考文献

[1]　彭军．光电器件基础及应用[M]．北京:科学出版社,2022.
[2]　陈克香．光电器件技术与应用[M]．北京:电子工业出版社,2016.
[3]　雷玉堂．光电信息技术[M]．北京:电子工业出版社,2016.
[4]　滕道祥,孙言．光电子技术[M]．北京:清华大学出版社,2021.
[5]　方如章,刘玉凤．光电器件[M].北京:国防工业出版社,1988.
[6]　张彤．光电接收器件及其应用[M].北京:高等教育出版社,1987.
[7]　刘振玉．光电技术[M].北京:北京理工大学出版社,1990.
[8]　缪家鼎,龚兆远,辛学耕．光电技术基础[M].杭州:浙江大学出版社,1988.

思考题与习题

1. 在强光照射下,光敏电阻的光照特性为何出现非线性?

2. 在如图 3-61 所示的光敏电阻的伏安特性曲线中,照度为 ϕ_1 的曲线过(0,0)、(10,1)点;照度为 ϕ_2 的曲线的斜率为 1,且过(0,0)点,试求:

(1) ϕ_1、ϕ_2 下光敏电阻阻值 R_{p1}、R_{p2};

(2) 设电源电动势 $\varepsilon=100$V,负载电阻 R_L 为 10kΩ,试求 ϕ_1、ϕ_2 下的工作点位置。

3. 图 3-62 所示电路为光控继电开关电路。光敏电阻为硫化镉(CdS)器件,3DG4 的 β 值为 50,继电器 J 的吸合电流为 10mA,计算继电器吸合(动作)时需多大照度?(提示:CdS 光敏电阻的暗电阻 R_d 为 10MΩ)

4. 硅光电池一般采用什么结构?按基底材料不同可分为哪几类?试画出简图。

5. 光电池的上电极为何多做成栅指状?涂保护膜的目的是什么?

6. 光电二极管与光电池有何异同点?

7. 2CU 型硅光电二极管是否需要环极?

8. 简述雪崩型光电二极管的工作原理。

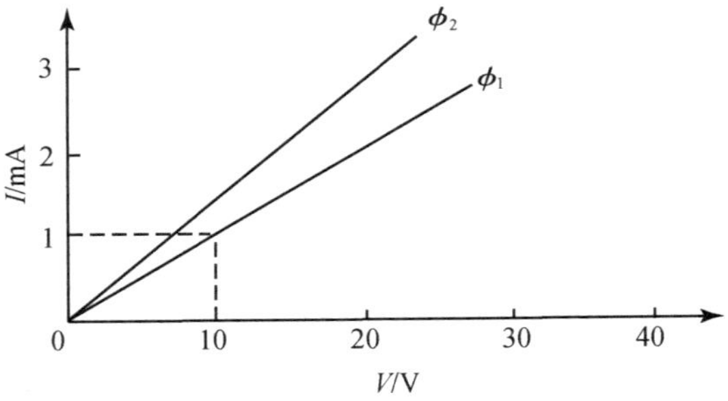

图 3-61　光敏电阻的伏安特性曲线

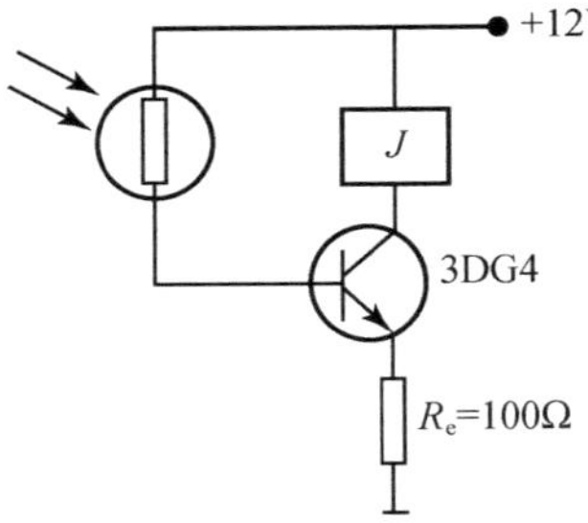

图 3-62　光控继电开关电路

9. 分别画出光敏电阻、光电池、光电二极管、光电三极管的电路符号。

10. 在强光照射下，光电三极管的光照特性为何出现饱和现象?

第4章　真空光电器件

以光电发射原理(外光电效应)为基础的真空光电器件长期得到广泛应用。20世纪40年代初开发的半导体光电器件近年来得到了迅速发展,以其低廉的价格、稳定的性能、使用电路简单等特点代替了真空光电器件的部分应用,但真空光电器件又有着半导体光电器件不能代替的特点,其突出的优点是:易在管内实现快速、高增益、低噪声的电子倍增;易制作大面积的均匀的光敏面;像元密度大,可得到很高的空间分辨率,因而广泛应用于变化极快的光辐射及要求获得空间分辨率很高的精密测量和光电成像等场合,特别是在对微弱光的探测上有着一定的优势。但因探测信号的机理属于外光电效应,它只适用于近紫外、可见光和近红外波段的各种信号。

真空光电器件可以是成像型的,也可以是非成像型的,其基本原理相同,在结构上都要有光电阴极、阳极与真空玻璃壳。真空光电器件常见的有光电管和光电倍增管,而光电管又分为真空光电管和充气光电管两种。

4.1　光电发射与二次电子发射

4.1.1　光电发射

1. 光电发射原理

具有能量 $h\nu$ 的光子,被物质(金属或半导体)吸收后激发出自由电子,当其能量足以克服表面势垒并逸出物质的表面时,就会产生光电子发射,逸出电子在外电场作用下形成光电子流,这就是物质的光电发射现象,光电发射现象又叫外光电效应,可以发射电子的物质称为光电发射体。

这是因为当光子的能量 $h\nu$ 被物质吸收后,物质内部的电子获得了足够多的能量 E,当 $E \geqslant E_W$(E_W 为光电发射体的逸出功),电子就脱离原子核的束缚而逸出物质的表面。对于不同的物质,逸出功 E_W 是不同的。

2. 光电发射的基本定律

1) 光电发射第一定律(斯托列托夫定律)

当入射辐射的光谱分布不变时(同一波长的单色光或者相同频谱的光线),饱和光电流 I 与入射辐射通量 ϕ 成正比,即

$$I = k \cdot \phi \tag{4.1}$$

式中:k 为表征光电发射灵敏度的系数。

由爱因斯坦光量子理论知,每个光子的能量为 $h\nu$,每个电子的发射都是吸收了一个光子能量的结果。入射辐射通量越大,携带的光子数越多,激发电子逸出光电发射体表面的数量也越多,因而发射的光电流 I 就增加,光电流 I 正比于入射辐射通量 ϕ。

2）光电发射第二定律(爱因斯坦定律)

发射体发射的光电子的最大动能,随入射光频率的增加而线性增加,而与入射光的强度无关。

根据爱因斯坦公式,有

$$\frac{1}{2}mv_{\max}^{2}=h\nu-E_{W} \tag{4.2}$$

式中:m 为电子质量;$v_{\max}$ 为电子逸出后的最大速度;ν 为入射光的频率;h 为普朗克常数,其值为 6.62×10^{-34} J·S;E_W 为光电发射体的逸出功,对于确定的光电发射体,此值不变。

式(4.2)之所以成立是因为入射光的频率愈高,每个光子具有的能量愈大,电子在吸收光子能量后,除了付出为逸出表面所需的逸出功 E_W 外,剩余的能量变为光电子的动能。

推论1　光电发射的长波限

在入射光线频谱范围内,光电发射体存在临界波长。当光波波长等于这个临界波长时,光电子刚好从发射体逸出。这个波长通常称为光电发射的长波限,或光电发射的阈值波长。

由式(4.2):

$$\frac{1}{2}mv_{\max}^{2}=h\nu-E_{W}=\frac{hc}{\lambda}-E_{W}$$

知,当 λ 减小时,$\frac{1}{2}mv_{\max}^{2}$ 增加;当 λ 增大时,$\frac{1}{2}mv_{\max}^{2}$ 减小;当 λ 增大到一定值时,$\frac{hc}{\lambda}-E_W<0$,即逸出电子无动能,那么就不会产生光电发射,因此,此时的 λ 就是光电发射的长波限。它定义为当光电子能刚好克服逸出功 E_W 而逸出物质的表面时,所对应的入射光的波长。显然此波长为当$\frac{hc}{\lambda}-E_W=0$ 时的 λ,即

$$\lambda_0=\frac{hc}{E_W}=\frac{1239}{E_W}(\mathrm{nm}) \tag{4.3}$$

由式(4.3)知,λ_0 与光电发射体的逸出功 E_W 有关,产生光电发射时入射光的波长 λ 应小于 λ_0。

推论2　光电发射的惯性(惰性)

实验证明,光电发射几乎与入射辐射同时出现和消失,其延迟时间不超过 3×10^{-13}s 数量级。因此,可认为光电发射是无惯性的,这就决定了外光电效应器件具有很高的频率响应。长期的研究表明,光电发射过程是一种体积效应。其物理过程主要分为三步。第一步是发射体吸收光子,激发出高能量的电子;第二步是高能量的电子向固体表面运动并最终到达表面。在运动过程中由于与晶格及其他粒子碰撞而损失部分能量;第三步是受激电子越过表面势垒逸入真空。显然前两步是体积现象,第三步是表面现象。图4-1给出了光电发射过程示意图。

3. 光电发射的量子效率

所谓量子效率,是指单个吸收或入射光子可能激发出的平均电子数。对于金属来

说,它对光的反射率高,吸收率低,体内自由电子多,电子向表面运动过程中散射损失较大,逸出深度小;此外,金属逸出功也较大。所以金属光电发射的量子效率都很低,并且大多数金属的光谱响应都在紫外或远紫外范围。

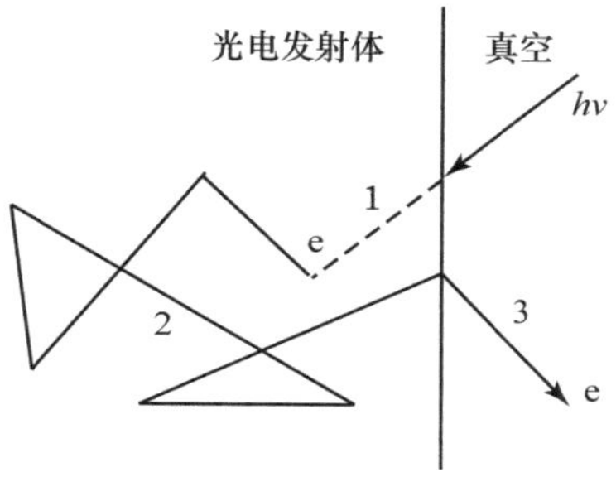

图 4-1　光电发射过程示意图

1—光激发;2—向表面运动;3—逸出。

为了提高量子效率,光电发射体应具备以下条件。

(1) 材料表面的反射系数(反射率)要小。

(2) 材料对光的吸收系数要大。

(3) 光电子在体内传输过程中受到的能量损失要尽可能小,从而使逸出深度增大。

(4) 电子亲和力尽可能低,以提高电子在表面上的逸出概率。

4.1.2　二次电子发射

用具有足够动能的电子轰击物体时,物体表面将发射电子,这种现象称为二次电子发射。轰击物体的电子称为一次电子,从物体表面发射出来的电子称为二次电子。不同物体的二次电子发射能力是不一样的。为了表征不同物体的这种能力,通常把二次发射的电子数 N_2 与激发它们的一次电子数 N_1 的比值定义为该物体的二次电子发射系数 σ,即

$$\sigma=\frac{N_2}{N_1}=\frac{I_2}{I_1} \tag{4.4}$$

式中:I_2 为二次电流;I_1 为一次电流。

与光入射辐射不同的是,光辐射是用具有能量 $h\nu$ 的光子照射物体后有电子逸出,这叫作一次电子发射。而二次电子发射是用电子束轰击物体,物体表面有电子发射出来,因此它们的不同点在于给物体提供能量的方式不同。

二次发射的过程可以分三步来描述:①物体吸收一次电子的能量,激发体内电子到高能态,这些被激电子称为内二次电子;②内二次电子中初速指向表面的那一部分向表面运动,在运动过程中因散射而损失能量;③如果到达界面的内二次电子仍有足以克服表面势垒的能量,即逸出表面成为一次电子。图 4-2 为二次发射系数曲线,它表明二次发射系数 σ 与一次电子的入射能量 E_p 之间的一般关系。随着 E_p 的增加,σ 急剧上升,在达到峰值 σ_{max} 后,E_p 继续增加,σ 反而减小。这是因为一次电子能量过大,穿透材料的深度增加,在一次电子穿透材料过程中,引起的能量损失加上内二次电子逸出时的散射造成的能量损失导致内二次电子的逸出率下降,结果反而使 σ 减小。这就是一次电子在

电场中获得的能量不宜超过 E_{pmax} 的原因。常用 E_{pmax} 的大小来衡量不同材料的二次电子发射能力。金属的 σ_{max} 一般在 0.5~1.8;半导体和绝缘体的 σ_{max} 为 5~6;专为得到高二次电子发射系数制作的复杂面的 σ_{max} 值可达到十几,而负电子亲和势发射体的 σ_{max} 可达到 500 以上。

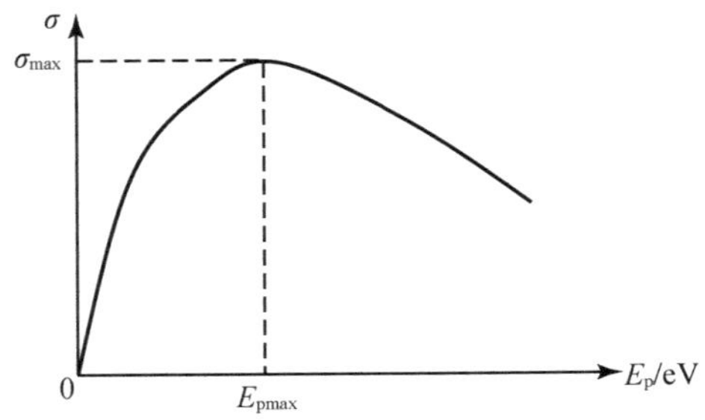

图 4-2　二次发射系数曲线

4.1.3　倍增极

倍增极(打拿极)是用优质的二次电子发射材料做成的,起着倍增电子的作用。多个倍增极串联起来使用,构成倍增系统。它使电子百万倍地倍增。要实现电子的倍增,制作倍增极的二次电子发射材料很关键。这种材料应满足以下条件。

(1) 在低的工作电压下具有大的 σ 值。

(2) 热发射要小。热发射是指在一定温度下引起的热电子的随机波动。这些热电子倍增至阳极时,数值很大,将形成暗电流的主要部分,同时引起噪声。因此,尽可能选用热发射较小的材料。

(3) 发射系数 σ 要保持稳定。要求在较高的环境温度下,不管是对大的一次电子流入射,还是对小的一次电子流入射,σ 都应保持恒定。

(4) 容易制作成各种形状。

下面介绍几种常用的倍增极材料。

1. 复杂的半导体型

由于银氧铯材料性能不太稳定且暗电流高,故通常不用作倍增极材料。对于锑铯材料而言,当入射的一次电子能量为 200eV、厚度为 80~100nm 时,σ 约为 6;在 400eV 时约为 10。但在较多的电子数入射时,它具有不稳定的特性。这种材料是倍增极常用的二次发射材料。

2. 氧化物型

碱土金属(铍、镁、钡等)的氧化物具有良好的二次发射性能,常用作倍增极材料的是氧化镁(MgO),这种材料允许有较大的二次电流并耐高温(150℃),σ 的最大值为 10,这种材料对可见光不灵敏。

3. 合金型

合金型有镁合金(包括银镁、铝镁和铜镁等)和铍合金(包括铜铍和镍铍)两种。合金型材料具有二次发射系数大、热发射电流小、发射性能稳定、能承受较大的电流密度等优点，所以在光电倍增管中被广泛采用。

4. 负电子亲和势（NEA）型

目前常见的有用铯（Cs）激活的磷化镓（记作 GaP：Cs）和用铯氧激活的硅（记作 Si：Cs–O）两种负电子亲和势二次发射材料。作为比较，图 4–3 给出了以上两种材料的二次发射系数的特性曲线。

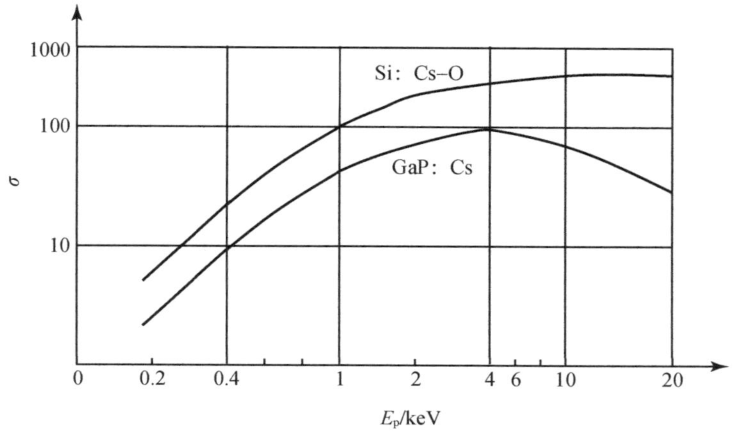

图 4–3　GaP：Cs 和 Si：Cs–O 二次发射系数的特性曲线

由图 4–3 可知，负电子亲和势二次发射材料 Si：Cs–O 在一次电子的能量达几十千电子伏时，其 σ 值仍继续上升；GaP：Cs 材料则在几千电子伏时呈下降趋势。与 Si：Cs–O 材料相比，GaP：Cs 材料的逸出深度比较浅，只能做反射式倍增极。Si：Cs–O 材料既可以做反射式的倍增极，也可以做透射式的倍增极。

4.2　光电管

光电管是根据外光电效应原理制成的光电探测器，它利用光电阴极在光辐射作用下向真空中发射光电子的效应探测各种光信号。光电管分为真空光电管和充气光电管。

4.2.1　真空光电管

光照射光电阴极，光电阴极接收光子的能量 $h\nu$ 后，直接向真空中发射电子。

1. 真空光电管的分类

按探测的辐射波段分：
- 紫外光真空光电管
- 可见光真空光电管
- 红外光真空光电管

按光电阴极的材料分：
- 锑铯型
- 银氧铯型
- 锑钾钠铯型

按光电阴极受光方式分$\begin{cases}\text{正面受光型}\\\text{背面受光型}\end{cases}$

正面受光型指的是入射光线的方向同电子发射的方向相反,采用不透明的反射式阴极;背面受光型指的是入射光线的方向同电子发射的方向相同,采用半透明的透射式阴极。

2. 真空光电管的工作原理与结构

真空光电管主要由发射光电子的光电阴极 K、收集电子的阳极 A、外壳、电极引线和管脚等组成。图 4-4 给出了真空光电管结构示意图。

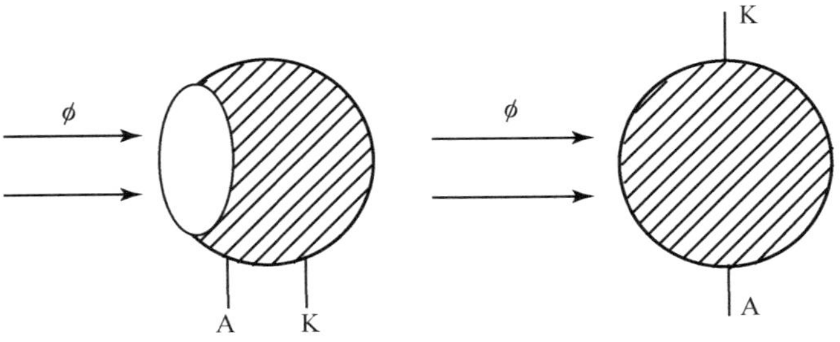

图 4-4　真空光电管结构示意图

当入射光线透过窗口照射到光电阴极 K 上时,光电子就从光电阴极发射到真空中,在电场的作用下,光电子在两电极间做加速运动,最后这些光电子被具有极高电位的阳极所接收。在阳极电路中可以测出光电流的数值,光电流的大小主要取决于光照的强度与光电阴极的灵敏度。如果停止光照,阳极电路中就无光电流输出。

真空光电管在结构上按照光电阴极与阳极的位置不同及形状不同可分为中心阴极型、中心阳极型、半圆柱面阴极型和平行平板电极型等。

1) 中心阴极型

中心阴极型真空光电管采用同心球面形结构,作光电阴极的小球面放在大球面阳极的中心,阳极内表面涂透明的导电膜,有时也涂不透明的金属层,但外壳留有一个小的透射光窗,以便入射光照射在阴极面上,如图 4-5 所示。

这种结构的优点是:阳极收集率高,但因光电阴极面小,受光面积有限,接收的光通量有限。因此不太常用,仅适用于低照度下测量光电子的初速分布。

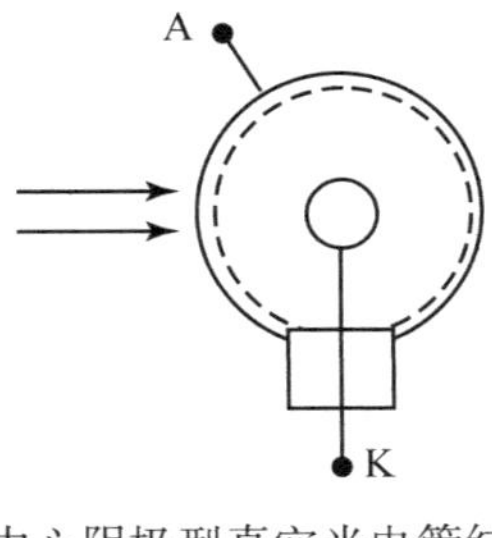

图 4-5　中心阴极型真空光电管结构示意图

2) 中心阳极型

中心阳极型真空光电管实际使用的真空光电管,要求光电阴极及入射光窗的面积足够大。中心阳极型可满足这种要求。中心阳极型也采用同心球结构,阴极用半球面形,阳极制成小球状并置于球心,它仅占整个球体的一小部分。这种结构不仅对任何方向的入射光灵敏,且阳极几乎不挡光,不会妨碍光电阴极受光,如图4-6所示。

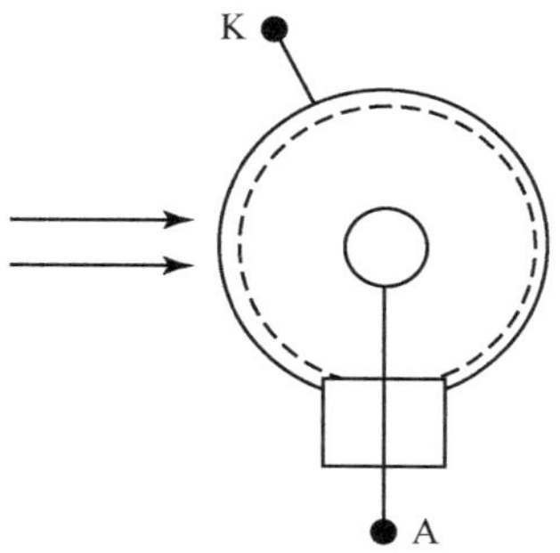

图4-6　中心阳极型真空光电管结构示意图

这种结构的优点是受光面积较大,对入射光束大小要求低,由于光电子飞行路程相同,电子在极间渡越时间一致,极间电容小,因而高频响应特性好;但阳极收集效率低,要提高光电子收集效率,阳极电压须很高,但空间电荷效应的存在会使光电管工作不稳定。

3）半圆柱面阴极型

半圆柱面阴极型真空光电管采用半圆柱面形阴极和同轴直杆阳极,如图4-7所示。在这种结构中,有些阴极材料直接涂敷在圆柱玻璃管壳内壁上,占有一半的面积,其尺寸取决于玻璃壳。而大多数阴极选用易于加工成型的金属做基底,并在其内表面涂敷光电发射层,光电管的外壳采用尺寸较大的圆柱形玻璃壳。

这种结构的优点是有利于增加极间绝缘性,降低漏电。其缺点是电子运动轨迹较乱。

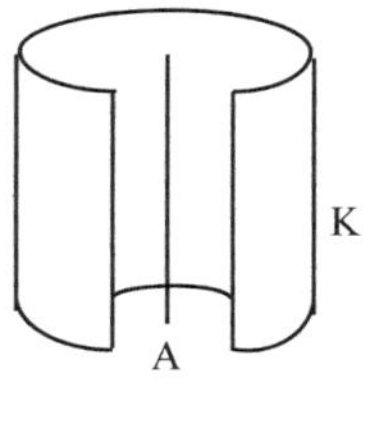

图4-7　半圆柱面阴极型真空光电管结构示意图

4）平行平板电极型

平行平板电极型真空光电管的光电阴极与阳极均制作成平板形状,且在玻璃壳内平行放置,如图4-8所示。

这种结构的优点是极间电场均匀,光电子从阴极飞向阳极的过程基本上能保持平行直线轨迹,电极各部分对入射光线都是均匀一致的;管子能承受较大的工作电流,并能保持良好的光电线性,收集率高,接收光通量大。因而这种结构应用最广泛。

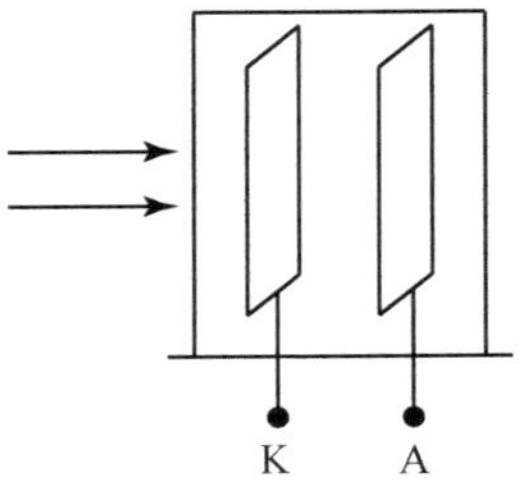

图 4-8　平行平板型真空光电管结构示意图

3. 真空光电管的主要特性

1）光照特性

真空光电管的光照特性指的是其光电流与照度之间的关系曲线，如图 4-9 所示。

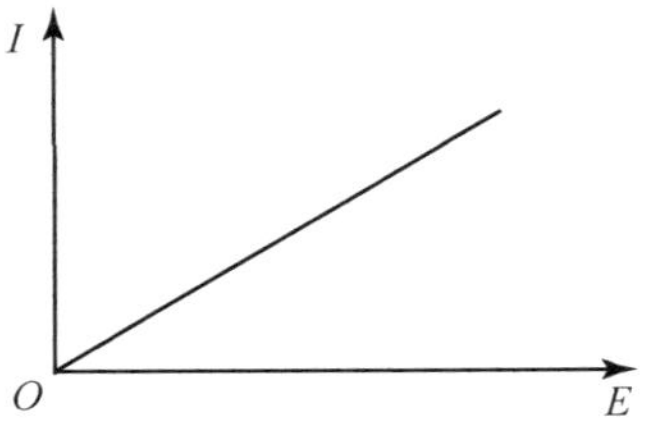

图 4-9　真空光电管的光照特性

在保持光源光谱不变和一定的阳极电压条件下，真空光电管阳极光电流 I 主要由阴极发射的电子决定。光照越强，光电阴极发射的电子数越多，因而光电流就越大，光电流 I 和照度 E 之间有较好的线性关系。其线性变化范围是：当光照较弱、光电流密度在每平方厘米几十微安之内时，可保持光电线性关系。但当强光照射时，往往会发生线性偏离。这主要是因为阴极发射过程产生光电疲乏，层内补充电子有困难，且电流大时层内会产生较大的电压降，影响阳极对饱和光电流的接收。显然，光照越强，非线性越严重。对于光电测量应用而言，当用很强的光照射时，光电管将受到光电线性偏离的限制。而当用很弱的光照射时，光电管受到暗电流及暗电流的涨落所引起的噪声的限制。

2）光谱特性

真空光电管的光谱特性指的是光电流与入射光波长之间的关系。光谱特性主要取决于光电阴极的类型、厚度及光窗材料。

真空光电管的光谱特性曲线如图 4-10 所示。

图 4-10 中画出了三种不同类型光电阴极的光谱响应特性曲线。不同类型的光电阴极，其响应曲线是非常不同的。但由于光电管的结构及制作工艺不同，即使是同一材料的光电阴极，其光谱响应曲线也有差别。

3）伏安特性

正常的真空光电管，不论其结构如何，其伏安特性总会出现饱和区。一般当阳极电压为 50~100V 时，真空光电管的所有光电子到达阳极，光电流开始饱和；实验证明，不同的电极结构有不同的饱和电压，在阴极面积和阴极与阳极之间距离相同时，中心阳极型

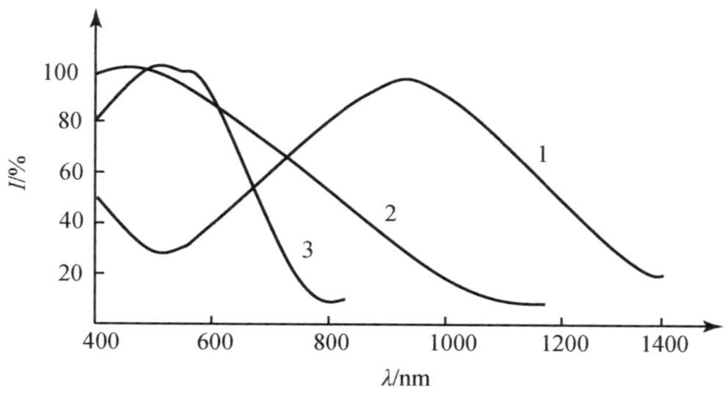

图 4-10　真空光电管的光谱特性曲线

1—银氧铯光电阴极；2—锑钾钠铯光电阴极；3—锑铯阴极。

比平板阳极型的光电流容易饱和。就同一真空光电管而言，对于不同的光通量，其伏安特性如图 4-11 所示。

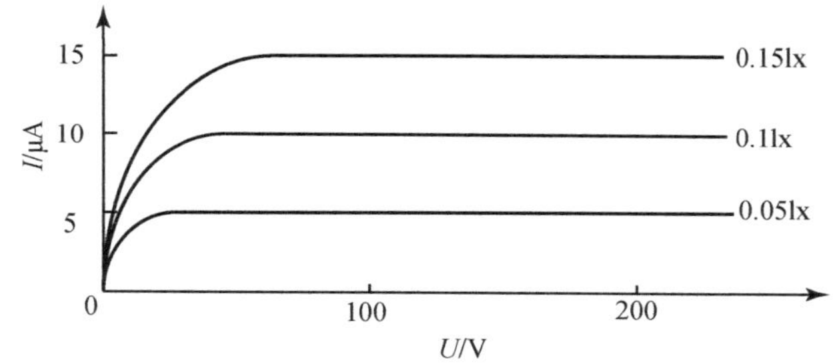

图 4-11　真空光电管的伏安特性曲线

由图 4-11 可知，由于空间电荷效应的影响，饱和电压（电流开始饱和时所对应的电压值）随入射光通量的增大而增大。对于不同入射波长的光（单色辐射），就同一种光电管而言，即使光通量相同，其伏安特性也不相同，这是因为波长短的光比波长较长的光所激发出的光电子初速大，如图 4-12 所示。

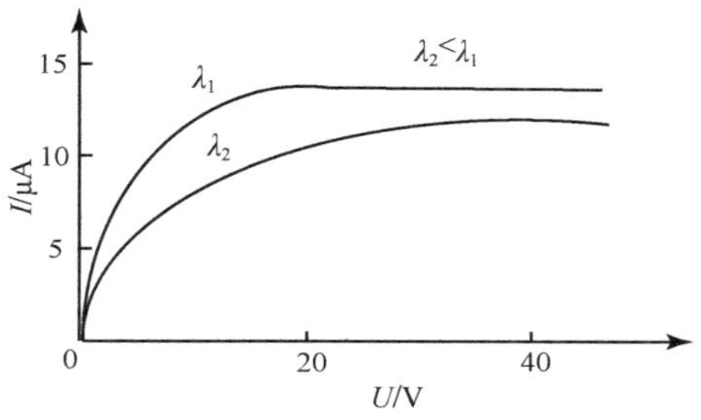

图 4-12　不同入射波长的伏安特性

采用薄膜高阻层阴极的真空光电管往往会出现反常的伏安特性，如图 4-13 所示。其伏安特性曲线总是缓慢地上升，且不存在饱和区。随着光通量的增大，伏安特性曲线上升较陡。所以阳极电压越高，阳极电流越大。有时还会出现极反常的现象，阳极电流有大的跃升。这说明阳极接收的不只是光电子，还有次级电子。

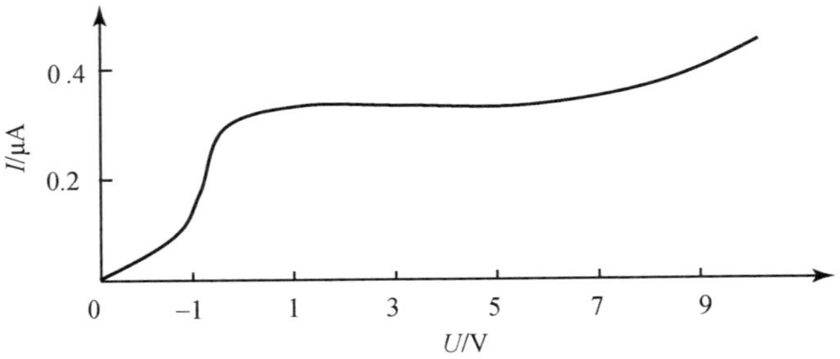

图 4-13 真空光电管反常的伏安特性曲线

4) 频率特性

真空光电管的频率特性指的是光电流与入射光频率之间的关系曲线。图 4-14 给出了真空光电管的频率响应特性曲线。

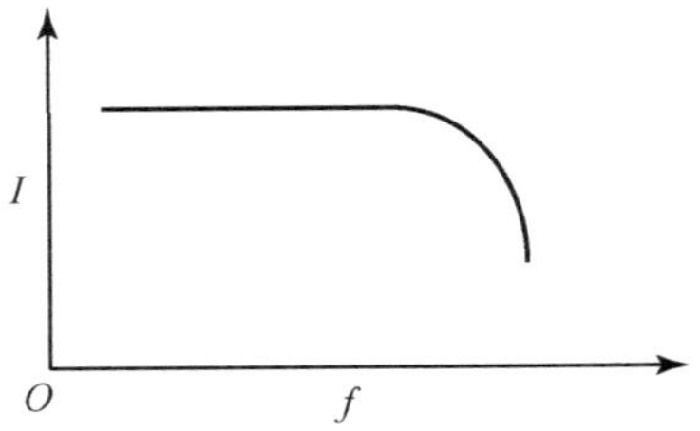

图 4-14 真空光电管的频率响应特性曲线

由图 4-14 可知,真空光电管在低频区工作时,光电流不受频率的影响;而在高频区工作时,光电流随频率的增大而减小。这表明光电转换过程有惰性。它取决于电子在极间的渡越时间 t_r 与极间电容的大小,同时也和管子的结构、工作电压、负载电阻大小有关。

在一定的工作电压下,只有当光通量变化频率很高时真空光电管才会出现惰性,即高频脉冲间隔可与电子渡越时间相比拟时才有影响。一般光电管中电子的渡越时间 $t_r \leqslant 10^{-9}$s,而光电发射过程小于 10^{-12}s,故其可看成瞬时的、无惰性的。一般光电管的极间电容 $C \leqslant 50\mu$F,因此频率特性变差主要是因为采用大的负载电阻。

频率特性受极间电容 C 和负载电阻 R_L 的限制情况关系式为

$$U_L = \frac{I_A \cdot R_L}{\sqrt{1+\omega^2 C^2 R_L^2}} \tag{4.5}$$

式中:I_A 为阳极电流;U_L 为负载上输出的电压信号大小。

5) 稳定性

(1) 时间稳定性。光电管具有良好的短期稳定性。但若连续使用,其灵敏度有下降的趋势,特别是在强光照射下更是如此。不稳定即灵敏度的下降有以下特征:一是开始时灵敏度下降快,后来下降较慢,最后几乎保持不变,趋于稳定;二是如果把使用过的管子在黑暗环境中放置一段时间,其灵敏度可部分或全部得到恢复,这种特征称为光电管的疲乏。如果灵敏度不可能恢复,称为光电管的衰老。

光电管的时间稳定性主要取决于光电阴极的疲乏与衰老程度,即光电管的使用寿命总是同光电阴极的寿命一致。它除了与光电阴极的种类、照射光的强弱及入射光的波长有关,还与光电管的结构、阴极表面状况、玻璃外壳的清洁程度、基底材料、金属零件与绝缘支架的吸气状况有关。

(2) 温度特性。真空光电管的温度特性指的是阳极电流 I_A 与温度 T 之间的关系。光电管的灵敏度受环境温度的影响较大,不同光电阴极的光电管受环境温度的影响不同。对锑铯光电阴极,温度在 10~45℃,其灵敏度可认为不变,但温度上升到 150℃时,灵敏度会显著下降,尤其是在阈值波长附近衰减得更快,如图 4-15 所示。

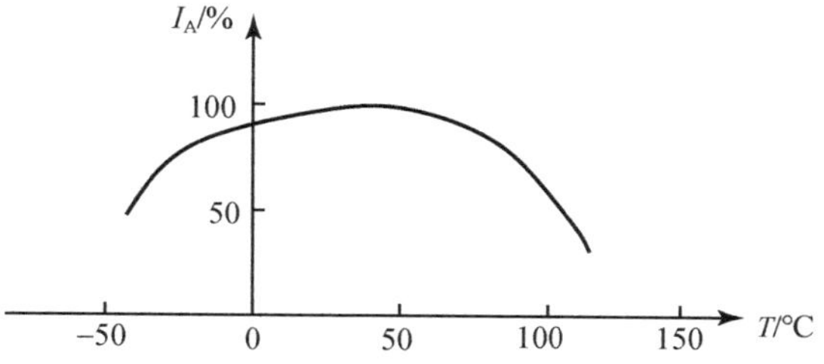

图 4-15　锑铯光电管的温度特性曲线

由图 4-15 可知,当温度较低时,灵敏度无显著变化,温度上升,灵敏度会显著下降。这是因为当温度升高时,锑铯分解,并且是与逸出功增大相联系的;而银氧铯光电阴极温度升高到 100~150℃时,光电流会有增加,但热激发也显著上升。当温度超过 200℃时,会使光电阴极性质改变,光电流减小,而且是不可逆的。

6) 暗电流

真空光电管内产生暗电流的原因有阴极热发射、阳极与阴极间的漏电流。暗电流对光电测量不利,尤其在室温低照度下,如果阴极热发射的大小与光电发射的大小接近或者大于光电发射,热发射就要限制光电管对弱光的正确测量。锑铯阴极在室温下的热发射远小于银氧铯阴极的热发射,所以锑铯阴极光电管的暗电流比银氧铯阴极光电管的暗电流小得多。

7) 噪声

任何一个光电探测器件都有噪声。光电管中的噪声主要有以下两种。

(1) 散粒噪声。散粒噪声包括光电流散粒噪声和热电流散粒噪声两类。光电流散粒噪声为

$$(\overline{\Delta I^2})^{\frac{1}{2}}=(2eI_K\Delta f)^{\frac{1}{2}} \tag{4.6}$$

式中:I_K 为较长时间间隔内饱和光电流的平均值。

散粒噪声电流通过负载电阻 R_L 将产生电压降,此电压的均方根值为

$$(\overline{\Delta U^2})^{\frac{1}{2}}=(2eI_K R_L^2\Delta f)^{\frac{1}{2}}=(2eI_K\Delta f)^{\frac{1}{2}}\cdot R_L \tag{4.7}$$

热发射电流 I_{th} 产生的噪声电压均方根值为

$$(\overline{\Delta U_t^2})^{\frac{1}{2}}=(2eI_{th}\Delta f)^{\frac{1}{2}}\cdot R_L \tag{4.8}$$

表 4-1 给出了常用真空光电管的性能参数。

表 4-1 常用真空光电管的性能参数

型号	直径/mm	进光方式	光电阴极			灵敏度/(μA/lm)	工作电压/V	暗电流/nA	备注
			有效尺寸/mm	材料	光谱范围/nm				
GD-5	38	侧窗	22×30	KCsSb	170~1670	80	30	0.05	石英外壳
GD-6	42		22×30	AgOCs	300~1200	25	30	0.08	
1985	19		22×11	CsSb	300~650	100	90	50	充气管
1989	30		22×30	NaKCsSb	190~850	180	40	0.1	
1989A	30		22×30	NaKCsSb	300~850	180	40	0.1	取代 GD-7
GD-22	14		8×20	NaKCsSb	190~850	120	30	0.1	
1992	30		15×20	KCsSb	190~850	50	40	0.1	
1960A	20	端窗	ϕ14	CsSb	300~650	50	50	0.01	
1960B	20		ϕ14	NaKCsSb	300~850	120	50	0.01	
1944A	30		ϕ23	CsSb	300~650	50	50	0.01	
1944B	30		ϕ23	NaKCsSb	300~650	150	50	0.02	

(2) 电阻上的热噪声。在光电管电路中,负载电阻 R_L 上的热噪声电压的均方根值为

$$(\overline{\Delta U^2})^{\frac{1}{2}} = (4kTR_L\Delta f)^{\frac{1}{2}} \tag{4.9}$$

在探测弱光时,热噪声是主要的。由式(4.7)和式(4.9)可知,散粒噪声电压与负载电阻成正比,而热噪声电压正比于负载电阻的平方根。因此,提高负载电阻,可使热噪声小于散粒噪声。

4.2.2 充气光电管

真空光电管灵敏度很低,为获得较高的灵敏度,可在光电管的玻璃壳内充上适当的低压惰性气体,利用气体的电离作用增加电子数从而放大电流。这样设计的光电管称为充气光电管。

1. 充气光电管的工作原理与结构

在光电管中通常充有几十帕至几百帕的低压惰性气体,在入射光照射下,光电阴极发射出来的光电子在电场作用下向阳极做加速运动,途中与气体原子发生碰撞而发生电离,形成电子和正离子。电离出来的电子在电场作用下与光电子一起再次使气体原子电离。如此反复,使得电子数目增多,从而有效地增加了电流值,同时正离子也在同一电场作用下,向阴极运动,形成离子电流,其数值与电子电流相当。这样,在阳极电路内就形成了数倍于真空光电管的光电流。

充气光电管常见的电极结构有中心阳极型、半圆柱面阴极型和平行平板电极型三种。前两种阴极有较大的受光面积,阴极发射的电流密度较小,第三种的电场均匀性较好。这三种充气光电管的几何结构及特点与相对应的真空光电管一样。

2. 充气光电管的设计

在设计充气光电管时,必须考虑所选用气体的性质、气体的压力及放大倍数。

气体的性质:充气光电管的气体分为单一气体和混合气体两种。要求充入的气体要有良好的化学稳定性,既不能与光电阴极发生化学作用,也不能被阴极吸收,更不能改变阴极结构的物理性能。因此只能是惰性气体。大多数管子内或充单纯氩气,或充氩气与氖气的混合气体。

气体的压力:所充气体的气压一般在零点几至几托(1 托=133.322Pa)范围内。

放大倍数:用 M 表示,它定义为阳极输出的光电流 I_A 与阴极光电发射电流 I_K 之比,即

$$M=\frac{I_A}{I_K} \tag{4.10}$$

放大倍数与工作电压、气体种类、压力及光电管的结构有关。

3. 充气光电管的主要特性

1）光照特性(光电特性)

由于充气光电管内有低压惰性气体,它所产生的阳极电流不仅取决于阴极发射的电子,而且取决于气体电离的电子和离子。因此,在充气光电管内阳极电流与光照之间没有严格的正比关系。只有在一定条件下,一定的光强范围内,阳极电流与光照之间才有线性关系。图 4-16 分别给出了不同工作电压、不同气压、不同负载电阻下的光照特性曲线。

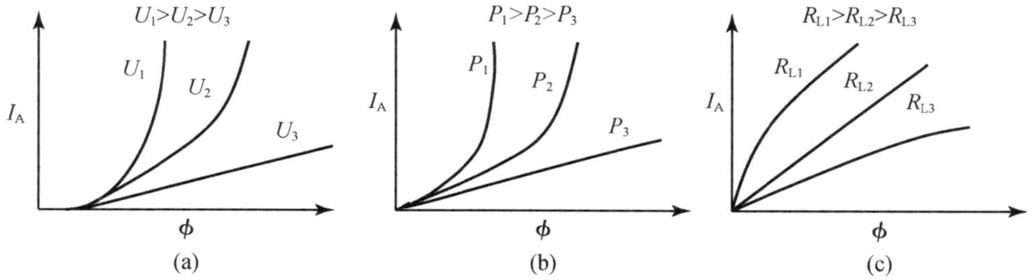

图 4-16　充气光电管的光照特性曲线

图 4-16(a)表示在一定气压下,改变电压 U 而得到的阳极电流和光通量之间的关系曲线簇,可以看出各条曲线的线性范围是有差异的,电压选择得恰当,可以得到较宽的光电线性范围。而在相同电压不同气压下,所得曲线的线性范围也是不一样的,如图 4-16(b)所示。充气光电管的光照特性随负载电阻大小不同也有很大差异,如图 4-16(c)所示。

2）伏安特性

与真空光电管不同的是,充气光电管的伏安特性曲线没有饱和现象。当光照通量一定时,充气光电管的伏安特性曲线如图 4-17 所示。阳极电压很低时,管内气体没有电离放大作用,阳极电流很小。随着阳极电压升高,管内气体开始电离,阳极电流迅速增大。对于不同的结构、不同的充气气压,其伏安特性也不相同。

3）频率特性

由于气体正离子的质量远大于电子,它在极间的渡越时间比电子长得多,充气光电管的惰性比真空光电管大。而频率特性与惰性是直接相关的,因此,其频率特性也不如真空光电管。

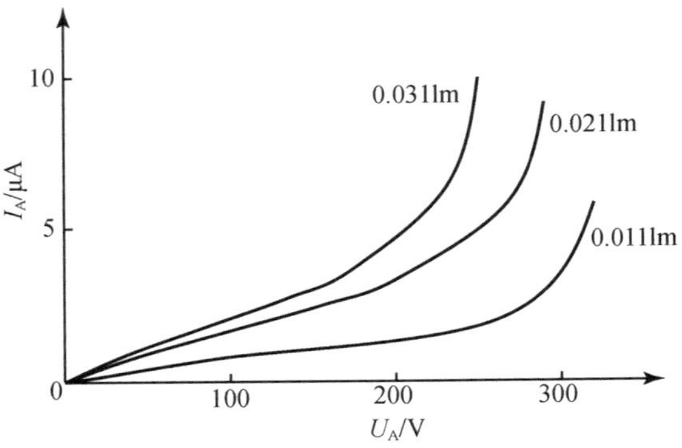

图 4-17 充气光电管的伏安特性曲线

4）暗电流与噪声

充气光电管的暗电流主要是由极间漏电与光电阴极热发射引起的。由于热发射电流也参与气体电离放大的作用,所以它会形成较大的热发射噪声;另外,由于气体电离过程中具有起伏,放大倍数的涨落也是产生噪声的因素;而且组成阳极电流的正离子的散粒噪声比较大。因此,充气光电管的噪声比真空光电管的噪声要大。

综上所述,同真空光电管相比,充气光电管的唯一优点是它的光照灵敏度较高。一般情况下比真空光电管高 5~10 倍。但其稳定性差,线性度低,暗电流大,噪声高,响应时间也长。因此充气光电管目前已被灵敏度更高、性能更好的光电倍增管所代替。

4.2.3 光电管的应用——普朗克常数的测定

普朗克常数 h 是 1900 年普朗克为了解决黑体辐射能量分布时提出的“光量子”假设中的一个普适常数,是粗略判断一个物理体系需用量子力学描述的依据。测定 h 的方法很多,较为简单的方法是利用对可见光灵敏的光电管来测定。

用于正确测定普朗克常数的 1997 型光电管是一种具有镍丝制造的电加热大面积钾真空光电管。其光电阴极是用一种以银层为基底的不透明银氧钾做成的,引出线从管顶金属帽引出,阳极是用镍丝做成的一个大直径的环状镍丝圈,其直径与泡壳内径相差不大。镍丝圈平面平行于光电阴极平面,环状镍丝圈有自己单独的电加热回路,由梳形芯柱引至管外。由于阳极是由高逸出功的细镍丝做成的一个直径很大的镍圈(因直径大、镍丝细,不易接收入射光与来自阴极的散射光,也不易污染阴极碱金属材料),且有自己单独的电加热回路,这样可通电去除阳极上沾染的光电发射材料(碱金属),故反向电流很小。此外,该管由于采用银氧钾光电阴极,不仅使去除了一般光电管常用阳极作为锑源蒸发支架的弊病,从而大大减小了该管的暗电流;而且使该管能够在较强的光照下工作,仍有良好的正比特性。

光电管的测量方法及原理如图 4-18 所示。G_D 为微电流计(10^{-12}~10^{-9}A),V 为电压表,E 为电源,R_1 和 R_2 为电位器,调节 R_1 和 R_2 可得到实验所需的加速电压 U_{AK}。单色光由汞灯谱线经过干涉滤光片后获得,其波长分别是 405nm、436nm、546nm 和 578nm。用单色光照射光电管的光电阴极时,阴极将发射光电子而形成阴极光电流。设 U_0 是阴极

光电流刚好为零时，从电压表读得的负电压，也称遏止电位差，表示为

$$U_0=\frac{h}{e}f-\left(U_c+\frac{W}{e}\right) \tag{4.11}$$

式中：f 为入射光的频率；W 为阴极的逸出功；U_c 为 A、K 两电极材料不同而引起的接触电位差。

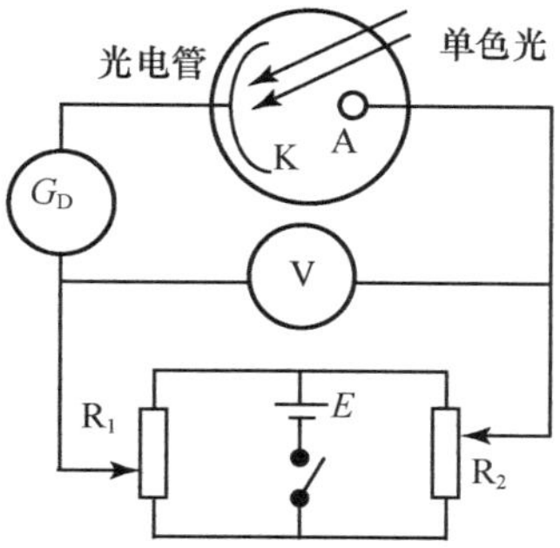

图 4-18　光电管的测量方法及原理

用不同频率 f 的单色光照射光电管，测出相应的遏止电位差 U_0，可得到一系列一一对应的 U_0 与 f 值，然后作出曲线图，如图 4-19 所示，由该图的斜率可求出 h 值。

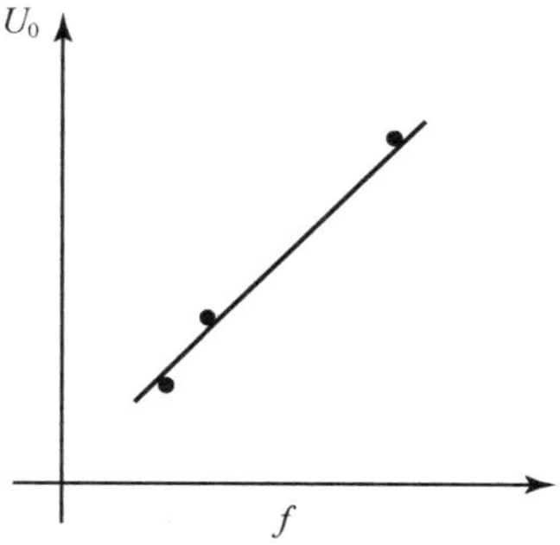

图 4-19　光电管的 U_0 与 f 曲线

准确测定 h 值的关键在于正确决定遏止电位差。在光电管制造过程中，很难做到阳极不被碱金属材料所沾污，而且这种沾污在工作过程中会日趋严重。沾污后的阳极逸出功降低，因此当来自阴极的散射光照射到阳极时，会发射出光电子而形成阳极光电流。实验测得的电流特性曲线，是阳极光电流和阴极光电流叠加的结果，如图 4-20 所示。可见，由于阳极沾污，实验时出现了反向电流。特性曲线与横轴交点的电流虽然等于“0”，但阴极光电流并不等于“0”，交点的电位差 U_0' 也不等于遏止电位差 U_0，两者之差由阴极电流上升的快慢和阳极电流的大小决定，由于 1997 型光电管的电流特性曲线的正向电流上升很快，反向电流很小，实验测得在电流特性曲线与横轴的交点附近，正向电流的 $\mathrm{d}I/\mathrm{d}V$ 比反向电流的 $\mathrm{d}I/\mathrm{d}V$ 要大得多，因此交点的电位差 U_0' 与遏止电位差 U_0 之差很小。可以将其特性曲线与横轴交点的电位差 U_0' 近似地当作遏止电位差 U_0。一般光电管由于结构上的因素，反向电流较大，难以确定遏止电位差 U_0，这也是一般光电管不能正确测定 h 值的原因。

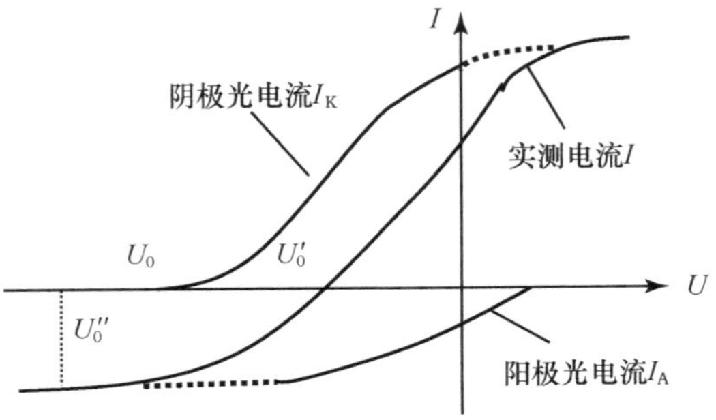

图 4-20　电流特性曲线

4.3　光电倍增管

利用真空光电管探测微弱光辐射时,由于灵敏度较低,通常必须在其输出端设置放大器来放大光电流,因此测量装置的一些重要参数受放大器参数的限制。而利用气体电离放大的充气光电管探测微弱光辐射时,虽然灵敏度有较大的提高,但其他重要参数都不理想。因此,目前最普遍且最有效的探测微弱光辐射的方法,是在真空光电管内,利用二次电子发射来提高其灵敏度。

光电倍增管(PMT)实际上是光电阴极和二次电子倍增器的结合,它是把微弱的光输入转换成光电子,并使光电子获得倍增的电真空器件;也是目前在紫外、可见光和红外波段探测微弱光辐射的最灵敏的非成像型探测器。

光电倍增管有独特的优点:它的放大倍数很高,一般可达 $10^5 \sim 10^9$,即灵敏度很高;光电特性的线性关系好;工作频率高;性能稳定;使用方便;等等。所以光电倍增管已经广泛地应用于光度测量、天文测量、核物理研究、频谱分析等方面。

4.3.1　光电倍增管的工作原理及结构

1. 工作原理

光电倍增管是利用外光电效应制成的一种光电探测器件。其光电转换分为光电发射和电子倍增两个过程。其工作原理如图 4-21 所示。K 为光电阴极,D_1、D_2、D_3、D_4 是由二次电子发射体制成的倍增极(打拿极),A 为收集电子的阳极或称收集极。

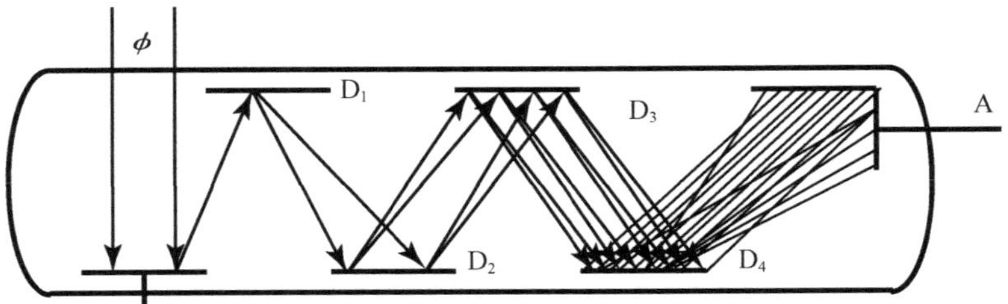

图 4-21　光电倍增管工作原理

在微弱的光通量照射下，从光电阴极 K 发射出来的光电子，通过电子光学系统被加速并聚焦在第一倍增极 D_1 上，从二次电子发射体 D_1 发射出倍增了的二次电子，这些二次电子又被加速聚焦到有较高电位的 D_2 上并获得进一步的倍增，如此类推，最后到达阳极 A 上被阳极收集，结果可获得放大了的光电流输出，一般可放大 $10^5 \sim 10^9$ 倍。由工作过程可以看出，光电倍增管可看成光电阴极 K 与二次电子倍增器的组合。

光电倍增管在工作时，通常由专用电源对其供电，所加的直流高压为 1000～1500V，各个电极之间的连接线路如图 4-22 所示。图中光电阴极 K 接电源的负极，阳极 A 通过负载电阻 R_L 接电源的正极，各倍增极上的电压是通过分压电阻链供给的。$R_1, R_2, \cdots, R_{n+1}$ 为分压电阻，从光电阴极 K 到阳极 A 电位逐级升高。

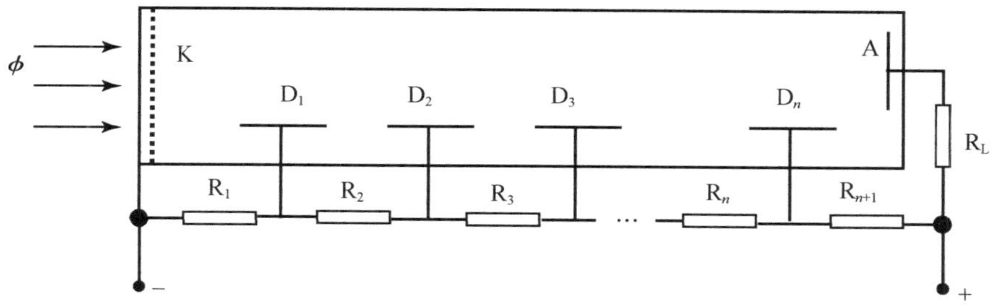

图 4-22　光电倍增管各电极连接电路图

2. 光电倍增管的分类

光电倍增管的种类繁多，其分类方法也很多，常见的分类方法有以下几种。

(1) 按进光方式不同分为端窗式和侧窗式。

(2) 按光电阴极工作方式不同分为透射式和反射式。

(3) 按倍增极的数目多少分为单级光电倍增管和多级光电倍增管。

(4) 按倍增极系统的结构不同分为盒式、圆笼式、百叶窗式和直线瓦片式。

(5) 按光电阴极材料不同可分为锑铯、银氧铯和多碱等光电倍增管。

3. 光电倍增管的组成

不论按哪种方式分类，光电倍增管在结构上都主要由以下四部分组成。①光电阴极。由光电发射材料和支撑它的光窗材料组成，起着在光照情况下发射光电子的作用。②电子光学系统。指从光电阴极至第一倍增极之间的区域，起着对光电子聚焦和加速的作用。③倍增系统。由各倍增极组成，起着使电子倍增的作用。④阳极。收集最后一级倍增极发射出来的二次电子，并通过引线输出倍增了的光电流信号。

4. 光电倍增管的结构

1) 光电阴极

(1) 光电阴极的结构。把光电发射体镀在金属或透明材料(玻璃或石英玻璃)上就制成了光电阴极，它接收光子后，发射光电子，实现光电转换。光电阴极材料大体上可分为三类：纯金属材料、表面吸附一层其他元素原子的金属和半导体材料。前两种材料在可见光区的响应率很低，而在紫外区的响应率较高，因此大都在紫外区使用。在可见光区和红外区广泛采用半导体光电阴极。尤其是在半导体光电阴极的基础上发展起来的负电子亲和势光电阴极，能把长波限延伸到 1.6μm，量子效率也有明显提高。光电阴极在结构形式上有反射型的侧窗式和透射型的端窗式两种,如图4-23所示。

(a) 侧窗式　　(b) 端窗式

图4-23　光电阴极的结构形式

在侧窗式结构中,不透明的光电阴极涂敷在金属基底上,装在管壳内深处,多用于测量聚焦的窄光束情况。图4-23(b)为端窗式结构,它在圆柱形玻璃壳的上端面内壁制成半透明的光电阴极。这种结构的优点是光电阴极可以直接紧贴在待测物件表面上,或者可以同光源进行光学耦合,从而降低光的损失,提高探测精度,多用于接收发散光束的情况。

(2) 实用的光电阴极。

① 银氧铯(Ag-O-Cs)光电阴极。银氧铯光电阴极曾经是最早发现并在若干年中是唯一可供使用的光电阴极。直到目前,除了Ⅲ-Ⅳ族的光电阴极外,它仍然是在近红外区具有使用价值的唯一阴极。

银氧铯阴极是以Ag底,氧化银为中间层,上面再有一层带过剩Cs原子及Ag原子的氧化铯,而表层由Cs原子组成,可用[Ag]—Cs_2O · Ag · Cs—Cs的符号表示。有一些光电器件不用氧化,而用硫化,或用铯代替碱金属原子,目的都是希望得到高的响应率及合适的光谱响应范围。

银氧铯阴极的长波限为1.1~1.2μm,经过特殊工艺处理可达1.7μm,这样可确定它的最小逸出功约为0.72eV,随着制备条件的不同,膜层往往有不同的结构和不同的长波限。同一种膜的光谱响应率函数也不完全相同。

银氧铯阴极的量子效率在峰值波长处只有1%,即接收100个光子才产生一个光电子。此外,它的热发射电流大,室温下为10^{-14}~10^{-11} A/cm^2;它的稳定性差,容易产生疲劳和老化,因此它的应用受到很大限制。

② 锑铯(Cs-Sb)光电阴极。这类光电阴极包括锑与一种或多种碱金属的化合物,而以Cs-Sb为代表,它的分子式为Cs_3Sb。由于它们在可见区及紫外区有极高的响应率,故成为常用的光电阴极之一。

Cs_3Sb阴极是用铯蒸气处理锑膜取得的,锑膜常用真空镀膜设备镀制,在与铯化合时形成半导体Cs_3Sb层,这种半导体薄膜内含有过剩的铯原子,表面上覆盖铯的单原子层,以减小逸出功E_W。

锑铯光电阴极在可见光的短波部分和近紫外区(0.3~0.42μm)有最大的响应率区,其量子效率可达25%~30%;在可见区它的积分响应率可达70~150μA/lm,比银氧铯阴极高得多。迄今为止,在单碱阴极中锑铯阴极仍保持着最高响应率水平。它的长波限在0.7μm附近,如果采用通氧气敏化还可延伸到0.9μm。它的疲劳效应和暗电流(约10^{-16} A/cm^2)均比银氧铯阴极的小,而且工艺简单,因而被广泛采用。

③ 多碱光电阴极。当锑和几种碱金属形成化合物时,具有更高的响应率。其中有双碱、三碱和四碱等,统称多碱光电阴极。

锑钾钠阴极是双碱阴极中的一种,它的响应率可达 50~100μA/lm,在 0.4μm 处的量子效率达 25%,其光谱响应与锑铯阴极接近。它的最大特点是耐高温,工作温度可达 150℃,而一般含铯阴极的工作温度不能超过 60℃。与之相关,锑钾钠阴极的热发射小,一般小于 10^{-17}A/cm^2,光电疲劳效应也小。

另一种含铯的双碱阴极为锑钾铯。它的阴极响应率约为 70μA/lm,在波长 0.4μm 处的量子效率为 26%,热发射电流小于 10^{-17}A/cm^2。如果给锑钾铯阴极吹氧敏化,响应率可提高到 100μA/lm 以上,但热发射电流增加。这种阴极的高温稳定性虽比锑钾钠阴极差,但具有高的蓝光响应率和很低的噪声,因此常用在低噪声光电仪器中。

通常所说的多碱阴极是指锑钾钠铯阴极。其峰值响应率波长在 0.42μm 附近,反射式阴极的响应率为 230μA/lm 左右,透射式多碱阴极的响应率约为 150μA/lm。长波限为 0.85μm,并在较宽的光谱区有较高的量子效率,热发射电流在 10^{-16}~10^{-14}A/cm^2。实验证明,它比锑铯阴极和银氧铯阴极有更高的稳定性,疲劳效应很微小。

尽管多碱阴极的工艺比较复杂,成本也较高,参数的离散性也较大,但由于上述的优良品质,因此应用极为广泛。

④ 负电子亲和势(NEA)光电阴极。负电子亲和势光电阴极是一种新型的光电阴极,它和上述光电阴极的发射过程的区别在于:参与发射的电子并非灼热的电子,而是导带的“热化”电子,有时称为“冷”电子;负电子亲和势光电阴极中导带的电子逸入真空不需要做功,而一般阴极需克服表面势垒。负电子亲和势光电阴极具有量子效率高、热发射电流小、电子能量分布集中和长波限能向外延伸的优点。其突出的特点:具有高吸收低反射的光学性质;量子效率高,其在峰值响应波长处可达 50%~60%,1.06μm 处可达 9%;光谱响应延伸到红外区,大于 1μm;“冷”电子发射的光谱能量分布比较集中,角度分布也比较集中,接近高斯分布;均匀的光谱响应率,也就是光谱响应率函数相当平坦;它的积分响应率已达 2mA/lm 以上,而其他光电阴极只有 10~300μA/lm;低的暗发射电流,其值约为 10^{-16}A/cm^2,且当温度降低时,暗电流急剧下降;在可见光区、红外区能获得高灵敏度,在紫外区优点并不突出。目前使用的负电子亲和势光电阴极由Ⅲ-Ⅳ族元素和铯或氧化铯构成。这种光电阴极由于制作工艺复杂,因此售价高昂。

表 4-2 列出了常用光电阴极的主要性能参数。

表 4-2　常用光电阴极的主要性能参数

光谱响应编号	阴极成分	窗材料	工作方式	峰值响应波长 λ_{max}/nm	典型积分灵敏度/(μA/lm)	在 λ_{max} 处的光谱灵敏度/(mA/W)	在 λ_{max} 处的量子效率/%	在 25℃的暗电流/(A/cm^2)
S-1	Ag-O-Cs	玻璃	T,R	(370),800	30	(3.5),2.8	0.43	9×10^{-13}
S-4	Cs_3Sb	玻璃	R	400	40	40	12.4	2×10^{-16}
S-11	Cs_3Sb	玻璃	T	440	70	56	15.7	3×10^{-15}
S-20	Na-K-Cs-Sb	玻璃	T	420	150	64	18.8	3×10^{-16}
S-25	Na-K-Cs-Sb	玻璃	T	420	200	43	12.7	1×10^{-15}

注:T 表示半透明式;R 表示反射式。

2）电子光学系统

电子光学系统是指光电阴极至第一倍增极之间的区域。电子光学系统在结构上主要由聚焦电极和偏转电极组成。对电子光学系统有如下要求。

(1) 使光电阴极发射的光电子尽可能多地汇聚到第一倍增极的有效区域内,用参数电子收集效率 ε_0 表示,即 ε_0 尽可能达到100%。

(2) 光电阴极各部分发射的光电子到达第一倍增极所经历的时间尽可能一致,用参数光电阴极至第一倍增极区域的渡越时间散差 Δt 表示,Δt 应尽可能小。

图4-24画出了一种最简单的电子光学系统结构。

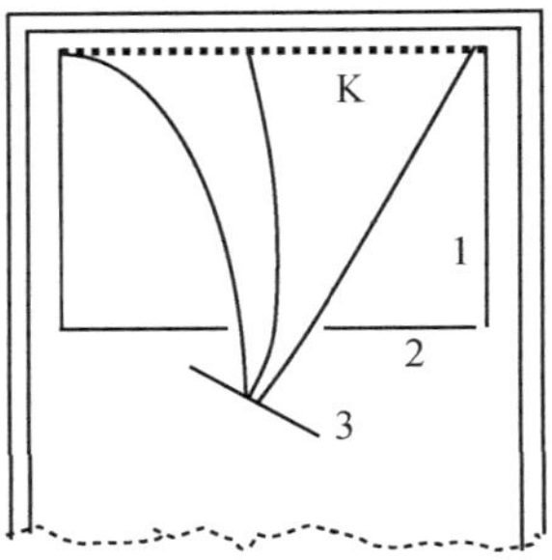

图4-24 最简单的电子光学系统结构

图4-24中K是光电阴极,1是与光电阴极同电位的金属筒或镀在玻璃壳上的金属导电层,2是带孔膜片,3是第一倍增极。这些电极形成的电场能很好地把来自光电阴极的光电子聚焦成束并通过膜孔打到第一倍增极上。它的收集率在85%以上,渡越时间散差 Δt 是指从阴极中心和边缘处所发射的光电子到达第一倍增极时,因所经过的轨迹不同而产生的时间差,此结构下约为10ns。

3）倍增系统

倍增系统指的是由各倍增极构成的综合系统,各倍增极都是由二次电子发射体制成的,对二次电子发射体的要求是二次电子发射系数要大。倍增系统按工作原理可分为聚焦型和非聚焦型两种。所谓聚焦型是指从前一倍增极来的电子被加速和聚焦在下一个倍增极上,在两个倍增极之间可能发生电子束的交叉现象;所谓非聚焦型是指电场只对前一倍增极来的电子束加速而不聚焦,电子轨迹多是平行的。具体分类如下:

- 聚焦型
  - 鼠笼式(圆笼式,又称圆周聚焦式)
  - 直线瓦片式(直列式,又称直线聚焦式)
- 非聚焦型
  - 盒栅式(盒子式)
  - 百叶窗式

(1) 鼠笼式(圆笼式)。鼠笼式倍增系统的结构如图4-25所示。

鼠笼式倍增系统的各个倍增极形状均似半圆柱状的瓦片,且沿圆周依次排列,各倍增极安置在两个同心圆上,使管子的结构紧凑,体积较小。光电阴极采用反射式,阳极呈网状。为了消除后级对光电阴极的反馈,用云母片将最后一级倍增极和光电阴极隔离。

为了改善聚焦性能,这种结构的倍增极采用瓦片形状,这样就使电子轨迹的长度相等,减小了渡越时间散差,同时提高了收集效率。另外,这种结构的管子频率特

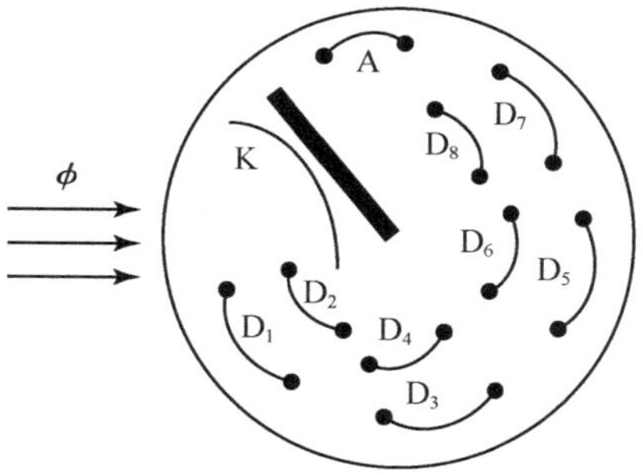

图 4-25　鼠笼式倍增系统的结构

性好。

（2）直线瓦片式（直列式）。直线瓦片式倍增系统的结构如图 4-26 所示。

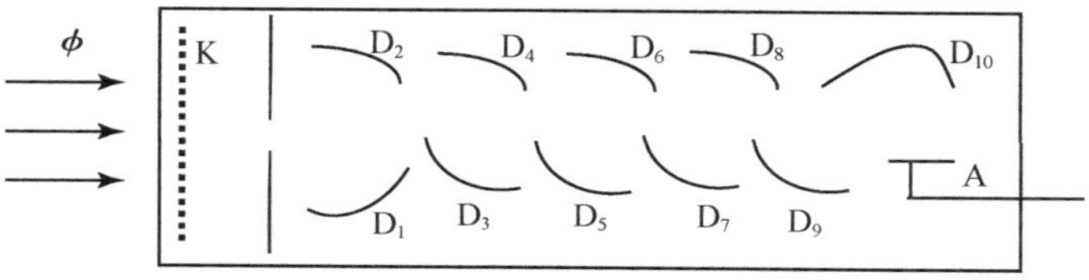

图 4-26　直线瓦片式倍增系统的结构

各倍增极形似半圆柱状的瓦片，交替地安置在管子的轴向，它所形成的电场使电子轨迹在极间聚焦并落到下一级的中心处。这种电极结构几乎能使全部二次电子得到利用，故放大倍数很高。同时由于倍增极表面电场比较强，极间电子渡越时间散差很小。

直线聚焦式倍增系统的缺点是固定极片的绝缘体上因电荷积累会产生不稳定的寄生电场，影响了工作的稳定性。同时，最后几级的电流密度不能太大，否则会使光电特性出现非线性。

（3）盒栅式（盒子式）。盒栅式倍增系统的结构如图 4-27 所示。

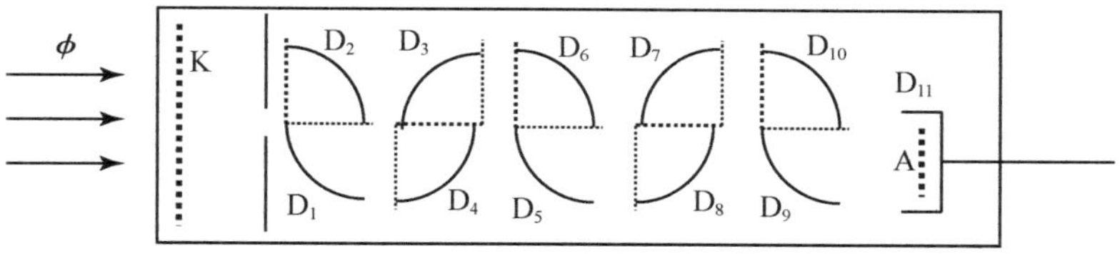

图 4-27　盒栅式倍增系统的结构

常用盒栅式倍增极为 1/4 的圆柱面，两端加盖，倍增极前有栅网，故又称盒网式。倍增极前的栅网与盒子同电位，可加强对入射电子的吸引力和防止二次电子往入射方向逃逸，从而提高了电子的收集率（可达 95%）。这种电子倍增系统的结构紧凑、牢固，几乎能屏蔽全部固定绝缘体对倍增极内部的影响。其缺点是电子在倍增极之间的聚焦性能不好，又因倍增极表面电场弱，极间的电子渡越时间散差较大，所以不能用在快速和线性范围大的光电倍增管中。

(4) 百叶窗式。百叶窗式倍增系统的结构如图 4-28 所示。

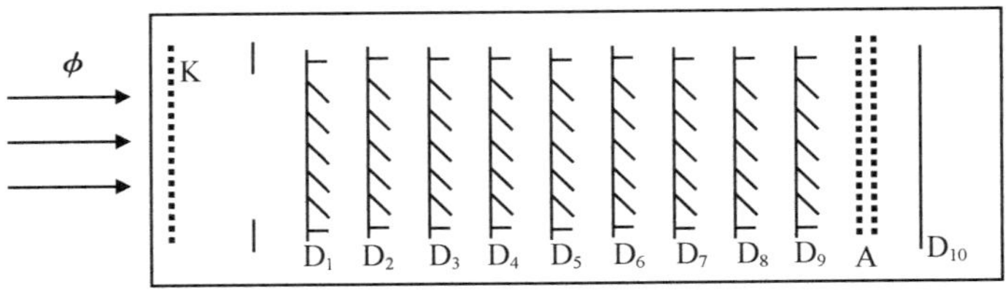

图 4-28　百叶窗式倍增系统的结构

倍增极均由一组相互平行并有一定倾角(一般为 45°)的同电位叶片组成。在叶片的前方装有金属栅网,其作用和栅网式的相同。

百叶窗式倍增系统的优点是倍增极的工作面积可以做得很大,它与大面积的光电阴极相配合可做成探测微弱辐照度的大型光电倍增管,也可工作在大电流情况下。倍增极的级数可变,可制成 $10^3 \sim 10^9$ 放大倍数的器件。光反馈和密集高速电子所形成的离子反馈作用较小,有利于做成高增益器件。它的缺点是有些一次电子未经倍增直接穿过倍增极打到下一倍增极上,造成电子收集率降低,渡越时间散差增大,上升时间为几毫微秒,最高响应频率仅几十兆赫。

4) 阳极

光电倍增管的阳极用来收集最后一级倍增极发射的二次电子,并通过引线输出倍增了的电流信号。阳极结构要比倍增系统简单得多,对阳极结构的要求是:①接收性能良好,尽可能多地收集电子,工作在较大电流时,不至于产生空间电荷效应。所谓空间电荷效应指的是当倍增极倍增了的电子到达阳极时,由于多级倍增使到达阳极的电子数目相当多,这样,当阳极不足以来得及接收如此多的电子时,会在阳极附近产生电子堆积,积累的电子之间与阳极将产生一个电场,该电场就会对电子产生如受力、放电、排斥等一系列作用。之所以产生这种作用是由于电子束本身的空间电荷密度较大,不能再忽略电荷的影响,空间电荷密度较大的电子束称为强流电子注,强流电子注中的运动电荷将显著改变周围的场,并反过来影响电子的运动。②输出电容要小。

根据以上要求,目前多采用栅网状阳极,它放置在倒数第二倍增极与最后一个倍增极之间,靠近最后一级,如图 4-29 所示。来自倒数第二级倍增极发射的二次电子在穿过栅网状阳极时,被阳极吸收一部分,其余电子打到末级倍增极上,从末级倍增极发射的二次电子再被阳极吸收。由于栅网状阳极与末级倍增极靠得很近,表面电场很强,有效地消除了空间电荷并减少了二次电子的逸出,使阳极具有低的饱和电压和很宽的平坦特性,因此提高了收集效率,减小了输出电容。

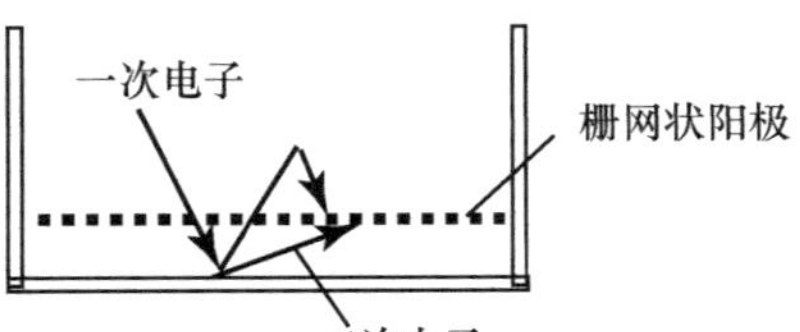

图 4-29　阳极结构示意图

4.3.2　光电倍增管的主要性能和参数

光电倍增管的特性和参数决定了它们的用途。在选用光电倍增管(PMT)时,需要根据其特性和参数来选择型号。光电倍增管的特性和参数很多,单靠一个参数不能完整地表示出管子的性能,只有综合各主要参数才能对管子做出正确的评价。

1. 阳极积分响应率

阳极积分响应率(阳极灵敏度)等于光电阴极的积分响应率和 PMT 的放大倍数的乘积。

$$R_A = R_K \cdot M \tag{4.12}$$

式中:R_A 为阳极的积分响应率;R_K 为光电阴极的积分响应率,它与光电阴极的光电发射材料、结构、制作工艺有关;M 为 PMT 的放大倍数,它与 PMT 的工作电压有关。在使用时往往要标出在指定的阳极灵敏度下所需要的工作电压值。

按照光度学定义响应率的概念,阳极的积分响应率定义为单位入射光通量所产生的电流值。因此阳极的积分响应率也可用阳极的输出电流值 I_A 与阴极入射的光通量 ϕ_K 之比来表示。

$$R_A = \frac{I_A}{\phi_K} = R_K \cdot M \tag{4.13}$$

式中:I_A 为阳极输出电流;ϕ_K 为入射在光电阴极面上的光通量。

2. 放大倍数(增益)

PMT 的放大倍数(增益)定义为在一定工作电压下,阳极所接收的光电流 I_A 与光电阴极发射电流 I_K 的比值,即

$$M = \frac{I_A}{I_K} \tag{4.14}$$

从理论上分析,PMT 的阳极电流 I_A 为

$$I_A = I_K \cdot \varepsilon_0 \cdot (\varepsilon_1 \cdot \sigma_1) \cdot (\varepsilon_2 \cdot \sigma_2) \cdot \cdots \cdot (\varepsilon_n \cdot \sigma_n) \cdot \varepsilon_A$$

式中:ε_0 为电子光学系统的收集率;ε_A 为阳极的收集率;ε_i 为第 i 级倍增极的收集率;σ_i 为第 i 级倍增极的二次电子发射系数。

如果我们将阴极发射的电子数归为 1,那么经电子光学系统收集后为 $1 \cdot \varepsilon_0$ 个,$1 \cdot \varepsilon_0$ 个电子到第一倍增极后,并不是被全部收集,而是收集了$(1 \cdot \varepsilon_0) \cdot \varepsilon_1$ 个,$(1 \cdot \varepsilon_0) \cdot \varepsilon_1$ 个入射电子经第一倍增极倍增后的出射电子数应为$(1 \cdot \varepsilon_0 \cdot \varepsilon_1)\sigma_1 = 1 \cdot \varepsilon_0 \cdot (\varepsilon_1 \cdot \sigma_1)$个,依次类推,可得到经 n 级倍增后出射的电子数为 $1 \cdot \varepsilon_0 \cdot (\varepsilon_1 \cdot \sigma_1) \cdot (\varepsilon_2 \cdot \sigma_2) \cdot \cdots \cdot (\varepsilon_n \cdot \sigma_n)$,这些电子数至阳极后被阳极收集。假定阳极的收集率为 ε_A,则阳极实际收集的电子数即阳极电流 I_A 为

$$I_A = 1 \cdot \varepsilon_0 \cdot (\varepsilon_1 \cdot \sigma_1) \cdot (\varepsilon_2 \cdot \sigma_2) \cdot \cdots \cdot (\varepsilon_n \cdot \sigma_n) \cdot \varepsilon_A \cdot I_K$$

假定阳极的收集率 ε_A 为 1,即被阳极全部收集,且各倍增极的收集率 ε_i 及二次电子发射系数 σ_i 相等,则有 $I_A = I_K \cdot \varepsilon_0 \cdot (\varepsilon \cdot \sigma)^n$,放大倍数可另写成:

$$M = \frac{I_A}{I_K} = \varepsilon_0 \cdot (\varepsilon\sigma)^n \tag{4.15}$$

3. 暗电流

PMT 的暗电流是指无光照情况下测定的阳极电流,暗电流的存在决定了光电倍增管可测光通量的最小值。暗电流与阳极电压有关,通常是在与指定阳极灵敏度相应的阳极电压下测定的。引起暗电流的因素有以下几个方面。

1) 热电子发射

光电阴极和倍增系统都是低逸出功发射体,在室温下有热电子发射,这些发射的热电子经倍增系统放大后其数值较大,因而成为 PMT 暗电流的主要部分。金属热电子发射电流密度与温度、逸出功的关系由下式给出:

$$j_{\mathrm{th}} = 120T^2 \mathrm{e}^{-\frac{E_{\mathrm{W}}}{KT}} \tag{4.16}$$

式中:j_{th} 为热电子发射电流密度($\mathrm{A/cm^2}$),它表示单位阴极面积所发射的热电子数;T 为阴极温度;E_{W} 为阴极的逸出功。

为了减小热发射,应该在满足使用条件下,尽量减小光电阴极的面积,并选用热发射小的材料;对成品 PMT,在使用时尽可能降低光电阴极的工作温度。

2) 极间漏电流

极间漏电流指的是 PMT 内各支撑电极的绝缘体在高压下的欧姆漏电,此漏电流造成的暗电流远比热发射电流小,减小极间漏电的办法是保持各电极间清洁、干燥。

3) 离子反馈和光反馈作用

所谓离子反馈是指 PMT 内通常留有残留气体、铯蒸气等,这些气体被具有足够能量的电子碰撞后会发生电离,产生电子和正离子。正离子在管内电场作用下向光电阴极作加速反馈运动,轰击光电阴极导致阴极产生二次电子发射,轰击出的次级电子加入信号光电子的行列;电离出来的电子在倍增极上碰撞出次级电子加入信号次级电子的行列,结果两者都形成额外的暗电流。离子反馈在增益很高时尤为严重。所谓光反馈是指光电阴极发出的电子,经电子光学系统聚焦后应该到达第一倍增极上,但电子光学系统的收集率 ε_0 不可能达到 100%,因而使得部分电子发生散射而打在 PMT 管壁上发出荧光。这些荧光通过玻璃壁的传递和对倍增系统的穿越而反馈到光电阴极,使光电阴极又产生附加的光电子。附加光电子经倍增形成暗电流的一部分。实际使用时常采用管外导电层及金属屏蔽罩,以减小这种暗电流。

4) 场致发射

当 PMT 极间电压很高时,由于工艺不当造成电极上的尖端、棱角和零件边缘毛刺等产生的电子发射称为场致发射。由场致发射所引起的电流经放大后,会导致暗电流的急剧增加,致使 PMT 工作状态极不稳定,甚至不能工作。

4. 阳极特性(阳极伏安特性,输出特性)

PMT 的阳极特性指的是在一定的阴极光照下,阳极光电流 I_{A} 与末级电压(最末一级倍增极与阳极之间的电压)之间的关系。光电倍增管的阳极特性也称阳极伏安特性或输出特性。一般多用曲线表示,如图 4-30 所示。

由图 4-30 知,阳极特性曲线有饱和区,阳极电流及其饱和值随光电阴极接收的光通量的增大而增大;且达到饱和值时的极间电压也增大。这是因为光通量 ϕ 增加时,到达阳极区域的电子也越多,所以使阳极电流达到饱和的电压就越高。

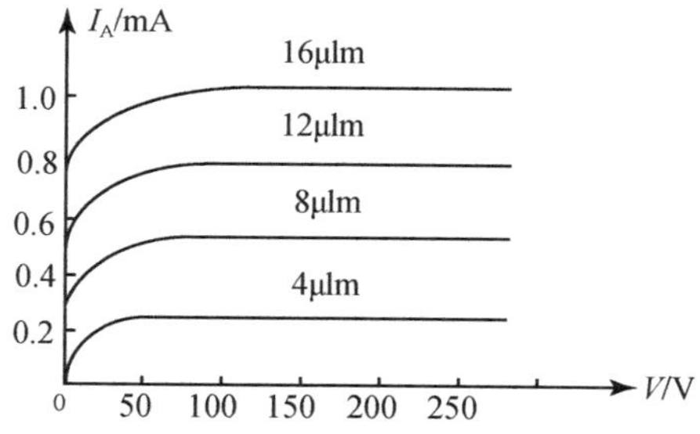

图 4-30　光电倍增管的阳极特性曲线

饱和区具有一段较宽的平直部分，这对需要从负载上取得大幅度的线性信号是很重要的。因为在放大电路中，倍增管阳极连接阻值很大的负载，当信号较大时，负载上的压降会影响末级倍增极与阳极间的实际电压值，如果曲线的平直部分较宽，就可以选择适当的电压，即使阳极电流大一些也能保持倍增管工作在曲线的平直区域，使信号不发生畸变。因此，阳极特性曲线饱和区的直线范围也是倍增管质量优劣的一个标志。

5. 线性(光电特性)

线性(光电特性)指的是光电倍增管(PMT)的阳极电流 I_A 与光电阴极接收的光通量之间的关系。图 4-31 给出了光电倍增管的光电特性关系曲线。当光电倍增管处于正常工作状态时，阳极电流与光通量之间应呈现直线性的光电特性；当光电倍增管处于重载工作状态时，阳极电流与光通量之间将出现非线性偏离。对于比较好的光电倍增管，二者可在很宽的光通量范围内保持良好的线性关系。

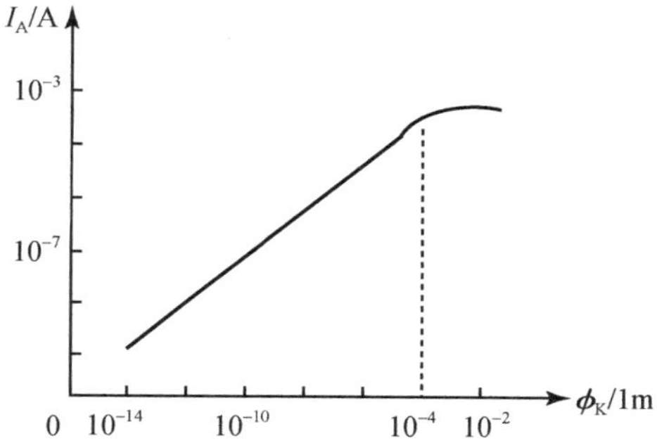

图 4-31　光电倍增管的光电特性曲线

由图 4-31 知，ϕ_K 在 $10^{-13}\sim10^{-4}$lm 范围内，I_A 与 ϕ_K 之间有良好的线性关系，且线性范围较宽；当 $\phi_K>10^{-4}$lm 时则出现非线性。造成非线性的原因有：

(1) 空间电荷效应。当电流大时，倍增系统的最后两级和阳极之间出现的空间电荷，将使最后几级的放大倍数下降，导致 I_A 下降，从而使光电线性曲线偏离线性。

(2) 光电倍增管最后几级倍增极的疲乏，使得二次电子发射系数 σ 下降，导致放大倍数降低，故阳极电流减小，特性曲线偏离直线。

(3) 负载电阻过大，使得分流减小。

(4) 透射型光电阴极层的电阻率高。当有较大的阴极电流通过高阻层时，会产生较大的电压降，这将严重地影响阴极与第一倍增极之间的收集效率，从而使光电特性的线性变坏。

6. 时间特性

PMT的时间特性涉及光电阴极接收光通量后发射光电子,并在电子倍增系统中传输和放大,最后到达阳极输出的全过程。因此要用相应的几个参数来表征。

1) 渡越时间

一个δ函数的辐射脉冲到达光电阴极和输出电脉冲达到稳定值的时间间隔定义为光电子的渡越时间,如图4-32所示。光电子的渡越时间由测量的办法获得。δ函数脉冲光源是指能够提供具有有限的积分光通量和无限小宽度的光脉冲光源。一般只要光源的上升时间、下降时间和半宽度均不超过管子输出脉冲相应时间参数的1/3,这个光源即可认为是δ函数脉冲光源,可以作为δ函数脉冲光源的有发光二极管、激光二极管等。

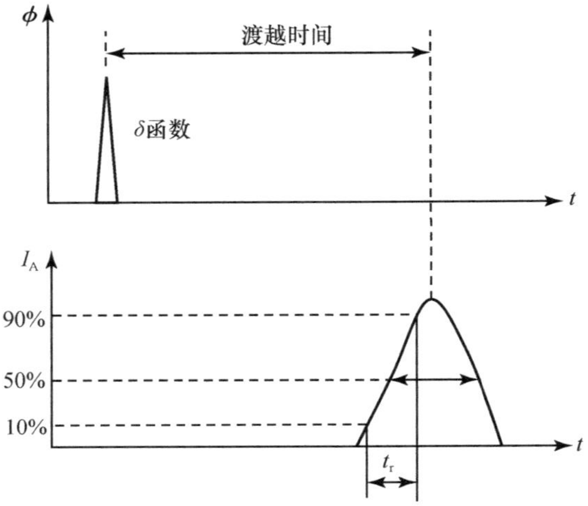

图4-32 光电倍增管的时间特性

2) 上升时间t_r

光电倍增管的上升时间是指阳极电流从10%上升到90%所用的时间。

3) 渡越时间散差

渡越时间散差表示从光电阴极边缘发射的光电子与从中央发射的光电子到达阳极的渡越时间之差,如图4-33所示。渡越时间散差与光电倍增管的电子光学系统的类型和倍增系统的结构有关。

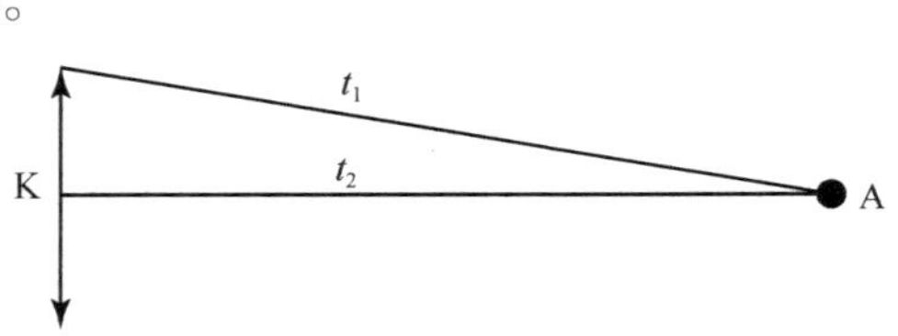

图4-33 渡越时间散差定义

假定从光电阴极K的边缘发射的电子到达阳极A所需的渡越时间为t_1,从光电阴极K的中心发射的电子到达阳极A所需的渡越时间为t_2,则渡越时间散差定义为

$$\Delta t = t_1 - t_2 \tag{4.17}$$

4) 脉冲宽度(半宽度)

脉冲宽度定义为输出电流脉冲幅值为峰值的一半时对应的时间宽度。光电倍增管

的时间特性决定了它的频率响应。如果已知光电倍增管的上升时间 t_r，当用频率为 f 的正弦交变光信号照射光电倍增管时，则光电倍增管的频率上限可由下式求出：

$$f_{上限} = \frac{0.35}{t_r} \tag{4.18}$$

7. 稳定性

光电倍增管的稳定程度是能否经常性使用和长期使用的一个重要参数。影响稳定性的主要因素有：①光电倍增管的老化；②光电倍增管的疲劳；③电源电压变化后阳极电流变化的滞后。光电倍增管的不稳定性常用最大漂移率 D_{max} 来表示，D_{max} 的定义为

$$D_{max} = \frac{I_{Amax} - I_{Amin}}{I_{Amax} + I_{Amin}} \times 100\% \tag{4.19}$$

式中：I_{Amax} 和 I_{Amin} 分别为在光电倍增管预先工作一小时以后，在规定的测试时间内所测得的最大和最小光电流。

产生老化的主要原因是残余气体与光电阴极作用使响应率下降，玻璃中的 Na 离子掺入光电阴极，二次电子发射材料的过载也会发生同样的结果。因此最好把新的光电倍增管自然老化一段时间后再使用，使用时把阳极电流限制在 1μA 以内可减慢老化的进展。

疲劳是阳极电流、倍增极材料的函数。如果把阳极电流限制在几个微安以内使用，疲劳现象会显著减弱。对倍增极材料来说，合金型倍增极的疲劳现象比银氧铯和锑铯倍增极的要轻得多，更适用于要求有高稳定性的场合。

8. 噪声和灵敏阈

光电倍增管的噪声是指它的输出偏离平均值的起伏。由于噪声的存在就决定了光电倍增管可探测的交流光通量的最小值。这个可探测的交流光通量最小值称为光电倍增管的灵敏阈（灵敏度极限）、探测极限或噪声等效功率。

光电倍增管的噪声主要来源于外界干扰（如电磁场、背景漏光、电源不稳定）、结构和工艺的不完善（如场致发射、剩余气体电离）、光电倍增管中电子过程的统计性质（如光电阴极光电发射的随机性、倍增极二次电子发射的随机性所引起的散粒噪声和负载电阻的热噪声等）。若精心制造并正确使用光电倍增管时，前两种噪声基本上可以消除。后一种则是光电倍增管中的主要噪声。

如果在光电阴极上由光信号引起的光电流为 I_s，由背景辐射引起的光电流为 I_b，暗电流为 I_d，则光电阴极发出的平均电流为 $I_k = I_s + I_b + I_d$，产生的噪声电流均方值为

$$\overline{i_{nk}^2} = 2eI_k\Delta f \tag{4.20}$$

若考虑倍增过程的起伏并设各级倍增系数均为 σ，则 n 级倍增极引起的噪声电流均方值为

$$\overline{i_{nd}^2} = 2eI_kM^2\Delta f\frac{\sigma}{\sigma - 1} \tag{4.21}$$

式中：M 为放大倍数。

在阳极上产生的散粒噪声电流均方值为

$$\overline{i_{na}^2} = 2eI_kM^2\Delta f\frac{\sigma}{\sigma - 1} \tag{4.22}$$

在光电倍增管负载电阻上产生的热噪声电流均方值为

$$\overline{i_{nT}^2} = \frac{4kT\Delta f}{R_L} \tag{4.23}$$

因此,总的噪声电流均方值应等于

$$\overline{i_n^2} = \overline{i_{na}^2} + \overline{i_{nT}^2} = 2eI_k M^2 \Delta f \frac{\sigma}{\sigma - 1} + \frac{4kT\Delta f}{R_L} \tag{4.24}$$

当 $R_L > 10^4 \sim 10^5 \Omega$ 时,上式中的第二项远小于第一项,这时实际起作用的是经过倍增的散粒噪声。于是信噪比 SNR 的表达式为

$$\mathrm{SNR} = \frac{S}{N} = \frac{I_s \cdot M}{\sqrt{2eI_k M^2 \Delta f \cdot \dfrac{\sigma}{\sigma - 1}}} \tag{4.25}$$

噪声等效功率(NEP)是用来表示光电倍增管可探测的最小辐射功率,即

$$\mathrm{NEP} \cdot R_A = i_{na} \tag{4.26}$$

所以

$$\mathrm{NEP} = \frac{\sqrt{2eI_k M^2 \Delta f \cdot \dfrac{\sigma}{\sigma - 1}}}{R_A} = \frac{\sqrt{2eI_k \Delta f \cdot \dfrac{\sigma}{\sigma - 1}}}{R_K} \tag{4.27}$$

4.3.3 光电倍增管使用注意要点

(1) 光电倍增管必须在额定电压和额定电流内工作,否则会损坏管子。因为管子增益很高,入射光功率稍大就会使光电流超过额定值。轻者使管子响应度下降,出现疲劳,轻度疲劳可能经过一段时间不受光照可以重新恢复,重者就不能恢复。

(2) 尽可能使入射光斑尺寸和管子的有效阴极面尺寸相对应。这样不仅对提高信噪比有利,而且可以延长管子寿命。

(3) 光电倍增管常使用金属屏蔽壳,外加金属屏蔽壳通常用来屏蔽杂光和电磁干扰。为屏蔽电磁干扰,金属壳应接地。在使用负高压供电时,要防止管子玻璃外壳和金属屏蔽壳之间放电引起的暗电流。屏蔽壳与玻璃壳之间要有足够距离。

4.3.4 光电倍增管的应用

作为光电倍增管的一种应用,这里介绍光子计数器。光子计数技术是测量连续弱辐射的一种新技术,也是光电倍增管新的应用领域。光子计数技术具有以下优点:①这一技术是通过分立光子产生的电脉冲来测定光量,因此系统的灵敏度高,抗噪声能力强;②由于采用电脉冲计数技术,降低了供电电压等的要求,提高了系统的稳定性;③可排除由于直流漏电和输出零漂等原因造成的测量误差;④光子计数器的输出可以是数字量,也可以是模拟量,以便作进一步的信息处理。这里简要叙述这一新技术的原理。

光子计数器一般用于测量小于 10^{-14}W 的连续弱辐射。假如是 He-Ne 激光,那么它发射的光子速率为

$$n = \frac{10^{-14}}{h\nu} = \frac{10^{-14}\lambda}{hc} = \frac{10^{-14} \times 0.6328 \times 10^{-4}}{6.626 \times 10^{-34} \times 3 \times 10^{10}} = 3.18 \times 10^4 [\mathrm{s}^{-1}]$$

即以每秒 3.18 万个光子,按时间序列发出。

最简单的光子计数器原理如图 4-34 所示。当 n 个光子照射到光电阴极上，如果光电阴极的量子效率为 η，那么会发射出 $\eta \cdot n$ 个分立的光电子。每个光电子被电子倍增器放大，到达阳极的电子数可达 $10^5 \sim 10^7$ 个。由于光电倍增管的时间散差和输出端的时间常数，这些电子构成宽度为 5～15ns 的输出脉冲，它的幅值为 16μA，把幅值放大到 mA 数量级，就可用脉冲计数器正确计数。

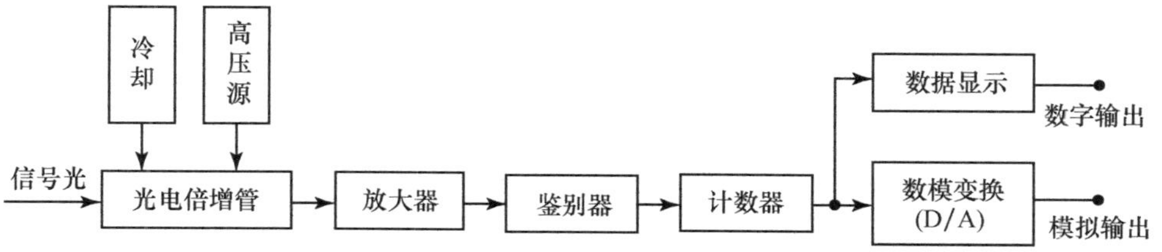

图 4-34　光子计数器原理图

实际上，在光电倍增管的输出端除了光子所形成的电脉冲外，还存在着其他几种脉冲：①光电阴极产生的热电子发射，这类电子和光电子一样，经过电子倍增系统放大，形成幅值相同的电脉冲；②各倍增极上的热电子发射，将被以后的各倍增极放大，形成输出幅值小于前者的大大小小的脉冲；③由高能粒子（如宇宙射线）激发的电子，输出大于光信号所形成的脉冲，于是出现了如图 4-35 所示的脉冲幅值与脉冲数的关系曲线。幅值低于第一鉴别电平的脉冲是倍增极的热电子发射和放大器噪声，通过鉴别可不予计数。幅值在第二与第一鉴别电平内的脉冲是由光子和光电阴极的热电子发射构成的，给予计数。幅值大于第二鉴别电平的脉冲是高能粒子造成的，不予计数。但如果光子数过多，两个光子到达光电阴极的时间相同或很接近，由它们形成的两个电脉冲因重叠而产生大幅值的脉冲，则应计数，并乘以 2 计算。

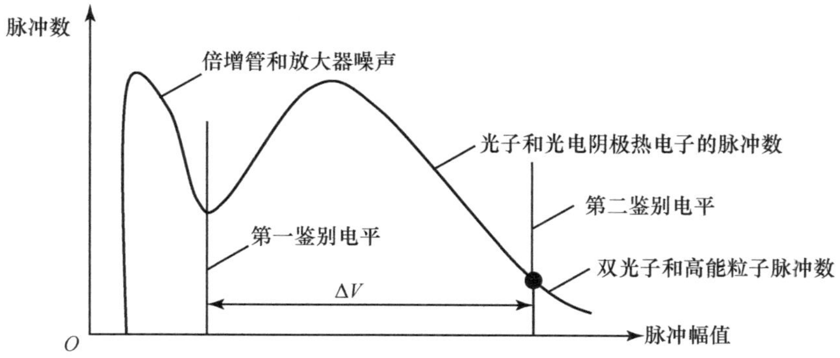

图 4-35　脉冲幅值与脉冲数的关系曲线

表 4-3 给出了用于光电测量和光谱分析方面的光电倍增管的特性参数。

表 4-3　部分常用光电倍增管(PMT)特性

型号	倍增系统			阴极材料	光谱范围 /nm	峰值波长 /nm	阴极灵敏度/ (μA/lm)	阳极灵敏度/ (A/lm)	阳极电压 /V	暗电流 /nA	上升时间 /ns
	结构	材料	级数								
GDB—223		KCsSb	10	KCsSb	300～670	400	80	30	700	1	3.2
GDB—203		AgMg	10	AgMg	310～850	450	100	10	1200	2	2.7

续表

型号	倍增系统			阴极材料	光谱范围/nm	峰值波长/nm	阴极灵敏度/(μA/lm)	阳极灵敏度/(A/lm)	阳极电压/V	暗电流/nA	上升时间/ns
	结构	材料	级数								
GDB—239		AgMg	11	AgMg	300~1190	770	30	1	1200	100	5
GDB—404	盒子式	NaKCsSb	9	NaKCsSb	310~850	450	150	10	850	0.5	15
GDB—411	盒子式	AgMg	11	AgMg	300~1150	770	30	10	1300	80	14
GDB—413	盒子式	KCsSb	11	KCsSb	300~670	400	70	100	850	10	15
GDB—550	百叶窗式	NaKCsSb	11	NaKCsSb	170~850	450	150	200	1130	5	10
GDB—100	圆笼式	KCsSb	9	KCsSb	190~650	400	65	30	700	7	2
GDB—110	圆笼式	KCsSb	9	KCsSb	170~650	300	65	30	700	1	2
GDB—153	圆笼式	CuBe	9	CuBe	190~950	400	250	10	1100	0.4	2.2
GDB—159	圆笼式	NaKCsSb	9	NaKCsSb	190~850	400	80	100	1000	50	2.5

4.3.5 光电倍增管应用中的几个问题

对于某一特定光信号的测量,要获得比较满意的结果,需正确选择光电倍增管的型号,恰当地挑选它的供电状态,注意从光电倍增管输出到光电倍增管记录装置的传输方式、环境条件的影响等。

1. 光电倍增管的选择

正确地选择管子的型号是很必要的。随着光电倍增管品种的增加和性能的提高,也提供了广泛选择的可能性。选择管子一般应从以下几个方面考虑:

1) 光谱响应

所选管型的光谱响应应与待测光的光谱相一致,因此选择适当的光电阴极是主要的。

2) 阴极灵敏度

选择了光谱响应曲线合适的管子以后,对于低能量和弱光辐射的探测,应采用具有高的阴极灵敏度的管子。

3) 阳极灵敏度

根据入射到光电阴极的光通量和需要输出的信号大小来估算所需的最大阳极灵敏度。

4) 暗电流

如果被测信号较强,则暗电流的影响较小;如果被测信号较弱,则应尽量选择暗电流小的管子。

5) 阴极尺寸

阴极尺寸的选择取决于入射光信号照射到光电阴极上的面积。入射光束窄,可选用阴极直径小的管子,在空间有限和便携式仪器中一般也希望用阴极直径小的管子,这是因为光电阴极的大小通常决定了光电倍增管的大小。

6) 使用场合

根据使用场合来选择,如耐震管和高温管等。

7）使用要求

根据使用要求来选择。如果进行时间测量则选用适当的快速光电倍增管；进行能量分析则选用高分辨率的光电倍增管；较低能量的测量则要选用噪声较低的光电倍增管。

2. 对高压电源的要求

供给光电倍增管的高压电源，根据使用需要可以采用正高压或负高压。一般有三种接地法，选择电源极性必须考虑到每一种方式的优点和缺点。

采用负高压电源，阳极输出不需要隔直电容，便于用直流法测量阳极输出电流；在时间测量中，阳极输出信号可直接连接到同轴电缆上，一般阳极分布参数也较小。但是在这种情况下，必须保证作为光屏蔽和电磁屏蔽的金属筒距离管壳至少要有 10~20mm，否则由于屏蔽筒的影响，可能相当大地增大阳极暗电流和噪声。如果靠近管壳处再加一个屏蔽罩，并将它连接到阴极电位上，则要注意安全。

采用正高压电源就失去了采用负高压电源的优点，这时在阳极上需接上耐高压、噪声小的隔直电容。但是它可获得比较低和稳定的暗电流和噪声。

当倍增极作为信号输出极时，可采用中间接地法。

由此可见，除了对管子的暗电流和噪声有苛刻要求的场合外，一般采用负高压供电是可取的。

3. 分压器的设计

光电倍增管的分压器决定了管子的供电状态，而管子的供电状态又取决于管子的用途。因此，设计分压器必须首先了解对管子的工作要求，不同的要求应有不同的分压器。下面简要介绍光电倍增管分压器的设计原则。

1）阴极-第一倍增极

维持阴极与第一倍增极之间具有适当高的电场是很重要的。这样，第一倍增极就具有较高的二次发射系数，外界电磁场的影响也较小。在快速光电倍增管中，阴极与第一倍增极之间电压应尽可能高，使光电子的渡越时间散差小，一般是其他极间电压的两倍或更高些。应用于计数和能谱分析的管子，可以选择有利的噪声能当量或脉冲幅度分辨率。

2）中间倍增极

中间倍增极电压可根据需要的增益来选择。在某些情况下，希望降低管子的阳极灵敏度而不改变总电压，简单的方法是调节中间倍增极之间的电压来达到（在一定范围内适用）。中间倍增极一般是采用均匀分压器。但对聚焦型结构，前面几个倍增极之间的电压对脉冲幅度分辨率和时间特性参数仍有相当大的影响，应仔细挑选。

3）末级倍增极

输出电流大时，末级倍增极应使用非均匀分压器，使最后两级或三级倍增极之间有较高电场，从而避免空间电荷效应。选择阳极与末级倍增极之间的电压值需注意，不要由于阳极负载的压降而影响阳极收集电子。在弱光辐射探测中，为了提高管子的灵敏度，有时最后一个电阻阻值取得要小一些，如对 GDB—52 型管子，其阻值为其他阻值的 1/2 或 1/4。

为了避免在最后几个倍增极上由于信号电流而影响极间电位分布，需在若干个极间接上储能电容。设输出脉冲为矩形，如要求极间电压变化小于 1%，则旁路电容值的大小

可按下式计算:

$$C = 100\frac{I\Delta t}{V} \tag{4.28}$$

式中:I 为阳极电流脉冲幅度(A);Δt 为脉冲宽度(s);V 为阳极与末级倍增极之间电压(V);C 为储能电容(F)。

式(4.28)适用于阳极到最后一个倍增极之间的电容值,对前几级的电容值可大致根据倍增极电流与阳极电流的比值作相应减小。当倍增极电流小于分压器电流的1/10时,不需要跨接电容。

在测量直流信号时,为了保证管子工作于线性状态,分压器电流应不小于阳极电流的20倍。但过分增大分压器电流,且当分压器又靠近管子时,则管子会受到分压器热辐射的影响,从而增大暗电流和噪声。分压器电阻的功率应为计算值的2倍,这样可预防由于电阻发热而引起阻值改变。对聚焦型结构的倍增系统,分压器电阻值误差应要求在1%~2%以内,并应具有高的稳定性和小的温度系数。在百叶窗式结构中,极间电压改变对管子工作的影响不显著,因此对阻值的要求不那么苛刻。

输出大脉冲电流(如100mA以上),用一般分压器会出现电流饱和,这时可使后面几个级间的分压电阻值为前面的几倍至十几倍,饱和电流值会大大提高。

参考文献

[1] 程立群. 光电器件技术及应用[M]. 北京:高等教育出版社,2015.
[2] 周自刚,杨永佳,陈浩. 光电子技术及应用[M]. 3版. 北京:科学出版社,2023.
[3] 彭军. 光电器件基础及应用[M]. 北京:科学出版社,2022.
[4] 韩涛,曹仕秀,杨鑫. 光电材料与器件[M]. 北京:科学出版社,2023.
[5] 方如章,刘玉凤. 光电器件[M]. 北京:国防工业出版社,1988.
[6] 张彤. 光电接收器件及其应用[M]. 北京:高等教育出版社,1987.
[7] 刘振玉. 光电技术[M]. 北京:北京理工大学出版社,1990.
[8] 缪家鼎,龚兆远,辛学耕. 光电技术基础[M]. 杭州:浙江大学出版社,1988.

思考题与习题

1. 何为二次电子发射?物体的二次电子发射能力如何评定?
2. 光电发射与二次电子发射有何异同点?
3. 光电管主要由哪几部分组成?各部分的作用是什么?
4. 简述充气光电管的工作原理。
5. 光电倍增管主要由哪几部分组成?简述各部分作用。
6. 简述光电倍增管的工作原理。
7. 推导公式 $M=\varepsilon_0 \cdot (\varepsilon \cdot \sigma)^n$。
8. 在光电倍增管中,何为离子反馈和光反馈现象?

第 5 章　光电成像器件

前几章介绍了光电探测器件，简称光电器件。其主要内容涉及均质型光电器件、结型光电器件、真空光电器件。从本章开始，主要讨论光电成像器件。常见的光电成像器件有变像管、像增强器和摄像管。习惯上将变像管、像增强器、摄像管统称像管。光电成像器件与光电探测器件的主要区别在于：光电成像器件能够提供空间上的二维图像。这就要求器件不仅要有较高的灵敏度、较低的噪声，而且要有高的空间分辨率。

变像管主要用来将人眼不可见的图像（红外图像或紫外图像）变成可见图像。因此，变像管是一种把不可见的红外图像或紫外辐射图像转换成可见图像的光电子成像器件。

像增强器主要是增强微弱光图像的亮度，使其便于观察。但该微弱光图像仍属于可见光范围，只是发光强度较弱。

摄像管主要用来摄制图像，便于图像的存储及处理。

5.1　像管成像的物理过程

5.1.1　光电成像原理的产生及发展

光电成像原理是在人类探索和研究光电效应的进程中产生和发展的。1873 年，史密斯（W. Smith）首先发现了光电导现象。随后普朗克（Planck）于 1900 年提出了光的量子属性。而后在 1916 年由爱因斯坦（Einstein）完善了光与物质内部电子能态相互作用的量子理论，人类从此揭示了内光电效应的本质。在后来的大量研究工作中，伴随着近代物理学的发展，建立了半导体理论并研制出各类光电器件，导致内光电效应的广泛应用，开拓了人类探测光子的技术手段，为扩展视见光谱范围创造了基本条件。人类在探索内光电效应的同时也探索了外光电效应。1887 年，赫兹（Hertz）首先发现了紫外辐射对放电过程的影响。1888 年，哈尔瓦克（Hallwacks）实验证实了紫外辐射可使金属表面发射负电荷。其后，斯托列托夫（CToaeToB）、勒纳（Lenard）和爱因斯坦相继建立了光电发射的基本定律。在此基础上，科勒（Koller）于 1929 年制成了第一个实用的光电发射体——银氧铯光阴极。随后利用这一技术成功研制了红外变像管，实现了将不可见的红外图像转换成可见光图像。此后，相继出现了紫外变像管和射线变像管，这使得人类的视见光谱范围获得了更有成效的扩展。对外光电效应的深入研究，导致格利胥（Görlich）于 1936 年研制出锑铯光阴极，萨默（Sommer）于 1955 年研制出锑钾钠铯多碱光阴极。西蒙（Simon）在 1963 年提出的负电子亲和势光阴极理论，导致伊万思（Ewans）等成功制造出负电子亲和势镓砷光阴极。因为这些高量子效率光阴极的出现，微光图像的增强技术达到了实用阶段。采用像增强器，人类又突破了视见灵敏阈的限制。就在发展光电成像技术的进程中，人类从 20 世纪 30 年代开始为扩展视界而致力于电视技术的研究。以弗兰兹沃思(Fransworth)开发的光电析像管为起端的电视摄像技术,提供了不必面对目标即可观察的可能性。由于电视效能具有极大的吸引力,它的进展极为迅速。在短短的半个多世纪中,电视摄像器件从初期的析像器逐步提高而发展出众多类型的摄像器件。相继出现的有超正析像管、分流摄像管、视像管、二次电子导电摄像管、硅电子增强靶摄像管、热释电摄像管等。在发展电真空类型摄像器件的同时,1970年,玻伊尔(Boyle)和史密斯(Smith)开拓出一种具有自扫描功能的电荷耦合器件(CCD)。由此导致固体摄像器件诞生,从而使电视摄像技术产生质的飞跃。尤其是在发展红外CCD方面所开拓的凝视红外热成像技术,已成为人类目前扩展视见能力的最有效手段。

上述种种改善人类视见能力的新技术,归结起来都是以光电转换技术、光电子理论和半导体物理等为基础,并通过各类光电成像器件来实现的。这类器件的原理统称光电成像原理。相应的学科归属光电子物理学。

5.1.2 光电成像器件的类型

光电成像器件按其工作方式来分类,可以分为以下两大类。

1. 直视型光电成像器件

这类器件用于直接观察的仪器中。器件本身具有图像的转换、增强及显示等部分。它的工作方式是:将入射的辐射图像通过外光电效应转换为电子图像,而后由电场或电磁场的聚焦加速作用进行能量增强,以及由二次发射作用进行电子倍增,经增强的电子图像激发荧光屏产生可见光图像。因此直视型光电成像器件的基本结构包括光电发射体、电子光学系统、微通道板、荧光屏以及保持高真空的管壳,通常称为像管。

在直视型光电成像器件中,可根据其工作的辐射波段分为两种。

第一种是接收非可见辐射图像的直视型光电成像器件,包括红外变像管、紫外变像管、射线变像管等。这种器件的共同特点是入射图像的光谱与输出图像的光谱完全不同,因此统称为变像管。通常作为人眼直接观察的图像转换器件,故输出图像的光谱是可见光。

第二种是接收微弱可见光图像的直视型光电成像器件,包括级联式像增强器、带微通道板的像增强器、负电子亲和势光阴极的像增强器。这种器件的共同特点是输入的光学图像极其微弱,经过器件内电子图像的能量和数量的增加使输出图像增强,因此统称像增强器。

2. 非直视型光电成像器件

这类器件用于电视摄像和热成像系统。器件本身完成的功能是将可见光或辐射图像转换成视频电信号。所获得的电信号通过处理和传输再由显像装置输出图像。非直视型光电成像器件的工作方式是接收光学图像或热图像,利用光敏面的光电效应或热电效应转变为电荷图像,而后通过电子束扫描或电荷耦合转移方式,产生视频信号。因此这类器件只完成摄像功能,不直接输出图像,故称为非直视型光电成像器件。它的基本结构有电真空式和固体式。前者由光敏靶(或带有光敏面的电子增强靶)、电子枪、扫描系统以及保持高真空的管壳等构成。后者由光敏面阵和电荷耦合转移读出电路(或二维移位寄存读出电路)等构成。

在非直视型光电成像器件中,可根据其工作原理分为以下几种。

第一种是光电摄像器件。其摄像原理是基于外光电效应的物理过程。属于这种器件的有超正析像管和分流摄像管。

第二种是光电导摄像器件。其摄像原理是基于内光电效应的物理过程。属于这种器件的有视像管、异质结靶光电导摄像管和硅靶摄像管。

第三种是光电增强型摄像器件。其摄像原理是基于外光电效应并附加电子增强的物理过程。属于这种器件的有二次电子导电摄像管和硅电子增强靶摄像管。

第四种是热释电摄像器件。其摄像原理是基于铁电体的热释电效应物理过程。属于这种器件的有硫酸三甘肽(TGS)热释电摄像管和氟铍酸三甘肽(TGFB)热释电摄像管。

第五种是电荷耦合摄像器件。这种固体摄像器件的工作原理是基于内光电效应在光敏面阵上产生信号电荷包,通过时序控制电极电位形成势阱变化完成电荷包转移,由此自扫描过程在输出端获得视频电信号。属于这种器件的有电荷耦合器件(CCD)和红外焦平面器件。

第六种是通过光机扫描成像的探测器单元及探测器阵列。这种分立的光电器件采用内光电效应或热电效应。器件本身不构成图像,仅完成图像局部点的光电转换。当采用光机扫描装置时,逐点扫描就完成了光电成像过程。属于这种器件的有光电导型探测器、光伏型探测器、扫积型探测器(signal processing in the elements,SPRITE)、热释电探测器。

5.1.3　像管成像的物理过程

像管实现图像的电磁波谱转换和亮度增强是通过三个环节来完成的。首先是将接收的微弱的或不可见的输入辐射图像转换成电子图像;其次是使电子图像获得能量或数量增强,并聚焦成像;最后是将增强的电子图像转换成可见的光学图像。上述三个环节分别由光阴极、电子光学系统和荧光屏完成,这三部分共同封在一个高真空的管壳内。

1. 辐射图像的光电转换

像管是利用外光电效应将输入的辐射图像转换为电子图像,因此像管的输入端面是采用光电发射材料制成的光敏面。该光敏面接收辐射量子产生电子发射。所发射的电子流密度分布正比于入射的辐射通量分布。由此完成辐射图像转换为电子图像的过程。由于电子发射需要在发射表面有法向电场,所以光敏面应接负电位。这一光敏面通常称为光阴极。像管中常用的光阴极有对红外光敏感的银氧铯红外光阴极、对可见光敏感的单碱光阴极和多碱光阴极、对紫外光敏感的紫外光阴极。

光阴极有透射型和反射型两种。像管中常用的光阴极是透射型的,即入射辐射从像管的入射端面射进来,所以这类光阴极是半透明的。光阴极的制作必须在高真空中进行。

光阴极进行图像转换的简要物理过程是:具有能量的辐射量子入射到半透明的光电发射体内,与体内电子产生非弹性碰撞而交换能量。当辐射量子的能量大于电子产生跃迁的能量时,电子被激发到受激态。这些受激电子向真空界面迁移,由于半导体中自由电子数量很少,所以产生自由电子散射的概率很小,只有在迁移中与晶格产生相互作用,声子散射引起少量的能量损失;如果电子在到达真空界面时仍有克服电子亲和势的能量,就可以发射到真空中,成为光电发射的电子。对具有负电子亲和势的光阴极,则不需要克服电子亲和势的能量。

根据光电发射的斯托列托夫定律可知,饱和光电发射的电子流密度与入射辐射通量密度成正比。因此由入射辐射分布所构成的图像可以通过光阴极变换成由电子流分布所构成的图像。这一图像称为电子图像。

2. 电子图像的能量增强

像管中的电子图像通过特定的静电场或电磁复合场使能量增强。由光阴极的光电发射产生的电子图像,在刚离开光阴极面时是低速运动的电子流,其初速由爱因斯坦定律决定。这一低能量的电子图像在静电场或电磁复合场的洛伦兹力作用下得到加速并聚焦到荧光屏上。在到达像面时是高速运动的电子流,能量很大。由此完成了电子图像的能量增强。像管中特定设置的静电场或电磁复合场称为电子光学系统。由于它具有聚焦电子图像的作用,故又被称为电子透镜。

像管中常用的电子光学系统有纵向均匀电场的投影成像系统、轴对称的静电聚焦成像系统、准球对称的静电聚焦成像系统、旋转对称的电磁场复合聚焦成像系统。有些像管中还使用了微通道板,通过电子图像的电子流密度倍增来进行图像增强。

3. 电子图像的发光显示

像管输出的是可见的光学图像。为把电子图像转换成可见的光学图像,通常采用荧光屏。能将电子动能转换成光能的荧光屏是由发光材料的微晶颗粒沉积而成的薄层。由于荧光屏的电阻率通常在 $10^{10} \sim 10^{14}\Omega \cdot cm$,介于绝缘体和半导体之间,因此当它受到高速电子轰击时,会积累负电荷,使加在荧光屏上的电压难以提高,为此应在荧光屏上蒸镀一层铝膜,引走积累的负电荷,而且可防止光反馈到光阴极。

像管中常用的荧光屏材料有多种。基本材料是金属的硫化物、氧化物或硅酸盐等晶体。上述材料经掺杂后具有受激发光特性,统称晶态磷光体。

荧光屏是利用掺杂的晶态磷光体受激发光的物理过程,将电子图像转换为可见的光学图像。纯净而无缺陷的基质晶体一般是不具有受激发光特性的,只有掺入微量重金属离子(如铜、银等)作杂质时才具有较强的受激发光特性。这是由于杂质的掺入对相邻基质的能态产生微扰而出现了局部能级。这些局部能级构成了受激发光过程所需要的基态能级,通常称为发光中心。当像管中高速电子轰击荧光屏时,晶态磷光体基质中的价带电子受激跃迁到导带,所产生的电子和空穴分别在导带和价带中扩散。当空穴迁移到发光中心的基态能级上时,发光中心被激发。而在导带中的受激电子有可能迁移到这一受激的发光中心,产生电子和空穴的复合而放出光子。所发射的光波波长是由发光中心基态与导带的能量差所决定的。由于发光中心基态能级分散,辐射的波长具有一定的分布,通常掺杂的晶态磷光体的发光光谱呈钟形分布。

像管中常用的荧光屏,不仅应该具有高的转换效率,而且它的发射光谱要和眼睛或与之耦合的光阴极的光谱响应相一致。

实验证明,荧光屏由高速电子激发发光的亮度除与发光材料的性质有关外,主要取决于入射电子流的密度和加速电压值。当像管中电子图像的加速电压一定时,荧光屏的发光亮度就正比于入射电子流的密度。由此可知,像管的荧光屏可以将电子图像转换成可见的光学图像。

5.2　像管的工作原理与结构

为了使微弱的或不可见的辐射图像通过像管后变成可见图像，像管应具有以下功能：①变换光谱。能将红外或紫外的辐射图像变成可见图像，实现从波段上的变换。②增强亮度。将微弱光图像的亮度增强，使之接近人眼的视觉响应峰值，便于观察。③光学成像。将电子图像在荧光屏上变成光学图像。

为了实现以上三个功能，通常采用图 5-1 所示的结构。

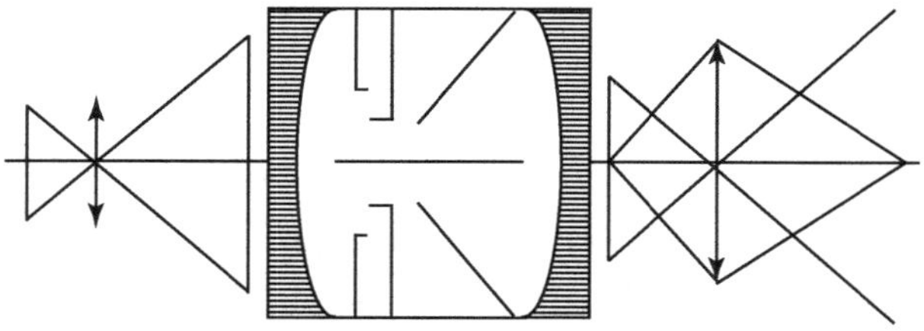

图 5-1　像管结构示意图

对于辐射图像的光谱变换，图 5-1 中采用了光电阴极和荧光屏来实现。光电阴极能够将微弱的或不可见的辐射图像转换成电子图像，荧光屏能够将电子图像转换成可见的光学图像。对于亮度增强，电子光学系统对光电子施加很强的电场，使之获得能量，以高速轰击荧光屏，使之发射出比入射光强得多的能量。对于光学成像，利用电子透镜能使电子成像的原理，将光电阴极发出的电子图像呈现在荧光屏上。这样，整个像管就圆满地完成了上述三个任务。对于不同类型的像管，完成上述任务的途径并不完全相同。例如，对亮度增强，也可以用使光电子二次倍增的方法达到目的；又如，对于图像传递方式而言，也可以不用电子透镜，而用均匀电场的投射方法，将光电子图像传递给荧光屏。

5.2.1　光电阴极

像管中常用的光电阴极有：对红外光敏感的银氧铯（Ag-O-Cs）红外光电阴极，对可见光敏感的锑铯（Sb-Cs）光电阴极、单碱和多碱光电阴极，对紫外光敏感的各种紫外光电阴极。目前常用的红外光电阴极和可见光光电阴极的类型及参数如表 5-1 所列。

表 5-1　常用的红外光电阴极和可见光光电阴极的类型及参数

类型	材料	峰值响应波长/nm	积分灵敏度/(μA/lm)	峰值灵敏度/(mA/W)	峰值量子效率/%	暗电流(25℃)/(10^{-15}A/cm^2)	转换因素 ξ/(lm/W)
S-1	Ag-O-Cs	800	30	30	0.43	900	92.7
S-11	Sb-Cs	440	70	70	15.7	3	808
S-20	Sb-K-Na-Cs	420	150	150	18.8	0.3	428
S-25	Sb-K-Na-Cs	420	200	200	12.7	1	215

从光电阴极的特性可以看出，S-1 光电阴极可以用于红外波段，但是灵敏度太低，所以仪器要自带红外光源。通常把这种仪器称为主动式红外仪器。碱锑化合物光电阴极

的光谱响应主要发生在可见光区,峰值多在 0.4～0.44μm,长波阈较短,经过延伸红外响应处理后,如 S-25 及 S-20 的峰值和长波阈均向长波推移。用这种阴极制成的像管称为微光像增强器或微光管。新型的负电子亲和势光电阴极由于电子的逸出功很低,具有更长的长波阈和更高的红外响应,长波阈可达到 1.06μm 或更长。

像管中常用的光电阴极是透射式的,即光从像管的入射窗射进来。所以这类阴极应该是半透明的。这可通过选择透明的基底材料来实现。常用的基底材料有玻璃、光学纤维面板、云母薄片等。

光电阴极的制作过程,都必须在真空中进行。对于变像管,真空度约为 10^{-4}Pa;对于增强器,真空度约为 10^{-5}Pa;对于负电子亲和势阴极像管,真空度约为 10^{-8}Pa。

5.2.2 电子光学系统

像管中电子光学系统的作用是把光电阴极发射的电子图像经过加速聚焦到荧光屏上。为此常采用的电子光学系统有静电系统和电磁复合系统。静电系统靠静电场的加速和聚焦作用来完成任务;电磁复合系统靠静电场的加速和磁场的聚焦作用来完成。由于复合系统结构笨重,目前多用静电系统。静电系统按是否聚焦,可分为聚焦型和非聚焦型(平行平板型)两种。

1. 非聚焦型电子光学系统

像管中所指的非聚焦型即近贴型。其电极结构如图 5-2 所示。它类似于平板电容器,两个极板分别为阴极和荧光屏。工作时,板间加上高压,形成纵向均匀电场 $\boldsymbol{E}$。光电子在 $\boldsymbol{E}$ 的作用下以抛物线轨迹向荧光屏投射。由于均匀电场只有加速投射作用,没有聚焦成像作用,所以从光电阴极一点发出的不同初速的电子,不能在荧光屏上形成点像,而是一个弥散圆斑,其半径为

$$r = \frac{2\sqrt{\varepsilon_r}}{E}\left(\sqrt{U(z)+\varepsilon_z} - \sqrt{\varepsilon_z}\right) \tag{5.1}$$

近似为

$$r = 2l\sqrt{\frac{\varepsilon_0}{U}}\sin\alpha \tag{5.2}$$

式中:ε_0、ε_r、ε_z 分别为电子初能及其在 r 和 z 方向上的分量;α 为电子出射角;l 为极间距;U 为极间电压。

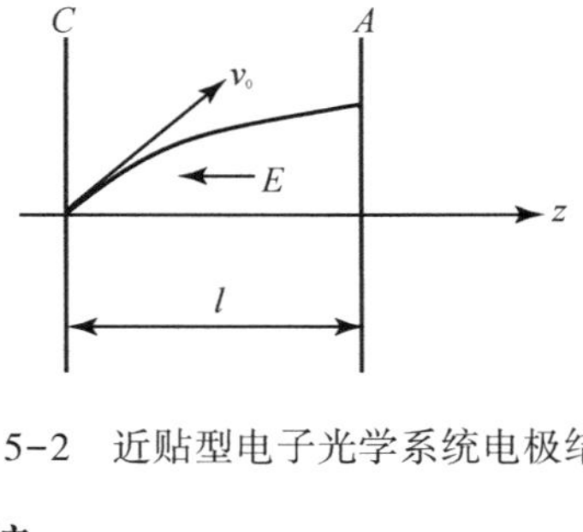

图 5-2 近贴型电子光学系统电极结构

2. 静电聚焦电子光学系统

像管中的电子透镜通常由轴对称静电场形成。静电场由专门设计的电极上的电压

组成。图 5-3 表示静电聚焦电子光学系统，同光学透镜相类似，称为电子透镜。

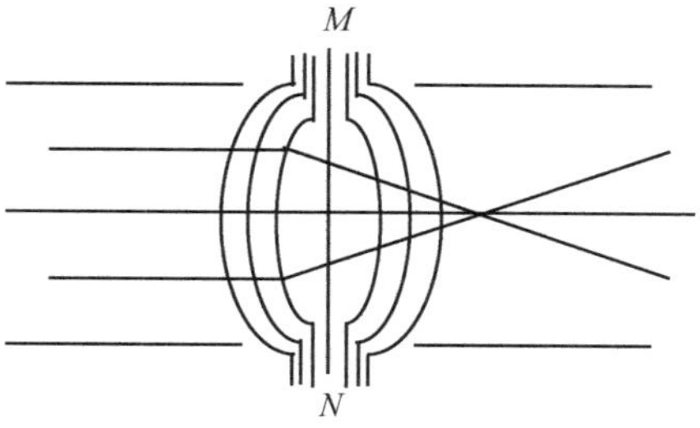

图 5-3　电子透镜成像原理

3. 复合聚焦电子光学系统

复合聚焦电子光学系统结构如图 5-4 所示。它是利用静磁场形成的磁透镜使电子成像。磁透镜的磁场由绕在像管外面的螺旋线圈以恒定电流产生的。像管中常用的是长螺旋线圈形成的长磁透镜。这种像管除了磁场之外，还应有纵向加速电场。从阴极面以某一角度发出的电子，在纵向电场和磁场的复合作用下，电子轨迹是不等螺距的螺旋线。由阴极面一点发出的电子，只要在轴向有相同的初速，就能保证在每周期之后相交于一点，因而可以形成点像。对长磁透镜，像高和物高平直而相等。当然对于轴向初速不相同的电子会产生像差。

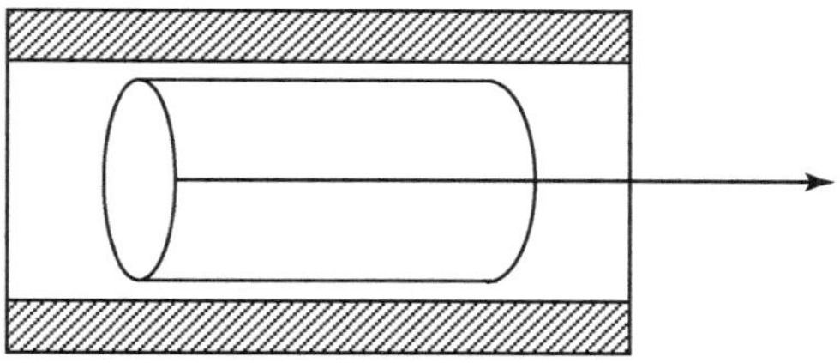

图 5-4　复合聚焦电子光学系统结构

磁聚焦的优点：①聚焦作用强，并且容易调节聚焦能力，只需调节聚焦线圈的电流即可；②轴上点和轴外点有相同的成像质量，因而容易保证边缘像质；③像差较小，鉴别率较高。但是它也有严重的缺点，由于产生磁场的需要，附设了直流激磁和螺旋管等，使得设备尺寸、质量增大，结构复杂。

5.2.3　荧光屏

荧光屏的主要作用是将电子动能（电子图像）转换成光能（光学图像），对它的要求是不仅应具有高的转换效率，而且它的发射光谱要同人眼或与之耦合的下级光电阴极的响应相一致。像管中常用的荧光屏发光材料（荧光粉）的光谱发射特性如表 5-2 所列。

表 5-2　像管中常用的荧光屏发光材料（荧光粉）的光谱发射特性

粉型（代号）	名称	发光效率 /(lm/W)	峰值波长 /μm	半宽波长 /μm	发光颜色	余辉 /ms	颗粒状况 /μm
Y8(K11)	ZnS:Ag	28.4	452	425~489	蓝色	0.22	3~4
Y10(K9)	ZnS:Ag,Ni	25.4	452	423~486	蓝色	0.2	3~4

续表

粉型(代号)	名称	发光效率/(lm/W)	峰值波长/μm	半宽波长/μm	发光颜色	余辉/ms	颗粒状况/μm
Y14(P31)	ZnS:Cu	77.9	528	495~568	黄绿色	0.1	4~5
Y21(P31)	(Zn,Cd)S:Ag	91	540	501~585	黄绿色	0.66	
Y7(K49)	(Zn,Cd)S:Ag	90.5	540	503~588	黄色	0.5	
Y12(K40)	Zn(S,Se):Cu	67.8	550	503~596	黄绿色	0.6	

荧光屏的电阻率通常在 $10^{10}\sim10^{14}\Omega\cdot cm$,介于绝缘体和半导体之间。这样当它受到光电子轰击时,会积累负电荷,使电压难以提高。为此应在屏上蒸铝,引走积累的负电荷。

5.2.4 光学纤维面板

光学纤维(以下简称光纤)面板是由许多单根光学纤维组合而成的,其传光原理是利用材料界面的全反射现象。

1. 光纤传光原理

光通过两种介质的界面时,会发生折反射现象。其折射光满足折射定律,如图 5-5 所示。

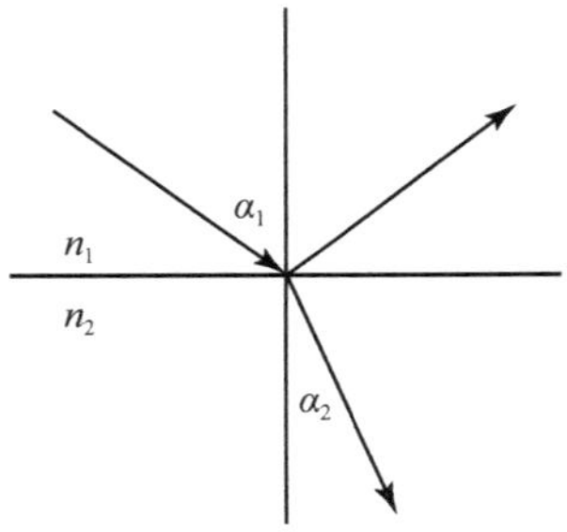

图 5-5 光线的折反射现象

$$n_1\sin\alpha_1 = n_2\sin\alpha_2 \tag{5.3}$$

如果 $n_1>n_2$,即光从光密媒质入射到光疏媒质,则必有 $\alpha_1<\alpha_2$。如果两种介质确定后,n_1、n_2 不变,折射角 α_2 仅随入射角 α_1 变化。当 α_1 增大到某一确定值 α_0 后($\alpha_0<90°$),恰有 $\alpha_2=90°$,此时折射定律变成:

$$n_1\sin\alpha_0 = n_2\sin90° = n_2 \tag{5.4}$$

即

$$\sin\alpha_0 = \frac{n_2}{n_1} \tag{5.5}$$

这时折射光线沿两种介质的界面传播,α_0 称为临界角。如果继续增大 α_1,使 $\alpha_1>\alpha_0$,则折射光线全部返回光密媒质,这就是全反射现象。

光纤就是用全反射现象制成的。在结构上,它有外层(皮料)和内层(芯料)两种材料,且内外层材料同轴放置,内层材料的折射率 n_1 大于外层材料的折射率 n_2,如图 5-6 所示。

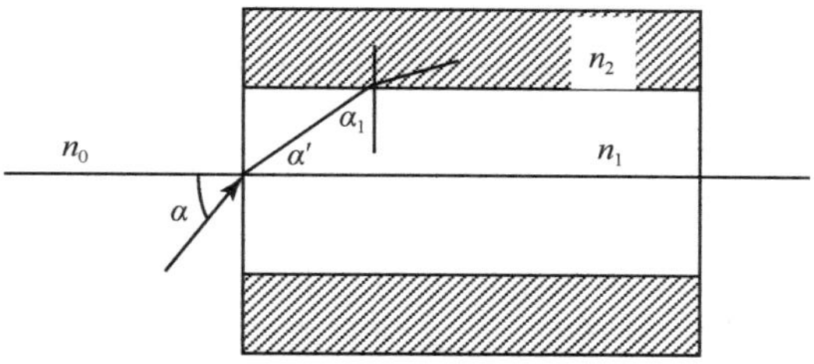

图 5-6　光纤的结构及传光原理

能发生全反射的条件为

$$\sin\alpha_1 = \frac{n_2}{n_1}$$

而
$$n_0\sin\alpha = n_1\sin\alpha' = n_1\sin(90-\alpha_1) = n_1\cos\alpha_1 = n_1\sqrt{1-\sin^2\alpha_1}$$

$$= n_1\sqrt{1-\left(\frac{n_2}{n_1}\right)^2} = \sqrt{n_1^2 - n_2^2} \tag{5.6}$$

入射角满足式(5.6)的入射光要求,刚好能在玻璃丝中的芯皮界面处发生全反射。通常称 $n_0\sin\alpha$ 为光纤的数值孔径,用 $N \cdot A$ 表示,它表示纤维丝收集各个方向的光的能力。实测的数值孔径值要小于由式(5.6)得到的计算值。

一般 $n_0 = 1$,所以有

$$N \cdot A = \sin\alpha = \sqrt{n_1^2 - n_2^2} \tag{5.7}$$

2. 光纤面板及其性能

单根光纤只能同时传递一个单元的信息,若要直接传递图像,应采用光学纤维束。光学纤维面板就是由按一定方式排列结合起来的纤维束经切片、加工而成。为了得到较高的传像质量,要求纤维丝直径足够细,并且互不串光。对于像管中所用的光纤面板,主要有以下性能要求。

1）数值孔径要大

数值孔径的大小决定光纤板的集光能力和传光效率,是一个关键指标。在理想情况下,要求 $N \cdot A = 1$,但实际上 $N \cdot A < 1$。数值孔径角以外的光不仅对图像亮度没有贡献,而且形成杂光,影响像质。为了使 $N \cdot A$ 接近 1,应选择合适的芯料和皮料。

2）光透射比要高

光透射比要高即出射光能量与入射光能量之比要高。影响光透射比的因素有芯料和皮料的透射比、界面全反射能力、端面反射损失以及纤维长度等。为了提高透射比,要求全反射能力高、端面反射损失小。

3）分辨率要高

像通过光纤面板传递后,像的分辨率不受损失。光纤面板的分辨率主要由单丝直径和排列方式决定,同时也与光扩散程度有关。为了提高分辨率,可减小单丝直径或采取合理的排列方式。但是直径小、皮料太薄,必使透射比下降。为此要合理选择单丝直径,一般为 3~5 μm。光扩散的大小与数值孔径、材料缺陷、排列方式、皮料及界面状况等有关。为防止丝间串光,常常在皮料外面包黑皮,或在纤维间插黑丝。

4）气密性、化学稳定性、机械加工性能以及热稳定性要好

5.3 像管主要特性分析

对光电探测器件,要求其响应特性和噪声特性要好;对光电成像器件,不仅要求其响应特性及噪声特性要好,而且要求其空间分辨率特性要好。像管不仅是辐射探测器件,而且是成像器件。作为辐射探测器件,它必须具有高的量子效率和信息放大能力,以便给出足够的亮度;作为成像器件,它必须具有小的图像几何失真、合适的几何放大率、尽可能小的亮度扩散能力,以提供足够的视角和对比。基于以上要求,可将像管的特性参数分为四类:第一类是光电转换特性参数,主要涉及光谱响应特性、像管的增益特性、光电灵敏度(响应率);第二类是时间响应特性参数,主要涉及惰性(余辉)、脉冲响应函数、瞬时调制传递函数;第三类是噪声特性参数,主要涉及信噪比;第四类是光学特性参数,主要涉及分辨率、线放大率、畸变、像管的光传递特性、背景特性等。

5.3.1 光电转换特性

1. 光谱响应特性

光谱响应特性是描述变换光谱的参量。像管的光谱响应特性实际上指的是光电阴极的光谱响应与荧光屏的发光光谱分布之间的匹配问题。为了实现光谱转换,需要有一个参数来描述光电阴极与荧光屏的光谱是否匹配。这个参数定义为光谱匹配系数,用 α 表示。α 与光电阴极的光谱响应率函数 $S(\lambda)$、荧光屏的发光光谱分布 $\phi(\lambda)$ 有关,其定义为

$$\alpha = \frac{\int_0^{+\infty} S(\lambda) \cdot \phi(\lambda)\mathrm{d}\lambda}{\int_0^{+\infty} \phi(\lambda)\mathrm{d}\lambda} \tag{5.8}$$

α 总是小于 1,α 越大,说明匹配得越合理。常用光电阴极和光源的 α 值如表 5-3 所列。

表 5-3 光谱匹配系数 α

光源		光阴极					
		S-1	S-11	S-20	S-25	光适应眼	NEA
绿色草木反射的辐射	晴朗星光			0.0148	0.0631	0.008	0.159
	满月光			0.13	0.27	0.088	
	标准红外光源	0.269			0.0539	0	
暗绿色漆反射的辐射	晴朗星光			0.0647	0.134	0.045	0.24
	满月光			0.37	0.54	0.27	
	标准红外光源	0.27			0.0177	0	
标准光源		0.516	0.06	0.112	0.227	0.071	0.461
标准红外光源		0.273			0.0179	0	
P-11 荧光屏		0.217	0.914	0.877	0.953	0.201	
P-20 荧光屏		0.395	0.427	0.583	0.782	0.707	
P-31 荧光屏		0.276	0.698	0.722	0.868	0.626	

2. 像管的增益特性

足够的亮度是观察图像的必要条件，而输出亮度的大小，在入射照度一定时，由亮度增益决定。

1）增益的定义

根据所用参量的不同，增益可有不同的定义方法。

（1）亮度增益。亮度增益通常定义为像管输出亮度 L 与光电阴极面入射照度 E 之比的 π 倍，用 G_L 表示为

$$G_L = \frac{\pi L}{E} \tag{5.9}$$

式中：L 为像管的输出亮度（cd/m^2）；E 为阴极面入射的均匀照度。如果发光体为朗伯光源（余弦体，发光强度满足余弦分布），则有

$$G_L = \frac{\pi L}{E} = \frac{M}{E} \tag{5.10}$$

式中：M 为光的出射度（lm/m^2），表示单位面积所发出的光通量。

（2）辐射亮度增益。辐射亮度增益用 G_{Le}（cd/W）表示，其定义为

$$G_{Le} = \frac{\pi L}{E_e} = \frac{M}{E_e} \tag{5.11}$$

式中：E_e 为阴极面的辐照度。辐照度 E_e 同照度 E 之间有如下关系：

$$E_e = \frac{E}{K} \tag{5.12}$$

式中：K 为光视效能，常见的 K 值如表 5-4 所列。将式(5.12)代入式(5.11)中有

$$G_{Le} = G_L \cdot K \tag{5.13}$$

表 5-4　常见光源的光视效能

光视效能	光源							
	2856K 标准光源	标准红外光源	标准红外光源下的绿色草木	晴朗星光下的绿色草木	满月光下的绿色草木	P-11 荧光屏	P-20 荧光屏	P-31 荧光屏
K/(lm/W)	47.8	130	19.9	5.45	59.2	140	476	421.3

（3）光通量增益。如果输入输出参量用光通量表示，则定义为光通量增益，用 G_ϕ 表示为

$$G_\phi = \frac{\phi_{out}}{\phi_{in}} \tag{5.14}$$

式中：ϕ_{out}，ϕ_{in} 分别为输出光通量、输入光通量。

由于 $\phi_{out} = M \cdot A_s$，$\phi_{in} = E \cdot A_c$，所以有

$$G_\phi = \frac{\phi_{out}}{\phi_{in}} = \frac{M \cdot A_s}{E \cdot A_c} = G_L \cdot m^2 \tag{5.15}$$

式中：A_s 为荧光屏的有效面积；A_c 为光电阴极的有效面积；m 为像管的线放大率，$m = \sqrt{\frac{A_s}{A_c}}$。

2) 增益的大小

对于单级像管(图 5-7),设入射照度为 E,光电阴极及荧光屏的有效面积分别为 A_c 及 A_s,电子光学系统透射率为 α,管子工作电压为 V,荧光屏的发光效率为 η,它表示单位入射功率所产生的光通量大小,即 $\eta=\phi/P$,单位为 lm/W;管子的积分响应率为 R。

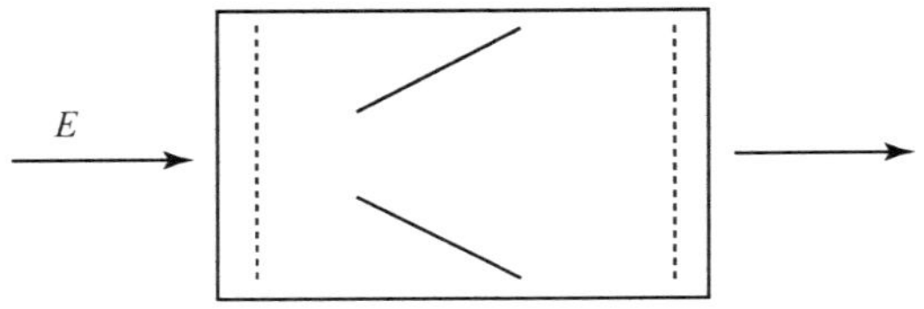

图 5-7　单级像管示意图

在照度为 E 的照射下,光电阴极所接收的光通量为

$$\phi = E \cdot A_c \tag{5.16}$$

根据积分灵敏度的定义,将此光通量转换成电流值为

$$I = \phi \cdot R = E \cdot A_c \cdot R \tag{5.17}$$

入射的功率为

$$P = I \cdot V = E \cdot A_c \cdot R \cdot V \tag{5.18}$$

此入射功率经电子光学系统后,入射到荧光屏上的功率为

$$P' = a \cdot P = a \cdot E \cdot A_c \cdot R \cdot V \tag{5.19}$$

根据荧光屏发光效率的定义,由荧光屏出射的光通量为

$$\phi_{out} = P' \cdot \eta = a \cdot E \cdot A_c \cdot R \cdot V \cdot \eta \tag{5.20}$$

根据亮度增益定义

$$\begin{aligned} G_L &= \frac{\pi L}{E} = \frac{M}{E} = \frac{\phi_{out}}{E \cdot A_s} = \frac{a \cdot E \cdot A_c \cdot R \cdot V \cdot \eta}{E \cdot A_s} \\ &= a \cdot R \cdot V \cdot \eta \cdot \frac{A_c}{A_s} = \frac{a \cdot R \cdot V \cdot \eta}{m^2} \end{aligned} \tag{5.21}$$

式(5.21)即为单管的亮度增益表达式。

对于二级像管(两个单级像管串联起来),要求第一级管子的荧光屏的有效面积与第二级管子的光电阴极的有效面积相等,假定前一级荧光屏的出射光通量等于后一级光电阴极所接收的光通量。按照同样步骤可推导出二级像管的亮度增益为

$$G_L = \frac{a \cdot R \cdot V \cdot \eta}{m^2} \tag{5.22}$$

其中

$$a = a_1 \cdot a_2, \eta = \eta_1 \cdot \eta_2, R = R_1 \cdot R_2, V = V_1 \cdot V_2, m = m_1 \cdot m_2 \tag{5.23}$$

同理可推导出多级级联像管的亮度增益公式。

像管之所以能够实现亮度增益,其实质在于高压 V 的作用,因为其他因素只起传递和转换图像的作用,没有能量馈入。但是这些因素对增益影响极大,必须合理选取。

像管的亮度增益并非越大越好。增益过大会使输出亮度过高,产生眩目现象。通常保证输出亮度为 10cd/m^2 的数量级。这样设三级级联像管工作在 10^{-3}lx 光照条件下,其

亮度增益为几万倍。

3. 光电灵敏度

非直视型光电成像器件的转换特性,通常用光电灵敏度(响应率)表示。由于这类器件的输入是辐射通量(或光通量),输出是电信号(或视频信号),因此这类器件的光电灵敏度可表示为如下两种形式:

$$R_I = \frac{I}{AE_{\mathrm{m}}\int_0^{\infty} E(\lambda)\,\mathrm{d}\lambda} \tag{5.24}$$

$$R_U = \frac{U}{AE_{\mathrm{m}}\int_0^{\infty} E(\lambda)\,\mathrm{d}\lambda} \tag{5.25}$$

式中:I 为等效短路状态输出的信号电流值;U 为开路状态输出的信号电压值;A 为光敏面的有效面积(或扫描面积);E_{m}、$E(\lambda)$ 分别是标准辐射输入的最大单色辐照度和相对光谱辐照度;R_I 又称电流响应率;R_U 又称电压响应率。

光电灵敏度(响应率)与入射辐射的光谱分布有关。在工程中规定标准辐射源(或标准光源)作为输入以求得统一。

当用单色辐射(或单色光)E_λ 输入时,所得到的单色灵敏度 $R_{\lambda I}$ 和 $R_{\lambda U}$ 分别为

$$R_{\lambda I} = \frac{I}{E_\lambda} \tag{5.26}$$

$$R_{\lambda U} = \frac{U}{E_\lambda} \tag{5.27}$$

单色灵敏度(单色响应率)取最大值时,对应的单色辐射波长为峰值波长,灵敏度称为峰值波长灵敏度。在长波一端取单色灵敏度下降为峰值的一半时,所对应的波长称为截止波长,或称为长波限。

5.3.2　时间响应特性

1. 惰性

光电成像过程中存在着惰性环节,如荧光屏、光电导靶等,惰性环节产生时间响应的滞后。像管的时间响应特性主要由荧光屏决定,因为光电阴极的发射过程很短,约为 10^{-12}s 级;光电子在管中的渡越时间也很短,约为 10^{-10}s 级。

直视型光电成像器件的荧光屏是限制时间响应的主要环节。荧光屏的惰性表现为余辉,其大小由荧光粉的粉型和激发电子流密度决定,通常为 ms 级。这是由于荧光粉在受激发光过程中电子被陷阱能级暂态俘获,而陷阱能级上电子再获释的时间分散就决定了发光的延迟。由于发光在下降过程的滞后比上升过程严重,所以通常用余辉表示直视型光电成像器件的惰性。对于特殊需要的像管,应选择短余辉的粉型。

当输入辐射(或输入光)瞬间截止,余辉的衰减呈负指数函数形式时,则可用余辉的时间常数来表示惰性。

非直视型光电成像器件的惰性来源于光电导效应的滞后和电容效应的滞后。光电导效应的滞后发生在载流子暂态俘获再重新获释的过程中。电容效应的滞后发生在扫描电子束着靶的过程中,它取决于扫描电子束等效电阻与靶电容构成充电回路的时间常

数大小。

对于电视摄像器件的惰性,在工程上已有规定。取输入照度截止后第三场输出信号的相对值为惰性指标。

光电成像的惰性可以从理论上确定其时间常数。如果输入辐射(或可见光)瞬间截止,其输出的信号(光或电信号)衰减函数为 $B(t)$ 时,则惰性的时间常数 τ 定义为

$$\tau = \frac{1}{B(0)}\int_0^\infty B(t)\,\mathrm{d}t \tag{5.28}$$

当惰性的衰减函数呈负指数函数时,即

$$B(t) = b\exp(-bt) \qquad (t > 0) \tag{5.29}$$

可求出这一惰性的时间常数 τ 为

$$\tau = b^{-1}\int_0^\infty b\exp(-bt)\,\mathrm{d}t = \frac{1}{b} \tag{5.30}$$

其中,惰性的时间常数 τ 也可称为弛豫时间;b 为取决于惰性的系数。

2. 脉冲响应函数与瞬时调制传递函数

光电成像过程的惰性主要来源于荧光屏和光电导的滞后,而这类光电转换的滞后又主要表现在衰减的过程中,实验也证实光电转换上升过程的滞后远小于下降过程的滞后。因此光电成像的脉冲响应函数可以近似取上升斜率为∞。光电成像脉冲响应函数的下降过程则取决于光电转换机制。综合各类光电转换的衰减特性,可以将脉冲响应函数归结为三种类型。

1) 比例函数衰减型

当光电成像器件的输入辐照度(或照度)为脉冲函数(采用纳秒或皮秒的窄激光脉冲作为输入光源)时,得到输出信号是时间的函数。取其归一化的函数 $B(t)$ 定义为脉冲响应函数。

如果 $B(t)$ 呈如下函数:

$$\begin{cases} B(t) = \dfrac{2a}{B_0^2}(B_0 - at) & \left(0 \leqslant t < \dfrac{B_0}{a}\right) \\ B(t) = 0 & (t < 0) \end{cases} \tag{5.31}$$

则这类光电成像器件具有比例函数衰减型的脉冲响应特性。其中,a 是取决于惰性的系数;B_0 是取决于转换特性的系数。当 a 增大时,惰性成比例减小。

2) 负指数函数衰减型

当光电成像器件接收脉冲输入时,输出的归一化函数 $B(t)$ 呈负指数形式,即

$$\begin{cases} B(t) = b\exp(-bt) & (t \geqslant 0) \\ B(t) = 0 & (t < 0) \end{cases} \tag{5.32}$$

则这类光电成像器件具有负指数函数衰减型的脉冲响应函数。其中,b 是取决于惰性的系数。当 b 增大时惰性呈指数律减小。

3) 双曲函数衰减型

当光电成像器件接收脉冲输入时,输出的归一化函数 $B(t)$ 呈双曲函数形式,即

$$\begin{cases} B(t) = \dfrac{\alpha\beta\sqrt{B_0}}{(\alpha + \beta\sqrt{B_0}\,t)^2} & (t \geqslant 0) \\ B(t) = 0 & (t < 0) \end{cases} \tag{5.33}$$

则这类光电成像器件具有双曲函数衰减型的脉冲响应函数。其中，α 是与输出变化率相关的系数，β 是与量子产额相关的系数。双曲函数衰减型表现出较为严重的惰性。

采用脉冲响应函数可以全面定量地描述光电成像的时间响应特性。如果光电成像的过程满足线性及时间不变性等条件，可以用瞬时调制传递函数来表示时间响应特性。

瞬时调制传递函数所描述的是光电成像在频率域的时间响应特性。它建立在傅里叶(Fourier)分析的数学基础上。其定义为：光电成像所输出的归一化时间频谱函数与理想输出(无惰性)的归一化时间频谱函数之比。其表达式为

$$T(f)=\frac{F[h(t)]\int_{-\infty}^{+\infty}h_0(t)\,\mathrm{d}t}{F[h_0(t)]\int_{-\infty}^{+\infty}h(t)\,\mathrm{d}t} \tag{5.34}$$

式中：$h_0(t)$ 为理想的时间响应函数；$h(t)$ 为实际输出的时间响应函数；$F[h_0(t)]$ 为 $h_0(t)$ 的傅里叶变换；$F[h(t)]$ 为 $h(t)$ 的傅里叶变换；$\int_{-\infty}^{\infty}h_0(t)\,\mathrm{d}t$，$\int_{-\infty}^{\infty}h(t)\,\mathrm{d}t$ 为归一化因子。

根据式(5.34)的关系，当光电成像器件的输入照度为光脉冲时，令其输出的时间响应函数为 $p(t)$。对于理想无惰性的状态，则可以用脉冲函数 $\delta(t)$ 来表示其理想输出的时间响应函数。将这一结果代入式(5.34)，得到：

$$\begin{aligned}T(f)&=\frac{\int_{-\infty}^{+\infty}p(t)\exp(-\mathrm{j}2\pi ft)\,\mathrm{d}t\int_{-\infty}^{+\infty}\delta(t)\,\mathrm{d}t}{\int_{-\infty}^{+\infty}\delta(t)\exp(-\mathrm{j}2\pi ft)\,\mathrm{d}t\int_{-\infty}^{+\infty}p(t)\,\mathrm{d}t}\\&=\frac{\int_{-\infty}^{+\infty}p(t)\exp(-\mathrm{j}2\pi ft)\,\mathrm{d}t}{\int_{-\infty}^{+\infty}p(t)\,\mathrm{d}t}\end{aligned} \tag{5.35}$$

该结果表明，光电成像的瞬时调制传递函数就等于归一化的脉冲响应频谱函数，即脉冲响应函数与瞬时调制传递函数是一组傅里叶变换对。

当光电成像的脉冲响应函数呈负指数衰减型时，则可以对式(5.32)进行傅里叶变换来获得瞬时调制传递函数为

$$\begin{aligned}T(f)&=\frac{\int_{0}^{+\infty}b\exp(-bt-\mathrm{j}2\pi ft)\,\mathrm{d}t}{\int_{0}^{+\infty}b\exp(-bt)\,\mathrm{d}t}\\&=\frac{b}{\sqrt{b^2+(2\pi f)^2}}\exp\left(-\mathrm{j}\arctan\frac{2\pi f}{b}\right)\end{aligned} \tag{5.36}$$

式(5.36)定量表示了负指数衰减型光电成像的频率响应特性。其中实部是幅频响应，虚部是相位频率响应。

在工程应用上又规定了幅频响应的等效带宽 Δf，其定义为

$$\Delta f=\frac{1}{|T(0)|^2}\int_{-\infty}^{+\infty}T^*(f)T(f)\,\mathrm{d}f \tag{5.37}$$

以负指数衰减型的光电成像为例，其等效带宽 Δf 值为

$$\Delta f=\int_{-\infty}^{+\infty}\frac{b^2}{b^2+(2\pi f)^2}\mathrm{d}f=\frac{b}{2} \tag{5.38}$$

对比式(5.30)与式(5.38),可知脉冲响应的时间常数 τ 与瞬时调制传递的等效带宽 Δf 有如下关系:

$$\Delta f=\frac{1}{2\tau} \tag{5.39}$$

5.3.3 噪声特性

光电成像器件中的主要噪声源以及表示方法同光电探测器件中的一样,这里不再重复。以下介绍信噪比及其表示方法。

由噪声的表达式可知,噪声的取值是与信号相关的,即随着信号的增大而上升。因此为定量评价这一特性,采用信号与噪声的比值即信噪比来描述。

在工程应用上,光电成像器件的信噪比通过实测来确定,下面具体说明。

直视型光电成像器件的全部噪声最终反映在输出像点的闪烁上,信号是表现为输出像点的平均亮度值。所以通过测定输出像点的平均亮度与闪烁值,可获得其信噪比。为了使测试结果统一,通常采用国际上规定的测试条件。取像点的直径为 0.2mm,输入照度 1.24×10^{-5}lx,测试系统(包括被测器件)的等效通频带宽为 10Hz。如果所用的像点面积为 A,输入照度为 E,系统通频带宽为 Δf,其信噪比值 S/N 的计算公式如下:

$$\frac{S}{N}=\frac{S-S_0}{\sqrt{N^2-N_0^2}}\left[\frac{1.24\times10^{-5}}{E}\cdot\frac{\pi\times10^{-8}}{A}\cdot\frac{\Delta f}{10}\right]^{\frac{1}{2}} \tag{5.40}$$

式中:S、S_0 分别为有输入照度 E(lx)和无输入照度时的输出像点平均亮度信号值;N、N_0 分别为有输入照度 E(lx)和无输入照度时的输出像点闪烁的均方差值。

非直视型光电成像器件的输出信噪比通常以前置放大器输出端的视频信号与噪声之比来表示。这是因为前置放大器已具有较大的功率增益,因此可略去后继的各级放大器噪声。这一输出信噪比称为视频信噪比。但是视频信噪比并未与人眼的视觉性能联系起来。电视摄像的最终目的是为人眼提供可被观察的图像。因此,为判定电视摄像的实际性能,必须考虑到人眼接收的效能。为此又定义了显示信噪比。电视摄像的显示信噪比是取人眼的时间常数作为有效积分时间的信噪比值。人眼视觉的有效积分时间约为 0.02s,刚好等于电视的场频周期。这一时间远大于扫描像元的时间,因此显示信噪比远大于视频信噪比。

5.3.4 光学特性

光电成像过程由于种种因素而产生像差,使输出图像的亮度分布不能准确再现输入图像的照度分布。定量描述这种图像失真程度的性能指标通常采用分辨率和光学传递函数(或调制传递函数)。前者是单值参数,后者是空间频率的复函数。在第 1 章中已经系统地介绍过光学传递函数的概念及其表示方法。

1. 分辨率

像管的分辨率是反映像管成像质量的一个重要参数。它的定义为:用荧光屏上每毫米所能分开的黑白线对数的多少表示分辨率的大小。单位为 lp/mm。通常将标准测试图案聚焦在光电阴极表面，用目视方法观察荧光屏上的图像，然后确定该系统的分辨率大小。

2. 线放大率 m

线放大率 m 的定义是当有一圆形辐射图案投射在光电阴极表面上时，在荧光屏上显示的图像直径与输入图案直径之比，用 m 表示。根据定义有

$$m = \frac{d_s}{d_c} \tag{5.41}$$

习惯上常用光电阴极及荧光屏的有效面积来表示 m。如果图案刚好充满光电阴极有效面积，输出图像也刚好充满荧光屏有效面积，则有

$$m^2 = \frac{d_s^2}{d_c^2} = \frac{A_s}{A_c}$$

即

$$m = \sqrt{\frac{A_s}{A_c}} \tag{5.42}$$

3. 畸变

由于像管在传像过程中，采用了电子光学系统实现聚焦，总不可避免地产生畸变。因此，畸变也是衡量器件成像质量的一个重要参数。畸变的定义为

$$D_m = \left(\frac{m_e}{m_c} - 1\right) \times 100\% \tag{5.43}$$

式中：m_c 为中心放大率；m_e 为边缘放大率。通常取光电阴极有效直径的 70%~80%处的畸变值表示器件的特性。

4. 像管的光传递特性

像管的光传递特性指的是输出亮度随入射照度的变化关系。当入射照度过高时，增益下降，输出同输入不再保持线性关系。输出亮度趋于饱和。其原因是：①光电发射能力有限；②光电子的空间电荷效应；③荧光屏发光能力有限。一般认为入射电子流密度在 $10^{-15} \sim 10^{-5}\,\mathrm{A/cm^2}$，荧光屏发光效率不变。

5. 像管的背景特性

像管的背景是指它的背景亮度。背景亮度是指除信号以外的附加亮度，根据背景的来源又分为暗背景亮度和信号感生背景亮度。

1）暗背景

暗背景指无光照射时像管的输出亮度。暗背景产生的原因主要是光电阴极的热电子发射、局部强场产生的电子发射、正性电极上的二次电子发射等。减少热发射的方法是降低阴极温度；减少电极污染，尤其是铯的污染有利于降低局部强场和二次电子发射。

暗背景在变像管和微光管中的表现是不同的。变像管的暗背景均匀发亮，而微光管出现闪烁。这是由于两种管子的暗背景亮度大体相当，而增益不同，所以阴极面上的电子发射数目不同，微光管的数目小，相对涨落就大，进而出现闪烁。

暗背景可以用背景亮度，也可以用等效背景照度来度量。等效背景照度 E_{eq} 定义为与暗背景亮度相当的阴极入射照度，也就是为使荧光屏的亮度等于其暗背景亮度值所需（在光电阴极上）输入的照度值，即

$$E_{eq}=\frac{\pi L_0}{G_L} \tag{5.44}$$

式中:L_0 为暗背景亮度值。暗背景亮度一般为$(10^{-3}\sim10^{-2})\frac{1}{\pi}\mathrm{cd/m^2}$,考虑到增益,可求出 E_{eq} 值。通常变像管的 E_{eq} 为 10^{-3}lx 数量级,而微光管的 E_{eq} 为 10^{-7}lx 数量级。

2)信号感生背景

这是因入射信号的影响而产生的背景。它表现为某处的亮度因别处亮度而变化。其原因是,当信号增强时,阴极透射光、管内散射光、输入窗上的光扩散、离子反馈、电子反馈、光反馈等的增强。

3)背景对像质的影响

背景作为附加亮度叠加在整个图像上,因而使图像对比度下降。有背景时的对比为

$$C_b=\frac{(L_{max}+L_b)-(L_{min}-L_b)}{(L_{max}+L_b)+(L_{min}+L_b)}=C_0\left[1+\frac{L_0}{L}+\frac{L_{s0}}{L}\right]^{-1}=C_0\gamma^{-1} \tag{5.45}$$

式中:L_0、L_{s0} 分别为暗背景和信号感生背景亮度;L 为亮暗单元的平均亮度;γ^{-1} 为对比恶化系数;L_b 为背景亮度。

当信号很小时,主要是暗背景起作用,当信号很大时,主要是信号感生背景起作用。

5.4 变像管

变像管利用了像管中光谱变换、光学成像两个功能。它能将不可见的红外或紫外辐射图像变成可见的光学图像。图5-8为红外变像管结构示意图。

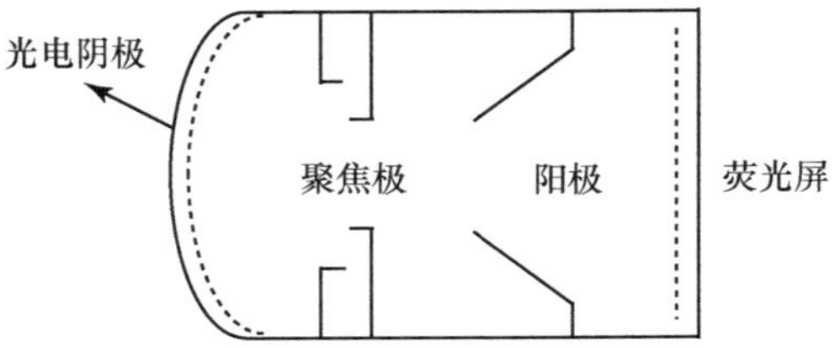

图5-8 红外变像管结构简图

红外辐射图像被光学物镜成像后位于光电阴极的前方,该辐射图像相当于对光电阴极有一个辐射通量,对红外光敏感的光电阴极(Ag-O-Cs)将此光学辐射图像变成与它的亮度成正比的电子图像,电子图像被电子光学系统(电子透镜)聚焦加速,轰击到荧光屏上,再将此电子图像转换为可见的光学图像。

在此结构中,光电阴极的作用是将不可见的红外光学图像转换成电子图像,电子光学系统的作用是把光电阴极发射的电子图像经过加速聚焦到荧光屏上。聚焦的方法有静电聚焦和磁聚焦两种。图5-8采用的是静电聚焦方式。通过在阳极圆锥形筒和阴极间施加高压形成的电场,把电子图像聚焦到荧光屏上。荧光屏的结构一般是在管壳内壁先涂上荧光粉层,再涂上薄的铝层。聚焦的电子以高速射入荧光粉时,把动能全部交给荧光粉。一部分能量转变为热能,另一部分能量则把荧光粉基态上的电子激发到激发态。当激发态电子返回基态时,就发射出可见光。铝层的作用在于引走积累的电子,通

过反射增加光的输出,防止离子对屏的轰击等。这种变像管的工作电压为 10~18kV,中心分辨率可达 30lp/mm。

图 5-8 所示的变像管结构简单,但由于电子图像成像于球面型的光电阴极上,经加速聚焦后,在荧光屏上所成的像为一弯曲的像,这样在屏上观察的效果为中心清晰、边缘模糊,即整个系统存在场曲、像散、畸变等像差,畸变大约为 17%,像质较差。

光纤面板的出现改善了以上不足。通常将光电阴极及荧光屏连同光纤面板一起制成球面型,使聚焦面与荧光屏重合,从而改善了像质。荧光屏上的像借助平凹形的光纤平板展开成平面像。采用光纤面板的变像管结构如图 5-9 所示。

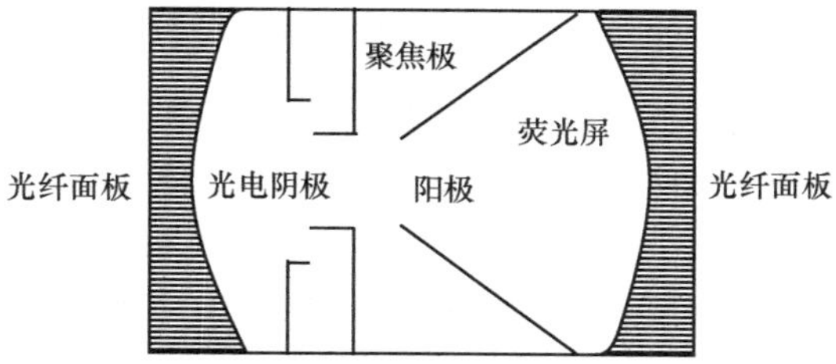

图 5-9　采用光纤面板的变像管结构

以上两种变像管均采用银氧铯光电阴极,其暗发射较大,量子效率较低,工作时要附加红外光源;但容易制作,成本低廉,仍是一种实用的光电成像器件。

5.5　像增强器

像增强器利用了像管功能中增强亮度、光学成像两个功能。它在结构上同变像管基本一样,只是所用的光电阴极及荧光屏不同。变像管中采用了对红外或紫外敏感的光电阴极来实现光谱变换,而像增强器中采用的是对可见光敏感的锑铯(Sb-Cs)光电阴极或多碱光电阴极。

5.5.1　第一代微光像增强器

图 5-10 为第一代微光像增强器结构。

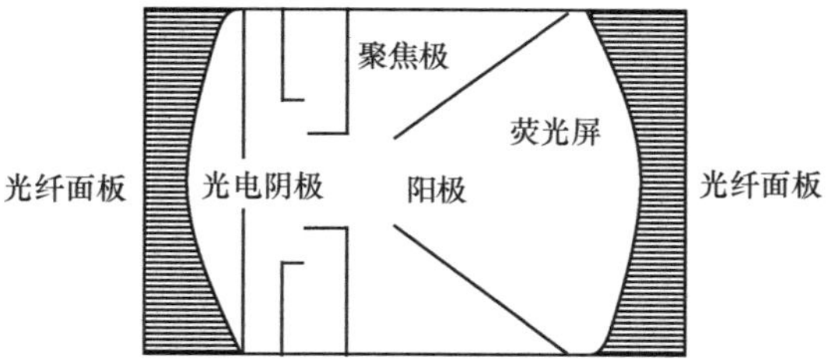

图 5-10　第一代微光像增强器结构

此结构采用静电聚焦方式,两个电极为双球面系统,输入输出窗为光纤面板。S-20 光电阴极和 P20 荧光屏在它们的内球面上。锥形阳极的顶端呈圆弧状,它与球面阴极构成的电子透镜非常接近同心球系统。

光学物镜将发光强度很弱的物体的像成像于光电阴极的前方,光电阴极将此微弱光图像转换成电子图像,电子光学系统对电子图像施加很强的电场,使之获得足够的能量,以高速轰击荧光屏,使荧光屏发出比入射光强得多的光能量,并在荧光屏上成像。

为了使微弱光图像的亮度有很大增强,在实际应用中,往往将完全相同的多个单级像增强器耦合起来使用。图5-11所示为三级级联像增强器结构。

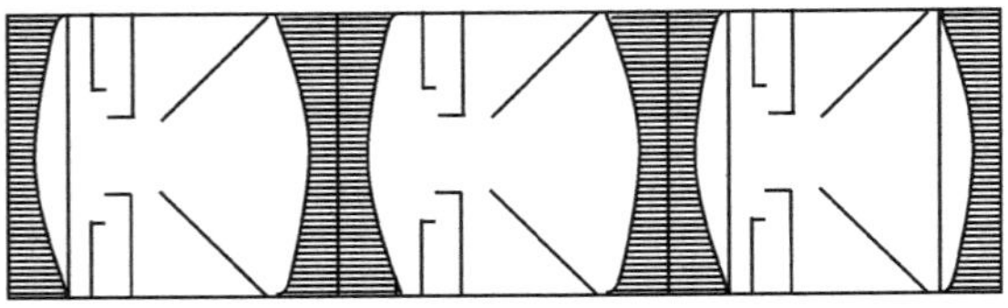

图5-11 三级级联像增强器结构

需要注意的是上一级的荧光屏与下一级的光电阴极要达到光谱匹配,即上一级荧光屏的发光光谱分布峰值与下一级光电阴极的光谱响应峰值要接近,最后一级荧光屏的发光光谱特性与人眼的视觉光谱光视效率曲线相匹配。三级级联像增强器可达到的性能为:单级的分辨率大于50lp/mm,三级的分辨率可达30~38lp/mm,图像的亮度增益为$(3\sim4)\times10^4$。单级和三级级联像增强器的典型性能参数如表5-5所列。

表5-5 单级和三级级联像增强器的典型性能参数

管型	单级		三级级联	
光电阴极直径/荧光屏直径	25/25		25/25	
光电阴极灵敏度/(mA/W)				
	典型	最小	典型	最小
对2856K光源	4.2	3.5	4.2	3.5
$\lambda=0.8\mu m$	13	6	13	6
$\lambda=0.85\mu m$	7	1	7	1
增益/倍	102	60	56000	33000
等效背景照度/lx	0.6×10^{-7}	2.3×10^{-7}(最大)	0.6×10^{-7}	2.3×10^{-7}(最大)
MTF				
5lp/mm	0.93	0.86	0.84	0.76
10 lp/mm	0.81	0.69	0.57	0.34
15 lp/mm	0.63	0.52	0.38	0.12
分辨率/(lp/mm)				
中心	64	57	29	25
边缘(80%直径外)	57	45	25	23
工作电压/kV	15		45	

5.5.2 第二代微光像增强器

多级串联的像增强器不仅质量大、体积大,而且会降低图像的分辨率。20世纪70年代初研制出的微通道板像增强器(第二代像增强器)克服了以上不足。它与第一代像增强器的根本区别在于,它不用多级倍增,而是在单级像增强器中插入一块微通道板来实现倍增。它的优点是倍增效果好,像管体积小。为了说明第二代像增强器的工作原理与特性,首先说明微通道板的原理和特性。

1. 通道电子倍增器

微通道板(micro channel plate,MCP)是利用电子在通道内的二次倍增来增强亮度的。它由许多直径在 10~20μm 的微通道组成,通道内壁经涂敷或特殊处理,使之具有二次电子发射能力,通过不断撞击管壁,实现连续倍增输出,如图 5-12 所示。

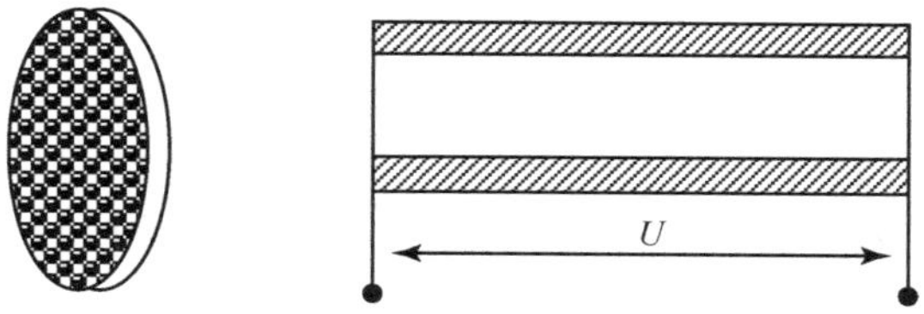

图 5-12　通道电子倍增器

2. 微通道板的特性

微通道板的主要特性有增益特性、噪声及背景特性、电流传递特性等。

1) 增益特性

微通道的增益定义为输出电流和输入电流之比,即

$$G = \frac{I_{\text{out}}}{I_{\text{in}}} \tag{5.46}$$

G 与材料、结构、电压以及入射电子的状况有关,如入射方向、能量等。

(1) 增益的理论公式。增益由二次电子发射系数 σ、碰撞次数 n 决定,即有

$$G = \sigma^n \tag{5.47}$$

而 σ 和 n 与入射电子状况有关。现假定二次电子沿管壁法向射出,且 σ 正比于电子碰撞时的能量 v_c,则有

$$\sigma = kv_c = kEs \tag{5.48}$$

式中:k 为材料常数;s 为电子轴向自由程;E 为场强,其值等于电压 U 与长度 l 之比。

因为

$$s = \frac{1}{2}at^2 = \frac{1}{2}\frac{eE}{m}\left(\frac{d}{v_r}\right)^2$$

而

$$v_r = \sqrt{\frac{2ev_0}{m}}$$

式中:v_0 为电子发射初电位。将 v_r 代入 s 中,有 $s=\dfrac{Ed^2}{4v_0}$,所以有

$$\sigma = kEs = k \cdot \frac{U}{l} \cdot \frac{Ed^2}{4v_0} = k\frac{U^2d^2}{4l^2v_0} = \frac{kU^2}{4v_0\alpha^2} \tag{5.49}$$

式中:α 为通道的长径比,$\alpha=l/d$。

倍增次数:

$$n = \frac{l}{s} = \frac{\alpha d}{s} = \frac{4v_0\alpha^2}{U} \tag{5.50}$$

所以有

$$G=\left[\frac{kU^2}{4v_0\alpha^2}\right]\frac{4v_0}{U}\alpha^2 \tag{5.51}$$

由式(5.51)可以看出,G 仅是通道电压 U 和长径比 α 的函数,而与通道绝对尺寸无关。因此可以把通道做得很短很细。

G 随 α 的变化有一个最佳值,可由极点的导数求出,得

$$\alpha^2=\frac{kU^2}{4v_0\mathrm{e}} \tag{5.52}$$

式中:e 为自然对数的底数。

若设 $W=U/\alpha=Ed$,称为归一化电压,则式(5.52)可改写为

$$W=\sqrt{4v_0\frac{\mathrm{e}}{k}}=\text{常数} \tag{5.53}$$

式(5.53)表明,对任何通道尺寸,取得最大增益时 W 值都是一个常数。最大增益为

$$G_{\mathrm{m}}=\exp(kU/\mathrm{e}) \tag{5.54}$$

(2) 影响增益的因素。

① 首次碰撞二次发射系数 σ_1 对 G 的影响。在实际应用中 σ_1 往往大于后继各次的 σ 值,故有

$$G=\sigma_1\sigma^{n-1} \tag{5.55}$$

② 通道端电极对 G 的影响。为了校直输出电子方向,通道输出端电极往往深入通道1~2倍通道直径的长度。此区间没有发射能力,因而使 G 降低。例如,深入长度由 $1.2d$ 增加到 $3d$,G 降到1/10。在输出端,电极深度更要严格控制,因为这里的 σ 更重要。一般取输入端电极深度为 $0.5d$~$0.8d$。

2) 噪声及背景特性

MCP 中的噪声分为两类,即固定噪声和可变噪声,包括空间固定图案噪声、暗电流、闪烁(涨落)噪声、离子反馈等。

(1) 空间固定图案噪声。由于各通道增益的不同,产生图案的不均匀性。通常看到的不均匀性是以复丝范围表现出来的。此外,如果复丝边界被破坏,在荧光屏上表现为黑边框,俗称“鸡丝”效应。为此通常要求复丝的亮度差小于平均亮度的10%,复丝边界的亮度不超过平均亮度的−15%~8%。

(2) 暗电流。加有电压没有输入时的通道输出称为暗电流。暗电流 I_{d} 可用等效输入电流 EEI 表示,即

$$\mathrm{EEI}=\frac{I_{\mathrm{d}}}{G} \tag{5.56}$$

当 U 增加时,I_{d} 增加,G 也增加。但因 G 增加很快,所以 EEI 不是常数,随着 U 的升高而下降。

(3) 涨落噪声。这是 MCP 的主要噪声,它在荧光屏上表现为亮点闪烁。

3) 电流传递特性

微通道板的电流传递特性曲线如图5-13所示。可见,当 I_{in} 增大到一定值时,I_{out} 趋于饱和。这一现象称为微通道的饱和效应。产生饱和效应的主要原因有空间电荷效应、管壁充电、通道电阻太高。这几种因素,在不同的工作方式下影响不同。成像器件中采

用的是连续输入工作方式，它不同于探测器件中的脉冲方式。

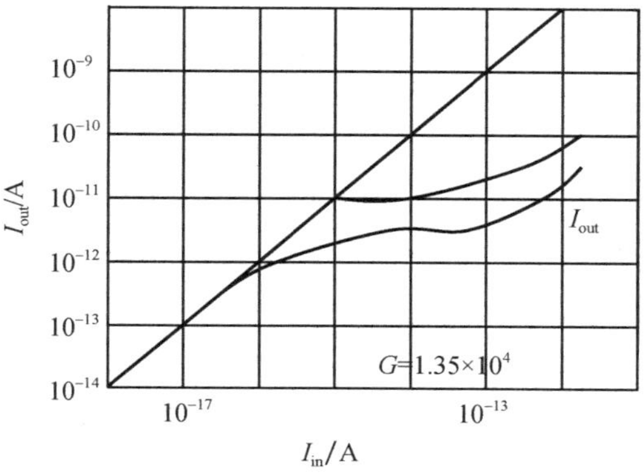

图 5-13　微通道板的电流传递特性曲线

（1）空间电荷的限制作用。电子进入通道进行倍增，使管内充满电子云，越趋向输出端，电子云浓度越大。在 x 处，空间电流为

$$I(x)=I_{in}\sigma^{\frac{x}{s}}=I_{in}\exp\left(\frac{x}{s}\ln\sigma\right) \tag{5.57}$$

由此而影响原电场的分布，使电场削弱。当电场削弱到 $E=0$ 时，空间电荷达到最大值，因为不可能有 $E<0$。此时 x 处的空间电荷密度为

$$\rho=-\frac{I(x)}{\pi r^2 v_z} \tag{5.58}$$

而分速度为

$$v_z=\frac{s}{t}=Er\sqrt{\frac{\mathrm{e}}{2v_0 m}}$$

所以有

$$\rho=-I_{in}\exp\left[\frac{x}{s}\ln\sigma\right]/\pi r^3 E\sqrt{\frac{\mathrm{e}}{2v_0 m}} \tag{5.59}$$

由 ρ 解泊松方程，并设 $x=l$，可得

$$U=\frac{s^2}{(\ln\sigma)^2}\cdot\frac{I_{in}\exp[l\ln\sigma/s]}{\varepsilon\pi r^3 E\sqrt{\dfrac{\mathrm{e}}{2v_0 m}}} \tag{5.60}$$

由于空间电荷产生的电场和电源电场相等，所以 U 为通道电压。在 U 作用下，输出电流为

$$\begin{aligned}I_{out}&=I_{in}\exp\left[\frac{l}{s}\ln\sigma\right]=\varepsilon\pi r^3 E\sqrt{\frac{\mathrm{e}}{2v_0 m}}(\ln\sigma)^2 U/s^2\\&=\varepsilon\pi\sqrt{\frac{e}{2m}}v_0^{\frac{3}{2}}(\ln\sigma)^2 U/Er\end{aligned} \tag{5.61}$$

式中：ε 为真空介电常数。在正常情况下应保证 Er 是常数，所以空间电荷限制电流与通道尺寸无关。

(2) 管壁充电作用。在一般情况下,单通道的传导电流约为 10^{-11}A,相当于每微秒60个电子。故在强脉冲工作下,可以忽略不计。输出电荷主要由通道自身提供。

在脉冲输入期间,管壁因发射电子而充正电。越接近输出端,充电越多。因而削弱原电场,进而使 σ 下降。其结果将改变输入脉冲形状,并限制最大输出电荷。在极限情况下,充电使端部电场为零,失去倍增作用,出现电荷饱和。

(3) 通道电阻的作用。在连续式工作中,最大增益仍由管壁充电所限制。但其连续输出电流饱和值受到传导电流 I_D 限制。因为如果 I_D 不够,无法维持连续工作。I_D 由电压和电阻决定。在材料确定之后,仅由长径比决定。而在 U 一定时,α 又是一定的($\alpha=U/W$)。所以对任何直径的通道,I_D 变化不大,一般为 10^{-11}A。

由于 I_D 一定,所以最大连续输出电流也一定。由

$$I_{in} + I_D = I_{out} + I_e \tag{5.62}$$

得

$$I_{out} = I_{in} + I_D - I_e \approx I_D - I_e \tag{5.63}$$

式中:I_D 为输入端的传导电流;I_e 为输出端的传导电流。

如果 $I_e=0$,则 $I_{out} \approx I_D$。这说明,连续输出电流绝不会大于无输入时的传导电流。实际上,如果 $I_{out}>I_D/10$,就会出现 G 值下降。所以设计时,一般使 $I_{out}<I_D/10$。

4) 离子反馈

正离子在通道中沿反方向运动的现象称为离子反馈。反馈离子打在通道壁上,产生新的二次发射电子,这些电子也能倍增输出。离子反馈的害处在于:①产生落后于主脉冲的后继脉冲,这会干扰信号;②对于像管中的MCP,反馈离子有可能轰击光电阴极,从而在屏上产生附加亮点;③离子反馈会加速通道输出饱和。对于未加处理的通道,$G>10^4$ 时,会出现明显的离子反馈。

通道中离子的来源主要有:①管壁放气;②管壁上的离子解吸;③通道中的剩余气体被电离;④外来气体或离子。减少离子反馈的方法有:①采用弯曲通道;②采用“人”字形对接通道;③输入端面涂隔离层;④管壁充分除气;⑤控制增益和输入电流。

3. 微通道板像增强器结构形式

微通道板的发展,使得它成功地应用于像管中。微通道板像增强器有两种结构形式。

1) 近贴式MCP像增强器结构形式

近贴式MCP像增强器又称平面型或薄片型像增强器。它把MCP平行放置在光电阴极和荧光屏之间,三者相互靠得很近,故称双近贴式,如图5-14所示。

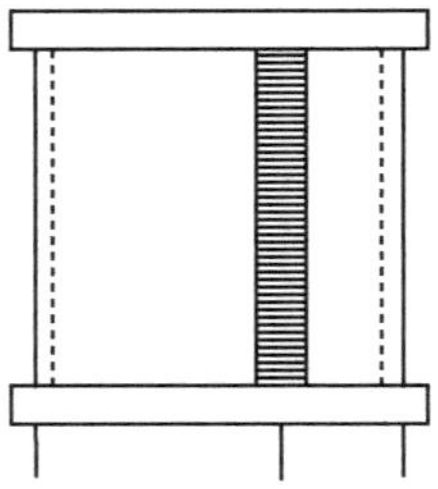

图5-14　近贴式MCP像增强器

这种结构没有电子光学系统,靠投影成像,电子在电场作用下,打到 MCP 的输入端,经倍增加速后,打到荧光屏上输出图像。为了减小电子束的发散,应尽量减小 MCP 与荧光屏之间的距离,一般在 0.4~2mm。

这种结构的优点是整个管子体积小,质量轻,使用方便;由于电场均匀,所以轴上和轴外像质都均匀,图像无畸变,放大率为 1。其缺点是不倒像,像质也差,分辨率较低。同样,由于近贴,会出现光电阴极、微通道板、荧光屏三者之间的相互影响。

2) 倒像式 MCP 像增强器(静电聚焦式 MCP 像增强器)

在单级第一代像增强器中,加上一块 MCP,MCP 与光电阴极之间是静电透镜,与荧光屏之间是近贴均匀场。其结构如图 5-15 所示,该管设计的关键是静电透镜部分。解决的主要问题有:①静电透镜的像面要同 MCP 重合;②保证足够高的分辨率,使得整管只受近贴部分限制;③主体最好采用二极管结构,避免因电压波动而影响像面位置;④保证足够小的畸变和整管长度。

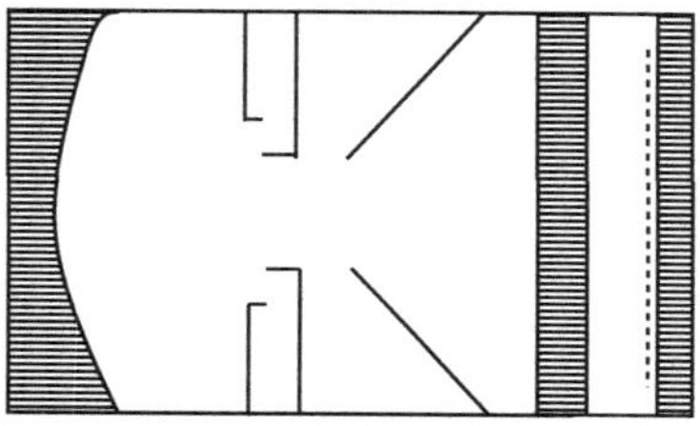

图 5-15　静电聚焦式 MCP 像增强器结构

这种结构分辨率高,像质好;但噪声较大。

4. 微通道板像增强器的优缺点

无论是近贴式 MCP 像增强器还是倒像式 MCP 像增强器,同第一代微光像增强器相比均有以下共同优点:

(1) 体积小,质量轻,整管长度和质量约为一代级联管的 1/2;

(2) 防强光;

(3) 亮度便于调节;

(4) 减少了荧光屏的光反馈;

(5) 整管电压较低;

(6) MTF 有所改进。

其突出的缺点是:

(1) 噪声大,尤其是 MCP 的附加噪声;

(2) 图像不够均匀;

(3) 工艺难度大,主要是 MCP 的制作以及后续工序对 MCP 有影响。

第一代像管与第二代像管性能比较如表 5-6 所列。

表 5-6　第一代像管与第二代像管性能比较

参数 \ 管型	××1060 第一代	××1383 第二代	参数 \ 管型	××1060 第一代	××1383 第二代
光电阴极灵敏度/(μA/lm)	230	>225	等效背景亮度/μlx	0.2	0.2

续表

管型 参数	××1060 第一代	××1383 第二代	管型 参数	××1060 第一代	××1383 第二代
800nm 响应灵敏度/(mA/W)	15	30	调制传递函数 在2.5lp/mm	88%	92%
850nm 响应灵敏度/(mA/W)	5	20	调制传递函数 在7.5lp/mm	70%	75%
光阴极有效直径/mm	25	20	最大阴极面照度/lx	<100	<5000
增益	35000	7000π	总尺寸/mm	ϕ70×195	ϕ62×80
畸变/%	22	<3	噪声因数	1.8	3.2
放大率	1	1.5	质量/g	880	350
中心分辨率/(lp/mm)	30	>45			
边缘分辨率/(lp/mm)	28	>40			

5. 微通道板像管的改进

除了一般所说的改进电子光学系统像质外,目前还采取如下两项措施改进微通道板像管。

1) 离子阱与畸变校正电极

MCP 的离子反馈,轻则产生离子斑,或降低阴极寿命;重则破坏阴极。为此设置离子阱以将其捕获。

2) 改进荧光屏

改进荧光屏的主要措施有:增长余辉以平滑噪声,如用余辉较长的 P39 荧光粉,或中余辉与长余辉的混合粉;采用凹坑屏,即将荧光屏填到光纤的腐蚀坑内,以防光扩散。

5.5.3 负电子亲和势光电阴极像增强器

为了进一步改善像增强器的夜视性能,需要继续扩展光电阴极的光谱响应范围,提高灵敏度。负电子亲和势(NEA)光电阴极能够把长波响应向红外部分延伸,并能提高积分灵敏度。目前,负电子亲和势光电阴极的灵敏度,对反射式达到 2000μA/lm,透射式为 900μA/lm。用这种阴极和 MCP 制成的像增强器,称为第三代像增强器。

图 5-16 给出了 NEA 光电阴极像增强器结构。

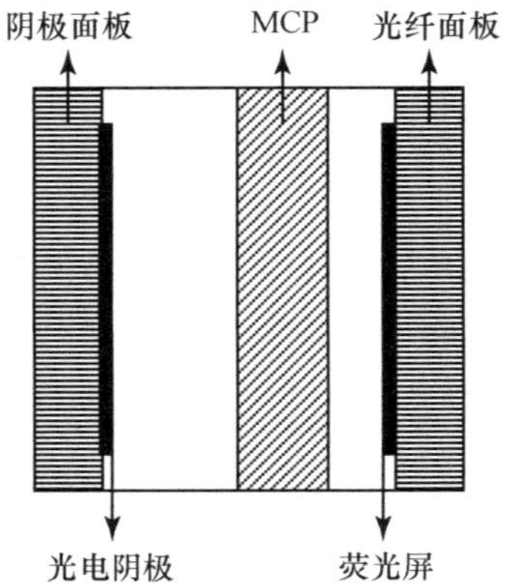

图 5-16 NEA 光电阴极像增强器结构

光电阴极与荧光屏组成近贴聚焦系统,荧光屏涂在光纤面板的输入端,后者固定在波纹管上。采用波纹管是为了在激活光电阴极时把光电阴极和荧光屏之间的距离拉开。

负电子亲和势光电阴极像增强器具有高响应率、高分辨率、低噪声和长寿命的特点。它的长波限可扩展到 1~2μm,因此既可用于可见光波段,又可用于红外区。表 5-7 给出了负电子亲和势光电阴极像增强器的性能参数。

表 5-7　光电阴极像增强器的性能参数

名称	参数	
光电阴极灵敏度	白光/(μA/lm)	1000
	830nm/(mA/W)	100
	880nm/(mA/W)	50
光增益/[cd/(m^2·lx)]	最大	9000
	最小	6000
等效背景照度/lx	最大	2.5×10^{-7}
亮度均匀性	1/3	

名称	参数	
荧光屏亮度/(cd/m^2)	最大	7
	最小	2
分辨率(中心,边缘)/(lp/mm)	36	
MTF(光电阴极中心)/%	2.5lp/mm	83
	7.5lp/mm	58
	15lp/mm	28
	25lp/mm	8

5.5.4　X 射线像增强器

X 射线像增强器的作用是把 X 射线图像转换为可见图像,并使亮度增强,输出可见的图像。X 射线像增强器结构简图如图 5-17(a)所示。

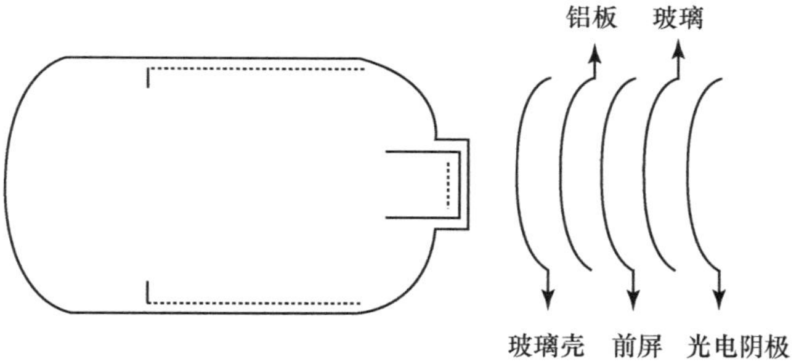

(a)　　(b)

图 5-17　X 射线像增强器结构简图

X 射线像增强器与其他像增强器的主要差别在于:①通过图 5-17(b)所示的荧光输入屏,把弱 X 射线图像转换成弱可见光图像,然后投射到光电阴极产生电子图像。为了防止荧光粉与光电阴极材料发生作用,在两者之间蒸镀一层隔离膜。现在采用的钠激活碘化铯荧光粉具有高发光效率和分辨率。②电子光学系统的放大率设计得远小于 1,常为 0.1,以压缩图像,增加亮度增益。管内的钛泵主要用来吸气,以保持管内高真空度。

5.6　摄像管

摄像管是电视摄像机中将光学图像转换为电信号的一种电真空器件,也就是景物发出的光线通过光学镜头进入摄像机时所接触到的整个电视发送系统中的第一个部件。

摄像管性能的优劣,对整个电视系统的质量影响极大。它的机理和工艺都比较复杂。

摄像管的基本任务是把输入的光学图像信息转换成适合处理和传递的时间序列的一维电信号。其具体的过程一般为:

(1) 将输入的光学图像转变成电荷(或电位)图像;

(2) 对电荷图像进行存储和积累;

(3) 对电信号进行放大和增强;

(4) 对存储电荷图像的各个像素进行顺序扫描,输出与输入信息一致的一维电信号。

5.6.1 摄像管的分类和基本原理

1. 摄像管的分类

摄像管的种类很多,类型的划分可有不同的方法。根据摄像管的工作原理,主要分为以下几大类型。

1) 按电荷积累方式分类

(1) 光电发射型;

(2) 光电导型;

(3) 二次电子发射型;

(4) 二次电子导电型;

(5) 电子轰击感应电导型。

2) 按光电变换形式分类

(1) 内光电变换型(光电导型):利用光电导效应(内光电效应)将光学图像转变为电位起伏。当光学图像投射到光电导体靶面时,各个像素上照度的不同,导致电导率的差异,从而在靶面产生电位起伏(电位图像)。然后,通过扫描电子束的换接作用,产生视频信号。属于这一类型的摄像管,按照靶面(光电导体)材料的不同,有硫化锑管、氧化铅管、硅靶管、异质结靶管等,习惯上统称视像管。

(2) 外光电变换型(光电发射型):利用光电发射(外光电效应)将光学图像转变为电位起伏。当光学图像投射到光电阴极时,因各个像素上照度的不同,光电阴极上发射出相对应的、强弱不同的电子流,后者轰击靶面,产生电位起伏(电位图像)。然后,通过扫描电子束的换接作用,产生视频信号。属于这一类型的摄像管,有超正析像管、分流管、次级电子导电管(SEC管)、增强硅靶管(SIT管或SEM管)等,习惯上统称光电发射型摄像管。

两类摄像管相比,各有优缺点。光电导型摄像管的优点是体积小,调节使用方便。而光电发射型摄像管的优点是,虽然光电阴极本身的量子效率不及光电导体,但可借助电子加速法获得管内增益,从而使灵敏度大大提高,超过光电导型摄像管。此外,光电发射效应没有惰性,而光电导效应往往呈现一定的惰性。两种摄像管性能的不同,也决定了它们用途的差别。例如,在工业电视中要求体积小,使用方便;在彩色广播电视中,也要求体积小。因此,在这两种场合,一般都采用视像管。又如,在微光电视中,灵敏度的要求更为重要,一般采用光电发射型摄像管。值得提出的是,随着微通道板像增强器的日益改进,利用管外耦合的办法也能够提高视像管的灵敏度,适应微光电视的要求,可与光电发射型摄像管相媲美。

3）按是否带移像部分分类

(1) 没有移像部分，光直接照射在靶面上；

(2) 有移像部分，光照射在光电阴极上，经移像后到达靶面。

2. 摄像管的基本组成和作用

为了完成摄像任务，摄像管必须具有写入、存储、阅读、抹去等过程。为了实现上述过程，一般的摄像管应具有图 5-18 所示的结构。

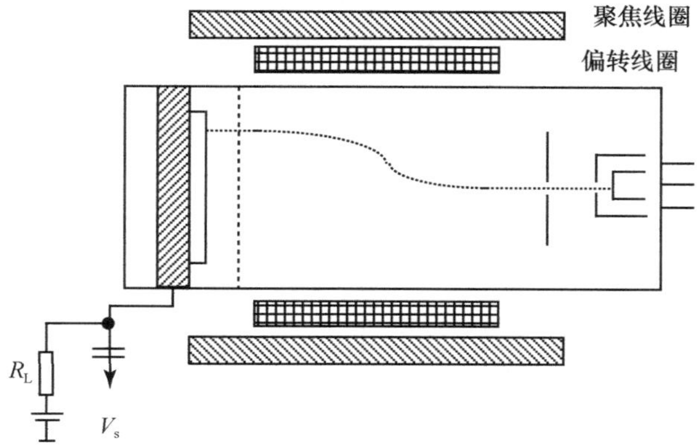

图 5-18　一般摄像管的典型结构示意图

此结构主要由两大部分组成，即光电变换与电荷存储部分和信号阅读部分。

1）光电变换与电荷存储部分

(1) 光电变换部分。光电变换部分主要将光学图像变成电子图像，该部分主要由光敏元件组成，常用的材料有光电发射体和光电导体。

① 光电发射体。光电发射体是指在光照下能发射电子的物体。用于像管中的各种光电阴极，都可以充当摄像管中的光电发射体。从景物发出的光线通过光学镜头聚焦到光电阴极上，形成光学图像。光电阴极在光子的激发下产生光电发射，光电流的大小与照度强弱相对应。光电子在加速电场的作用下射到靶的一面，使靶的另一面产生电位起伏（电子图像），而后既可以利用光电子流进行放大处理，以作为信号输出，也可以利用因光子发射而提高的光电阴极电位作为信号。这样就完成了光电变换的功能。为了便于区别，靶受光电子轰击的一面称为"成像面"，受电子束扫描的一面称为"扫描面"。从光电阴极到靶的成像面这一区域称为"移像区"（把光电阴极上的光学图像转移到靶面上，成为电位图像），从靶的扫描面到电子枪这一区域称为"扫描区"，如图 5-19 所示。移像的目的在于增强光电子的能量，从而能够在靶面上产生更多的电荷，借以获得增益，提高灵敏度。

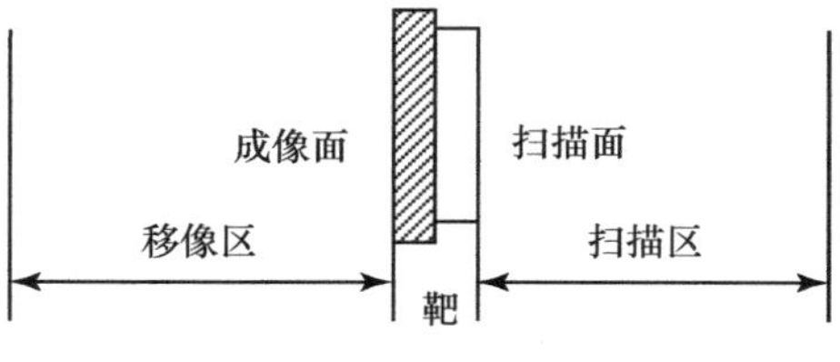

图 5-19　移像区和扫描区的划分

② 光电导体。这是目前摄像管中应用最广泛的光电变换材料。它的光电变换原理可用图5-20说明。光电导靶将信号板与光电导体做在一起,在光电导层上施加固定直流电压(受光面电位为正,扫描面电位为零),形成跨层电场。当景物发出的光线通过光学镜头照射到靶面时,靶面上各个像素的电导率随照度的不同而有不同程度的增大。这是因为入射光子的激发,使得光电导体内部产生电子空穴对,这些光生载流子在体内移动,构成电流,空穴向低电位一侧(扫描面)移动(图5-20中自左向右),电子向高电位一侧(受光面)移动,电荷移动的结果是靶的扫描面电位升高。换句话说,光线照射使靶的扫描面上出现正电荷图像,或者说,出现电位起伏。正电荷的多少,或者电位的高低,与各个像素的照度相对应。照度较强的像素上,产生的电子空穴对较多,电阻较低,从而使扫描面上出现的正电荷就较多,电位也就较高。这样,就把入射在光电导上的光学图像转变为扫描面上的电位图像。

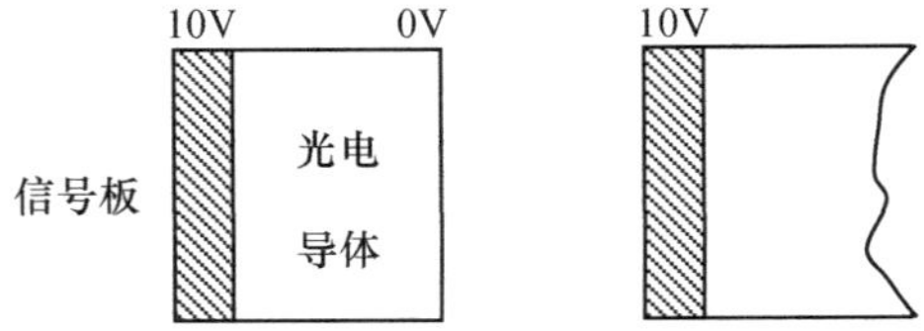

图5-20　光电导体的光电变换原理

(2)电荷存储部分(或称为电荷积累部分)。由光电变换所得到的瞬时信号很弱,故一般要采用积累元件。它在图像上的任意一个像元,在整个帧周期内,使信号不断产生积累。积累元件可以是光电变换体本身,即光电变换部分和存储部分是合为一体的,也可另用单独存储元件,使光电变换与存储部分分开。

因为要积累和存储信号,所以在帧周期内要求信号不泄漏,这就要求存储元件具有足够的绝缘能力和很高的电阻。

下面仍以产生光电变换的光电导体作为积累元件说明电荷积累过程,如图5-21所示。

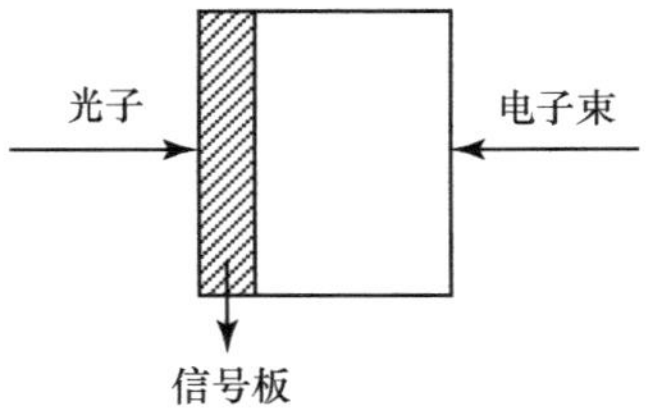

图5-21　光电导体电荷积累过程

在这种形式中,光电导体既是光电变换器,又是电荷积累器。工作时,光直接照在光电导层上使电导率增加,进而使信号板上的正电荷向靶的右表面转移,建立电位图像。建立电位图像的过程就是电荷的积累过程。当右端来自电子枪的电子束不扫描靶面时,此电位图像(电荷积累的结果)将积累起来而不被取走。

2)信号阅读部分

从靶面取出信号的任务是由阅读部分完成的。阅读部分包括发射系统(电子枪)和聚焦偏转系统。来自电子枪的电子束经聚焦偏转系统聚焦、偏转后轰击到靶面(电荷存储元件)，当靶面上的某一像素在某一瞬间受到电子轰击时，电子束中的一部分电子与扫描面上的正电荷中和，使该像素的电位回复到零。电子束在扫描面上按行扫描自左到右，再按帧扫描自上而下的方式，沿扫描面与靶上逐个像素相接触，并与靶面的正电荷相中和，这一过程可称为“换接”。换接使扫描面上的电位图像转变为视频信号，把一幅真实图像的空间变化转变为电信号的时间变化。这个视频信号经前置放大器放大后，输出到外电路中，这样就完成了信号的阅读过程。

5.6.2　摄像管的主要参数

1. 响应率

摄像管的响应率又称灵敏度。灵敏度是摄像管的一个极其重要的参数。关于其定义，常用的主要有三种。

(1) 当输出信号一定时(刚好满足信噪比要求)，光敏面上所需的最小光通量的倒数。该值越大，灵敏度越高。

(2) 当输入在光敏面上的光通量一定时，摄像管输出信号电流的大小。

(3) 摄像管输出的信号电流与均匀照射在靶面上的光照度(或辐照度)或光通量(或辐通量)的比值，用 R 表示。其单位为 μA/lx 或 μA/lm(μA · m^2/W 或 μA /W)。

$$R = \frac{I}{E}(\mu A/lx) \quad 或 \quad R = \frac{I}{\phi}(\mu A/lm) \tag{5.64}$$

当提供灵敏度数据时，一般还需规定光源的类型和色温、靶电压、暗电流或一定的信噪比条件。R 的测量一般根据定义进行，即测出入射光通量及其所产生的光电流。光源通常用 2856K 色温钨丝灯。

2. 光电转换特性

摄像管的光电转换特性(γ 特性)定义为输出信号与产生该信号的光敏面上的入射照度之间的关系。该关系可写成如下一般式：

$$I_s = k \cdot E^{\gamma} \tag{5.65}$$

式中：k 为常数。在直角坐标系中，I_s-E 曲线如图 5-22 所示。

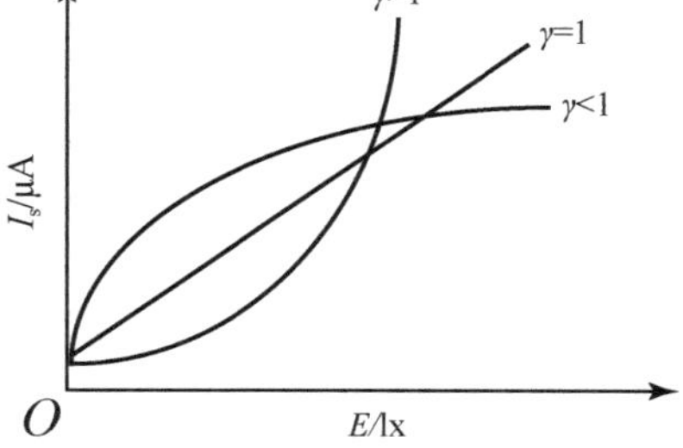

图 5-22　摄像管的光电转换特性曲线

对式(5.65)两边取对数，有

$$\lg I_s = \gamma \lg E + \lg k \tag{5.66}$$

由式(5.66)知，γ 是用双对数坐标表示的 I_s—E 关系曲线中的斜率，称此值为灰度系数(图 5-23)。

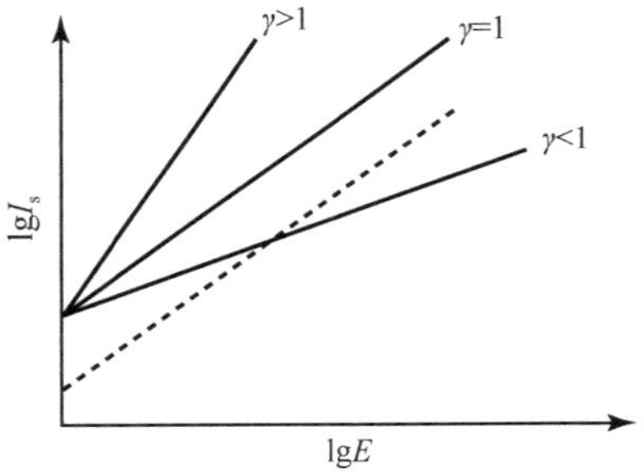

图 5-23 摄像管的光电转换特性对数曲线

当 $\gamma=1$ 时，$I_s=kE$，I_s 和 E 之间满足线性关系，此时可以说灰度等级均匀，彩色电视常选用此类摄像管；当 $\gamma<1$ 时，有均匀的灰度畸变，它将提高低照度时的响应率，又使高照度时的光电特性呈一定的饱和状态，即受到压缩。前者有利于提高暗场时的信噪比，后者有利于扩展动态范围。因显像管亮度特性的 $\gamma>1$，为使整个电视系统总的灰度特性等于 1，常选用 $\gamma<1$ 的摄像管；$\gamma>1$ 的摄像管是不适用的。

光电转换特性主要取决于光电靶或光电阴极的光电特性，同时又受到电子束补偿电荷能力、光敏层像素的电容、尺寸、信号板上的电压等的限制。

3. 分辨率、对比传递函数和调制传递函数

1）分辨率

分辨率是指器件对图像细节的鉴别能力。分辨率通常用接收图像的高度、宽度范围内所能分辨的等宽黑白线条数来表示，也有的用每毫米所能分辨的最多线对数表示（lp/mm）。分辨率分为水平分辨率和垂直分辨率。

（1）水平分辨率。水平分辨率指的是在图像水平方向上所能分辨的垂直黑白线条数，如图 5-24 所示。

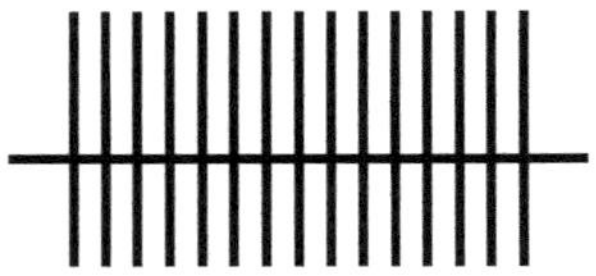

图 5-24 水平分辨率定义

在摄像管中，习惯用每帧多少电视线表示分辨率。如在整个水平宽度内最多可分辨的垂直黑白线对数为 200lp，则水平分辨率可表示为 400TVL（电视线），即 TVL/H。如用每毫米多少线对表示，则水平分辨率为 200lp/水平宽度（mm）。

影响水平分辨率的因素有：

① 扫描电子束落点（以下简称束点）尺寸的影响。扫描电子束在水平方向是连续移动扫描的。束点尺寸的大小与图像清晰与否密切相关。束点尺寸越大，图像越模糊，模糊范围与束点尺寸大小相当。束点尺寸对水平分辨率的影响称为孔阑效应。为了减少孔阑效应，应缩小束点的水平尺寸。

② 信道频带宽度的影响。当电子束扫描靶面时，像素上的信号接连不断地输送出去。像素个数越多，输出脉冲频率越高。这就要求信道有足够的带宽。如果带宽不够，

就会限制水平分辨率。根据我国制定的电视标准,可算出信道带宽为

$$\Delta f = 0.0128M(\mathrm{MHz}) \tag{5.67}$$

式中:M 为垂直分辨率。

(2) 垂直分辨率。垂直分辨率指的是在图像垂直方向上所能分辨的水平黑白线条数,如图 5-25 所示。像素的大小是由阅读的精细程度所决定的,或者说是由束点尺寸、扫描行数和扫描位置决定的。它们决定了垂直分辨率的上限,当这些因素确定之后,靶本身的质量就决定着分辨率的大小。影响垂直分辨率的因素有:

① 扫描行数的影响。水平扫描行数为 600TVL 的电视系统的垂直分辨率绝对不会超过每帧 600TVL。考虑实际扫描过程中的消隐行数,最高垂直分辨率总要低于扫描行数。

② 扫描位置的影响。如果扫描中心线的位置不当,会使应有的分辨率下降。当扫描中心线与条纹中心线正好重合时,分辨率最高;当扫描中心线与条纹边界线重合时,垂直分辨率最低;当扫描中心线介于条纹中心线和边界线之间时,垂直分辨率将介于以上两种情况之间。

③ 扫描束点尺寸及其电流密度分布的影响。垂直分辨率随着束点尺寸的变化而变化。如果束点尺寸增大,垂直分辨率将会下降。这是由于在扫描时,同时取走了相邻线条的信号,使它们相互混淆。此外,垂直分辨率还与束点上的电流密度分布有关。通常电子束截面上的电流密度服从高斯分布,所以束点中心和边缘部分的阅读能力不同。如果设计出均匀密度分布的束点,阅读效果及分辨率会大大改善。

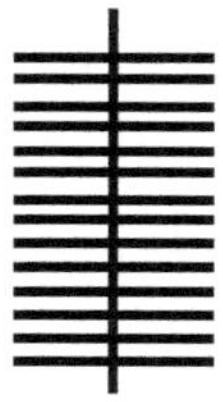

图 5-25　垂直分辨率定义

需要指出的是:器件标称的分辨率是在最佳照明条件下对高对比度、固定的熟悉图案进行观察测定的,因此所提供的是极限分辨率。

2) 对比传递函数

根据对比传递函数的定义,有

$$R(f) = \frac{C'(f)}{C(f)} \tag{5.68}$$

如果输入物的对比度为 1,则有

$$R(f) = C'(f) \tag{5.69}$$

$R(f)$ 通常是测出来的。为了方便,在测试 $R(f)$ 时,一般不采用正弦输入图案,而是采用疏密不等、黑白相间的高对比条纹图案,如图 5-26 所示。此输入图案可看成空间方波,输出的信号波形随着空间频率的增加而越来越偏离方波,幅值也将减小,如果输入对比度 $C(f)=1$,只要测量出不同频率时输出信号峰的峰值,就可求出相应频率的对比传递函数值。

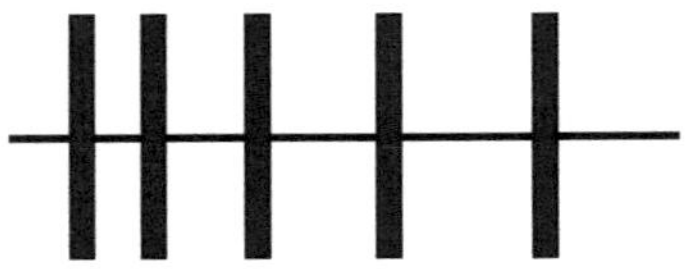

图 5-26　对比传递函数测试图案

为了使 $R(f)$ 归一化,通常将 $C'(f)$ 归一化。具体处理方法是:将不同频率下测得的输出信号峰峰值除以低频时的输出信号峰峰值,就可得到归一化的对比传递函数值。绘出的这一比值和不同频率的关系曲线,为该器件的对比传递函数特性曲线。通常用空间频率为 400TVL 时的对比传递函数来评价摄像管的分辨能力,而用对比传递函数为 10% 的线对数来表征它的极限分辨率。

3）调制传递函数

调制传递函数 MTF(f) 更能客观地评价器件的分辨率。根据 $R(f)$ 与 MTF(f) 的一般关系,由测得的对比传递函数 $R(f)$,可求得器件的 MTF(f)。

值得注意的是,在测试分辨率、$R(f)$ 及 MTF(f) 时,是将被测系统同光学系统、监视器放在一起测量的,为此应对测量结果做出合理的分析判断。

4. 摄像管的惰性

摄像管的惰性是指输出信号的变化相对于照度的变化有一定的滞后现象。由于惰性的存在,光照消失后,摄像管的输出电信号是逐渐变小的;光照开始时,电信号是逐渐增大的。所以惰性反映了摄像管的瞬态特性,它包括上升惰性和衰减惰性。在传送变化的图像时,惰性的存在会造成图像的模糊,失去对微小细节的分辨能力。

产生摄像管惰性的原因有两种:一种是光电导惰性,表现为光电导体电导率的变化滞后于照度的变化,对于光电阴极来说,此惰性可忽略不计;另一种是电容性惰性,它是由靶在充放电时的延迟造成的。信号电流的衰减正比于 $\exp(-t/R_bC)$。其中,t 为电子束对像素的扫描时间,R_b 为束电阻,C 为靶电容,R_bC 为充电时间常数,因此 R_bC 决定了电容性惰性的大小。

摄像管惰性的来源主要有以下几个方面。

1）靶的响应惰性

靶的响应惰性主要由组成靶的光电导体的惰性引起,表现为光电导体的电导率变化滞后于照度的变化,它取决于光电导的响应时间常数。这种惰性,对于光电发射型摄像管来说,可以不予考虑,但对于视像管类型必须考虑。

2）电荷转移惰性

对于光敏面(受光面)和扫描面分别位于靶的两侧的摄像管,需要将光照面上所产生的电信号转移到扫描面上,这就需要有一个过程。对于光电导靶,电荷的转移速度与电导率和信号板上的电压成正比。由于小的入射照度只能引起小的附加电导,所以在信号板电压相同的情况下,电荷的转移速度较慢,小信号的惰性就比较大。这是视像管的一个突出问题。由此过程引起的滞后现象称为电荷转移惰性。

3）阅读惰性

阅读惰性(电容性惰性)表现为靶在充放电时的延迟现象。用电子束阅读信号电荷时,由于阅读的不充分,一次扫描难以取出全部积累信号,有的信号留待以后扫描时取出。这就相当于靶放电不充分，积累信号有滞后现象。由此产生的惰性称为电容性惰性，或扫描放电惰性。产生这种现象的原因是上靶电子数量不够，不足以中和靶上的积累电荷。

4）帧周期的影响

像素上的电荷信号是在整个周期内积累起来的，电子束对每个像素的阅读都是周期地进行。在帧周期内，如果图案相对该像素发生位移，或投射在该像素上的光能发生变化，输出信号是反映不出来的。由于帧周期的影响，运动景物像的对比下降，下降的程度随运动速度增加。

5. 摄像管的噪声

摄像管及其外围电路中常遇到的噪声有以下几类。

（1）光子、光电子、二次发射电子、扫描电子的散粒噪声；

（2）PN 结载流子扩散的散粒噪声；

（3）载流子产生的复合噪声；

（4）热噪声；

（5）$1/f$ 噪声；

（6）放大电路噪声。

电子束散粒噪声是由扫描电子束到达靶面的随机性引起的，其大小可由电子散粒噪声通式表示为

$$\overline{i_{\mathrm{bn}}^{2}} = 2i_{\mathrm{b}}e\Delta f \tag{5.70}$$

式中：i_{b} 为电子束电流。

对于不同类型的摄像管，上述噪声的大小不同。对于视像管，放大电路噪声与负载电阻的热噪声为主要噪声；对于光电发射型摄像管，放大电路噪声与热噪声就不再是主要噪声，而光子、光电子的散粒噪声成为主要噪声。

6. 摄像管的灰度

我们之所以能分辨物体的细节，就是因为各细节具有不同的亮度。这些不同的亮度根据它们的比值可以分成等级，亮度相差越大包含的等级越多。这些按照一定的标准划分的亮度等级就叫灰度。当物体成像时，成像系统应能如实地传递物体上的亮度等级。如果不能，则说明成像系统改变了物体的灰度。

实际系统总要降低物面上的灰度数。为了衡量系统传递灰度的能力，要进行专门测量。灰度常用灰度卡测量。灰度卡是一张包含不同透过率条带的卡片，在同一光源照射下，透过各条带的亮度不同。各条带的亮度差按对数递减，按照一定差值分成不同级次。测试时，将能分清的最高级数作为结果。

7. 动态范围

摄像管的动态范围通常有两种含义：一种是指摄像管能够处理的平均照度范围，也就是说，从一幅景物到另一幅景物，平均照度的最大比值；另一种是指在同一幅景物内，摄像管能处理的最高照度值与最低照度值之比。摄像管的动态范围一般指的是后一种含义。在摄像管中，动态范围的下限受噪声的限制，而上限受到靶面像素容量的限制。局部强光的存在会引起一系列不良现象。例如，在硅靶管中，当局部像素上的信号超过容量时，光电子将向邻近像素扩散，出现"开花"现象。因此，用微光摄像管拍摄景物时，不允许局部强光存在，否则，会出现由"开花"引起的亮区的扩大，最后使图像消失。

参考文献

[1] 王庆有. 光电技术[M]. 4版. 北京:电子工业出版社,2018.
[2] 程立群. 光电器件技术及应用[M]. 北京:高等教育出版社,2015.
[3] 杨应平. 光电技术[M]. 2版. 北京:清华大学出版社,2023.
[4] 安毓英,刘继芳,李庆辉,等. 光电子技术[M]. 5版. 北京:电子工业出版社,2021.
[5] 方如章,刘玉凤. 光电器件[M]. 北京:国防工业出版社,1988.
[6] 邹异松,刘玉凤,白廷柱. 光电成像原理[M]. 北京:北京理工大学出版社,1997.
[7] 张彤. 光电接收器件及其应用[M]. 北京:高等教育出版社,1987.
[8] 刘振玉. 光电技术[M]. 北京:北京理工大学出版社,1990.
[9] 缪家鼎,龚兆远,辛学耕. 光电技术基础[M]. 杭州:浙江大学出版社,1988.
[10] 蒋先进,等. 微光电视[M]. 北京:国防工业出版社,1984.
[11] 张伯尧,应根裕. 摄像与显示器件原理[M]. 北京:国防工业出版社,1986.
[12] 沈庆垓. 摄像管理论基础[M]. 北京:科学出版社,1984.

思考题与习题

1. 像管工作时应具有哪些功能?
2. 试推导二级像管的亮度增益公式。
3. 第一代像增强器与第二代像增强器各采用什么方式使亮度增强?

第 6 章　电荷耦合器件

长期以来，采用真空系统使得许多摄像器件大而笨重，为此人们一直在研究固体成像器件。20 世纪 70 年代初研制的电荷耦合器件，使得一些光电成像器件尤其是摄像器件得到了飞跃发展，目前已得到广泛应用。电荷耦合器件具有体积小、质量轻、结构简单、功耗小、成本低、传输快、噪声小的优点，现已成为光电器件的一个重要分支。

与真空成像器件相比，固体成像器件除具有以上优点外，还能延伸响应波长，此外，固体成像器件都是做成平面的，对应用所提出的要求具有更大的适应性，是目前红外探测技术发展的重点。

电荷耦合器件(charge coupled device，CCD)。CCD 的主要应用有两大类：一类是在电子计算机或其他数字系统中用于信息存储和信息处理；另一类是用于摄像装置。后者的作用是把光学图像转换为电子图像，再通过存储、自扫描输出时间序列的电信号。

6.1　电荷耦合器件的基本原理

CCD 从结构上讲，是许多小金属—氧化物—半导体(metal-oxide-semiconductor，MOS)电容器的集成，要了解 CCD 的工作原理，必须从 MOS 电容器的特性开始讨论。

6.1.1　MOS 电容的结构及性质

MOS 电容器由 P 型(或 N 型)Si 层、SiO_2 层和金属层构成，如图 6-1(a)所示。

此结构有两个引出电极，两个极板分别由金属和半导体构成。金属上的电极称为栅极，半导体衬底上的电位一般加 0V。图 6-1(b)为一般电容器结构，它由两块金属板和中间的电介质构成。

(a) MOS电容器结构示意图
1—金属Al；2—氧化物SiO_2。

(b) 一般电容器结构示意图
1—金属；2—电介质。

图 6-1　MOS 电容器、一般电容器结构示意图

在讨论 MOS 电容器性质之前，回顾以下半导体 PN 结的有关知识。PN 结是由 P 型半导体和 N 型半导体并在一起后形成的结，两种半导体材料中载流子浓度的差异，使得 P 型半导体材料中的多数载流子空穴穿过结区向 N 区扩散，N 型半导体材料中的多数载

流子电子穿过结区向P区扩散。扩散的结果是在两种半导体接触区形成了一个内建电场(势垒区),其方向由N指向P。当为PN结两端加上外加电场时,根据所加电场方向有两种情况。

(1) P区加正电,N区加负电。外电场方向同内建电场方向相反,外加电场削弱了内建电场的强度,因此势垒区在外电场的作用下变低,电荷区变窄。在P区中,这种作用结果相当于空穴向上运动,电子向下运动。

(2) P区加负电,N区加正电。外电场方向同内建电场方向相同。因此势垒区在外电场的作用下变高,电荷区变宽。在P区中,这种作用结果相当于空穴向下运动,电子向上运动。

MOS电容器在工作时,通常在栅极和半导体衬底之间加有栅极电压V_g。理想情况下(SiO_2完全绝缘,金属与半导体之间不能通过SiO_2转移电荷),当$V_g=0$时,由于半导体同金属没有交换电荷,所以表面势$V_s=0$。所谓表面势指的是氧化物和半导体接触界面处相对于衬底下端的电位大小。根据所加栅极电压V_g的大小和方向,分以下几种情况讨论。

1. 多数载流子堆积状态

设在金属层上施加负电压时,半导体处于正向偏置,在氧化物和半导体的界面产生负的表面势V_s,P型Si中的空穴在外电压电场作用下,向SiO_2和P型Si的接触表面运动。于是越接近界面,空穴的浓度越大,即大量空穴将积累在界面上,这种状况称为多数载流子堆积状态($V_g<0$)。此时的MOS电容器与金属板电容器相同,其单位栅板面积的电容量为

$$C=\frac{\varepsilon_{ox}\varepsilon_0}{d}=C_{ox} \tag{6.1}$$

式中:C、C_{ox}分别为MOS电容器和氧化物绝缘层电容;ε_{ox}为氧化物的介电常数;ε_0为真空中的介电常数;d为氧化层厚度。

2. 多数载流子耗尽状态

当在金属层上施加正电压时,半导体处于反向偏置,表面势V_s为正,半导体中的空穴将从界面推开,即P型Si中的空穴在外电压电场作用下向Si的底部运动(相当于PN结中势垒变高,电荷区变宽)。这样,在界面下一定宽度范围内就会形成空穴耗尽区。同时,表面势V_s随耗尽区的形成而升高,耗尽区深度随着栅极电压V_g的升高而不断变宽。这种状态就是多数载流子的耗尽状态。在耗尽区,空穴的浓度几乎为零,如图6-2(a)所示。

此时,表面势为

$$V_s=\frac{eN_A}{2\varepsilon_s\varepsilon_0}x_d^2 \tag{6.2}$$

式中:x_d为耗尽层深度;ε_s为半导体介电常数;N_A为空穴浓度。

金属栅极上的电荷为

$$Q=eN_Ax_d \tag{6.3}$$

3. 载流子的反型状态

当加在金属层上的正电压V_g进一步增大时,耗尽区深度也进一步增大,以至达到深耗尽状态。此时,表面势也不断升高。在表面处形成势阱(位阱)。阱深以表面势V_s表

示。由于表面势的存在($V_s>0$)，形成了对电子的收集能力。在深耗尽状态下，如果有自由电子充入势阱，如热激发产生的电子，耗尽区深度和表面势 V_s 均随电子的增加而减小。当电子充满势阱时，达到稳定状态。这样在表面处就形成了一个反型层。这种状态就是载流子的反型状态。在这种情况下半导体内存在两种电荷，耗尽区内的空穴和反型层中的电子，如图 6-2(b)所示。

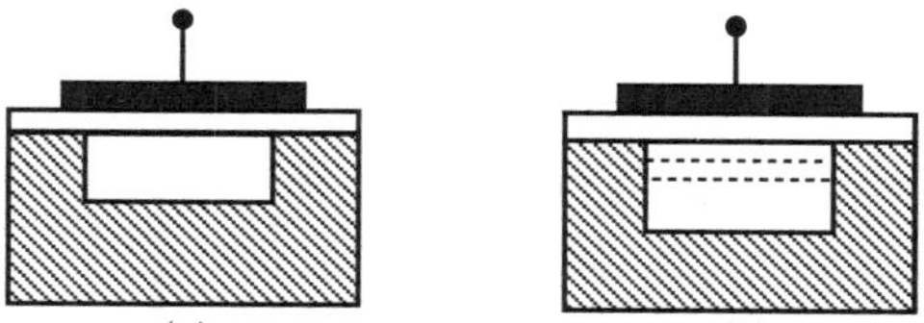

图 6-2　耗尽层与反型层的形成

如果外界不注入电子或不引入各种激发，则反型层中电子来源主要是耗尽区内热激发的电子空穴对。对于经过良好处理的半导体，这种激发过程是很慢的，为 0.1～10s，称为存储时间。通常称反型状态开始时的栅极电压 V_g 为阈值电压，用 V_{th} 表示。其值为

$$V_{th} = 2\phi + \frac{(4\varepsilon_s \varepsilon_0 e N_A \phi)^{1/2}}{C_{ox}} \tag{6.4}$$

式中：ε_s 为半导体介电常数；N_A 为空穴浓度。

由上面的讨论知，堆积状态是空穴堆积，相当于一般电容器存储电荷；耗尽状态为非稳定状态，此时 $V_g<V_{th}$；反型状态为稳定状态，此时 $V_g>V_{th}$。

6.1.2　电荷耦合器件的工作条件及要求

在深耗尽状态下，如果势阱中充满了电子，则 MOS 电容器达到稳定状态。在稳定状态下，不能再向势阱中注入信号电荷的。这种情况对探测信号是没有用的。对于光电探测，所关心的是非稳定情况。在通常情况下，反型层中的自由电子是由热激发而产生的，由于热激发比较缓慢，即电子的产生速度很慢，所以不会立即达到稳定状态。因此可利用反型前的非稳定状态，人为地注入信号电荷，以便使信号电荷存储在势阱中，这就是 CCD 的工作条件。因此，CCD 就是在非稳定状态下工作的 MOS 电容器的集成。

在反型前，即在深耗尽状态下，耗尽区深度最大，势阱最深，存储电荷的能力也最大，随着时间的增加、热激发的持续，耗尽区变浅，势阱也变浅，存储电荷的能力减小，时间进一步增加，势阱就会消失，就不会再存储信号电荷。因此，CCD 要存储有用的信号电荷，要求信号电荷的存储时间小于热激发电子的存储时间，即在热激发还未产生电子之前要将信号电荷存储在势阱中。需要注意的是存储的电荷在氧化物和半导体的界面上，即势阱的顶部而不是底部。

6.1.3　电荷耦合器件的势阱深度与表面势的关系

由于势阱的深度和电荷的存储能力都由表面势决定，所以首先建立表面势公式。单个电极 CCD 的等效电路如图 6-3 所示。可以看出，其电荷关系为

$$Q_G + Q_I + Q_D = 0 \tag{6.5}$$

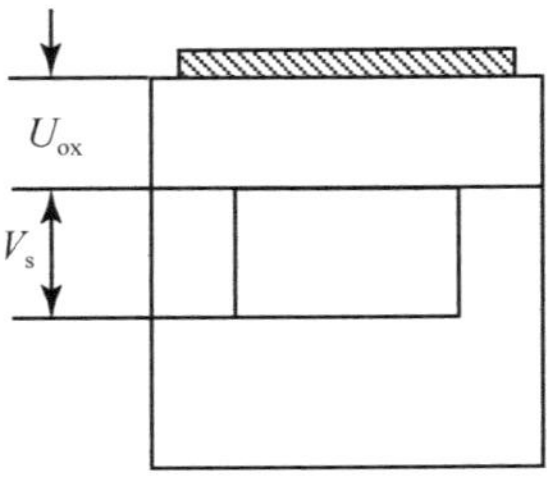

图6-3　CCD 等效电路

式(6.5)中:Q_G 为栅极上的电荷;Q_I 为自由电子电荷;Q_D 为耗尽层固定电荷。

而

$$Q_D = N_A e x_d \tag{6.6}$$

$$x_d = \sqrt{\frac{2\varepsilon_s V_s}{eN_A}} \tag{6.7}$$

所以有

$$Q_D = \sqrt{2\varepsilon_s e N_A V_s} \tag{6.8}$$

CCD 的电压关系为

$$V_g - U_{FB} = V_s + U_{ox} \tag{6.9}$$

式中:V_g 为栅极电压;U_{FB} 为平带电压;U_{ox} 为氧化层电压,其值为

$$U_{ox} = (Q_I + Q_D)/C_{ox} \tag{6.10}$$

式(6.9)建立了表面势同栅极电压及氧化层电压之间的关系,而氧化层电压又由耗尽层的具体情况所决定。下面建立 V_s 同各参量之间的具体关系式。

将式(6.10)代入式(6.9),并考虑到自由电荷为 ne,得

$$V_g - U_{FB} - \frac{ne}{C_{ox}} = V_s + \frac{\sqrt{2\varepsilon_s e N_A V_s}}{C_{ox}} \tag{6.11}$$

从中解出

$$V_s = V_g - U_{FB} - \frac{ne}{C_{ox}} + \frac{e\varepsilon N_A}{C_{ox}^2} - \frac{1}{C_{ox}}\left[2e\varepsilon N_A\left(V_g - U_{FB} - \frac{ne}{C_{ox}}\right) + \left(\frac{e\varepsilon N_A}{C_{ox}}\right)^2\right]^{\frac{1}{2}} \tag{6.12}$$

设

$$U_0 = \frac{e\varepsilon N_A}{C_{ox}^2} \tag{6.13}$$

将式(6.13)代入式(6.12)中,有

$$V_s = V_g - U_{FB} - \frac{ne}{C_{ox}} + U_0 - [2(V_g - U_{FB} - \frac{ne}{C_{ox}})U_0 + U_0^2]^{\frac{1}{2}} \tag{6.14}$$

由此可见,表面势与栅极电压、氧化层电容、空穴浓度以及势阱中的自由电子浓度有关。

6.1.4　CCD 的电荷耦合原理及信号传输

1. 电荷耦合原理

当 CCD 工作时,可以用电注入或光注入的方法向势阱中注入电荷。势阱中的电荷通

常称为电荷包。在提取信号时，需要将电荷包有规则地传送出来，这一过程叫作 CCD 的电荷转移（或电荷传输）。它是靠在时钟脉冲作用下不断改变各个 MOS 电容器的栅极电压，以电荷耦合方式实现的。其原理如图 6-4(a)所示。设有 4 个紧密排列的 MOS 电容器，其栅极电压 V_g 均高于阈值电压 V_{th}（V_{th} 一般为 2V），这样在各栅极下面都能形成势阱，V_g 越高，形成的势阱越深。为了便于理解，以几何尺寸形象地表示出势阱深度和它所包含电荷的多少，但不要误认为是真实的几何尺寸。

假定在第二个电极下的势阱中已存储电荷包，则 $V_{g2}=10V$，其他三个电极上的栅极电压分别为 $V_{g1}=V_{g3}=V_{g4}=2V$。

当 V_{g3} 由 2V 升高到 10V 时，第三个 MOS 电容下的势阱深度增加，与第二个电极下的势阱合并且深度相同，如图 6-4(b)所示。此时电荷为第二个势阱和第三个势阱共有。

如果将 V_{g2} 由 10V 降为 2V，那么 V_{g2} 下面的势阱深度不断变浅，直至最后消失，此时这两个势阱中的电荷全部转移到第三电极下面的势阱中，如图 6-4(c)所示，从而使电荷包向右转移一位。

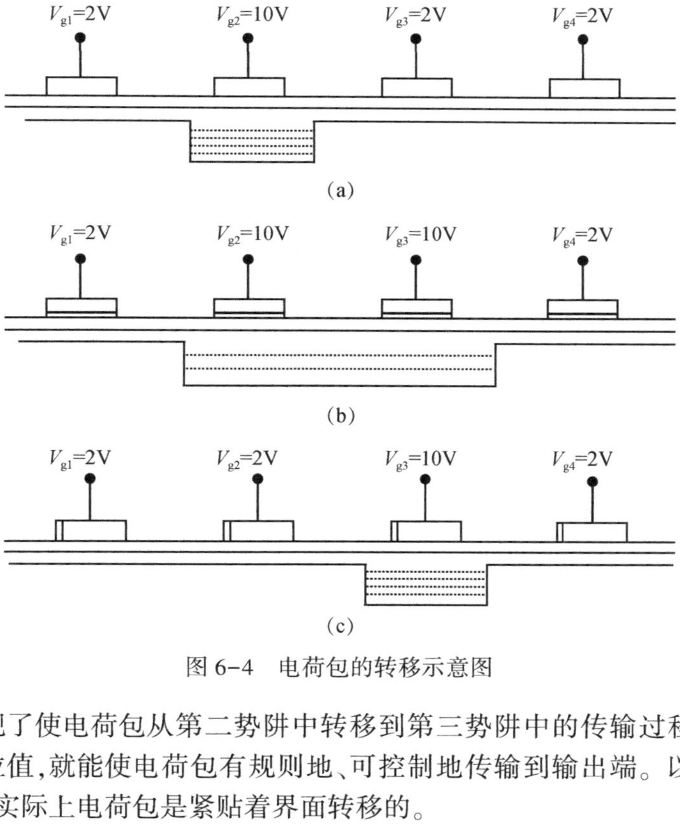

图 6-4　电荷包的转移示意图

这样就实现了使电荷包从第二势阱中转移到第三势阱中的传输过程。不断地改变各栅极上的电位值，就能使电荷包有规则地、可控制地传输到输出端。以上系列图形只是形象的比喻，实际上电荷包是紧贴着界面转移的。

2. 电荷的注入

电荷耦合器件的势阱获得电荷的方法有三种：热生、光生及电注入。热生电荷构成暗电流，光生电荷构成光信号电流；而电注入的电荷既可以是数字及模拟处理系统的输入信号，也可以是其他光电器件的光电信号。

电注入的方法有很多，但其基本指导思想都是要尽量保证注入的电荷同实际信号呈线性关系，并且使输入噪声最小。具体来说又分为两种情况，一是保证电荷包大小同输入电压成正比,二是保证表面势的大小同输入电压成正比。

根据电荷耦合器件的不同用途,可有两种不同的电荷注入方式。方式一是当CCD用作信息存储和处理时,通过输入端注入与信号成正比的电荷;方式二是当CCD用作拍摄光学图像时,通过光电转换系统把光学图像的照度分布转换成电荷分布,然后通过输入端注入每位势阱中。

对方式一,若要从外部直接输入信号电荷,则要在一定时刻给输入二极管ID的电极、输入栅极IG和时钟脉冲 ϕ_1 上分别加上如图6-5所示的电压。

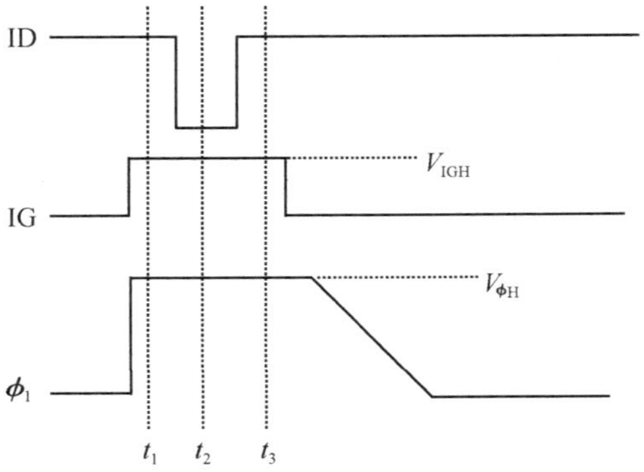

图6-5 信号电荷的注入

在 t_1 时刻,输入二极管施加高的反向偏置,以阻止输入栅下出现反型层,但IG和 ϕ_1 电极下均出现深耗尽态;在 t_2 时刻,在负脉冲作用下输入二极管呈正向偏置,信号电荷通过IG下的通道源源流入 ϕ_1 下的深耗尽层(势阱)中;在 t_3 时刻,输入二极管恢复原状,IG和 ϕ_1 下的多余电荷被抽走。因此注入电荷取决于 $V_{\phi H}$ 与 V_{IGH} 相应表面势之差,调节这两个电平,就能控制电荷的注入量。

对方式二,若要拍摄光学图像的空间分布,则光注入时,在 ϕ_1、ϕ_2 和 ϕ_3 上施加如图6-6所示的电压波形。在光照射期内 ϕ_1 作用下的每一位形成势阱,由于光照射(可从衬底方向或电极方向入射)激发出电子空穴对,其电子被积累到相应的势阱中,因此 ϕ_1 作用下每一位积累的电荷与对应的光照度成正比,即把光学图像转化为电子图像,所需的时间称积累期,然后按上述的电荷传输方式把光学图像的空间分布转化为时间序列的电荷包输出。

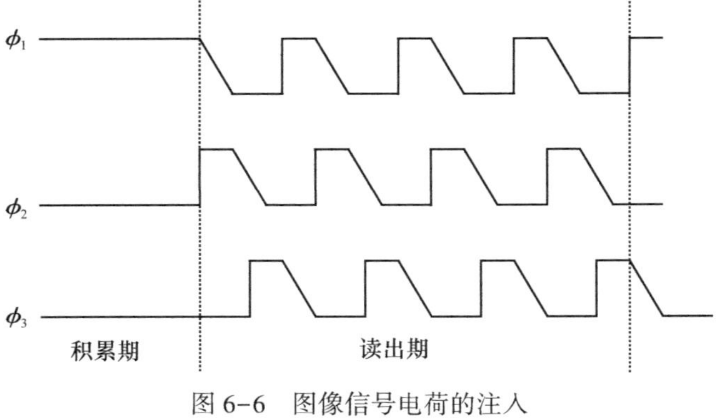

图6-6 图像信号电荷的注入

3. 电荷的输出

电荷的输出主要有电流输出和电压输出两种形式。从输入端输入的电荷包,在时钟脉冲的作用下,很快转移到输出端的最后一个时钟电极下面。如何把电荷包无破坏地输送出去,以电流还是以电压的方式输送出去,将是设计输出结构时要考虑的问题。最简单的信号电荷电流输出形式如图 6-7 所示。输出二极管 OD 是反向偏置的,输出栅上施加直流反向电压,当 ϕ_3 从高电压降到低电压时,输出的电荷包被输出二极管收集,形成反向电流,通过负载电阻产生输出电脉冲。由于输出电荷由 CCD 芯片外的放大器放大,容易受到噪声的影响。

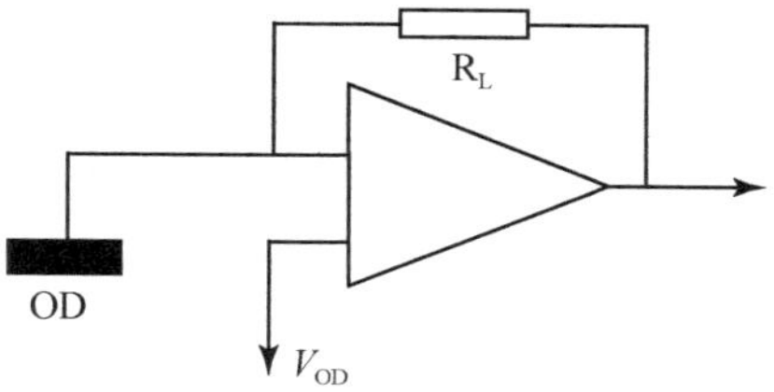

图 6-7　信号电荷电流输出形式

图 6-8 是信号电荷电压输出的形式。信号电荷通过输出栅 OG 被俘置扩散结收集,所收集的俘置扩散的信号控制 MOS 放大器(T_2)的栅极电压。在输出端获得信号电压,然后俘置扩散区收集的电荷被复位管抽走,即在 T_1 上施加复位脉冲使俘置区的电压复位。这时所有的单元在同一衬底上,因此抗噪声性能比较好。

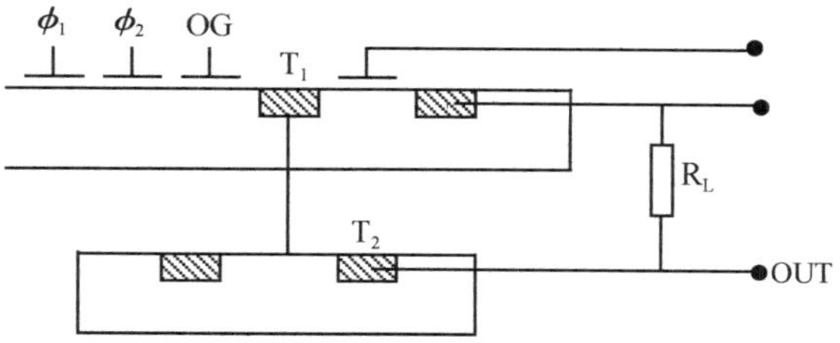

图 6-8　信号电荷电压输出形式

CCD 因结构不同,可有不同的电荷注入及信号输出结构,每种结构都设计了专门的输入端、输出端。就信号输出而言,根据发展过程先后曾采用过以下结构。

1) 从基底输出

最初的 CCD 是采用基底输出电流的方法输出信号。当电荷转移到最后一个转移栅下面时,去掉栅压,这样体内以前被排斥的多数载流子又回到表面上来,同信号电荷相复合。这样的复合过程,导致基底载流子浓度变化,从而引出电流,构成信号。

这一方法的缺点是,CCD 每次只能探测一个信号,即一次性破坏输出,而且重复探测周期不能大于载流子复合时间。

2) 反偏二极管输出

采用反偏二极管,外加芯片外放大器构成输出电路,如图 6-7 所示。时钟脉冲 ϕ_3 下面的电荷包经输出栅 OG 输出信号 U 后进入强反偏的扩散层二极管,使之表面势升高。当复位电压使二极管重新回到原电位时,有电流流入体外放大器。该方法有较好的线性,但是需要外接放大器,构成大的电容。这种方法的噪声主要依赖于输出二极管有关的电容大小,以及放大器噪声。

6.2 电荷耦合器件的基本结构

为了满足不同的用途,电荷耦合器件可有不同的结构。在实际的供电系统中,根据外接时钟脉冲的相数不同,其有二相电极结构、三相电极结构和四相电极结构三种;按照电荷转移时所经过的道路不同,可分为表面沟道和体内沟道(埋沟)。所谓表面沟道,指的是信号电荷的存储和转移都是在氧化物和P型硅的界面处发生的,这种电荷耦合器件也称表面沟道电荷耦合器件(SCCD)。由于界面处存在表面势,它们与信号电荷相互作用,影响了转移的速度并增加了信号电荷的损失。为克服这些缺点而开发出体内沟道(埋沟)电荷耦合器件。所谓体内沟道指的是电荷转移信道埋在CCD体内。这种电荷耦合器件也称体内沟道(埋沟)电荷耦合器件(BCCD)。

6.2.1 三相电极结构

图6-9为三相二位N沟道的CCD结构示意图。

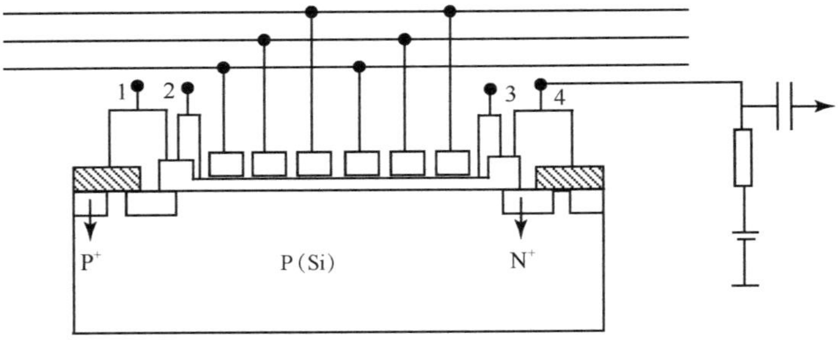

图6-9 三相二位N沟道的CCD结构示意图
1—输入二极管ID;2—输入栅IG;3—输出栅OG;4—输出二极管OD。

三相电极结构表示所用时钟脉冲条数为3条,每3个MOS电容器为一位,存储一个电荷包,此结构有6个MOS电容器栅极,则共有两位。在实际应用中,CCD的位数可有许多,如64位、256位等。64位对三相结构来说共有64×3=192(个)MOS电容器。

每位的3个电容器分别接到ϕ_1、ϕ_2、ϕ_3的时钟脉冲驱动线上,形成CCD的主体。而输入二极管ID、输入栅IG、输出二极管OD、输出栅OG是向CCD注入电荷包和提取电荷包的输入、输出结构。这里N^+与P型Si组成PN结构成二极管,P^+与P型Si主要是有效地阻止P型Si衬底的反型层。

假定在t_1时刻,在ϕ_1作用下的势阱中已经存有信号电荷包,此时$\phi_1(10V)>\phi_2(2V)=\phi_3$,如图6-10(a)所示。

在t_2时刻,ϕ_2由低电位变成高电位,$\phi_2=10V$,ϕ_1由10V逐渐减小,ϕ_3保持不变(2V);那么第一个势阱中的电荷包开始向第二个势阱中转移,此时驱动脉冲之间有$\phi_2>\phi_1>\phi_3$。

在t_3时刻,$\phi_1=2V$,$\phi_2=10V$,$\phi_3=2V$,第一个势阱中的电荷包已完全转移到第二个势阱中,此时驱动脉冲之间有$\phi_2>\phi_1=\phi_3$。

各驱动脉冲的电位变化如图 6-10(b)所示。

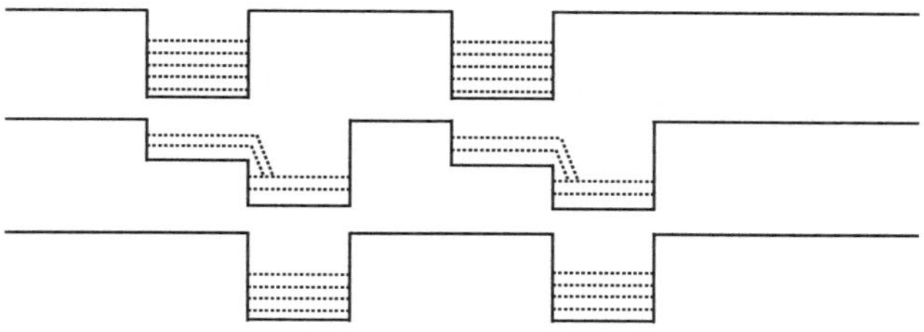

(a)电荷包转移示意图

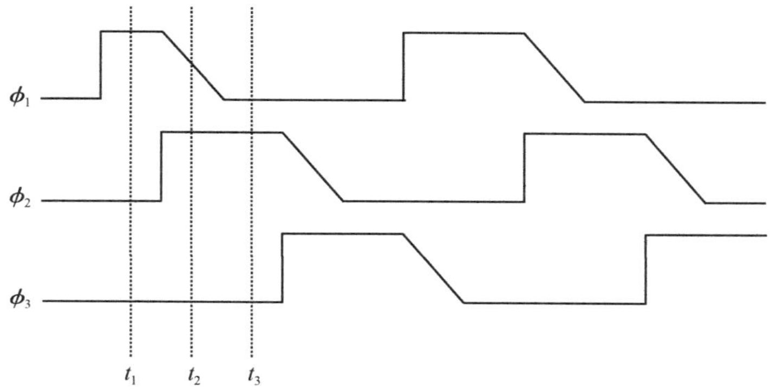

(b)三相结构电位变化图

图 6-10　电荷包转移与三相结构电位变化

依此类推,通过时钟脉冲的驱动,不断地改变 ϕ_1、ϕ_2、ϕ_3 的电位,就可使电荷包从左向右发生转移。当最后一个势阱中的电荷包在时钟脉冲 ϕ_3 由 10V 降为 2V 时,电荷包转移至输出二极管 OD 的输出端;由于 OD 是反向偏置,输出栅上加直流反向电压,这样电荷包就被 OD 收集,通过负载电阻产生输出的电脉冲。

为了实现电荷包在两个相邻的势阱之间的转移,CCD 的栅极之间既要求有间隙以保证电绝缘,又要求靠得很近,以使由高界面电位到相邻界面电位之间的过渡平滑不存在势垒。模拟计算结果表明,当栅极宽度为 15μm、氧化层厚度为 0.3μm 时,要存储电荷约 $7\times10^{10}cm^{-2}$ 时,其间隙宽度应小于 3μm。这在工艺上是困难的。为此常采用以下两种工艺措施。一种工艺是:首先使 Si 表面氧化形成 SiO_2 层,然后蒸镀金属铝层。光刻金属层形成分立电极。光刻时,需达到过腐蚀,即把光刻胶边缘下的金属层也腐蚀掉,然后第二次蒸镀铝。这样做出来的电极,间隔很小。最后去胶,同时也去掉了金属浮层。另一种工艺是:氧化 Si 表面,沉积氮化硅保护膜,制作合金硅层(或铝层),光刻合金硅,形成第一层电极。氧化第一层电极,然后蒸镀第二层电极,并光刻成电极图案。重复以上过程,得到第三层电极。由此而形成三层重叠电极结构,使电极间隔可小到 0.1μm。

以上是用三相二位 *N* 沟道 CCD 来说明电荷转移原理的,目前这种结构实际使用的已不多。为了达到上述要求,对三相二位 *N* 沟道的结构进行了改进,这就是如图 6-11 所示的三层重叠栅结构,这种结构在应用上已经取代了最初的三相结构。它是在衬底上先形成一层氧化硅,上面沉积一层 Si_3N_4 以保护氧化硅。重复三次沉积多晶硅-光刻-热氧化过程形成氧化硅工艺,得到三层互相重叠又互相电绝缘的三相电极结构。

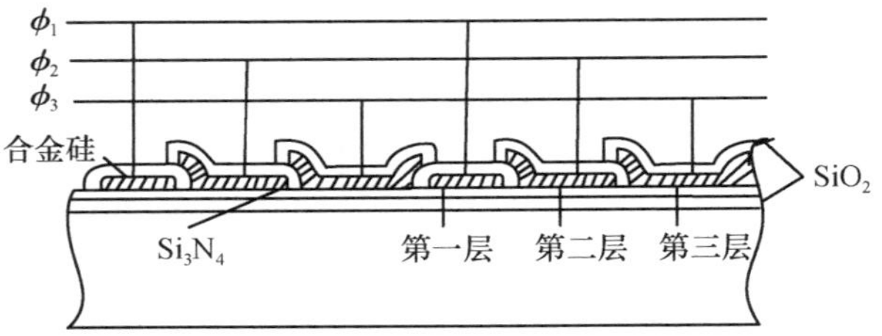

图 6-11 三相重叠栅结构

6.2.2 二相电极结构

为了减少时钟脉冲的相数,设计出了二相电极结构,又称二相 CCD。二相电极结构并非简单地从三相中取掉一相时钟脉冲,而是要专门设计。因为,如果 CCD 本身的结构不变,仅用二相时钟脉冲,不能保证电荷包单向流动。为此要设计出位垒,以防电荷向后倒流。由表面势的关系式可知,表面势 V_s 与氧化层电容 C_{ox} 和基底浓度 N_A 有关。只要改变氧化层厚度或掺杂浓度,就能改变 V_s 的大小。实现这一方案有两种方法:离子注入法或台阶氧化膜法。

1. 离子注入法

图 6-12 为离子注入法结构示意图。

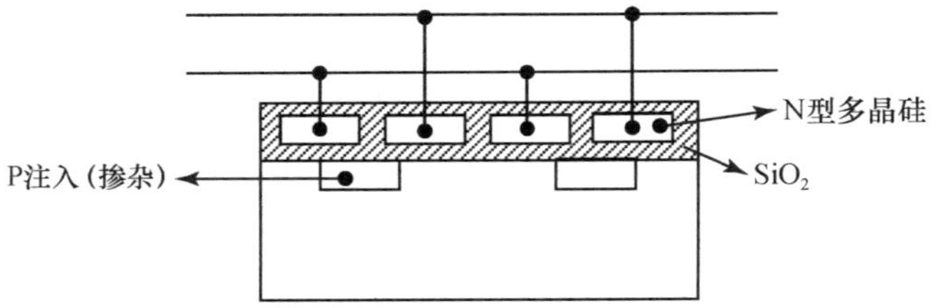

图 6-12 离子注入法结构示意图

在规定的部位注入离子增加掺杂的浓度,如图 6-13(a)所示为掺杂浓度高低引起的势阱变化,假定基底的左半部掺杂浓度高于右半部,当在栅极上施加电压后,掺杂浓度高的地方形成的势阱浅,掺杂浓度低的地方形成的势阱深,在二相时钟脉冲作用下,电荷包将从势阱浅的地方向深的地方转移,如图 6-13(b)所示。

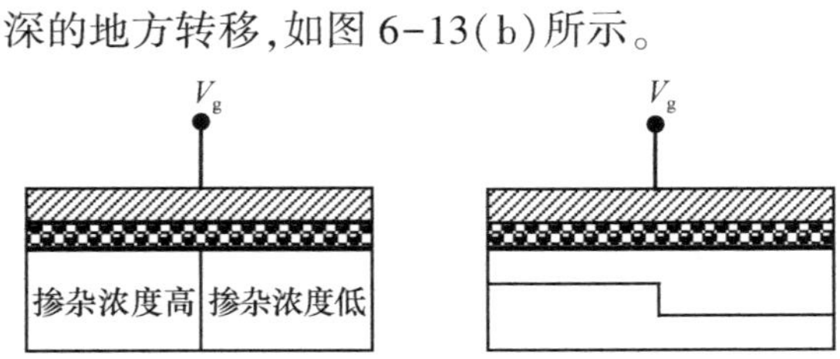

(a)

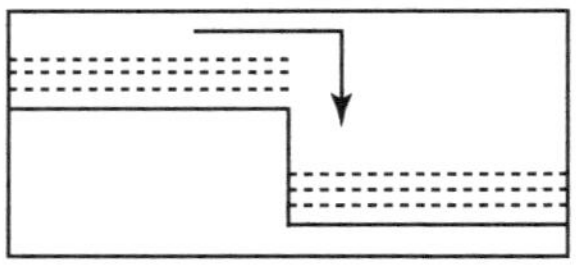

(b)

图 6-13 离子注入对掺杂浓度的影响及电荷包的转移

2. 台阶氧化膜法

图 6-14 为台阶氧化膜法结构示意图。

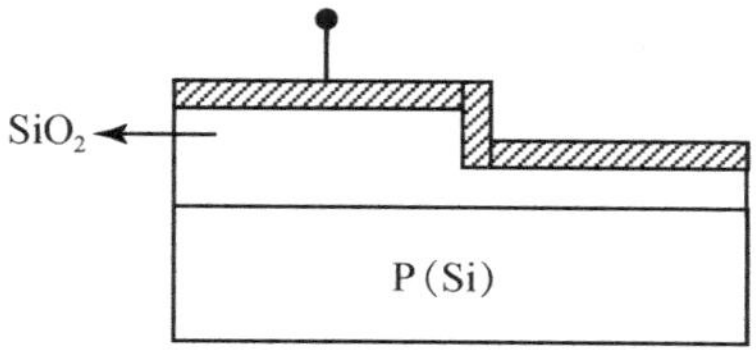

图 6-14　台阶氧化膜法结构示意图

在同一栅极下,有两种厚度不同的氧化物层。在栅极电压作用下,氧化物层厚的地方形成的势阱浅,氧化物层浅的地方形成的势阱深。在时钟脉冲电压的作用下,深的势阱向右转移,电荷包也作相应的转移。

由许多 MOS 电容器组合起来的台阶氧化膜结构示意图如图 6-15 所示。

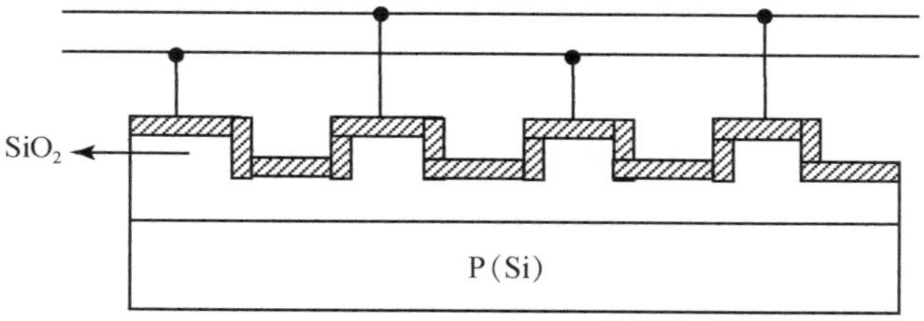

图 6-15　多个台阶氧化膜结构示意图

二相电极结构同三相相比,其结构比较简单,而且简化了供电电路,电荷只能沿单方向转移。但是电荷存储能力比三相的要低。

6.2.3　体内(埋沟)转移信道结构

1. 体内(埋沟)CCD 的结构原理

前面讨论的电荷耦合器件,其信号电荷的存储和转移都是在氧化物和 P 型硅的界面处发生的,这种转移方式称为表面转移信道。但由于界面处存在表面势,它们与信号电荷相互作用而影响了转移的速度,而且增加了信号电荷的损失。在 Si 和 SiO_2 界面处的表面势,能够接收电荷包中的电子,也能向电荷包发射电子。当电荷包转移时,空的界面态从沟道中获得电子,如果它能很快地发射出来,跟随原电荷包一起前进,将不影响转移效率;如果发射较慢,电子将进入后续的电荷包,造成信息损失。为了避免表面态的作用,将电荷转移信道埋在体内,即采用体内转移信道结构,形成体内(埋沟)电荷耦合器件。其结构示意图如图 6-16 所示。

在制作体内转移信道 CCD 时,以 P 型硅(Si)为基底,在硅的表面用外延法或扩散法注入杂质,如扩散一层 N 型杂质磷(P),典型浓度为 $10^{12}cm^{-3}$,使之形成一层 N 型薄层,在 N 型薄层的两端做上 N^+层,起源和漏的作用。

设开始时,V_g 为 0,N^+区加上足够的正偏压,并取基底电位为 0,这样栅极相对于 N 型层为负,相当于反向偏置,于是在 N 型层中形成场感应耗尽层(电子耗尽层);另外,由于 P 型 Si 与 N 型 P 组成 PN 结施加反向偏压,也会形成体内的 PN 结耗尽层,而且耗尽层的

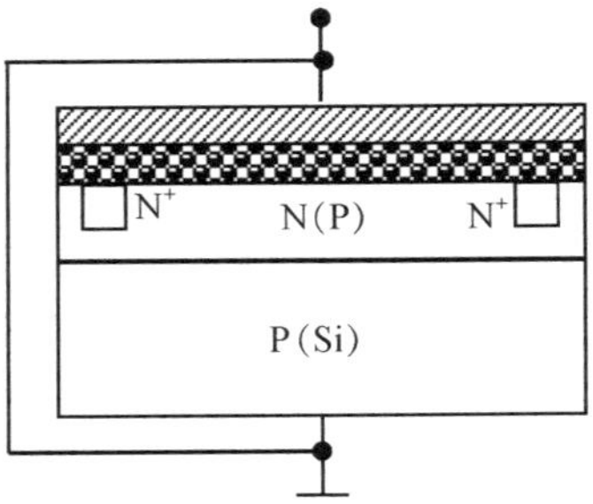

图 6-16　体内(埋沟)转移信道结构示意图

深度随偏压的升高而增大。这样在整个器件内部就产生了一个沟道。沟道的宽度等于N 型层中形成的耗尽层深度加上 PN 结形成的耗尽层深度,如图 6-17 所示。当在各栅极上施加时钟脉冲时,信号电荷产生相应的转移,只是这种转移发生在体内,与表面势很少相互作用。

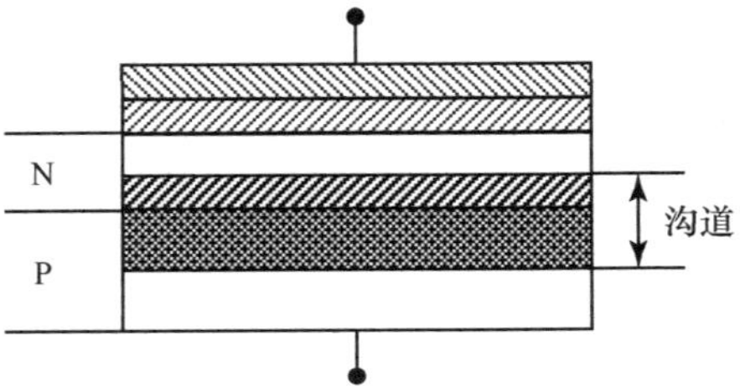

图 6-17　体内转移信道形成示意图

体内沟道电荷耦合器件(BCCD)同表面沟道电荷耦合器件(SCCD)转移电荷机理的区别在于:① 前者携带信息的电子是 N 层中的多子,而后者是 P 层中的多子;② SCCD 中的信息电荷集中在界面处很薄的反型层中,而 BCCD 的信息电荷集中在体内的 Z 平面附近。同时,BCCD 具有下列特性。

(1) 在 BCCD 中传递信息的载流子是多子;

(2) BCCD 处理电荷的能力比 SCCD 小 1 个数量级左右;

(3) 转移损失比 SCCD 小 1~2 个数量级;

(4) 消除了信号电荷与表面势相互作用,显示出低噪声的优点;

(5) 转移速度快(可工作于 100MHz 时钟脉冲)。

2. 体内(埋沟)CCD 的结构分析

在制作埋沟 CCD 时,如果采用外延 N 型薄层的方法,其掺杂水平和缺陷难以控制。故多采用离子注入方法形成 N 型层。利用离子注入法得到的掺杂浓度并不均匀。在沿垂直于半导体表面方向上,杂质浓度近似呈高斯分布。当信号电荷增加时,电荷包的范围主要向表面方向扩展。这就需要使杂质浓度在表面处突然增加,以防电荷接近表面。由于杂质浓度增加,所需的栅极工作电压应该更高;另外,就电荷转移速度来讲,为了提高速度,沟道部位应深一些。这也需要更高的栅极工作电压。为了解决大容量、高速度与必须采用高电压之间的矛盾,可采用蠕动式(profilid peristaltic)CCD 结构。这种结构采用轻掺杂外延层。它的表面实行浅注入重掺杂。这样既能防止大电荷包接触表面,又能保证埋沟深度,并且不需要过高的工作电压。如果是小信号,则能以高速在外延层内的通道中转移，如果是大信号，则进入杂质浓度较高的区域。

一般地，埋沟 CCD 的制作并不太难，只比表面 CCD 多了离子注入一项。所以有的器件把 BCCD 和 SCCD 做在一起，用 SCCD 当输入部分，以保证输入信号的线性，而将 BCCD 用于高效传输部分。

SCCD 的线性要比 BCCD 的线性好。SCCD 的电容包括两部分，即氧化物层电容和半导体耗尽层电容。氧化物层电容不变，而耗尽层电容随信号大小及栅极电压变化。然而对 BCCD 来说，电荷包与氧化物层之间还多了一个可变的信号电荷耗尽层电容，因此，BCCD 的线性较差。当然无论是 BCCD 还是 SCCD 都因包含耗尽层电容而具有非线性。

6.3　电荷耦合器件的特征参数

电荷耦合器件是用来收集和传递电荷信号的，为了全面评价 CCD 成像器件的性能及满足应用的需要，规定了一系列特性参数，这些参数有转移效率及转移损失率、电荷存储能力、噪声、暗电流、调制传递函数、动态范围、功耗、响应率、光谱响应、MTF 等。

6.3.1　转移效率及转移损失率

电荷转移效率是 CCD 最重要的一个性能参数。在理想情况下，认为电荷包能够完整无损地、及时地从一个势阱转移到另一个势阱中，实际上并非如此。当电荷包从前面一个势阱转移到后面一个势阱中时，由于种种因素，到达后面势阱中的电荷往往比前面势阱中的电荷少，这样就产生了电荷的损失。这就说明电荷包从一个势阱转移到另一个势阱时既不是瞬时的，也不是完全的。由此引出了转移效率及转移损失率这一参量。

1. 转移效率的定义

转移效率定义为在有限的时间内，转移到下一个势阱中的电荷数 Q_{n+1} 与原势阱中的电荷数 Q_n 之比，用 η 表示为

$$\eta = \frac{Q_{n+1}}{Q_n} \tag{6.15}$$

式中：Q_{n+1} 为转移到下一个势阱中的电荷数；Q_n 为原势阱中的电荷数。

由 η 的定义知，原势阱中剩余的电荷数为 $Q_n - Q_{n+1}$，故转移损失率 ε 为

$$\varepsilon = \frac{Q_n - Q_{n+1}}{Q_n} = 1 - \frac{Q_{n+1}}{Q_n} = 1 - \eta \tag{6.16}$$

如果电荷包转移了 n 次，则总的转移效率为

$$\eta_{总} = \eta_1 \cdot \eta_2 \cdot \cdots \cdot \eta_n \tag{6.17}$$

假定各个转移效率相等，且有 $\eta_1 = \eta_2 = \cdots = \eta_n = \eta$，则有

$$\eta_{总} = \eta^n = (1 - \varepsilon)^n \approx e^{-n\varepsilon} \tag{6.18}$$

例如对于三相 CCD，如果要移动 m 位，则移动次数为 $n = 3m$，设 $\eta = 0.999$，$m = 256$，则 $n = 3m = 768$ 次，最后输出的电荷为

$$\eta_{总} = \eta^n = 0.999^{768} \approx 46.4\%$$

$$\varepsilon = 1 - \eta = 1 - 46.4\% = 53.6\%$$

由此可见，电荷的转移损失相当大，几乎损失一半甚至更大；如果移动的位数更多，

则损失更大。

从传输效率的机理看,影响它的因素有很多,如自感应电场、热扩散、边缘电场以及电荷与表面势或体内陷阱的相互作用。转移的开始阶段,自感应电场起主要作用,随着时间的增加,起主要作用的相继为热扩散、边缘电场及电荷与表面势或体内的相互作用。但造成电荷转移损失的主要原因有三个:转移速度、电荷俘获、极间势垒。

(1) 转移速度。影响转移速度的主要原因是热扩散。它在剩余电荷较少时起主要作用。因为此时自感电场的作用变得很弱。如果加大边缘场,就能够提高转移速度,降低转移损失率。

(2) 电荷俘获。电荷在转移过程中,往往会被表面势和体内陷阱所俘获。对于SC-CD,表面势是俘获电荷的主要因素;对于BCCD,体内陷阱是俘获的主要因素。但总的来说,BCCD比SCCD的俘获少得多。

(3) 极间势垒。当栅电极之间的距离较大时,其间的半导体表面会形成势垒。势垒的高度与极间距离、极间电位差、SiO_2厚度及基底电阻有关。通过计算得出,要基本消除极间势垒,应使极间距离缩小到3μm以下。这在工艺上是困难的。为此常采用交叠栅结构,以减少极间势垒。同时采用高阻基底,使势阱加深,也有利于降低极间势垒。

2. 转移损失的定量分析——Z变换法

CCD转移的电荷往往是脉冲序列,对于离散的等间隔脉冲序列,用Z变换分析极为方便。设CCD的某一极的转移损失率为ε,对于单位冲激信号,该级的响应为脉冲序列:

$$\{0,(1-\varepsilon),(1-\varepsilon)\varepsilon,(1-\varepsilon)\varepsilon^2,(1-\varepsilon)\varepsilon^3,\cdots\}$$

第一个“0”表示脉冲通过该级时有一时间延迟。上式中的每一项代表信号电荷通过后,该级被转移的脉冲电荷。对上式取Z变换得

$$F(Z)=\sum_{n=1}^{\infty}(1-\varepsilon)\varepsilon^{n-1}Z^{-n} \tag{6.19}$$

所以有

$$F(Z)=Z^{-1}\frac{1-\varepsilon}{1-\dfrac{\varepsilon}{Z}}$$

设总级数为N,则有

$$F_N(Z)=\left[Z^{-1}\frac{1-\varepsilon}{1-\dfrac{\varepsilon}{Z}}\right]^N=Z^{-N}\exp[N(\ln(1-\varepsilon)-\ln(1-\varepsilon Z^{-1}))] \tag{6.20}$$

因为$\varepsilon\ll1$,式(6.20)可写为

$$F_N(Z)=Z^{-N}\exp[N\varepsilon(Z^{-1}-1)] \tag{6.21}$$

Z^{-N}是$\varepsilon=0$时的输出。它表示主脉冲延迟N个时钟周期。如果只讨论信号的大小,可以先不考虑这个因子。由于已经假定输入的是单位冲激脉冲,所以响应函数的Z变换就是传递函数。根据式(6.21)可写出输出函数Z变换的另一种形式

$$\exp(N\varepsilon Z^{-1})\exp(-N\varepsilon)=\exp(-N\varepsilon)\sum_{k=0}^{\infty}Z^{-k}\cdot\frac{(N\varepsilon)^k}{k!} \tag{6.22}$$

可见，输出函数变为泊松分布。根据 Z 变换同傅里叶变换的关系，可以写出：

$$Z^{-1}=\exp(-\mathrm{j}\omega T)=\exp(-\mathrm{j}2\pi f/f_{\mathrm{c}}) \tag{6.23}$$

将式(6.23)代入式(6.22)可得输出函数的傅里叶变换：

$$\begin{aligned}&\exp[N\varepsilon\exp(-\mathrm{j}2\pi f/f_{\mathrm{c}})]\exp(-N\varepsilon)\\&=\exp\{N\varepsilon[\cos(2\pi f/f_{\mathrm{c}})-\mathrm{j}\sin(2\pi f/f_{\mathrm{c}})-1]\}\end{aligned} \tag{6.24}$$

式中：f_{c} 为时钟脉冲频率。

对式(6.24)取模，可得振幅衰减因数：

$$M(f)=\exp[-N\varepsilon(1-\cos 2\pi f/f_{\mathrm{c}})] \tag{6.25}$$

式(6.25)即调制传递函数。由式(6.24)可得相位延迟函数：

$$\Delta\phi=N\varepsilon[\sin(2\pi f/f_{\mathrm{c}})] \tag{6.26}$$

6.3.2　电荷存储能力

CCD 的电荷存储能力实际上就是 MOS 电容器允许的充电量。当 CCD 的势阱中充满电荷，即处于强反型的稳定状态时，电荷就是 CCD 的最大容量。MOS 电容器的充电量与 MOS 电容器的电容大小有关。

由 MOS 电容器的结构知道，MOS 电容器的电容 C 可看成氧化物绝缘层电容 C_{ox} 与半导体耗尽层电容 C_{d} 的串联，如图 6-18 所示。

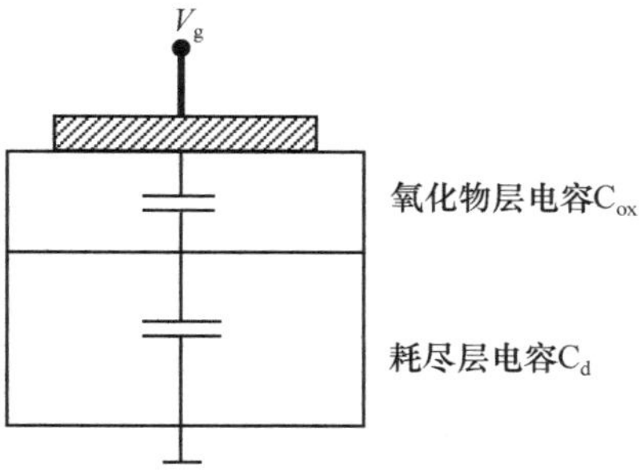

图 6-18　MOS 电容器串联图

由电路知识，有

$$\frac{1}{C}=\frac{1}{C_{\mathrm{ox}}}+\frac{1}{C_{\mathrm{d}}} \tag{6.27}$$

所以有

$$C=\left(\frac{1}{C_{\mathrm{ox}}}+\frac{1}{C_{\mathrm{d}}}\right)-1 \tag{6.28}$$

式中：C_{ox} 为单位面积氧化层电容，其值为

$$C_{\mathrm{ox}}=\frac{\varepsilon_{\mathrm{ox}}}{d} \tag{6.29}$$

它与氧化物绝缘层厚度 d 有关。

C_{d} 为单位面积耗尽区电容，其值为

$$C_{\mathrm{d}}=\frac{\varepsilon_{\mathrm{s}}}{x_{\mathrm{d}}} \tag{6.30}$$

它与半导体耗尽层厚度 x_d 有关。

对于表面沟道 CCD 来说,其电容一般满足式(6.28)。在实际的 MOS 电容中,一般氧化物层厚度 d 约为 100nm,衬底的掺杂浓度为 $10^{15}cm^{-3}$,则有 $C_{ox} \approx 10C_d$,因此可用 C_{ox} 近似代替 MOS 电容器的电容,即 $C \approx C_{ox}$。如果在栅极上施加高电平时的表面势记为 V_{sh},施加低电平时的表面势记为 V_{sl},则表面势的差值为

$$\Delta V_s = V_{sh} - V_{sl} \tag{6.31}$$

根据电容器充电原理,充电使表面势减小,表面势变化 ΔV_s 所允许充电的电荷为电荷值的存储量。设栅极面积为 A,则电荷存储量为

$$Q_s = A \cdot C_{ox} \cdot |\Delta V_s| \tag{6.32}$$

由式(6.32)知,电荷存储量与栅极面积和表面势差值有关。当 $A = 10 \times 20\mu m^2$、$d = 100nm$、$\Delta V_s = 5V$ 时,Q_s 约为 $0.35 \times 10^{-12}C$,即 $Q_s = 2 \times 10^6$ 个电子。

提高时钟脉冲的幅值或减小 d 值可以增大电荷存储量。但这两个条件都受到二氧化硅击穿电场强度的限制,通常 $E_{max} = (5 \sim 10) \times 10^{10} V/cm$,因此最大电荷面密度约为 10^{13} 电子数每平方厘米。

对于体内沟道 CCD 来说,其电荷存储量不像表面沟道 CCD 那样有类似简单的表达式。然而对于均匀掺杂的通道,其电荷量可表示为

$$Q_b = -eN_D d_z A \tag{6.33}$$

式中:d_z 为电荷所在处的中性通道的厚度。

在相同的电极尺寸和相同时钟脉冲电压幅值下,表面沟道与体内沟道二者的存储能力为

$$\frac{Q_s}{Q_b} = 1 + \frac{\varepsilon_{ox} d_N}{2\varepsilon_s d} \tag{6.34}$$

式中:d_N 为体内沟道外延层或扩散层厚度。

由此可见,埋沟越深(d_N 越大),体内沟道的存储能力越小。当 $d = 0.1\mu m$,$d_N = 2.1\mu m$ 时,$Q_s/Q_b = 4.5$。可见埋沟 CCD 的存储能力比表面沟道 CCD 的存储能力小得多。

6.3.3 噪声

CCD 的噪声源主要有以下几类:本征噪声、外来噪声和散粒噪声。本征噪声包括与电荷存储和转移有关的噪声,如暗电流噪声、转移噪声、体陷阱噪声;外来噪声是与操作、输入和输出有关的噪声,如电荷注入和输出噪声等;热激发和光激发引起的噪声可归入散粒噪声。

1. 转移噪声

转移损失及表面势俘获是引起转移噪声的根本原因。转移噪声具有 CCD 噪声所独有的两个特点:积累性和相关性。

所谓积累性是指转移噪声是在转移过程中逐次积累起来的,转移噪声的均方根与转移次数 N_g 成正比。转移损失引起的均方转移噪声可表示为

$$\overline{\Delta N^2} = 2\varepsilon N_g N_s \tag{6.35}$$

式中:ε 为转移损失率;N_s 为信号电子数。

对于 SCCD 而言,因转移速度造成的损失很小时,表面势俘获作用所产生的噪声将占

重要地位。表面势俘获引起的均方转移噪声为

$$\overline{\Delta Q_{ss}^2} = 2N_g kATN_{ss}\ln 2 \tag{6.36}$$

式中：N_{ss} 为表面势密度；A 为栅极面积；k 为玻尔兹曼常数；T 为热力学温度。

所谓相关性，是指相邻电荷包的转移噪声是相关的。因为根据电荷守恒原理，电荷包在转移中，每当有一个过量 ΔQ 电荷转移到下一个势阱时，必然在原来势阱中留下一个减量 ΔQ 电荷，这份减量电荷叠加到下一个电荷包上。所以，电荷包每次转移，要引进两份噪声，这两份噪声分别与前、后相邻周期的电荷包的转移噪声相关。如果考虑到相邻电荷包间的这种相关性，则转移噪声与时钟脉冲频率有关。这时的转移噪声谱不是"白"的，其噪声频谱为

$$S(f) = \frac{4N_g f_c}{e}\overline{\Delta Q^2}(1 - \cos 2\pi f/f_c) \tag{6.37}$$

式中：$\overline{\Delta Q^2}$ 为每次转移中的噪声电荷均方值，其大小为 $kATN_{ss}\ln 2$；f_c 为时钟驱动频率。

2. 体陷阱噪声

处理体陷阱噪声的方法与处理表面势时基本相同。设体陷阱密度为 N_v，电荷包所占体积为 V_c，则因体陷阱所造成的每个势阱电荷的涨落均方值为

$$\overline{\Delta Q_{vk}^2} = e^2\exp(-t/\tau_{vk})[1 - \exp(-t/\tau_{vk})]V_c N_c \tag{6.38}$$

式中：τ_{vk} 为体陷阱发射时间常数。

当 $t=\tau_{vk}\ln 2$ 时，达到最大值：

$$\overline{\Delta Q_{vk}^2} = 0.25V_c N_c e^2 \tag{6.39}$$

3. 电荷输入噪声

由输入电荷的涨落而产生的噪声称为输入噪声。如果输入是电流形式，则输入基本上是散粒噪声，有 $N_n = \sqrt{N_s}$；如果输入是电压形式，则输入噪声主要是电阻的热噪声。设输入等效为并联 RC 电路，则电阻热噪声电流均方根 $i_n = \sqrt{4kT\Delta f/R}$。单位带宽的等效噪声电压均方根

$$u_{nf} = \sqrt{\frac{4kT}{R\cdot|G|}} \tag{6.40}$$

式中：G 为电导，即

$$G = 1/R + \mathrm{j}\omega C \tag{6.41}$$

整个频率的噪声电压均方值为

$$\overline{u_n^2} = \int_0^\infty \overline{u_{nf}^2}\mathrm{d}f = kT/C \tag{6.42}$$

载流子数涨落的均方根为

$$N_n = \frac{1}{e}C\cdot u_n = \frac{1}{e}\sqrt{kTC} = 400\sqrt{C} \tag{6.43}$$

4. 输出放大器噪声

如果一般的输出放大器的时间常数由输入处的 RC 所限定，其噪声为

$$N_n = 400\sqrt{C} \tag{6.44}$$

5. 散粒噪声

由于微观粒子的无规性,在CCD中,无论是用光注入、电注入的信号电荷包还是用热产生的信号电荷包,其电子数都有一定的不确定性,它服从泊松分布:

$$P(K)=\frac{\overline{N^K}}{K!}e^{-\overline{N}} \tag{6.45}$$

式中:$P(K)$为在平均电子数为$\overline{N}$的电荷包中,出现K个电子时的概率。根据式(6.45)可求得电荷包中电子数的均方涨落,即散粒噪声的均方值为

$$\overline{(n-\overline{N})^2}=\overline{N} \tag{6.46}$$

式(6.46)表示散粒噪声的均方值等于信号幅度,故散粒噪声不会限制器件动态范围。由于各电荷包中的涨落独立无关,所以散粒噪声谱是"白"的。

表6-1给出了256位CCD在IMC时钟频率的噪声测量数据。

表6-1　256位CCD在1MC时钟频率的噪声测量数据

噪声源	表面沟道CCD噪声(均方根电子数)	体内沟道CCD噪声(均方根电子数)
胖零噪声	750	0
转移噪声(表面势俘获)	700~1000,$N_{ss}=(1\sim2)\times10^9\text{cm}^2\text{e/V}$	<200
复位噪声 $C_F=0.7\text{pF}$	约330	约320
脉冲噪声	<30	—
最大满阱信号 $V_p=14\text{V}$	40×10^6	20×10^6

6.3.4 暗电流

CCD成像器件在既无光注入又无电注入情况下的输出信号称为暗电流。

CCD是在非稳态下工作的器件,通常,电极上所加的是不断变化的时钟脉冲电压,势阱中的电荷不时被挪动,停留时间很短,但由于热激发的电子空穴对中的电子不断被势阱收集,构成了暗电流。因此,暗电流产生的根本起因在于半导体的热激发。CCD的暗电流密度可表示为

$$J=\frac{en_i}{2\tau_0}x_d+\frac{eD_nn_i^2}{L_nN_A}+\frac{1}{2}eS_0n_i \tag{6.47}$$

式中:n_i为本征载流子浓度;τ_0为少数载流子寿命;x_d为耗尽层宽度;D_n为电子扩散系数;L_n为电子扩散长度;N_A为衬底空穴浓度;S_0为表面复合速度。

式(6.47)中的三项分别表示暗电流的三个来源:第一项是在耗尽区产生复合中心的热激发,第二项是耗尽区边缘的少数载流子(电子)热扩散,第三项是在界面上的产生中心的热激发。其中,第一项的贡献是主要的。由于晶体的晶格缺陷和制作工艺过程的不完善,CCD中暗电流密度的分布是不均匀的。所以,通常用平均暗电流密度来表征暗电流的大小,其值为

$$J=\frac{C_FV_d}{mTA}\cdot\frac{1+Rg}{Rg} \tag{6.48}$$

式中：V_d 暗信号输出电压；C_F 为俘置扩散电容；g 为输出 MOS 管跨导；R 为源极电阻；T 为驱动周期；A 为每位 CCD 的栅极面积；m 为 CCD 的位数。

在室温下，CCD 的暗电流大约为 10nA/cm^2 数量级，但不完善的晶体和工艺过程可使暗电流增大 1～2 个数量级。暗电流的危害有：①限制器件的低频限。当信号电荷沿着势阱存储与转移时，热激发产生的暗电流每时每刻加入信号电荷包中，不仅引起附加的散粒噪声，而且占据越来越多的势阱容量。为了减小暗电流的这种影响，应尽量缩短信号电荷的存储与转移时间。所以，暗电流的存在，限制了 CCD 驱动频率的低限。②引起固定图像噪声。由于 CCD 光敏元处于积分工作状态，光敏区的暗电流也与光信号电荷一样，在各光敏元中积分，形成一个暗信号图像，叠加到光信号图像上，引起固定图像噪声。尤其是工艺的原因或材料的不均匀造成的某些缺陷，引起高密度的产生复合中心，出现个别暗电流尖峰，使一幅清晰完整的图像，受到某些"亮条"或"亮点"的破坏。减小暗电流的措施是完善工艺，提高晶体质量和降低工作温度。

6.3.5　调制传递函数

调制传递函数 MTF，是衡量成像器件成像质量的一个重要参数。在成像器件中，MTF 的定义为：在各个空间频率下成像器件的输出（电荷或电压）信号调制度 $M'(f)$ 与输入（电荷或光）信号调制度 $M(f)$ 的比值，即

$$\text{MTF}(f) = \frac{M'(f)}{M(f)} \tag{6.49}$$

式中：f 为空间频率（cm^{-1}）。

MTF 是空间频率的函数，空间频率越低，MTF 越高，在零频时，MTF 达到最大值 1。MTF 的最小值为零，此时的空间频率称为成像器件的截止频率 f_{off}。显然，一个成像器件的截止频率越高，表示它的频率响应越高，它越能分辨精细的图像，具有高的空间分辨率；在频率响应范围内，MTF(f) 值越高，表示成像器件的对比度失真越小。

引起 CCD 成像器件 MTF 下降的因素主要有三个：光敏元（MOS 电容器）的几何尺寸、转移损失率和光敏元之间的串光。

1. 光敏元的几何尺寸

因为一定的光敏元尺寸 MTF_1 决定了 CCD 成像器件的最高空间分辨率，即它的截止频率 f_{off}，所以，光敏元的几何尺寸的 MTF_1 表示为

$$\text{MTF}_1 = \frac{\sin\left(\dfrac{f}{f_{\max}} \cdot \dfrac{\pi \Delta x}{P}\right)}{\dfrac{f}{f_{\max}} \cdot \dfrac{\pi \Delta x}{P}} \tag{6.50}$$

式中：Δx 为光敏元长度（cm）；P 为光敏元重复周期（cm）；$f_{\max} = 1/P$。

2. 转移损失率

转移损失率 MTF_2 引起调制传递函数下降，可表示为

$$\text{MTF}_2 = \exp\left\{-N\varepsilon\left[1 - \cos\left(\frac{\pi f}{f_{\max}}\right)\right]\right\} \tag{6.51}$$

式中：N 为转移次数；ε 为转移损失率。

3. 光敏元之间的串光

由于相邻光敏元之间的串光 MTF_3 引起调制传递函数的变化，可表示为

$$\mathrm{MTF}_3=\frac{\cos\left(\dfrac{d}{L_0}\right)}{\cos\left(\dfrac{d}{L}\right)} \tag{6.52}$$

式中：L_0 为半导体扩散长度；d 为光子被吸收处与相邻光敏元耗尽区之间的距离；$L^{-2}=L_0^{-2}+2\pi f^{2}$。

CCD 成像器件总的调制传递函数是三部分之积，即

$$\mathrm{MTF}=\mathrm{MTF}_1\cdot\mathrm{MTF}_2\cdot\mathrm{MTF}_3 \tag{6.53}$$

6.3.6 动态范围

CCD 成像器件动态范围的上限取决于光敏元满阱信号容量，下限取决于成像器件能分辨的最小信号，即等效噪声信号。故 CCD 成像器件的动态范围的定义为

$$\text{动态范围}=\text{光敏元满阱信号}/\text{等效噪声信号} \tag{6.54}$$

等效噪声信号指 CCD 在正常工作条件下，无光信号时的总噪声。等效噪声信号可用峰峰值表示，也可用均方根值表示。通常噪声的峰峰值为均方根值的 6 倍，故由两种值算得的动态范围相差 6 倍。

通常 CCD 成像器件光敏元的满阱容量为 $10^6\sim10^7$ 个电子，均方根总噪声约为 10^3 个电子，故动态范围在 $10^3\sim10^4$。

6.3.7 功耗

CCD 的功耗包括片上的功耗和片外的功耗。片上的功耗主要有电荷包在通道中运动所需要的功率、形成耗尽层所需要的功率、越过势垒所需要的功率，片外的功耗主要有电极驱动所需要的功率。

1. 电荷包在通道中运动需要的功率

如果将 CCD 近似看作一个理想化的行波器件，信号电荷包以恒定速度沿等位线运动，速度 $v=f_cL$，其中 L 为 CCD 的位长，f_c 为时钟脉冲驱动频率。那么电荷包 Q_s 的消耗功率为

$$P_s=Q_s(f_cL)^2/\mu_s \tag{6.55}$$

式中：μ_s 为少数载流子的表面迁移率。

2. 形成耗尽层需要的功率

即使没有电荷在通道中运动，耗尽层的形成也需要功耗，这些功率使载流子移位。设被移动的电荷量为 $\Delta Q=\Delta x_d N_A$，其中 Δx_d 为耗尽层厚度改变量，N_A 为空穴浓度。则电荷量 ΔQ 的消耗功率为

$$P_B=\Delta x_d N_A(f_cL)^2/\mu_B \tag{6.56}$$

式中：μ_B 为体内多数载流子的迁移率。

3. 越过势垒所需要的功率

实际的信号电荷沿沟道传输时，并不是在同一电位上进行的。当它由一个栅极转移

到下一个栅极时，要越过势垒进入势阱。即电荷的电势先升高，然后降低。这个过程电荷要消耗附加的功率，即

$$P_b = 2nef_c\Delta V \tag{6.57}$$

式中：ΔV 为电荷转移中电势的变化量。对于二相 CCD 器件，它表示为

$$\Delta V = V_B + \frac{1}{2}V_{12} - \frac{1}{2}\cdot\frac{ne}{C_p} \tag{6.58}$$

式中：V_B 为注入势垒高度；V_{12} 为薄栅极低电压、厚栅极高电压时表面势的差；C_p 为某一相的 MOS 电容。

4. 电极驱动功率

绝大部分的 CCD 均采用方波驱动。方波驱动电路可简单地等效成串联的 RC 电路，R 为驱动器输出电阻，C 为某一驱动相的电容。如果驱动幅值为 V，驱动频率为 f_c，且 $f_c^{-1} \gg RC$，则电容充电或放电一次，电阻 R 上的功耗为

$$P' = \int_0^{\frac{1}{2f_c}} i^2 R\mathrm{d}t = \int_0^{\frac{1}{2f_c}} \frac{V^2}{R}\mathrm{e}^{-2t/RC}\mathrm{d}t = CV^2/2 \tag{6.59}$$

每个驱动周期脉冲作用一次，要经历充电、放电各一次，因此，每个驱动相的平均功率耗散为

$$P'_1 = CV^2 f_c \tag{6.60}$$

总的驱动功耗应是各相功率耗散之和，因此有

$$P = \sum CV^2 f_c \tag{6.61}$$

6.4 电荷耦合成像器件

固体摄像器件具有体积小、质量轻、功耗小、坚固可靠、供电电压低等优点，尤其是 CCD 更适合信号处理，因而 CCD 摄像器件将会得到越来越广泛的应用。

6.4.1 电荷耦合成像器件的原理与结构

电荷耦合成像器件(CCID)的原理如图 6-19 所示。由目标发射来的光学图像，经透镜聚焦后成像在 CCD 上。对于前照式，光可以透过 CCD 正面的透明电极及电极间隙入射在基底硅内。设基底为 P 型硅，硅因光激发而产生载流子。在耗尽层中或距耗尽层一定范围内的光生电子迅速被势阱收集，汇集到界面附近，形成电荷包。电荷包的大小与光强和积分时间成正比。电荷包在时钟脉冲作用下，由转移寄存器读出。

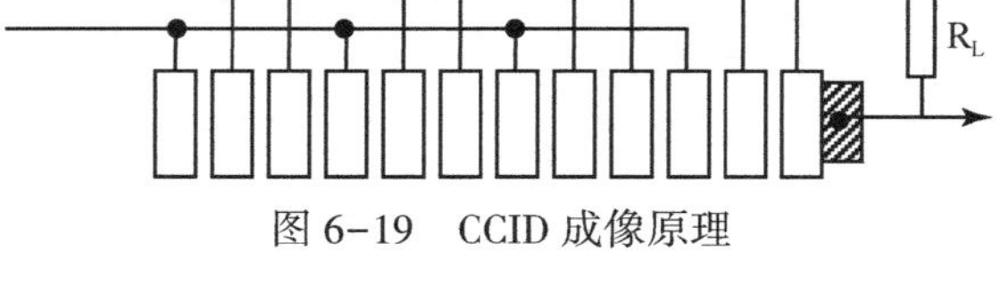

图 6-19　CCID 成像原理

根据不同的成像和读出结构，电荷耦合成像器件可分为一维(线阵)和二维(面阵)两种。

6.4.2 一维(线阵)电荷耦合成像器件

一维(线阵)电荷耦合成像器件(LCCID)仅有一排CCD单元,如果需要成平面像,应使线列同物面相对移动,完成垂直方向的扫描。典型的一维CCID原理如图6-20所示。它包括光敏区(摄像区)和移位寄存器(传输区)两个部分。每个光敏单元与移位寄存区之间有一个转移栅。当光学图像照射到光敏区,在每个光敏单元(MOS电容器)的势阱中存储着与光学图像明暗成正比的电荷,完成光电转换和电荷的积累,从而把一行光学图像转变成电荷图像。当寄存器中以前存储的信号由输出二极管输出后,在转移栅上的脉冲电压作用下,光敏区内所积累的电荷图像很快被转移到移位寄存区,待电荷转移完毕,撤销加在转移栅上的电压,通道关闭。摄像区再进行下次摄像,而寄存器在时钟脉冲作用下把信号向外输出。这种器件与摄像和传输合在一起的器件相比,它能提高图像的清晰度和摄像速度。

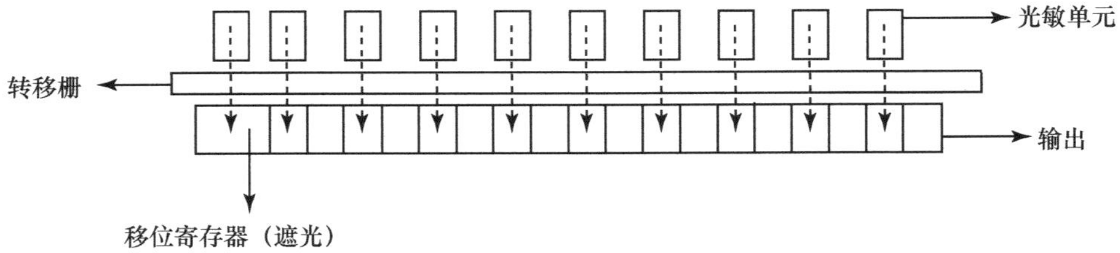

图6-20 一维CCID原理图

线阵CCID的读出结构示意图如图6-21所示。图6-21(a)表示普通的光电二极管阵列,用选址方式读出。它并不属于CCD范围,示于此处只是为了同CCD相比较而已。

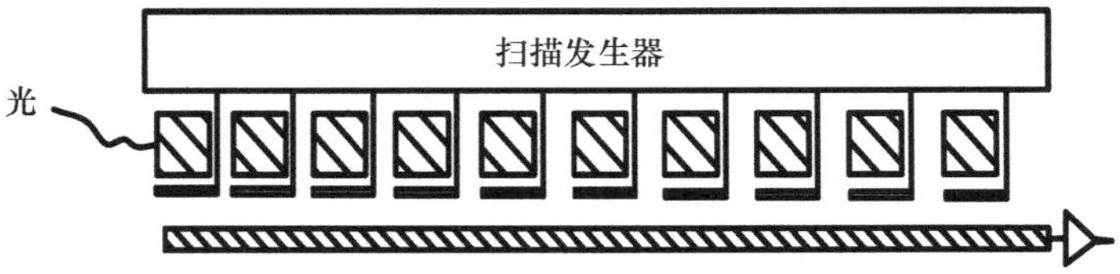

(a) 光电二极管选址读出结构

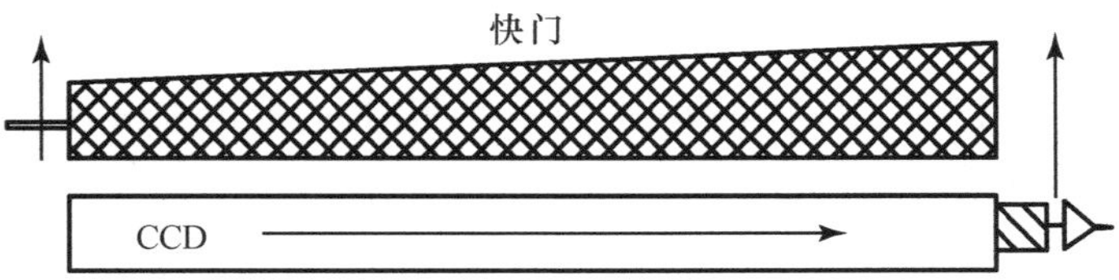

(b) 快门读出式结构

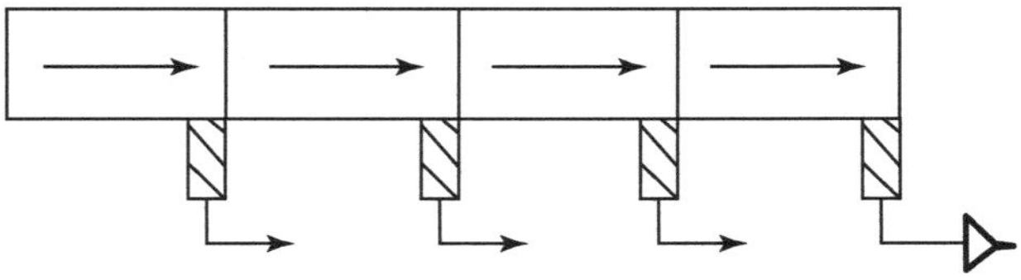

(c) 分段读出结构

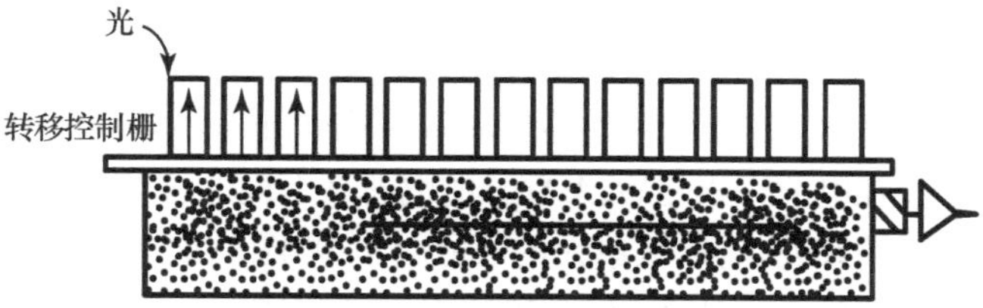

(d) 读出寄存器结构

(e) 双移位读出寄存器结构

图 6-21　线阵 CCID 的读出结构示意图

1. 快门读出式

通常的 CCD 在光照时,便在线阵列产生电荷积累,在转移读出时,因为光连续照射,所以信号电荷包在转移途中,会附加其他信号,产生输出失真,并带有拖尾。为了克服这一缺点,采用快门结构。在电荷转移期间,停止光照。当然这样作会使结构复杂化。

2. 分段读出法

为了既不用快门,又不造成信号混叠,可采用分段读出法。它类似于原始的选址法。然而这种方法实现起来比较困难。

3. 读出寄存器法

如图 6-22 所示,在这种读出结构中,光敏区同读出区分开,其间用转移栅控制。光敏区的各个势阱之间用通道阻挡层隔开。各势阱中积累的电荷包在转移控制栅的作用下,送至移位寄存器,而后在时钟脉冲作用下读出。这样可以避免在转移期间附加新的电荷,因为移位寄存器是不透光的。

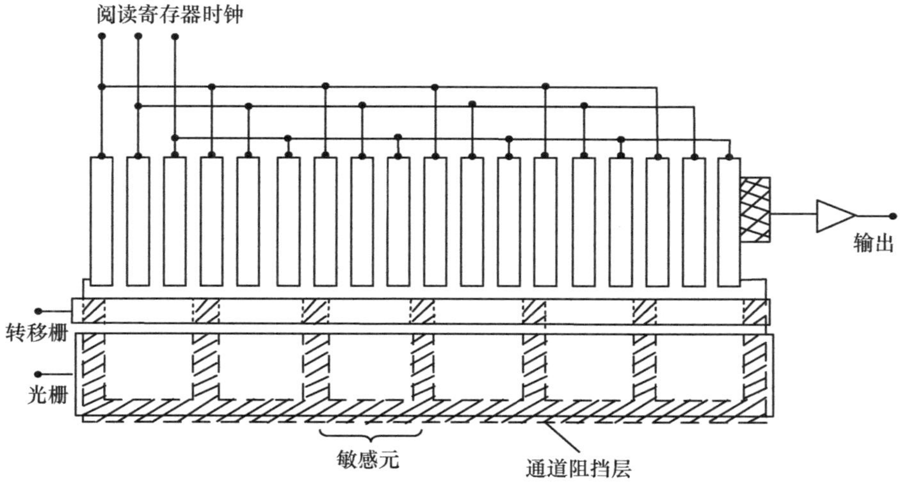

图 6-22　读出寄存器法结构示意图

4. 双移位读出寄存器型

为了提高图像分辨能力,可采用双移位读出寄存器。寄存器分别位于像敏阵列的两边。像敏阵列的每个单元一分为二,如图6-23所示。A部分同上面的寄存器相对应,B部分同下面的寄存器相对应。即在电荷积累之后,A部分的电荷从上面的移位寄存器读出,B部分的电荷从下面输出。这样做的好处是:像敏单元的尺寸可以减半,从而减少转移次数,因而也减少了总的传输损失。这种结构普遍用于1024、2048光敏单元中。如果图案是黑白等宽条纹,空间周期与原单元尺寸相同,这样,本来照在原单元上分不开的黑白条纹,现在能够分开了。同时由于一边全是黑信号,即空阱,另一边全是白信号,即满阱,所以没有转移损失。

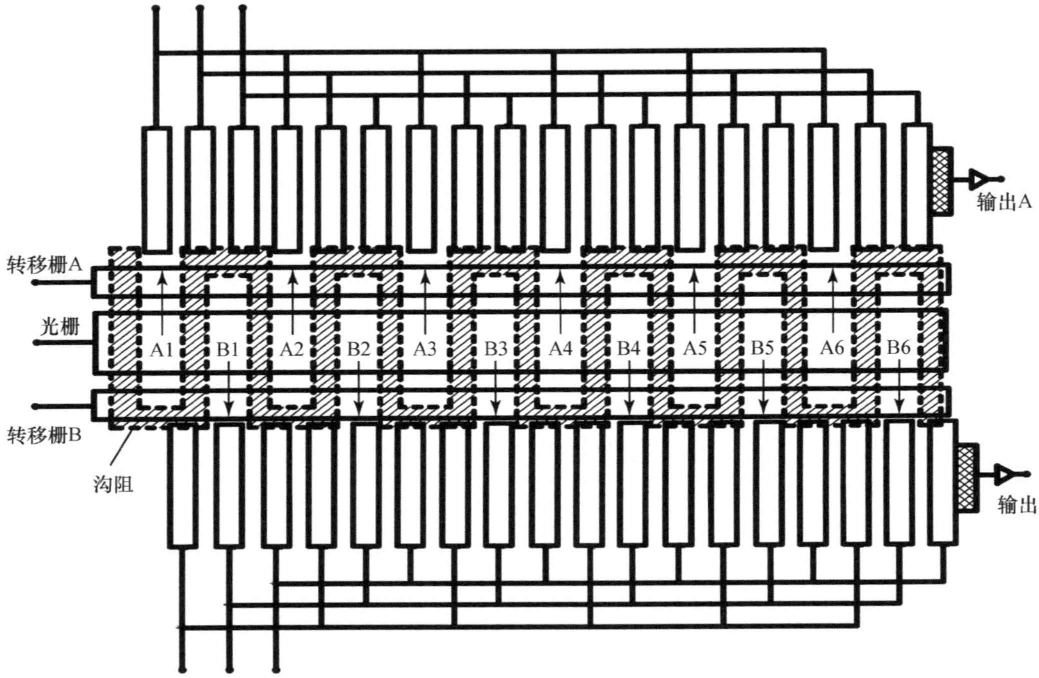

图6-23 双移位读出寄存器结构示意图

光敏单元数的实际极限是由移位寄存器总的转移损失应小于50%决定的。例如,对于2048单元的CCID,用三相转移,每次损失1×10^{-4},若用单个移位寄存器,总的转移损失达61%,这是不允许的。改用两个移位寄存器后,总的转移损失下降到30%左右,它在允许范围内。

下面以国产的256线阵CCID为例进一步说明它的结构、逻辑框图、施加的脉冲波形及驱动电路,从而对这类器件的应用有进一步的认识。

图6-24是一维CCID逻辑框图。其中光敏区、转移栅、移位寄存器、输出栅的作用与前述相同。排洪栅和排洪漏为防止某些像元中电荷过载(如受强光照射)而溢至相邻光敏单元,通常在工作时加有直流偏置,使超过光敏元件中最大电荷量的电荷流入排洪漏。OS'是补偿放大器的源极输出,它提供与主放大器相关的暗电流信号,包括复位脉冲串扰,可用两个放大器的输出信号进行差分放大,以抑制这些噪声的影响。

表6-2给出了一维CCID的主要参数。图6-25给出了其操作波形,256线阵对空间图像一次取样所需时间为$288T$,T为时钟脉冲的周期;积累时间为$270T$;电荷转移到电荷寄存器所需时间为$18T$。在ϕ_p开始下降前,应先在转移栅上施加高的反向偏置电压ϕ_x;而在接

收电荷包的移位寄存器栅极上，必须使 ϕ_3 处于高电位。当电荷进入移位寄存器后，转移栅电压降低，关闭电荷从光敏区流向移位寄存器的通道，然后光敏区重新开始工作。在这段时间内移位寄存器的时钟脉冲将工作 270 个周期。由于光敏区只有 256 个光敏单元，因此有 14 个周期无信号输出(初始的 4 个周期和最后的 10 个周期)。产生上述各种驱动信号的电路原理如图 6-26 所示。它由 4 个与非门与一个 NPN 三极管组成主振器，经 3 个 JK 触发器三分频后形成三相时钟脉冲。由 $C_1 \sim C_{11}$ 组成的计数器对主振器送出的信号进行 $6\times9\times16=864$ 分频，通过适当的组合产生 ϕ_p 和 ϕ_x，并对三相时钟选通。以上原理电路可采用中规模集成数字电路或用单板机软件产生逻辑信号得到不同程度的简化。

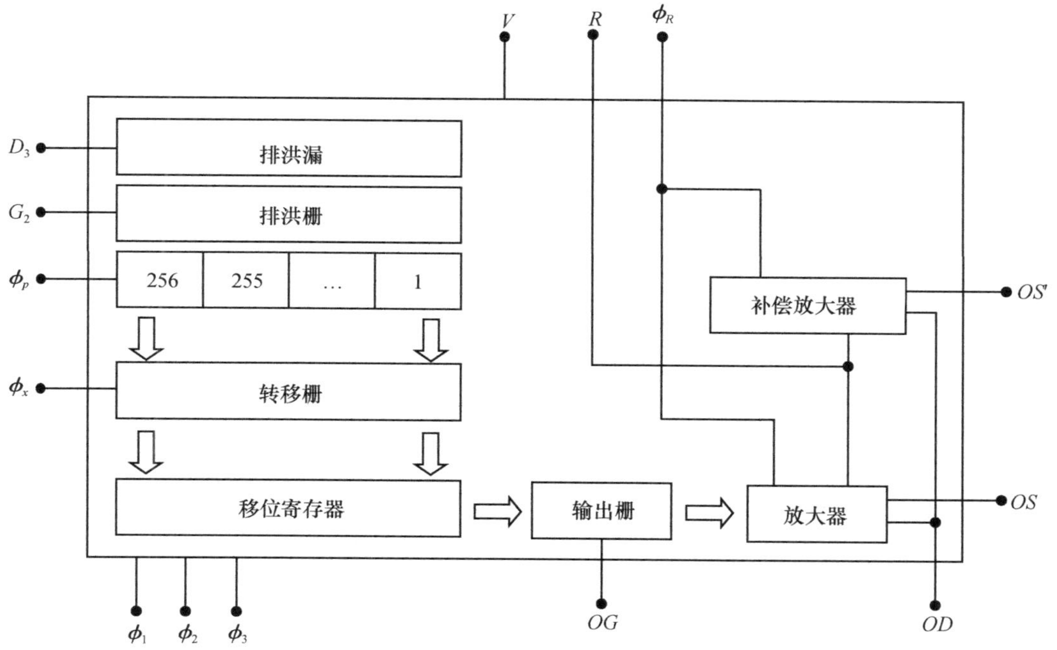

图 6-24　一维 CCID 逻辑框图

表 6-2　一维 CCID 的主要参数

参数	单位	典型值		备注
像元数	个	256	1728	
像元尺寸	μm	15×20	12×20	15μm 或 12μm 是中心距
光敏区总长	mm	3. 84	20. 7	
动态范围		16. 1	200. 1	
饱和曝光量	lx · s	5×10^{-2}	0. 56	2856K 白炽灯
电荷转移效率	%	99. 99	99. 994	对一次转移测量
光谱响应范围	μm	0. 45~1. 1	0. 45~1. 1	
光敏不均匀性	%	±10	±60	在 V_{sat}50%下测量
响应率	$V\cdot\mu J^{-1}\cdot cm^2$	0. 2	0. 2	
饱和输出电压	mV	100	600	$R_L=1k\Omega$
极限频率处的 MTF	%	30	30	白炽灯

注：V_{sat} 为饱和输出电压。

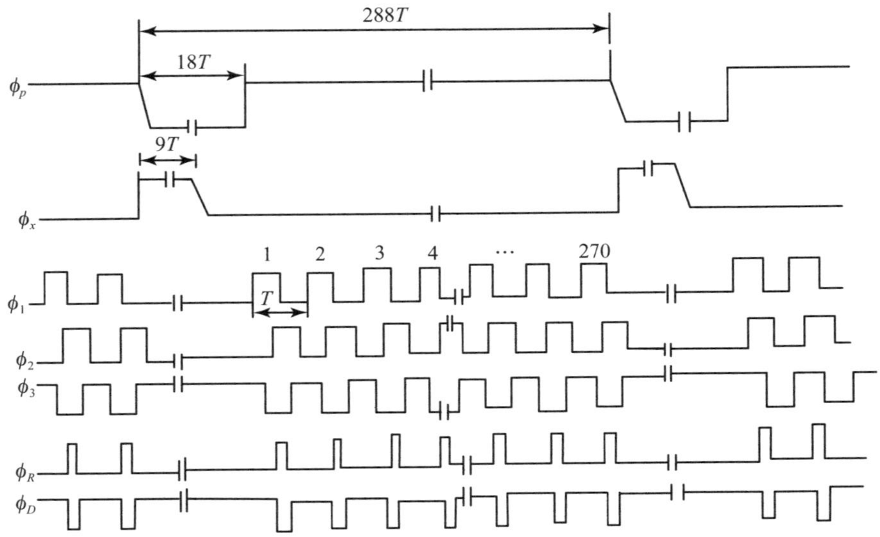

图 6-25　一维 CCID 工作波形

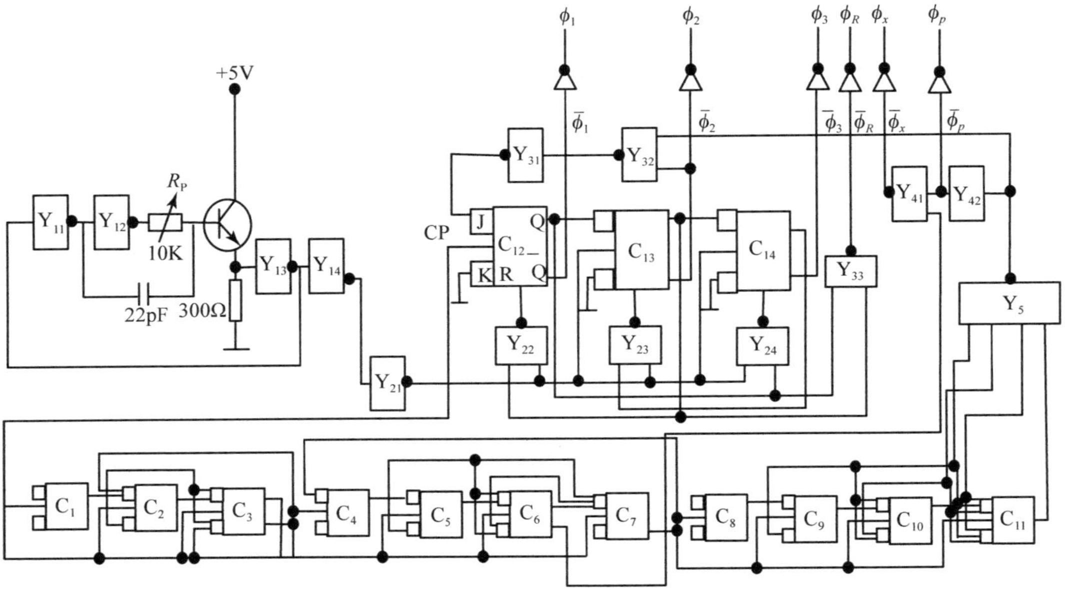

图 6-26　驱动信号电路原理

总的来说,线阵器件有着难以克服的缺点,即信号积累时间太短,在每帧时间内,对每个像素来说仅有一行扫描时间的积累,为了增加信号积累,要采用面阵器件。

6.4.3　二维(列阵或面阵)电荷耦合成像器件

一个完善的二维 CCID 必须满足以下要求。

(1) 从一个输出端输出全部图像信息,保证信号具有高信噪比;

(2) 尽可能小的图像拖影;

(3) 读出次序应与电视的线扫描方式一致。

为了满足上述要求，二维 CCID 均把光敏区和寄存区分开，先把光学图像转变为电荷图像，积累在相应的光敏单元内，然后很快地把电荷转移到对应的暂存区中，再把暂存区的信号依次读出，而下一帧图像同时又在光敏区积累。按照光敏区和暂存区不同排列，可把二维 CCID 分为两类。

1. 行间转移结构

行间转移结构（ILT）如图 6-27 所示。该结构在两行光敏区之间，用不透明的阅读寄存器隔开。每行阅读寄存器的左边有转移栅，其作用是控制光敏区的信号输入寄存器；在每行阅读寄存器的右边，有通道阻挡扩散层，其作用是防止光信号流入寄存器。

其工作过程是，当光敏区被图像照射产生电荷，并经一定时间的积累形成电荷包时，在转移栅电压控制下把电荷包移入垂直移位寄存器。当转移栅下的电荷通道关闭后，光敏区开始拍摄下一帧图像。与此同时，各垂直寄存器中的信号电荷向下移一位，水平移位寄存器将信号以很快速度送至输出端，构成一行视频信号。如此重复直到把所有信号输出后，再传输新的一帧图像信息。

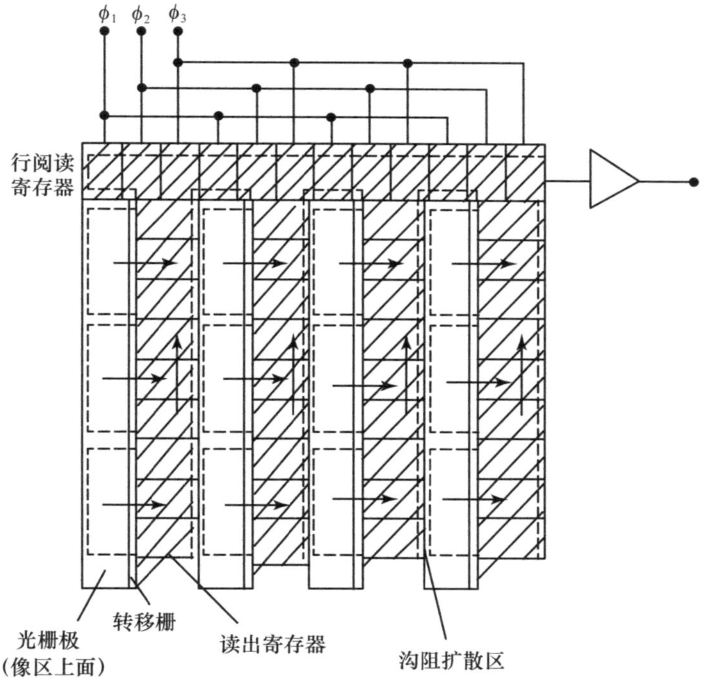

图 6-27　行间转移结构

2. 帧（场）转移结构

帧（场）转移结构（FT）如图 6-28 所示。该结构是由相同单元的光敏区和暂存区两个部分组成，暂存区是遮光的。这种结构的制作工艺比较简单，分辨率较高。

帧转移结构的工作过程是，在光敏区受光学图像照射而形成电荷图像后，光敏区和暂存区在各自的驱动时钟脉冲作用下，把电荷图像完整快速地转移到暂存区。然后开始拍摄下一帧新图像，与此同时，暂存区的电荷则一行一行地移至移位寄存器区再向外输出。这就要求帧转移结构的 CCID 至少需要三组时钟脉冲。在光敏区时钟脉冲呈断续状,按积累和转移两种情况施加直流电压和时钟脉冲电压。暂存区的时钟脉冲要以两种不同的频率来满足转移电荷图像和再转移到移位寄存器的需要。移位寄存器上的时钟脉冲频率最高。复位脉冲和移位寄存器上的时钟脉冲频率相同。

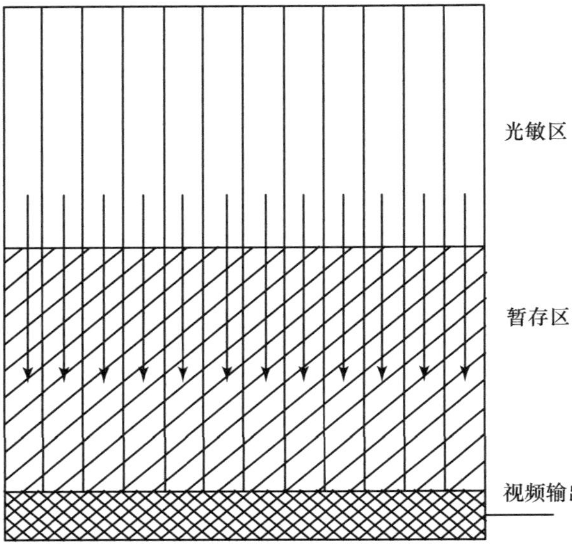

图 6-28　帧转移结构示意图

3. 帧转移与行间转移的比较

1）水平分辨率

对于像敏单元中心距相同的 CCD 来说,行间转移比帧转移具有更高的水平分辨率和 MTF,因为 ILT 的像敏区在水平方向上缩小了。由离散式像敏单元的结构引起的 MTF 为

$$M(f)=\frac{l}{\pi f_0 d}\sin\frac{\pi f_0 d}{l} \tag{6.62}$$

式中:$f_0=f/f'$,f 为像空间频率,f' 为 CCD 空间频率;l 为像敏元中心距;d 为像敏元直径。

由式(6.62)可知,在 l 相同时,d 越小,MTF 越大。而行间转移的像敏尺寸比帧转移的像敏尺寸小一半。

2）垂直分辨率

对于逐行扫描器件,帧转移结构和行转移结构具有相等的垂直分辨率,因为二者像敏单元的尺寸都近似等于像敏元的中心距。但是如果采用隔行扫描,对 FT 来说,其像敏单元尺寸为其中心距的 2 倍。因为扫描 A 区时,同时取走了 B 区的信号;反之扫描 B 区时也取走了 A 区的信号。而对于 ILT 来说与逐行扫描情况相同。因为控制栅同时把每位 CCD 中各单元的光信号输入垂直行寄存器,隔行扫描时,先从寄存器中取出 A 行,而后取出 B 行。A、B 仍然是独立的像敏单元。原因是它的积累区同转移区完全脱离。由于 FT 型的像敏区在隔行扫描情况下变宽,所以它的分辨率和 MTF 比行转移式的低。

表 6-3 给出了两种类型在奈奎斯特极限情况下的 MTF。

表 6-3　FT 及 ILT 的 MTF

结构类型	水平	垂直
FT	60%	0
ILT	80%	65%

3）灵敏度

对于隔行扫描，假设采用标准扫描制式，读 A 排信号需用(1/50)s，然后读 B 排，也需(1/50)s。但是在读 A 排时，B 排无收集作用，所以每排的收集时间只有(1/50)s。然而对于 ILT 型，由于收集，所以每排都按帧周期(1/25)s 积累信号。而每排的阅读时间仅为(1/50)s，显然 ILT 型的灵敏度比 FT 型的灵敏度高 2 倍。

表 6-4　给出了两种国产二维 CCID 的参数。

表 6-4　两种国产二维 CCID 的参数

参数	单位	典型值		备注
		108×100	512×320	
每列光敏单元数	个	54	256	
光敏单元尺寸	μm	18×24	24×24	
摄像区尺寸	mm×mm	1.8×1.3	7.7×6.1	
动态范围		50：1	50：1	2856K 白炽灯
饱和曝光量	lx·s	9.6×10^{-2}	2.5×10^{-2}	2856K 白炽灯
响应率	μA/lm	3000	3000	
光敏区暗电流	nA	1	5	
峰峰值信号电压	mV	100	200	
峰峰值信号电流	nA	50	250	
光谱响应范围	μm	0.45~1.1	0.45~1.1	
水平极限分辨率	TVL/H	70	200	白炽灯
垂直极限分辨率	TVL/H	70	300	白炽灯
调制传递函数	%	30	30	白炽灯
水平时钟频率	MHz	1.1	6.1	
垂直转移速度	kHz	80	250	
光积累时间	ms	11.4	18.72	

6.4.4　电荷耦合成像器件性能分析

同其他光电成像器件一样，电荷耦合成像器件最主要的性能参数仍然是分辨率、灵敏度、动态范围以及光谱响应率等。

1. 分辨率

电荷耦合成像器件是由很多分立的光敏单元(又称像元)组成，它接收光学图像相当于对光学图像进行空间取样。如果像元在水平方向上的间隔为 P，那么在此方向上像元的空间频率$f_0=1/P$。通常,成像在 CCID 上的光学图像的空间频率f用f/f_0归一化。例如,等倾干涉条纹的间距为 300μm,CCID 的像元间距为 30μm,则归一化空间频率为 0.1。根据奈奎斯特定律,CCID 能接收图像的极限频率$f_{ny}=0.5f_0$,又称为奈奎斯特频率,大于这一频率,CCID 就无法分辨。这仅仅是考虑器件光敏元几何尺寸的因素,如再考虑其他因素,则实际的分辨极限还要下降。

2. 灵敏度

CCID 的灵敏度随入射图案的频率而变化。这里首先讨论$f=0$的情况,而后讨论$f\neq0$的情况。根据需要,灵敏度有峰值灵敏度和平均灵敏度之分。

1)零频灵敏度

(1)峰值灵敏度。假定输出量以电流形式表示。在峰值波长上,单位入射辐射所产生的输出电流称为峰值灵敏度,所以有

$$R_p=\frac{I_s}{E_e} \tag{6.63}$$

输出峰值电流为

$$I_s=\int_{\lambda_1}^{\lambda_2}E_{e\lambda}At(h\nu)^{-1}\eta(\lambda)e\frac{g_m}{C}\mathrm{d}\lambda \tag{6.64}$$

式中:A为每个单元有效激活面积;g_m为片上放大器的跨导;C为放大器输入节点上的有效电容。

所以有

$$R_p=\frac{g_mAt}{E_eC}\int_{\lambda_1}^{\lambda_2}eE_{e\lambda}\eta(\lambda)\frac{\lambda}{hc}\mathrm{d}\lambda=\frac{g_mAt}{C}R_e \tag{6.65}$$

式中:$E_e=\int_{\lambda_1}^{\lambda_2}E_{e\lambda}\mathrm{d}\lambda$;$R_e$为单位辐照度在单位面积上所产生的电荷量;$R_e=\frac{1}{E_e}\int_{\lambda_1}^{\lambda_2}eE_{e\lambda}\eta(\lambda)\frac{\lambda}{hc}\mathrm{d}\lambda$。

若不考虑 MTF,输出信号电流为

$$I_s=R_pE_e=\frac{g_m}{C}AtR_e \tag{6.66}$$

峰值灵敏度同积分时间成正比。该参数适用于非标准制式的电视摄像,如对于长时间积累的场合。因为在g_m/C一定的情况下,它反映了积累电荷的总量。

(2)平均电流灵敏度。在标准的电视摄像器件中,不仅关心积累电荷的总量,而且关心单位时间的输出情况,因此引入平均电流(I_a)灵敏度更为合适。平均电流灵敏度定义为

$$R_a=I_a/E_e \tag{6.67}$$

其中

$$I_a=N_xN_yne\frac{1}{Tf} \tag{6.68}$$

式中:N_x、N_y分别为行、列的单元数;ne为每个电荷包的电荷量。

每个电荷包的电子数为

$$n = At_i \int_{\lambda_1}^{\lambda_2} E_{e\lambda} \eta(\lambda) \frac{\lambda}{hC} \mathrm{d}\lambda \tag{6.69}$$

所以有

$$R_a = \frac{N_x N_y A}{A_0} \frac{t_i}{T_f} R_e A_0 = \eta_{A0} \eta_t R_e A \tag{6.70}$$

式中：A_0 为 CCID 的全部成像面积。对于行间转移，$A_0 = xy$；对于帧转移，$A_0 = xy/2$。η_{A0} = 有效面积/成像面积；η_t = 像素积分时间/帧周期。

所以有

$$R_a = \frac{I_a}{E_e A_0} A_0 = \frac{I_a}{P} A_0 = R_I A_0 \tag{6.71}$$

式中：R_I 为电流灵敏度：

$$R_I = \frac{I_a}{P} = \eta_{A0} \eta_t R_e \tag{6.72}$$

在基本条件相同的情况下，用式(6.70)很容易比较各种结构形式的 CCID 的灵敏度，如表 6-5 所列。

表 6-5　各种结构形式的 CCID 灵敏度比较

片子类型	η_{A0}	η_t	R_e	R_I/(mA/W)	A_0/xy	灵敏度相对值
前照式行间转移(FIIT)	1/2	1	1/2	25	1	1
前照式帧转移（FIFT)	1	1/2	1/2	50	1/2	1
背照式帧转移（BIFT)	1	1/2	1	100	1/2	2

对于背照和前照的帧转移器件，以及前照的电荷注入器件，$\eta_{A0} = 1$；对于行间转移器件，$\eta_{A0} = 1/2$，因为几乎一半区域被不透明的垂直转移寄存器所占据。

至于 η_t，在前面已经说过，对于帧转移型，$\eta_t = 1/2$，即积累时间等于场周期（隔行扫描）；而对于行间转移型，由于积累同转移寄存器是分开的，所以在全帧内，一直进行有效积累，$\eta_t = 1$。

从灵敏度的表达式可以看出影响它的因素主要有以下几个：①光在各界面上的反射；②光在到达硅基底之前的吸收；③光生载流子在界面上的复合；④光入射太深，光生载流子难以到达表面势阱；⑤外延层与基底界面上的载流子复合。④和⑤两项主要影响红光；②和③两项主要影响蓝光；①则引起干涉条纹。它对背照式和前照式的影响不同。计算指出，对于合适厚度的 FICCD（前照式 CCD），当入射波长为 0.4～1μm 时，有一半的能量可以到达硅层；但对于 BICCD（背照式 CCD），硅层厚度应减半。

2）非零空间频率灵敏度

对于振幅相同但空间频率不同的正弦输入图案，其输出并不相等。输出信号是 f 的函数。为此定义非零空间频率灵敏度为

$$R(f) = R(0) M(f) \tag{6.73}$$

式中：$M(f)$ 包括积分单元、电荷转移、载流子扩散等因素产生的 MTF，所以有

$$R(f) = R(0) \prod_i M_i(f) \tag{6.74}$$

由式(6.74)可知，凡是影响 MTF 的因素，都会影响灵敏度。其中最主要的因素是单

元几何尺寸。

对于成像系统,定义系统灵敏度为

$$R_s = I_s / L \tag{6.75}$$

式中:L为景物辐射亮度(W/(m^2·sr))。因为

$$L = \frac{4F^2}{\pi\tau} E_e \tag{6.76}$$

式中:F为物镜的F数;τ为透过率。

所以有

$$R_s = \frac{\pi\tau}{4F^2} R_{ch} \tag{6.77}$$

式中:R_{ch}为片子本身的灵敏度。可见,要尽量减少F数以保证所需的系统灵敏度。

3. 动态范围

动态范围表征器件能在多大曝光量范围内正常工作。最小曝光量受噪声限制,最大曝光量受电荷处理容量的限制。通常定义动态范围为饱和输出电压V_{sat}和暗场时噪声的峰峰值电压V_{np-p}之比,即

$$D_R = \frac{V_{sat}}{V_{np-p}} \tag{6.78}$$

一个良好的CCD器件的动态范围可达1000~5000。增大动态范围的主要途径是降低暗电流值,特别是控制暗电流尖峰。

4. 光谱响应率

图6-29是CCID的一组光谱响应曲线。其中有两条量子效率为100%和50%的参考线。

当光辐射从背面照射时(曲线2),它的光谱响应率函数与光电二极管相似。如果在其背面镀上减反射膜,那么,由于减小反射损失光谱响应率有所提高(曲线3)。如果从正面照射,由于辐射在多晶硅电极薄膜和氧化硅薄膜内的多次反射引起的干涉效应,光谱响应率函数(曲线1)会出现多次起伏。

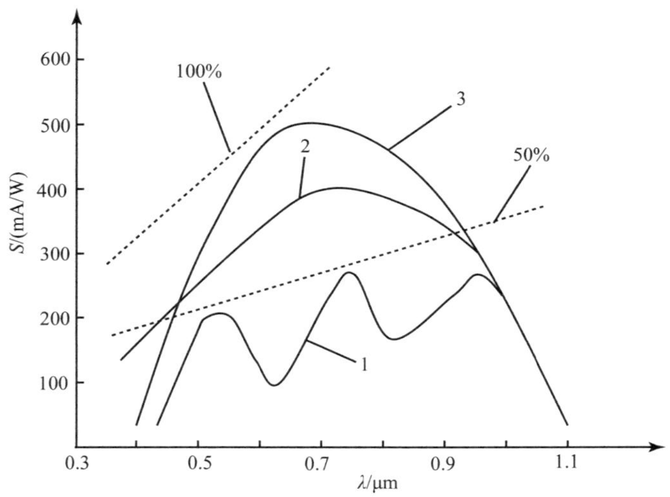

图6-29 CCID的一组光谱响应曲线

6.5　微光电荷耦合成像器件

尽管性能良好的普通 CCD 能够在(1.5～2.0)×10^{-2}lx 下成像,但在夜天光条件下工作还需进一步借助图像增强技术,由于采用了图像增强手段的 CCD,既具有优点,又能在夜天光下工作,所以构成了微光 CCD,可以用于军事、天文观测等高性能光电探测领域。

构成微光 CCD 的方法有多种。例如:①将像增强器与 CCD 耦合起来,构成光学耦合像增强型 CCD(ICCD);②用光电子轰击 CCD 的光敏元件,构成电子轰击型 CCD(EBCCD);③在 CCD 芯片的转移寄存器与输出放大器之间增加一个特殊的增益寄存器(对信号电荷进行倍增),构成电子倍增型 CCD(EMCCD);④采用延时-积分(TDI)工作模式或者采用减薄背照式结构、低温工作。

6.5.1　光学耦合像增强器型 CCD

这种耦合方式可分为光学耦合方式和光纤耦合方式。光学耦合方式是利用中继透镜将像增强器和 CCD 耦合起来[图 6-30(a)],其优点是调焦容易,成像清晰,对正面照明和背面照明的 CCD 均可适用,缺点是光能利用率低(≤10%),仪器尺寸稍大,系统杂光干扰问题需要特殊考虑;光纤耦合方式是用光学纤维面板将像增强器和 CCD 直接耦合起来[图 6-30(b)],在实际应用中,为了使耦合图像与 CCD 光敏面匹配,大多采用光纤锥耦合器进行耦合。像增强器可以选用 5.5 节中介绍的第二、三代选通型产品,将像增强器光纤面板荧光屏的输出图像耦合到光纤锥的输出面的 CCD 上。这种耦合方式的优点是荧光屏光能利用率较高,理想情况下,仅受限于光纤光锥的漫射透过率(≥60%)。缺点是对于背照明模式的 CCD 的光纤耦合,有离焦和 MTF 下降问题;同时由于光纤面板、光锥和 CCD 均为若干个像素单元阵列的离散式成像元件,因此,三器件间的集合对准损失和光纤元件本身的疵病对最终成像质量的影响需严格对待并处理。

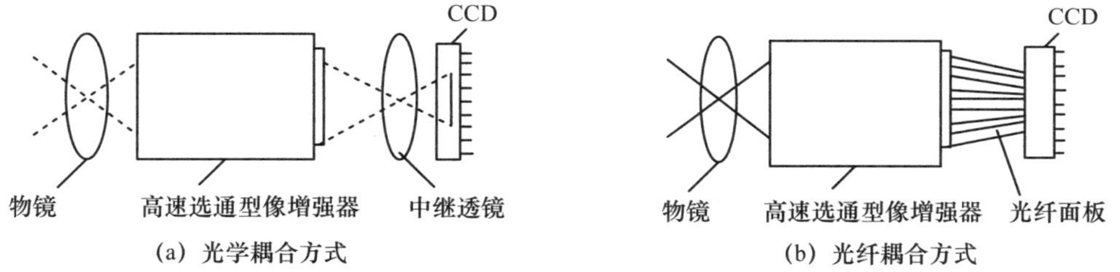

图 6-30　像增强器与 CCD 芯片的耦合方式

6.5.2　电子轰击型 CCD

光学耦合方式和光纤耦合方式的共同缺点是微光摄像的总体光量子探测效率及亮度增益损失较大,加之荧光屏发光过程中的附加噪声,使系统的信噪比特性不甚理想。为此,人们发明了电子轰击型 CCD(EBCCD-electron bombarded CCD),即把 CCD 制作在像增强器中,代替原有的荧光屏,在额定工作电压下,来自光阴极的(光)电子被加速聚焦后,直接轰击CCD像敏元,产生信号电荷,积分时间结束时,信号电荷被转移到寄存器输出。

目前常用的三种电子光学成像方式都可用于EBCCD。其中,静电聚焦简单,得倒像,但易产生枕形畸变;磁聚焦分辨力高,得正像,但笨重且常引起螺旋形畸变;近贴型得正像(图6-31),但因靠阴极表面的强电场来保证分辨力,故会引起场致发射,构成强背景辐射。

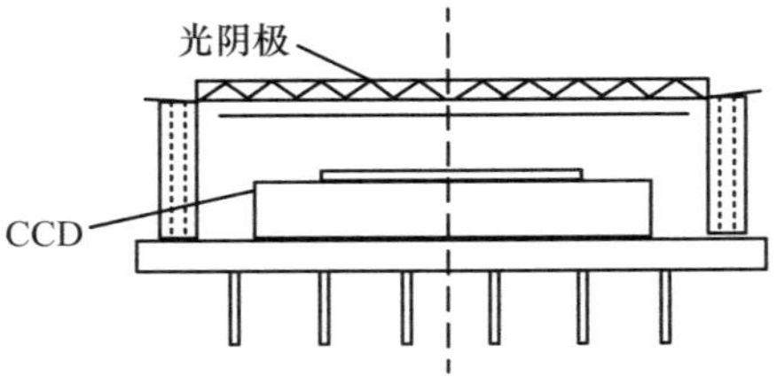

图6-31　近贴式型EBCCD的结构

由于加速电压和覆盖层情况不同,轰击到CCD像敏元上的电子能量也不同。一般,每个光电子可以产生2000~3000个电子。作为光子探测器应用,这种增益量级已经足够大。例如,若CCD芯片上放大器噪声为300个电子,则很易分清有一个光电子或者没有光电子。而作为微光摄像应用,由于二代像增强器光阴极的灵敏度可达400μA/lm以上,所以,EBCCD也可以实现高灵敏度、高电子增益和低暗电流。

EBCCD的不足是工作寿命短。CCD在高速电子轰击下会产生辐射损伤,辐射损伤使暗电流和漏电流增加,转移效率下降,从而严重影响CCD的寿命。采用背面辐照方式,情况有所改善,但需要增加工艺步骤,成品率低。

除上述两种得到应用的微光CCD外,还可以使背照减薄的帧/场转移结构CCD在低温下工作,以大大地降低暗电流,并允许增加每场光积分时间,而进一步提高信噪比。正面光照器件的量子效率典型值为25%左右,而背照器件的量子效率可高达80%。

6.5.3　电子倍增型CCD

EMCCD(electron multiplying CCD)是当前最新的一种使用标准CCD生产工艺制造的成像器件,它继承了CCD器件的优点,并具有与ICCD相近的灵敏度。EMCCD芯片中具有一个位于CCD芯片的转移寄存器和输出放大器之间的特殊的增益寄存器(见图6-32)。增益寄存器的结构和一般的CCD类似,只是电子转移第二阶段的势阱被一对电极取代(见图6-33),第一个电极上为固定值电压,第二个电极按标准时钟频率加上一个高电压(40~50V)。通过两个电极之间高压差形成对待转移信号电子的冲击电离,进而形成新的电子。尽管每次电离能够增加的新电子数目并不多,但通过多次电离,就可以将电子的数目大大提高。目前,每次电离后电子的数目大约是原来的1.015倍,如果通过591次倍增后,电子数目是原来的6630倍。由于大幅提高了输出信号的强度,CCD固有的读出噪声对系统的影响减小。EMCCD具有很高的信噪比,且具有比ICCD更好的空间分辨力,输出图像的质量也更好。不过由于EMCCD还处于刚刚开发阶段,目前还没有得到广泛的应用。

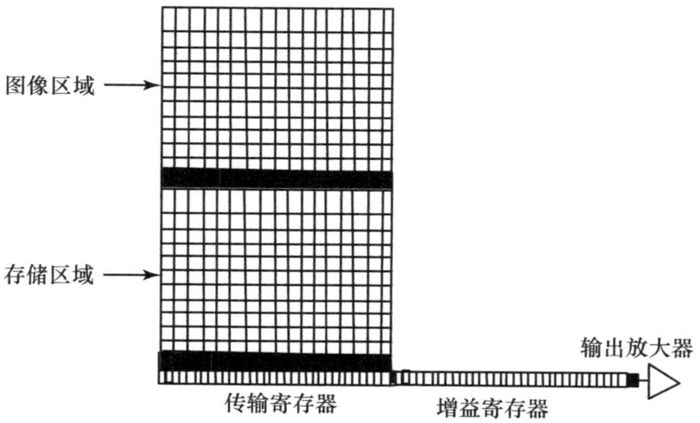

图 6-32　EMCCD 倍增原理示意图

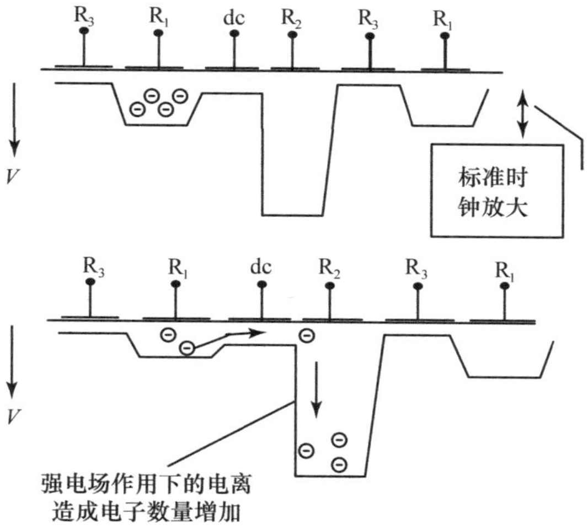

图 6-33　电离效应倍增电子示意图

6.6　CMOS 成像器件

互补金属-氧化物-半导体(complementary metal oxide semiconductor,COMS)图像传感器,是一种利用传统芯片工艺方法将光敏阵列、放大器、A/D 转换器、存储器、数字信号处理器和计算机接口电路等集成在一块硅片上的光电成像器件。这种器件的结构简单、处理功能较多、成品率高、成本低,并具有访问任意像元的能力。

6.6.1　CMOS 图像传感器的结构与工作原理

CMOS 图像传感器的结构如图 6-34 所示,其主要组成部分是像敏单元阵列和 MOS 场效应管集成电路,它们集成在同一硅片上。像元阵列实际上就是光电二极管阵列,任意数目的像元可被访问,故 CMOS 图像传感器没有线阵与面阵之分。

图 6-34 中所示的像元阵列按 X 方向和 Y 方向排列成方阵,每个像元都有它在 X、Y 方向上的地址,并可由两个方向的地址译码器进行访问。每列像元都对应一个列放大

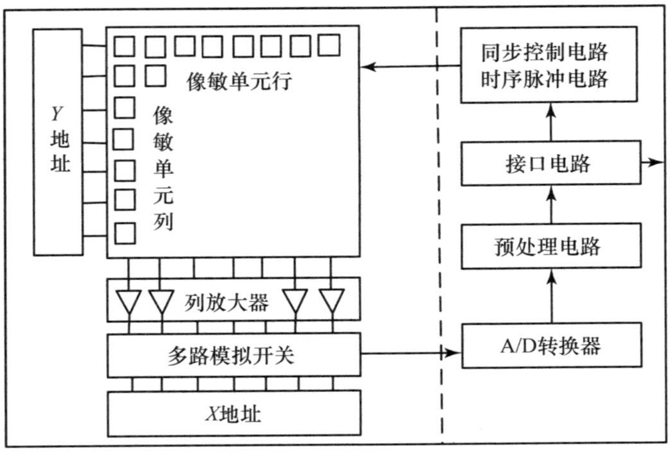

图 6-34　CMOS 图像传感器的结构示意图

器,像元列产生的光电信号先经列放大器放大,然后送入多路模拟开关(它由 X 方向的地址译码器控制)。当某一路模拟开关导通时,其对应的列放大器内的光电信号就传输至 A/D 转换器,经模数转换后变成数字信号,再由预处理电路处理,经接口电路输出。图 6-34 中的时序脉冲电路可产生各种必需的工作脉冲,而这些工作脉冲受控于接口电路发出的同步控制信号。

图像信号的输出过程如图 6-35 所示,在 Y 方向地址译码器(这里采用移位寄存器)的控制下。按序接通每行像元上的模拟开关(如第 i 行、第 j 列的开关 $S_{i,j}$)。光电信号通过行开关传送到列线上,再通过 X 方向地址译码器的控制,输送到放大器。这里,行、列开关的导通由两个方向地址译码器上所加的时序脉冲控制,可以实现逐行扫描或隔行扫描的输出方式,也可以只输出某一行或某一列的信号,还可选择你所希望观测的某些像素的光电信号,如图 6-35 中第 i 行、第 j 列像元的信号 $S_{i,j}$。

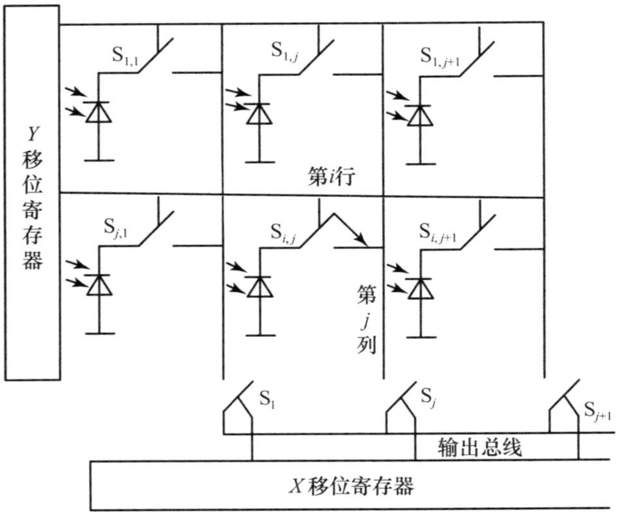

图 6-35　CMOS 图像传感器阵列原理示意图

在 CMOS 图像传感器的同一块芯片上，还可设置其他的数字处理电路，实现诸如自动曝光处理、非均匀性补偿、自平衡处理、γ 校正、黑电平控制等功能，甚至还可以将具有运算和可编程功能的 DSP 器件制作在一起，从而形成多功能器件。在实际应用中，为了改善 CMOS 图像传感器的性能，常常将光敏单元与放大器制成复合结构，以提高灵敏度和信噪比。

6.6.2　CMOS 图像传感器的像元结构

像元结构是指每个成像单元的电路结构，它是 CMOS 图像传感器的核心组件。CMOS 图像传感器的像元结构主要有光敏二极管型无源像素结构、光电二极管有源像素结构。

1. 光敏二极管型无源像素结构

光敏二极管型无源像素结构又称被动像元结构（PPS），如图 6-36 所示，它由一个反向偏置光电二极管和地址选通开关两部分构成。被动像元图像信号的读出时序如图 6-37 所示，其工作原理是：首先，复位脉冲启动复位操作，光电二极管的输出电压被置零；接着，光电二极管开始光信号的积分，存储了与光信号成正比的信号电荷。当积分工作结束时，选址脉冲启动选址开关，光电二极管与垂直的列线连通，信号电荷被传输到列总线上，然后经公共放大器 A 放大后电压输出。这种像素可以设计成很小的像元尺寸，它的结构简单、填充系数高（有效光敏面积和单元面积之比），量子效率也很高。

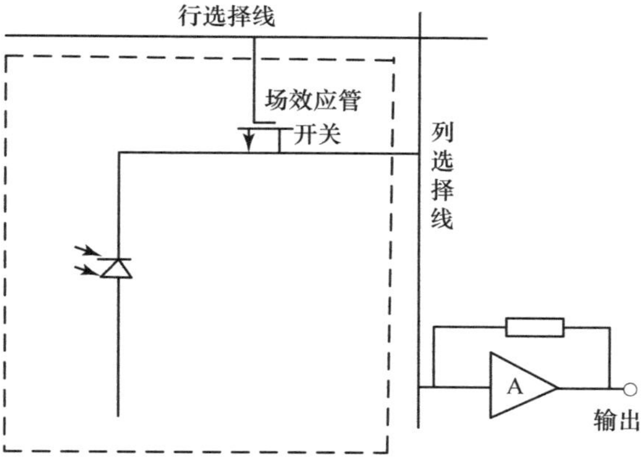

图 6-36　CMOS 的被动像元结构

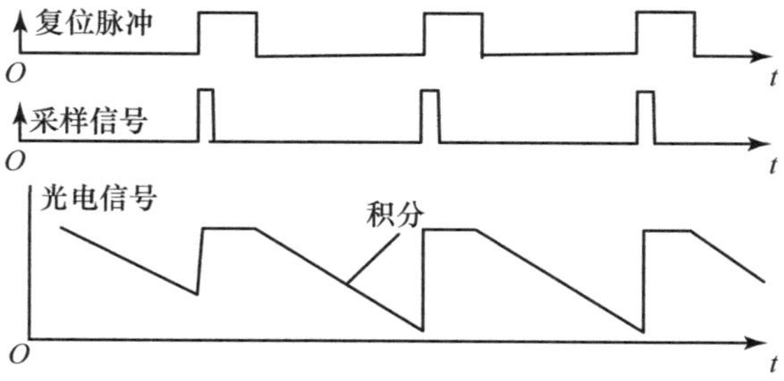

图 6-37　被动像元图像信号的读出时序

这种无源像素结构由于传输线电容较大而使读出噪声很高,主要是固定图像噪声(FPN),图像信号的信噪比低;而且这种结构不利于向大型阵列发展,很难超过 1000×1000,很难有较快的像素读出率,原因是这两种情况都会增加线容,若要更快地读出就会导致更高的读出噪声。目前,这种结构已被淘汰。

2. 光电二极管有源像素结构

光电二极管有源像素结构又称主动像元结构(APS),是当前使用的结构,如图 6-38 所示。场效应管 V_1 构成光电二极管的负载,其栅极接在复位信号线上。首先,当复位脉冲出现时,V_1 导通,光电二极管被瞬时复位;复位脉冲消失后,V_1 截止,光电二极管开始光信号积分。场效应管 V_2 是一个源极跟随放大器,它将光电二极管输出的光电信号进行电流放大。场效应管 V_3 用作选址模拟开关,选通脉冲到来时,开关 V_3 导通,光积分结束,被放大了的光电信号就输送到列选通线上。图像信号的读出时序如图 6-39 所示。

光电二极管有源像素结构,由于每个放大器仅在读出期间被激发,故它的功耗比 CCD 小。且结构中光敏面没有多晶硅叠层,量子效率很高;在像素里引入至少一个晶体管来实现信号的放大和缓冲,提高信噪比,显著降低了固定图像噪声;同时由于起缓冲作用的电源跟随器可加快总线电容的充放电,总线长度可增长,有利于实现更大规模的图像阵列。目前,像素数已达到上千万(4096 像素×4096 像素);另外,像素里还有复位晶体管和行选通晶体管。虽然晶体管数目增多,但 APS 像素和 PPS 像素的功耗相差并不大。

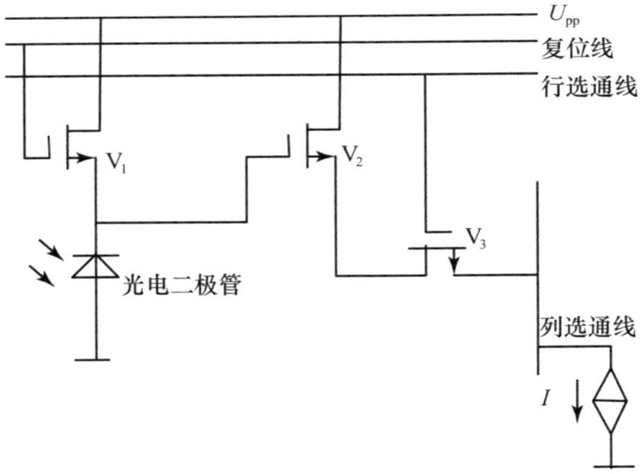

图 6-38　CMOS 的主动像元结构

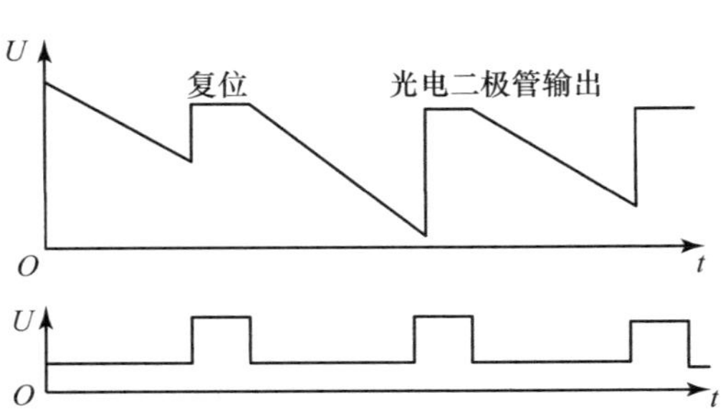

图 6-39　主动像元图像信号的读出时序

6.6.3　CMOS 图像传感器与 CCD 的特性比较

CMOS 与 CCD 图像传感器的光电转换原理相同，均在硅集成电路工艺上制作，工艺线的设备也相同。但不同的制作工艺和不同的器件结构使二者在器件的能力与性能上具有相当大的差别。CMOS 与 CCD 图像传感器相比，具有功耗低、摄像系统尺寸小，可将图像处理电路与 MOS 图像传感器集成在一个芯片上的优点，但其图像传输质量（特别是低亮度环境下）与系统灵活性相对于 CCD 较低。由于具有上述特点，它适合大规模批量生产，适用于小尺寸、价格低、摄像质量无过高要求的领域。它们的特性具体差别如下。

（1）“随机访问（开窗）”能力不同。CMOS 由于信号读出采用 $X-Y$ 寻址方式，具有读出任意局部画面的开窗能力，这种功能可用于在画面局部区域进行高速瞬时精确目标跟踪。而 CCD 采用按序读出信号的结构，其开窗能力受限。

（2）灵敏度、光谱响应范围不同。CCD 的灵敏度比 CMOS 图像传感器高 30%～50%，原因是 CCD 像元耗尽区深度可达 10mm，具有在可见光及近红外波段的完全响应能力，CMOS 由于采用 0.18～0.5mm 标准 CMOS 工艺，结构中的电阻率硅片需保持低工作电压，使得像元耗尽区深度只有 1～2mm，像元的截止波长小于 650nm，对红光及近红外光响应困难。

（3）动态范围、噪声水平不同。由于 CCD 芯片物理结构决定通过电荷耦合方式，把电荷转移到共同的输出端，噪声水平控制在极低状态。而 CMOS 由于物理结构的不同，其噪声高于 CCD。CCD 的动态范围约比 CMOS 高 2 倍。

（4）信号工作速度不同。由于 CMOS 与其后续的处理电路可在同一芯片制作，信号及驱动传输距离缩短，电感、电容及寄生延迟降低，信号读出采用 $X-Y$ 寻址方式，CMOS 的工作速度优于 CCD。CCD 的信号读出速率不超过 70Mpixels/s，而 CMOS 图像传感器信号读出速率可达 1000Mpixels/s。

（5）响应均匀性不同。CMOS 响应均匀性较 CCD 有较大的差距。CCD 在影像品质、色彩均匀性等方面均优于 CMOS，研究者采用反馈放大器等技术改进有光照条件下的均匀性，使之逐渐接近 CCD 的均匀性水平。

（6）耗电量不同。CMOS 传感器的图像采集方式为主动式，光电二极管所产生的电荷会直接由晶体管做放大输出；而 CCD 传感器为被动式采集，必须外加电压让每个像素中的电荷移动至传输通道。而外加电压通常需要 12～18V，因此 CCD 还必须有更精密的电源线路设计和耐压强度，高驱动电压使 CCD 的耗电量远高于 CMOS。CMOS 的耗电量仅为 CCD 的 1/10～1/8。

（7）成本不同。由于 CMOS 传感器采用一般半导体电路最常用的 CMOS 工艺，可以轻易地将周边电路集成到传感器芯片中，因此可以节省外围芯片的成本；而 CCD 采用电荷耦合方式传送数据，只要其中有一个像素不能运行，就会导致一整排的数据不能传送，因此控制 CCD 传感器的成品率比 CMOS 传感器困难许多，即使有经验的厂商也很难在产品问世的半年内突破 50%的水平，因此，CCD 传感器的制造成本会高于 CMOS 传感器。

总之，目前在应用领域，CCD 凭借低噪声、高分辨率、高灵敏度等高性能牢固占据着图像传感器的高端市场（如工件精密测量、军事目标探测与跟踪）；CMOS 图像传感器则以高集成度、高速、小体积、低价格、低功耗、使用方便等特点在低端市场(如视频通信、手机、家用摄像机、文字识别或低噪声应用等场合)占据着越来越大的份额。

参考文献

[1] 孙海金,杨国锋. 光电子器件及其应用[M]. 北京:科学出版社,2023.

[2] 苏俊宏,田爱玲,杨利红. 现代光学测试技术[M]北京:科学出版社,2013.

[3] 王庆有. 光电技术[M].4版. 北京:电子工业出版社,2018.

[4] 雷玉堂. 光电信息技术[M]. 北京:电子工业出版社,2016.

[5] 徐熙平,张宁,姜会林. 光电尺寸检测及应用技术[M]. 北京:国防工业出版社,2014.

[6] 方如章,刘玉凤. 光电器件[M].北京:国防工业出版社,1988.

[7] 张彤. 光电接收器件及其应用[M].北京:高等教育出版社,1987.

[8] 刘振玉. 光电技术[M].北京:北京理工大学出版社,1990.

[9] 缪家鼎,龚兆远,等. 光电技术基础[M].杭州:浙江大学出版社,1988.

[10] 蒋先进,等. 微光电视[M].北京:国防工业出版社,1984.

[11] 张伯尧,应根裕. 摄像与显示器件原理[M].北京:国防工业出版社,1986.

[12] 白廷柱,金伟其. 光电成像原理与技术[M]. 北京:北京理工大学出版社,2010.

[13] 江文杰,曾学文,施建华. 光电技术[M]. 北京:科学出版社,2009.

思考题与习题

1. 简述MOS电容器三种状态的形成过程。
2. CCD的工作条件和要求是什么?

第7章　光电耦合器件及其应用

光电耦合器件是由发光器件与光敏器件组成,是以光-电方式进行耦合的器件总称。由于电信号的传递是通过光束进行的,光电耦合器件的输出端对输入端无反馈作用,处于隔离状态,因此,有时把光电耦合器件也称光电隔离器件。由于光电耦合器件结构独特、性能优异、用途广泛,在实际应用中起越来越重要的作用。

7.1　光电耦合器件

7.1.1　光电耦合器件的含义

在工业检测、电信号的传送处理和计算机系统中,常用继电器、脉冲变压器或复杂的电路来实现输入、输出端装置与主机之间的隔离、开关、匹配、抗干扰等功能。而继电器动作慢、有触点工作不可靠,变压器体积大、频带窄,所以它们都不是理想的部件。随着光电技术的发展,20世纪70年代以后出现了一种新的功能器件——光电耦合器件。它是将发光器件(LED)和光敏器件(光敏二极管、光敏三极管等)密封在一起形成的一个电-光-电器件,如图7-1所示。这种器件在信息的传输过程中是用光作为媒介把输入边和输出边的电信号耦合在一起的,在它的线性工作范围内,这种耦合具有线性变化关系。由于输入边和输出边仅用光来耦合,在电性能上完全是隔离的。因此,光电耦合器件的电隔离性能、线性传输性能等许多特性,都是从"光耦合"这一基本特点中引申出来的。人们把光电耦合器件也称为光隔离器或光耦合器。这些名称的共同点是突出"光耦合"这一基本特征,这也是它区别于其他器件的根本特征。由于这种器件是一个利用光耦合做成的电信号传输器件,所以一般称为光电耦合器件。

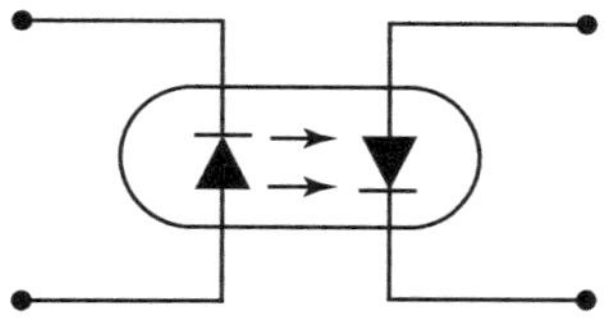

图7-1　光电耦合器件

7.1.2　光电耦合器件的特点

光电耦合器件具有下列特点。

(1) 具有电隔离的功能。它的输入、输出信号间完全没有电路的联系,所以输入和输出回路的电平零位可以任意选择。绝缘电阻高达$10^{10}\sim10^{12}\Omega$,击穿电压高到100V~25kV,耦合电容小到只有几皮法。

(2) 信号传输是单向性的,无论脉冲还是直流都可以使用,适用于模拟信号和数字信号。

(3) 具有抗干扰和抗噪声的能力。它作为继电器和变压器使用时,可以使线路板上看不到磁性元件。它不受外界电磁干扰、电源干扰和杂光影响。

(4) 响应速度快。一般可达微秒数量级,甚至纳秒数量级。它可传输的信号频率在0~10MHz之间。

(5) 使用方便,具有一般固体器件的可靠性,而且体积小(一般 ϕ6mm×6mm)、质量轻、抗震、密封防水、性能稳定、耗电省、成本低,工作温度范围在-55~100℃。

光电耦合器件性能上的优点,使它的发展非常迅速。目前,光电耦合器件在品种上有8类500多种,目前仅在日本年产量就达几百万件。在美国,目前销售额每年增长10%以上。在中国,1977年已在工厂定型生产。这一光电结合的新器件的广泛应用,已使中国电子线路设计工作出现了较大的飞跃和进步。它已在自动控制、遥控遥测、航空技术、电子计算机和其他光电、电子技术中得到广泛应用。

7.1.3 光电耦合器件的种类

光电耦合器件可以按各种发光器件和光敏传感器件的不同组合形成许多种类,不过这样的分类显得太繁杂。这里,按其结构与用途把光电耦合器件分成光隔离器件和光传感器件两大类。光电耦合器件的主要结构及特性由表7-1列出。可以看出,光电耦合器件中,发光器件一般采用GaAs发光二极管,这是由于受光器件中除硫化镉光敏电阻器外,硅光电器件占绝大部分,它们对光最敏感的波长在850~900nm范围内,而GaAs发光二极管的发射光谱集中在900nm附近,其匹配相当理想。当然这种搭配也不是绝对的,例如在高速应用中,采用发射波长在635nm的GaAsP红色发光二极管。有些特殊场合,发光器件采用氖泡、小钨丝灯等光源。光电耦合器件已成为一种独特的半导体器件。

表7-1 光电耦合器件的主要结构与特性

分类	发光器件	受光器件	结构	特性	电流传输比典型值/%	响应速度典型值
1	可见LED或氖泡	CdS光敏电阻		交直流两用,灵敏度高,稳定性差,速度慢	—	20ms
2	GaAsP LED	硅光电二极管		速度快,输出线性好,电流传输比小	0.2	20ns
3	GaAs LED	硅光电三极管		电流传输比大,中速,线性较差	200	20μs
4	GaAs LED	有基极硅光电三极管		呈现基极电阻,速度较快,暗电流小	200	5μs
5	GaAs LED	达林顿光电三极管		电流传输比大,暗电流大,压降大,速度慢	1000	200μs
6	GaAs LED	组合型光电器件	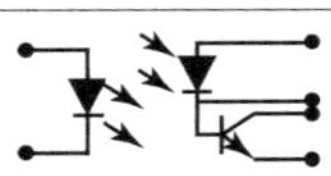	速度快,输出线性较好,中等电流传输比	20	200ns

续表

分类	发光器件	受光器件	结构	特性	电流传输比典型值/%	响应速度典型值
7	GaAs　LED	光控晶闸管		触发由光控制，控制功率大	—	—
8	GaAs　LED	光电场效应管	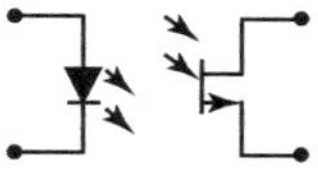	交直流两用，速度较快	—	15μs
9	GaAs　LED	光电集成电路		速度快，电流传输比大	200	2μs

7.2　光电耦合器件的特性参数

光电耦合器件的主要特性有输入特性、输出特性、传输特性、响应特性和抗干扰特性等。由于光电耦合器件是由发光器件和受光器件组合而成的，因此光电耦合器件的输入特性实际上就是作为输入端的发光二极管的发光特性。这种器件在第 2 章已作过介绍。而输出特性是作为器件输出端的光电二极管、光电三极管等光电器件的特性。这在第 3 章也已作过介绍。这里只介绍传输特性、响应特性与抗干扰特性。

7.2.1　传输特性

光电耦合器件的传输特性就是输入-输出间特性，它用下列性能参数来描述。

1. 电流传输比 CTR

在直流工作状态下，光电耦合器输出的光电流 I_L 与发光二极管的正向工作电流 I_F 之比，定义为光电耦合器的电流传输比，用 CTR 表示，即

$$\mathrm{CTR}=\frac{I_L}{I_F}\times 100\% \tag{7.1}$$

与晶体三极管电流放大倍数相比，表面看来是类似的，即同样表示输入与输出之间的关系，但是晶体管的电流放大倍数一般大于 1，并且输入与输出作用于同一个器件。光电耦合器的电流传输比可以小于、等于或大于 1，并且作用于两个相互独立的器件，因此具有本质上的差别。影响 CTR 的因素有很多，如结构、光耦合媒质与方法、I_F（正向电流）、基极-发射极间电阻（R_B）、环境温度（T）以及使用时间等。图 7-2 给出了 CTR-I_F 特性曲线。不难看出，存在一个最佳的 I_F 值，偏离该最佳值，CTR 将明显减小。与发光器件和受光器件相比，CTR 的线性度受牵制的因素较多。要使 CTR 为线性，不但要使发光器件的发光亮度与 I_F 呈线性，而且要使光电接收器输出的光电流与光强也呈线性。通常情况下，二极管耦合型的线性度优于三极管耦合型的线性度。

图 7-3 是 CTR 随外界温度的变化曲线。在 0℃ 以下时，CTR 值随温度 T 的升高而上升；在 0℃ 以上时，CTR 值随 T 的增加而下降。

2. 输入-输出间绝缘耐压 BV_{CFO}

这是指输入端与输出端之间的绝缘耐压值。一般低压使用时都能满足要求，当用于

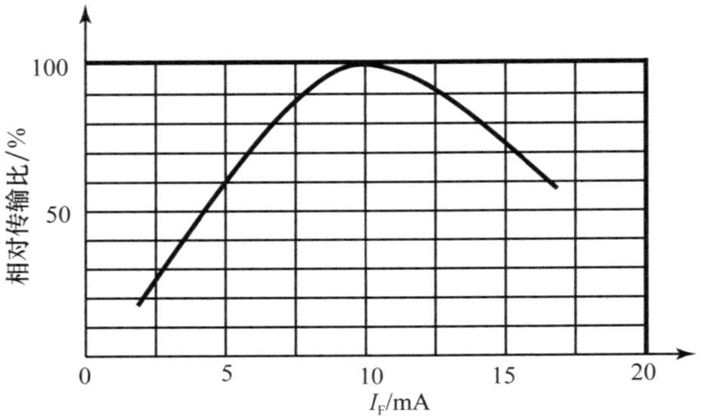

图 7-2　CTR-I_F 特性曲线

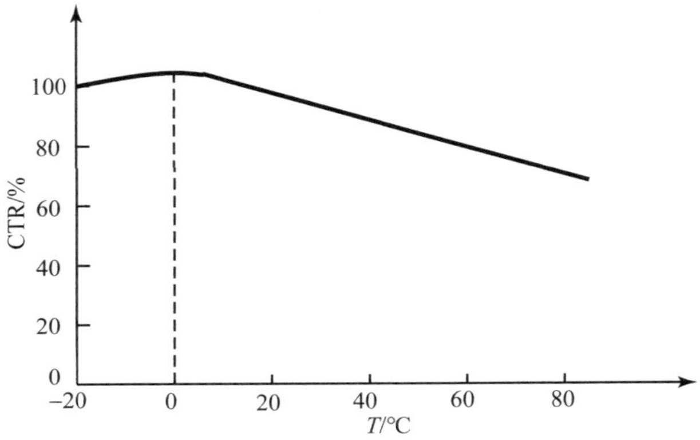

图 7-3　CTR 随外界温度的变化曲线

高压控制时,就要注意这一参数。由于绝缘耐压与电流传输比都与发光二极管和光敏三极管之间的距离有直接关系,当二者距离增大时,绝缘耐压提高了,但电流传输比降低;反之,当二者距离减小时,虽增大了 CTR,但 BV_{CFO} 降低。这是一对矛盾,可根据实际使用要求来挑选不同种类的光电耦合器件。如果制造工艺得到改善,可得到既具有高的 CTR 又具有高耐压的光电耦合器件。目前,北京光电器件厂生产的光电耦合器件 BV_{CFO} = 500V,采用特殊的组装方式,可制造用于高压隔离线路等方面的耐压达几千伏或上万伏的光电耦合器件。

3. 输入-输出间绝缘电阻 R_{FC}

这是输入端与输出端之间的绝缘电阻,一般为 $10^9 \sim 10^{13}\Omega$。它是与耐压密切相关的参数,它与 CTR 的关系和耐压与 CTR 的关系是一样的。

R_{FC} 的大小意味着光电耦合器件的隔离性能如何。光电耦合器件的 R_{FC} 一般要比变压器原副边绕组之间的绝缘电阻大几个数量级,因此它的隔离性能要比变压器好得多。北京光电器件厂生产的 R_{FC} 值一般达到 $10^{11}\Omega$。

4. 输入-输出间寄生电容 C_{FC}

这是输入端与输出端之间的寄生电容。C_{FC} 变大会使光电耦合器件的工作频率下降,也能使其共模抑制比 CMRR 下降,故后面的系统噪声容易反馈到前面系统中。对于一般的光电耦合器件,其 C_{FC} 仅仅为几皮法,一般在中频范围内不会影响电路的正常工作,但在高频电路中就要予以重视了。

7.2.2　响应特性

1. 最高工作频率 f_M

图 7-4 给出测量光电耦合器件的最高工作频率电路。向发光二极管送入幅度相等而频率变化的交流小信号,在光电耦合器的输出端用交流电压表测其交流输出电压值。随着频率的增高,虽然输入电压幅度不变,但输出幅度下降了,当输出电压相对幅值降至 0.707 时,所对应的频率就称为光电耦合器件的最高工作频率(或称截止频率),用 f_M 来表示。图 7-5 给出了一个光电耦合器件的频率特性。最高工作频率 f_M 也会随着外电路负载的变化而改变,图 7-6 给出了在不同负载电阻 R_C 时的 f_M 值。由该图可知,当负载电阻 R_C 减小时,f_M 增高。

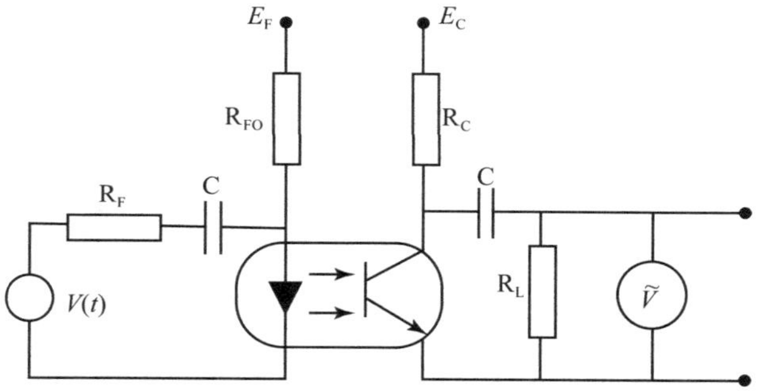

图 7-4　测量光电耦合器件的最高工作频率电路

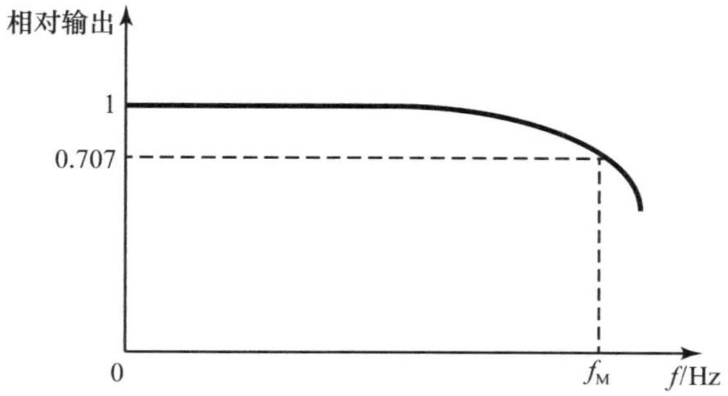

图 7-5　光电耦合器件的频率特性

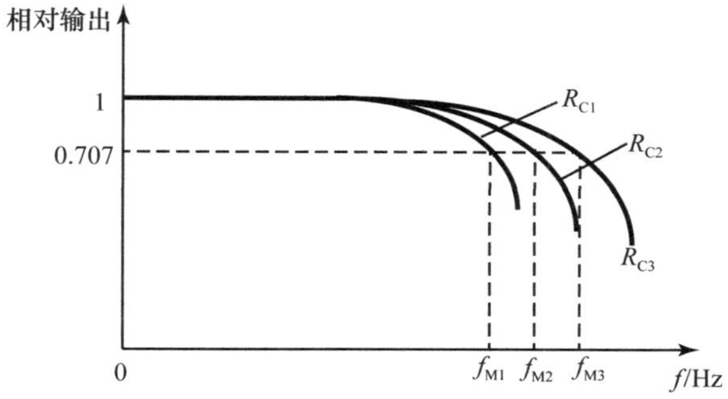

图 7-6　频率特性随 R_C 的变化

2. 脉冲上升时间 t_r 和下降时间 t_f

由于光电耦合器件由功能截然相反的分立元件组成,在开关时间的表示上与分立元件也存在一定的差别,图 7-7(a)显示了各种开关时间的定义及计算方法,图 7-7(b)为测试时的条件与连接方式。该图中以发光管脉冲输入开始(此时输出为 0)到输出达最大值的 10%所需时间称为延迟时间,用 t_d 表示;从 $0.1I_C$ 上升到 $0.9I_C$ 前沿所需时间称上升时间,用 t_r 表示;t_d+t_r 称开态时间,用 t_{on} 表示。从输入脉冲结束到输出(I_C)下降到 $0.9I_C$ 所需时间称贮存时间,用 t_s 表示;再从 $0.9I_C$ 下降到 $0.1I_C$(后沿)所需时间称下降时间,用 t_f 表示;t_s+t_f 称关态时间,用 t_{off} 表示。

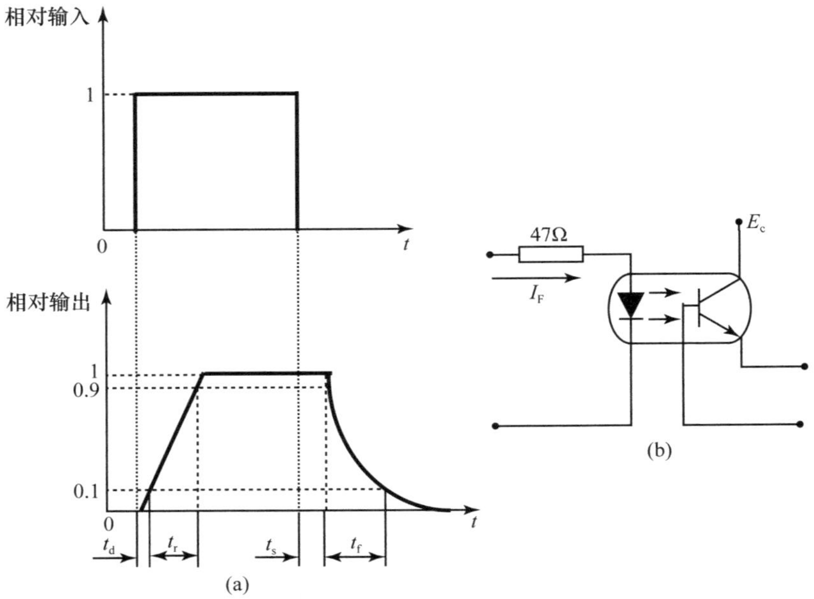

图 7-7 光电耦合器件的响应特性

t_r 与 t_f 同 f_M 一样,也是随着负载电阻的变化而变化的,但它们是随着负载电阻的减小而减小。图 7-8 给出了上升时间与下降时间和负载的关系曲线。可以看出,为了得到良好的开关特性,负载的选择是至关重要的。

最高工作频率 f_M、脉冲上升时间 t_r 和下降时间 t_f 都是衡量光电耦合器件动态特性的参数。当用光电耦合器件传送小的正弦信号或非正弦信号时,用最高工作频率 f_M 来衡量较为方便;而当传送脉冲信号时,用 t_r 和 t_f 来衡量既方便又直观。

7.2.3 抗干扰特性

光电耦合器件的重要优点之一就是能强有力地抑制尖脉冲及各种噪声等的干扰,从而在传输信息中大大提高了信噪比。

1. 光电耦合器件抗干扰强的原因

光电耦合器件之所以具有很高的抗干扰能力,主要有下面几个原因。

(1) 光电耦合器件的输入阻抗很低,一般为 10Ω~1kΩ;而干扰源的内阻一般都很大,其量值为 10^3~10^6 Ω。按一般分压比的原理来计算,能够馈送到光电耦合器件输入端

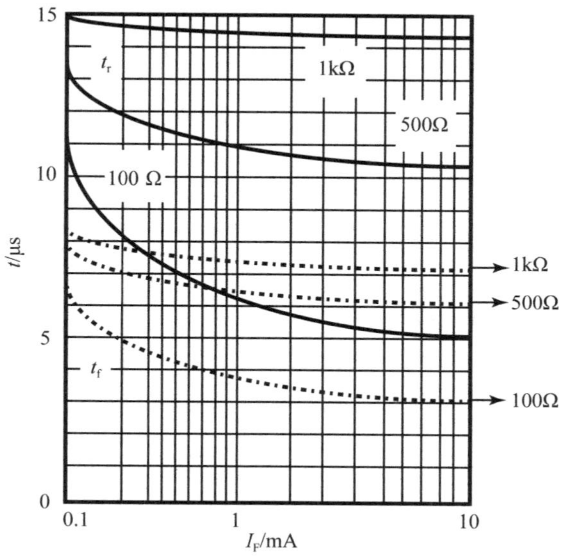

图 7-8　t_r、t_f 与 R_L 的关系曲线

的干扰噪声就变得很小了。

(2) 由于一般干扰噪声源的内阻很大,虽然也能供给较大的干扰电压,但可供出的能量很小,只能形成很微弱的电流。而光电耦合器件输入端的发光二极管只有在通过一定的电流时才能发光。因此,即使是电压幅值很高的干扰,由于没有足够的能量,不能使发光二极管发光,因而被它抑制了。

(3) 光电耦合器件的输入-输出间是用光耦合的,且这种耦合是在一个密封管壳内进行的,因而不会受到外界光的干扰。

(4) 光电耦合器件的输入-输出间的寄生电容很小(一般为 0.5~2pF),绝缘电阻又非常大,一般为 $10^{11}\sim10^{13}$ Ω,因而输出系统内的各种干扰噪声很难通过光电耦合器件反馈到输入系统中。

2. 光电耦合器件抑制干扰噪声电平的估算

下面通过一个具体实例来进一步说明光电耦合器件的抗干扰能力。

在向光电耦合器件输入端馈送信息(如矩形脉冲信号)的同时,不可避免地要伴随进入各种各样的干扰信号。这些干扰信号,由系统自身产生的干扰、外来射频干扰、通过电源及地线等途径的窜入干扰、电源脉动干扰、外界电火花干扰及继电器释放时反抗电动势的泄放干扰等组成。这些干扰的波形是尖脉冲、白噪声等。将这些干扰波形画在一起,如图 7-9(a)所示,它们的相位和幅度都是随机的。为了计算方便,把这些干扰脉冲都恶劣化后成为继电器释放时反抗电动势的泄放干扰(这一干扰幅度最高、脉宽最宽)。根据这一假设,可以把图 7-9(a)所示的干扰波形变成图 7-9(b)所示的干扰脉冲序列。设每个干扰脉冲宽度为 1μs,其重复频率为 500kHz。经过比较复杂的推导,这样的脉冲序列可用下列级数来表示:

$$u(t)=\frac{A}{2}+\frac{2A}{\pi}\cos2\pi Ft-\frac{2A}{3\pi}\cos2\pi3Ft+\frac{2A}{5\pi}\cos2\pi5Ft-\cdots \tag{7.2}$$

由这个级数可以看出,脉冲序列的直流分量为 $A/2$,交流分量是脉冲序列重复频率 F

的奇数项。于是,我们可用它的一次分量来近似地代表它的整个交流分量部分,这样的简化不会带来太大的误差。因此,其交流分量可以写为

$$u_F(t)=\frac{2A}{\pi}\cos 2\pi Ft \tag{7.3}$$

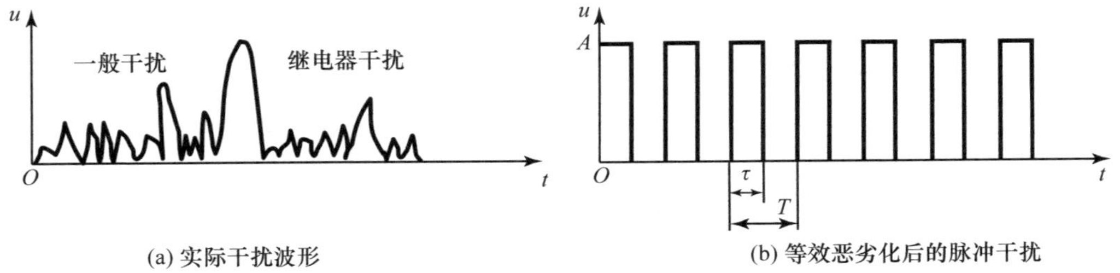

图 7-9 干扰脉冲简化图

在继电器切换时的干扰脉冲,一般是通过线包与触点之间的寄生电容 C_s 窜入光电耦合器件的输入端的,如图 7-10(a)所示。经式(7.3)的简化,就可以画出如图 7-10(b)所示的交流等效电路。

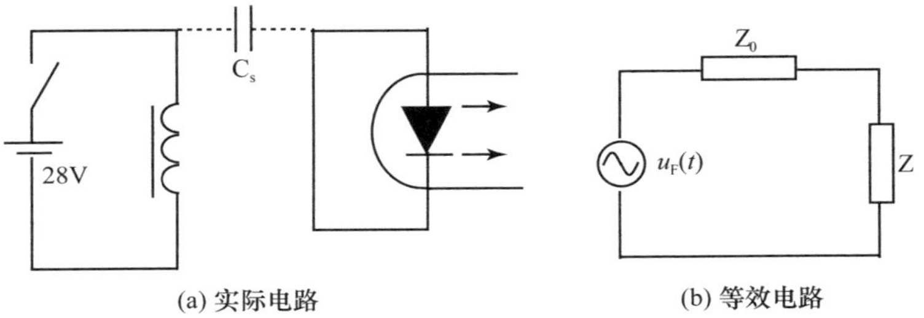

图 7-10 继电器干扰电路图

设继电器线包与触点之间的寄生电容 C_s 为 2pF,则等效内阻 Z_0 为

$$Z_0=\frac{1}{2\pi FC_s}=\frac{1}{2\pi}\times 10^6(\Omega) \tag{7.4}$$

设使光电耦合器件工作的最小输入电流为 1mA,由于一般发光二极管工作时的正向压降为 1V 左右,故其等效输入阻抗 $Z=1\text{k}\Omega$。显然,$Z_0\gg Z$。在该回路内,当瞬时电流达到 1mA 时,干扰源电压的基波幅值(忽略 Z 值)为

$$|u_F(t)|=\frac{1}{2\pi}\times 10^3(V)$$

由于该干扰电压是通过寄生电容耦合的,因此式(7.2)中的直流分量是不能起作用的。根据式(7.3),可求出在上述假设条件下,使光电耦合器件工作的最小瞬时幅值近似为 $u_{\min}=250\text{V}$。

这个结果表明,在外来干扰脉冲频率 F 为 500kHz、脉宽为 1μs 时,其幅值只有达到 250V 时才能够启动光电耦合器件,而低于该值的干扰脉冲都将被光电耦合器件抑制。

如果光电耦合器件的输入工作电流继续提高,它能抑制的电平也随之提高。在实际应用中,继电器的工作电压一般最高为 30V。要使继电器切换时产生这么高的干扰脉冲

是不太可能的。因此,光电耦合器件完全可以抑制它。在所有的干扰中,这种继电器干扰是最恶劣的一种。从这一简单的计算中可以证明,光电耦合器件几乎可以成功地抑制所有干扰源所产生的有害信号。

光电耦合器件的典型参数及测试条件如表7-2所列。

表7-2 光电耦合器件的典型参数及测试条件

类别	参数名称	符号	测试条件	单位	GH301E	GH315
输入特性	正向压降	V_F	$I_F=10mA$	V	≤1.3	≤1.3
	反向漏电流	I_R	$V_R=3V$	μA	≤50	≤50
	最大工作电流	I_{FM}	DC	mA	50	50
输出特性	暗电流	I_D	$I_F=0, V_{ce}=10V$	μA	≤0.1	≤0.1
	光电流	I_L	$I_F=20mA, V_{ce}=10V, R_L=500\Omega$	mA	>15	8~10
	击穿电压	V_{BR}	$I_F=0, I_{ce}=1\mu A$	V	≥15	≥15
	最大功耗	P_{CM}	DC	mW	150	150
传输特性	电流传输比	CTR	$I_F=10mA, V_{ce}=10V$	%	>150	80~100
响应特性	上升时间	t_r	$I_F=10mA, V_{ce}=10V$ $R_L=100\Omega, f=100Hz$	μs	≤3	≤3
	下降时间	t_f		μs	≤4	≤4
传输特性	绝缘耐压	BV_{CFO}	AC,50Hz峰值1 min交流 或直流500V	V	500	500
	绝缘阻抗	R_{FC}		Ω	10^{10}	10^{11}
	寄生电容	C_{FC}	$V=6mV, f=1MHz$	pF	≤2	≤2

7.3 光电耦合器件的应用

光电耦合器件是由发光器件和光电器件组成的器件的统称。由于电信号是通过光束进行耦合的,所以光电耦合器件的输出端对输入端无反馈作用,信号只能单向传递。也就是说,光电器件的输出不会影响发光器件,因此,光电耦合器件可以十分理想地实现系统隔离、电平隔离、电路接口以及长距离信息传输等多种功能。其使用时,不仅电路简单、频带宽广、失真度小、可靠性高、响应速度快、抗干扰性能强,而且具有体积小、质量轻、无触点、线性传输、耐冲击、使用寿命长等优点。由于存在上述优点,光电耦合器件广泛应用于物体有无的检测、转速测量、厚度与浓度测量、物体位置与方向的检测、电影还音系统、遥控开关、光通信、光电测距、计算机系统等领域。光电耦合器件在应用中表现出以下特征。

(1) 在代替脉冲变压器耦合信号时,可以耦合0到几兆赫的信息,且失真很小,这使变压器相形见绌;

(2) 在代替继电器使用时,能克服继电器在断电时反电势的泄放干扰及在大振动、大冲击下触点抖动等不可靠的问题;

(3) 很容易把不同电位的两组电路互连,从而圆满并且很简单地实现电平匹配、电平转移等功能;

(4) 光电耦合器的输入端的发光器件是电流驱动器件,通过光与输出端耦合,抗干扰能力很强,在长线传输中用它作为终端负载时,可以大大提高信息在传输中的信噪比;

(5) 在计算机主体运算部与输入、输出之间,用光电耦合器件作为接口部件,将会大大增强计算机的可靠性;

(6) 光电耦合器件的饱和压降比较低,在作为开关器件使用时,具有晶体管开关不可比拟的优点;

(7) 在稳压电源中,它作为过电流自动保护器件使用时,使保护电路既简单又可靠等。

本节着重介绍光电耦合器件的电路设计、基本电路及几种实用电路。

7.3.1 光电耦合器件的电路设计

在设计电路时,首先应按用途选择光电耦合器件的种类,并考虑耦合器件的电参数、极限参数,使用电压、电流、负载,寿命、外形以及价格等各种因素。例如,从表7-1可以看出,光敏二极管型耦合器件的响应速度最快,线性也很好,因此在高速应用及要求良好线性的场合可优先选用光敏二极管型耦合器件。但是,由于光敏二极管型的电流传输比很小,因而在小信号使用不太合适。光敏三极管的电流传输比较大,可用在信号较小、线性要求不高及中等速度的场合。组合光敏管型(光敏二极管加三极管)是一种较为理想的光电耦合器件,它具有光敏二极管型的高速响应和较好的线性,同时又有较大的电流传输比,是使用极为广泛的一种光电耦合器件。这种耦合器件一般有发射极接地和集电极接地两种电路,如图7-11所示。当发射极接地时,基区载流子的时间常数 τ_e 为

$$\tau_e = (C_p + C_{ce}) R_b + \beta C_{ce} R_L \tag{7.5}$$

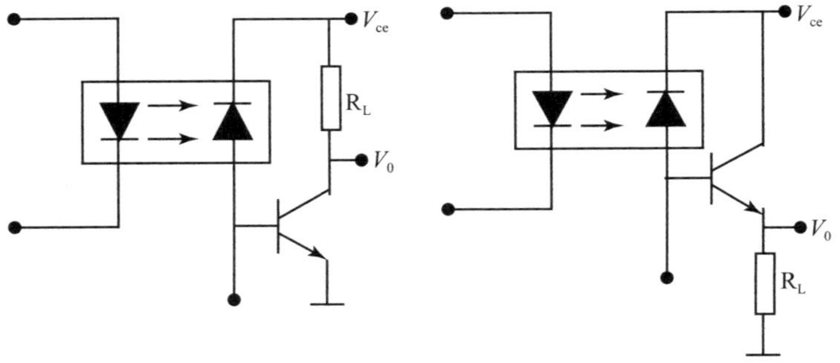

图7-11 光电耦合器件两种接地形式

如果是集电极接地,那么基区载流子的时间常数 τ_c 为

$$\tau_c = (C_p + C_{ce}) R_b + (\beta+1)(C_p + C_{ce}) R_L \tag{7.6}$$

式中:C_p 为光敏二极管的结电容;C_{ce} 为集电极-发射极间的结电容;R_b 为基极对地的动态电阻;R_L 为负载电阻;β 为三极管电流放大系数。很明显,集电极接地时的开关时间比发射极接地时的开关时间长5~6倍。可见,不同的接法具有不同的开关时间。对于高速光电耦合器件,宜采用发射极接地电路。在要求更高速度的场合,可采用图7-12所示电路。当PN结反向偏置时,将使耗尽层宽度变宽,结电容减小。反向偏压越高,耗尽层越宽,结电容越小,体现在式(7.5)和式(7.6)中,就是 C_p 随着施加反压的增大而减小,从而

使载流子时间常数减小,开关速度提高。如果是采用光敏三极管构成的光电耦合器件,那么可以利用图 7-13 所示的三种电路来提高开关速度。图 7-13(a)中,光敏三极管串接在晶体管的发射极回路中,这种电路的截止频率可接近 200kHz。图 7-13(b)中,光敏三极管在串接于晶体管集电极回路的同时,基极对地又跨接了电阻 R,*R* 越小,开关速度越快,但是,对光电流的分流现象也越严重,导致电流传输比的下降,甚至会导致电路噪声增大。在图 7-13(c)中,光敏三极管被当作光敏二极管使用,类似于图 7-11 的电路形式。在设计电路时,要特别注意温度对电流传输比的影响,因为温度增加(如环境温度增加)将使反向电流迅速增大,严重时将造成电路的误动作。另外,在设计电路时,必须防止电路产生寄生振荡,特别是当采用高频、高增益晶体管或达林顿电路时。

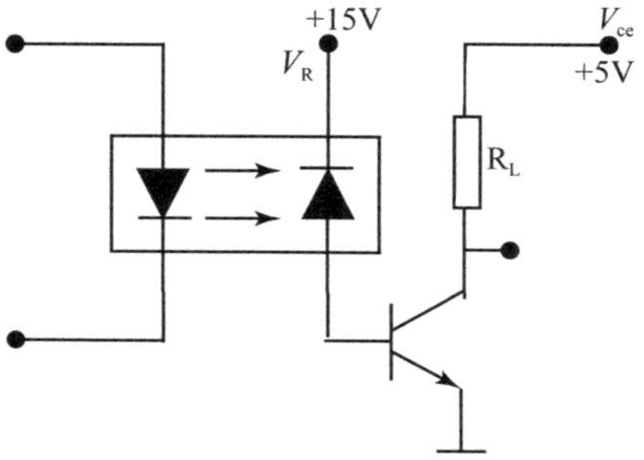

图 7-12　高速光电耦合器件电路

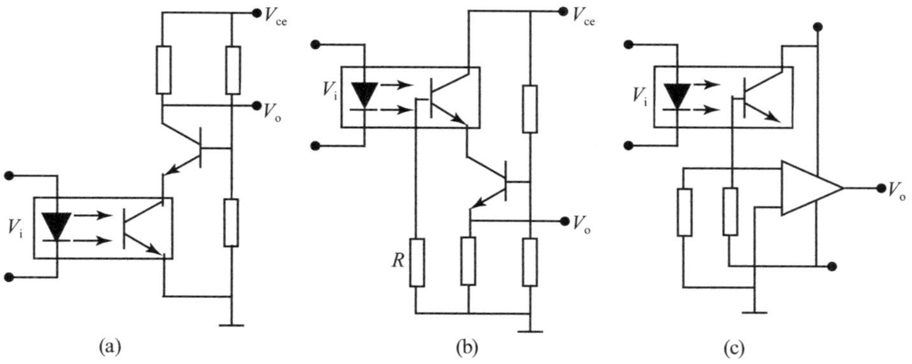

图 7-13　提高开关速度的几种电路

上面叙述了光电耦合器件接收部分的电路,下面讨论输出电路。按状态分,光电耦合器件的输出电路有图 7-14 所示几种,其中图 7-14(a)和(b)在有光照时分别为 0 态和 1 态;图 7-14(c)的通、断光强可以用 R 来调节,电路比较灵活;图 7-14(d)中,用场效应管作负载,电路有明显的阈值,并且改变 R_1 和 R_2 的值可以改变阈值的大小,由于采用了场效应晶体管,信噪比得到提高;在图 7-14(e)中,采用差分输出,进一步减少温漂,提高了信噪比,在差分管中,一只用三极管,另一只用暗特性与之相同的光敏三极管,或者两只均用特性相同的光敏三极管,其中一只受光,另一只不受光。这种电路能补偿因温度和电源波动所造成的变化,可以得到很高的信噪比。

上面几种输出电路不是绝对的,更不是仅有的。下面介绍几种常用的采用 TTL 和 CMOS 电路的输入电路和输出电路,如图 7-15 所示。该图是光电耦合器件作 TTL 的接

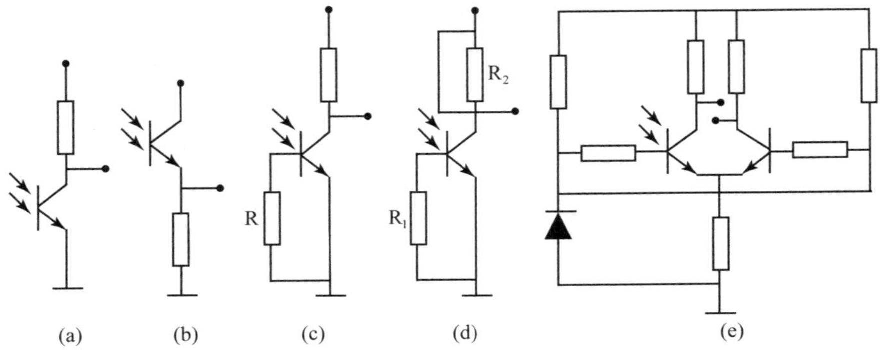

图 7-14　光电耦合器件的几种输出电路

口原理图。元件的选择是这样的,从 TTL 的参数表查得 I_{0L},那么,在一般情况下,发光二极管的驱动电流 I_F 为 I_{0L} 的 2/3,光敏三极管的输出电流 I_0 必须大于后一只 TTL 的输入电流 I_{iL},且要有一定的余量。这样,根据 I_F 和 I_{iL} 可以选择一定电流传输比的光电耦合器件,以满足实际电路的需要。

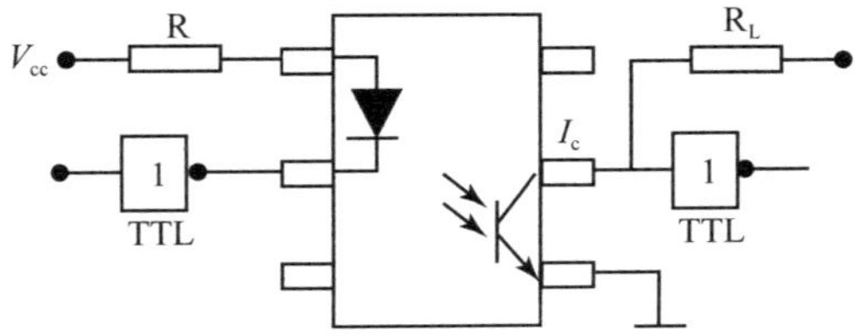

图 7-15　光电耦合器件作 TTL 接口原理图

TTL 的输入电流越小,对光电耦合器件电流传输比的要求越低,因而,负载电阻 R_L 可以选用得小一些,而电路的可靠性可以提高。如果光电耦合器件作 CMOS 的接口,由于 CMOS 的 I_{0L} 很小,需加晶体管对 I_{0L} 进行放大或用多只 CMOS 才能驱动发光二极管,电路如图 7-16 所示。此时驱动电流 I_F 就不受限制,当然,绝不能超过 LED 的最大正向电流。用光电集成电路构成的光电耦合器件广泛应用于电子计算机系统,电路原理如图 7-17 所示。由于光电集成电路具有很高的增益及较大的电流输出,从而可使发光二极管的驱动电流大大减小,而承受的负载可以增加,如图 7-17 中可以同时驱动 8 个标准的 TTL 负载。在高速应用场合,常采用图 7-18 所示电路,其原理可参考图 7-11,这里不再叙述。在图 7-15~图 7-18 中,R 为限流电阻。

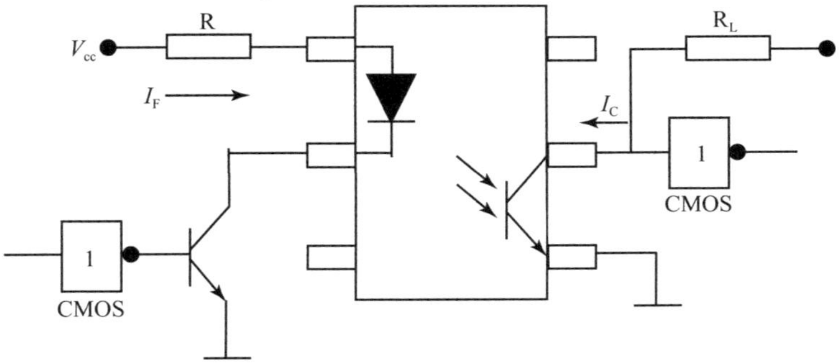

图 7-16　光电耦合器件作 CMOS 接口原理图

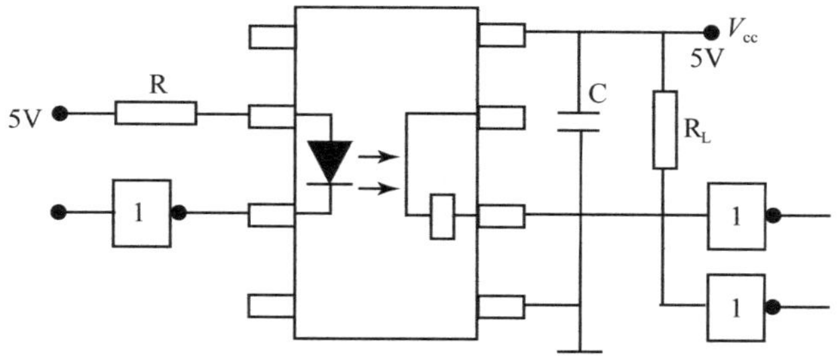

图 7-17　光电集成电路耦合器件输入输出电路

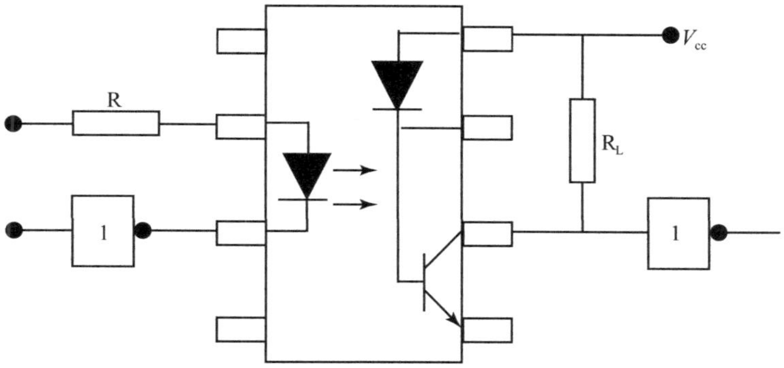

图 7-18　高速光电耦合器件输入输出电路

7.3.2　光电耦合器件的应用

以下介绍几种常用的典型电路，图 7-19(a)和(b)是简单开关电路，可应用于固体开关，起到输入与输出电路的隔离作用。图 7-19 中的(c)和(d)把光电耦合器件的输出接至斯密特电路，把光电耦合器件的输出信号整形成方波输出。如果在光电耦合器件的输出加接脉冲放大器，就构成输入与输出绝缘的脉冲放大电路，如图 7-20 所示。其中，图 7-20(a)是大负载、大电流、用脉冲电流驱动的放大器。无脉冲信号输入时，VT_1 的基极处于高电压，VT_1 和 VT_2 处于导通态，输出为零；当有 2.5mA 的脉冲电流驱动 LED 时，光敏三极管被激励，VT_1 和 VT_2 由导通态变为截止态，输出一个正脉冲，输出电压的大小由电源电压、R_L 及 VT_2 的功耗决定。在较小驱动电流下，可以采用图 7-20(b)的形式，用运算放大器进行同相放大，合理选择 R_1 和 R_2 的大小，放大器的增益可达 100dB，而驱动电流可以很小。不过，这种电路只适用于小负载的情况，要驱动大负载还需在输出端加接功率器件。如果将不同电位的信号加在光电耦合器件上，可构成简单的逻辑电路，如图 7-21 所示，“与非”“或非”“与”“或”“非”门的输出，可用作各逻辑电路的互联输入级。光电耦合器件不仅在逻辑电路、脉冲电路中得到应用，而且在线性电路中的应用也十分广泛，图 7-22 是典型的光电耦合器件交流耦合电路，图 7-22(a)中，场效应管 VT_1 为发光二极管提供一个恒流源，恒流被输入的交流信号所调制，由光敏三极管接收，经电容 C_2 单独取出交流成分。图 7-22(b)是用光电耦合器件代替音频变压器的另一种线性电路。在线性电路的应用中，工作点的选择是至关重要的。一般地，为了减小噪声、提高线性度，器件总是在小信号、窄范围内使用。

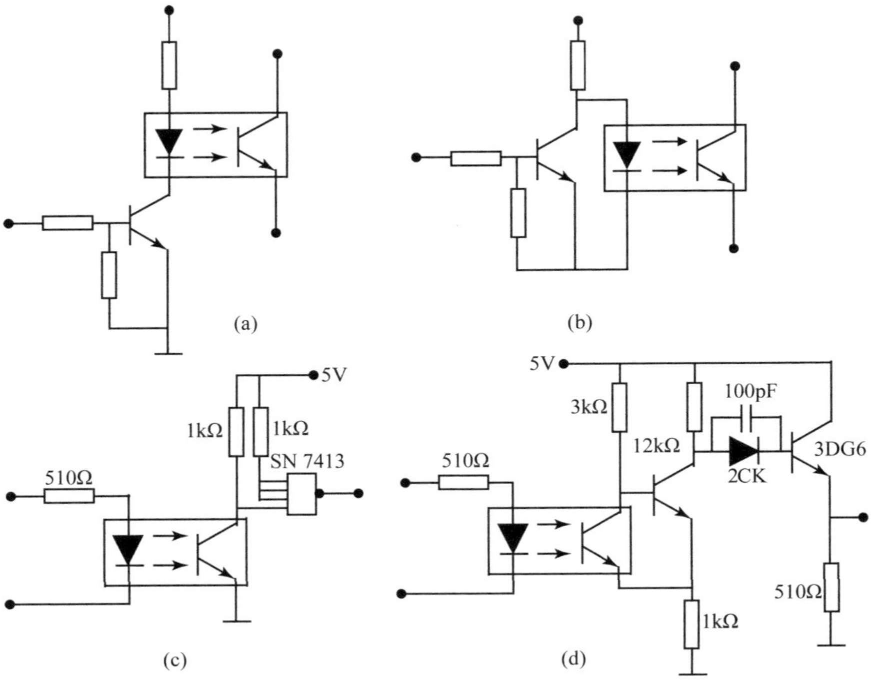

图 7-19　典型开关电路

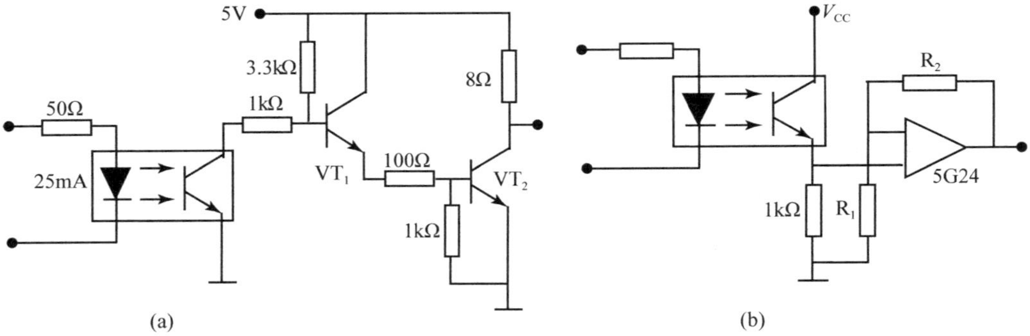

图 7-20　脉冲放大电路

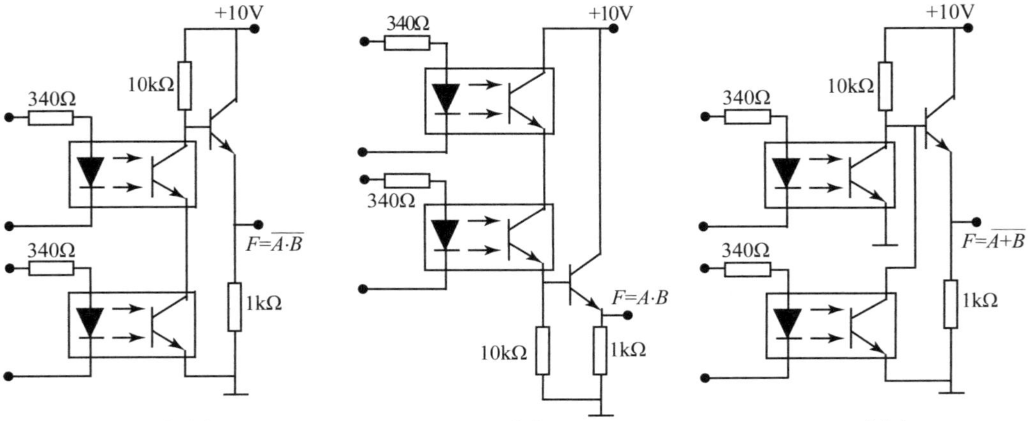

(a) 与非门　(b) 与门　(c) 或非门

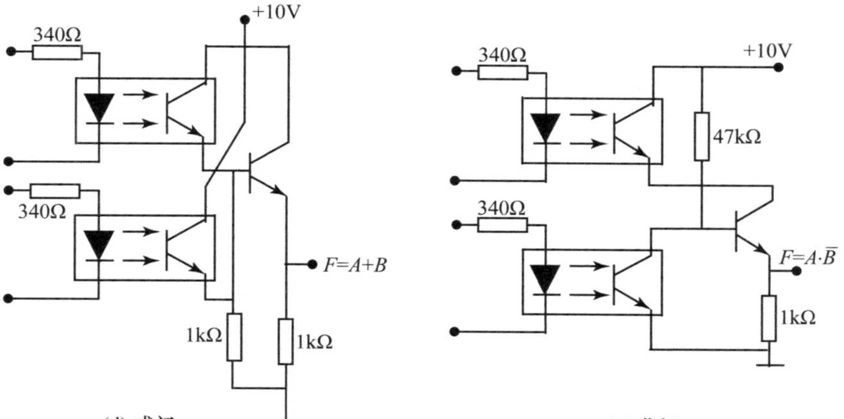

(d) 或门　　(e) 非门

图 7-21　光电耦合器件组成的简单逻辑电路

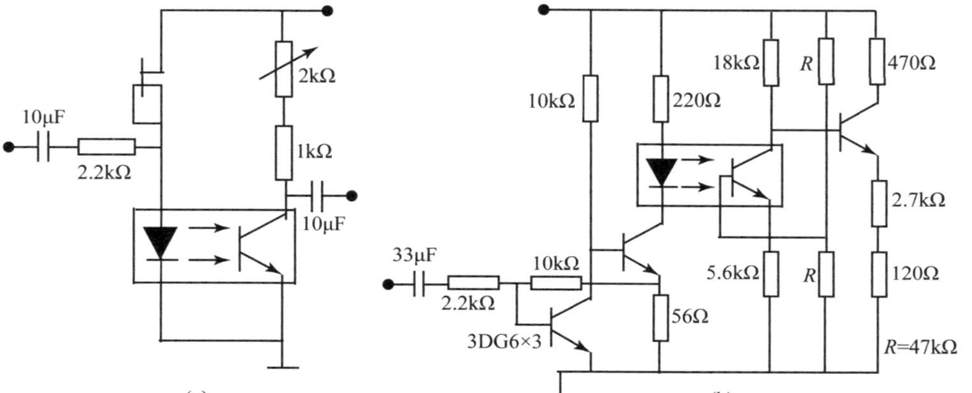

(a)　　(b)

图 7-22　光电耦合器件交流耦合电路

上面讨论了光电耦合器件的基本电路，以下介绍几种采用光电耦合器件的实用电路。图 7-23 是利用光电耦合器件制作的普通稳压电源。VT_3 和 VT_4 组成差分放大器，VT_3 的基极接有标准稳压管 2DW7，它的基极电压以此为基准；光电耦合器件的发光器件接在 VT_3 的集电极回路；光接收器件（光敏三极管）接在 VT_4 的集电极回路。如果由于某种原因使输出电压降低，VT_4 的基极电位降低，发射极电位也随之降低，加上 VT_3 的基极电位不变，所以 VT_3 的基-射电压增加，导致 VT_3 集电极电流增加，发光二极管变亮，光敏三极管的动态内阻变小（或者说产生的光电流使 VT_1 的注入电流增加），VT_1、VT_2 电流增加，输出电压回升到原始值，达到稳压的目的。这种电路虽然简单，但电路的动态内阻很小（小于 $5\times10^{-3}\Omega$），与不用光电耦合器件的同类稳压电源相比，稳定度可有一个数量级的提高。如果反馈电路（此处为差分对管）采用运算放大器，则电压的稳定度可进一步提高。

图 7-24 是光电耦合器件隔离控制电路，将经编译后的逻辑信号（驱动信号）加到光电耦合器件的输入端，使 LED 发光，耦合器的受光器件 3DU 动态内阻变小，VT_1 导通，致使 C 被短路，触发二极管短接，双向晶闸管由导通转而截止。该电路虽然简单，但实现了控制指令与交流电路的电隔离，并且具有控制性能稳定、抗干扰性能强等优点。

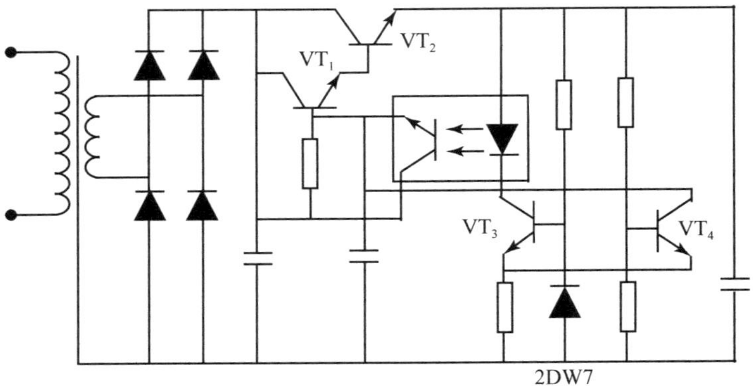

图 7-23 用光电耦合器件制作的普通稳压电源

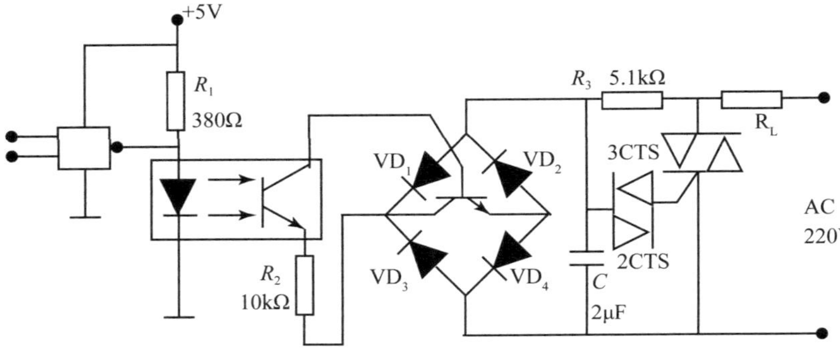

图 7-24 光电耦合器件隔离控制电路

利用发光二极管的发光特性在某一区域中呈现线性而组合成的光电耦合器件,可用于光纤通信。图 7-25 为简易光纤对讲电话电路原理图,上部是发送和接收部分;下面是振铃控制和振铃振荡部分。发送部分采用二级共发射极放大电路,由于流过 VT_2 集电极的电流为 LED 的工作电流,因此,VT_2 工作点的选择必须使 LED 工作在线性区域。当甲方要求通话而拿起送话器手柄时,S_2 接通,LED 因有正向电流而发光,通过光纤,光传至安放在乙方的光敏二极管上,光敏二极管产生的光电流使振铃控制器工作,继电器 K 吸合,振铃振荡器工作,扬声器发出呼叫信号,乙方听到叫声,即可拿起受话器手柄,S_1 断开,停止呼叫,开始听话。发话时,语音信号(音频电流)是 LED 的调制信号,对 LED 实现发光强度调制。由于发光二极管处于线性工作状态,因此,发光强度随语音信号线性变化,从而在光敏二极管回路中产生随语音信号而线性变化的光电流,在 RP 上形成信号电压,经 5G23 进行放大,通过耳机传给受话人。电路中,LED 可采用 5GL 型红外发光二极管,光敏管可采用 3DU5 或 2CU 型光敏二极管,前者灵敏度高,后者线性好。发光器件和受光器件与光纤的耦合是这种通信成败的关键,它是一种专门技术,原则是通过适当的调节,在受光器件端用光功率计进行监视,使得到的光功率最大,即处于最佳耦合位置,然后把受、发光器件进行固定。

利用光电耦合器件还可以制成斩波器,如图 7-26 所示。以往在测量微弱信号时,往往采用机械换流器或用场效应管组成的振子,不仅寿命短、响应速度慢,而且容易出现尖峰噪声。采用图 7-26 所示的电路,由于在输入与输出间实现了电隔离,因此,在很大程度上减轻或消除了上述不足。电路工作过程如下：具有固定频率的信号经“或门”开关电路相继驱动两只光电耦合器件的发光二极管，如 LED_1 亮、LED_2 暗，那么两个光电耦合器件的受光器件相应导通与截止，即 VT_1 通、VT_2 断，此时，输入信号经电容 C 输出；反之，LED_2 发光，VT_2 导通，信号被短路，这样，输入信号（可以是直流信号）被调制成按振荡器的振荡频率变化的交变信号。

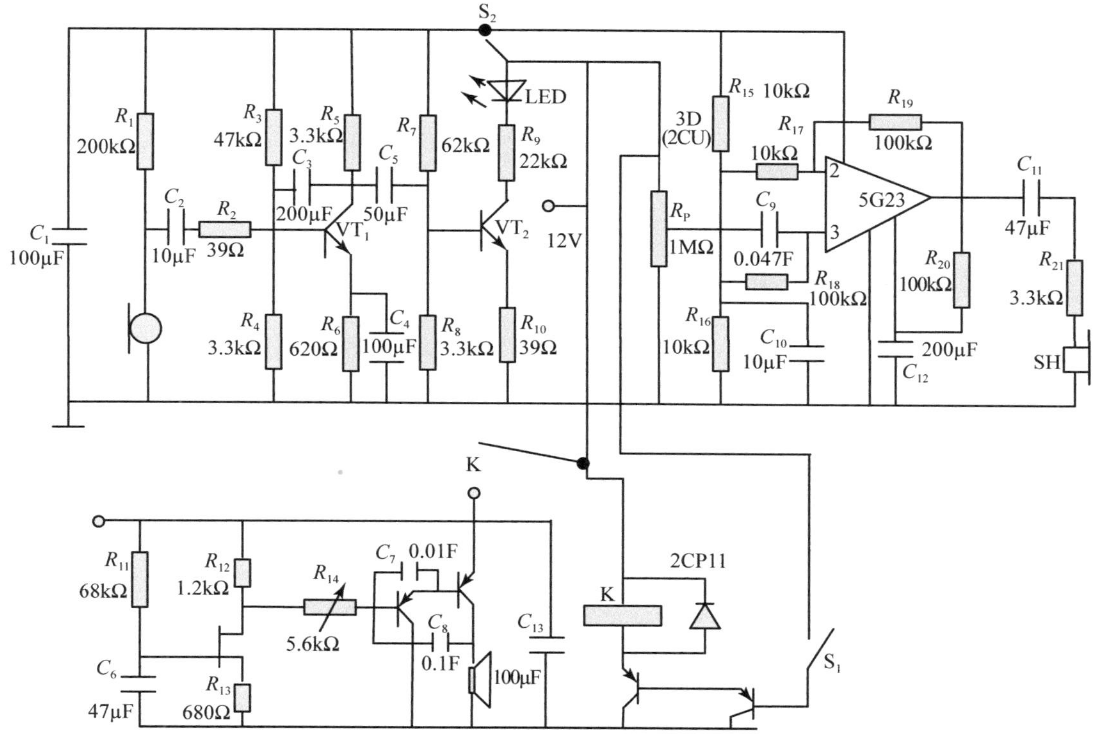

图 7-25　简易光纤对讲电话电路原理图

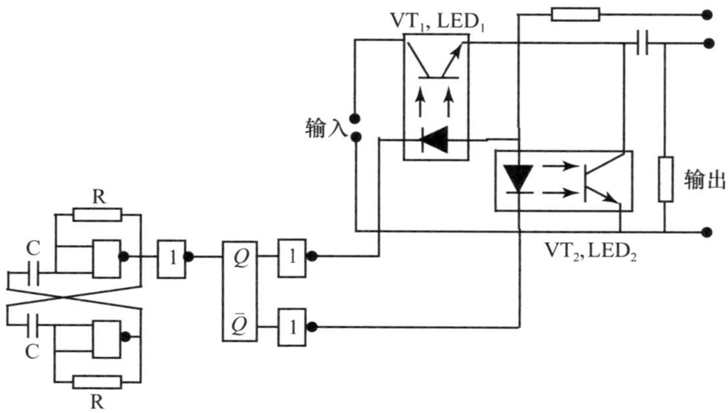

图 7-26　斩波器电路

参考文献

[1] 彭军. 光电器件基础及应用[M]. 北京:科学出版社,2022.
[2] 孙海金,杨国锋. 光电子器件及其应用[M]. 北京:科学出版社,2023.
[3] 张烽生,龚全宝. 光电子器件应用基础[M]. 北京:机械工业出版社,1993.
[4] 雷玉堂,王庆有,何加铭,等. 光电检测技术[M]. 北京:中国计量出版社,1997.
[5] 潘天明. 半导体光电器件及其应用[M]. 北京:冶金工业出版社,1985.

第8章　典型光电系统

在前面各章中已经分别讲述了光电系统的类型、携带信息、传递信息和检出信息的方式以及系统中主要环节的基本原理及技术要求。可以看出:一个光电系统是由光学系统、调制部件、光电探测器和信号处理电路组成的综合系统,在技术上把不同学科内容巧妙地结合在一起。由于信息源不同,检测的精度要求和其他技术指标不同,光电系统的形式也就不同。往往同一种任务可由多种方案实现。例如,光谱分析仪的类型就很多。此外,系统这一概念在不同场合也有不同的含义。例如,某些测量系统最后信号用电表指示,这种系统是简单的、独立的。而在某些场合,它就只能算是一个部件。例如,在导弹跟踪系统中、工业自动控制系统中或机器人中,光电系统只是系统中的一个环节,是一个传感器,它除了有自身的要求外还需满足整体的特殊要求。

在光电系统中信号处理环节是由模拟、数字电路或者再加计算机实现的。这一环节是十分灵活的,本书不涉及这方面的技术。在本章中列举一些典型的光电系统,一方面给出光电系统实体概念,另一方面给出某些光电信号的处理方法。这些例子涉及光强度调制信号的电路解调方式、脉冲系统的信号处理方法和相干系统的信号处理方法等。

8.1　光学传递函数测试仪

8.1.1　光学传递函数测试仪完成的任务

光学传递函数测试仪完成的任务,就是要检验和评价一个光学镜组(或光学系统)的像质,是检验透镜(或光学系统)设计与加工质量优劣的一个重要手段。

对于一个透镜,如果它是理想的透镜,在其物面上放一个相当于几何点的物,在像面上就可得到一个几何点的像。但是实际透镜因存在像差,在像面得到的不是几何点,而是有一定尺寸和一定的光强分布的小斑。这从数学规律上描述就是在透镜的物方输入了光强为 δ 函数的物,而在像方得到了光强为点扩散函数的小斑。这一点扩散函数扩散范围越大(相对于无尺寸的几何点越远),则像质越差。直接检验点扩散函数的光强分布是难以得到精确结果的。但是把光强分布函数进行傅里叶变换,转换到频率域去测量,就有很高的灵敏度。因为 δ 函数的空间频谱是均匀频谱,如图 8-1 所示。而点扩散函数 $O(x)$ 的空间频谱是高频逐渐衰减的,如图 8-2 所示。光强分布的空间范围越大,则空间频谱中高频分量衰减得越快。

光学传递函数的定义为在透镜的输入端(物平面)输入的是频谱均匀的光强,在输出端(像面)得到的振幅频谱函数就是振幅传递函数(或称调制传递函数)、得到的相位频谱函数就是相位传递函数。

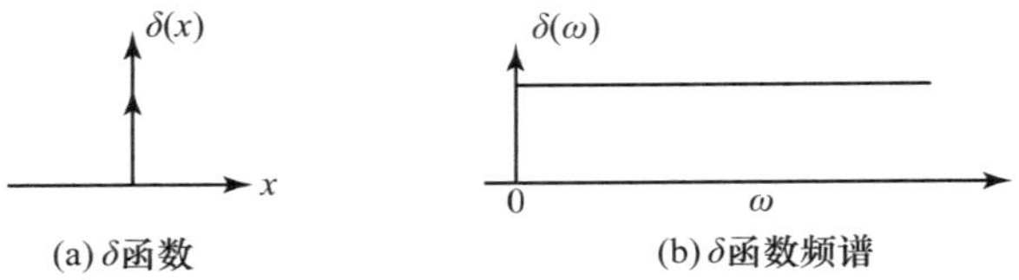

图 8-1　δ 函数及其频谱

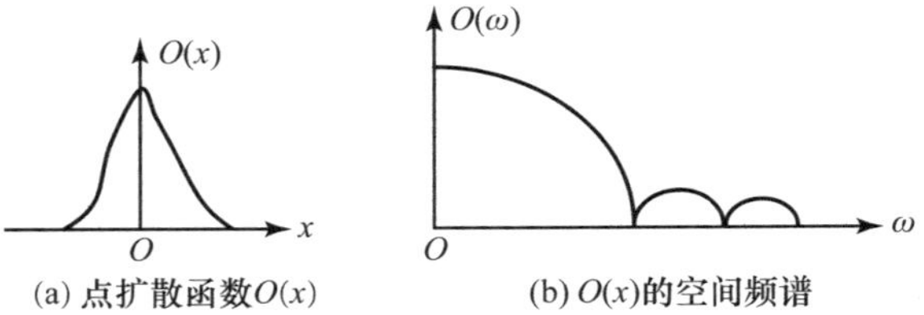

图 8-2　点扩散函数 $O(x)$ 的空间频谱

实际光学传递函数测试仪只需抽出几个或十几个空间频率进行测量就可以绘出传递函数的曲线。

用调制盘组成的光电系统求解光学传递函数是十分方便的，所以目前已有大同小异各种类型的光学传递函数测试仪，它们都是用调制盘和电子电路结合在一起完成测量的。

8.1.2　光学传递函数测试仪原理

1. 结构原理

图 8-3 为光学传递函数测试仪结构原理图。仪器可以对多数照相物镜测量调制传递函数。

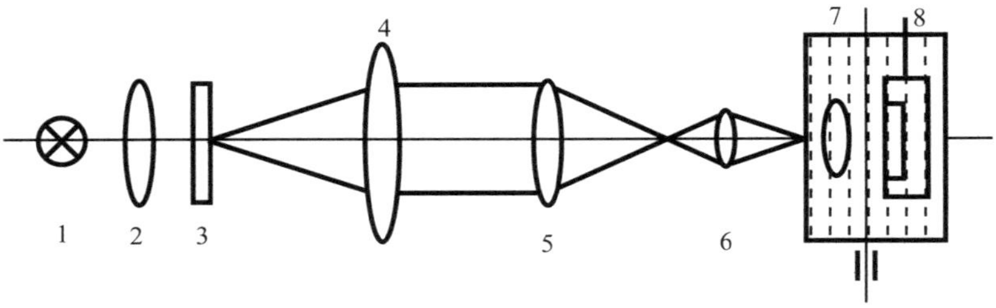

图 8-3　光学传递函数测试仪结构原理图

1—灯泡；2—聚光镜；3—狭缝；4—准直物镜；5—被测物镜；

6—显微物镜；7—有调制盘的圆筒；8—光电倍增管。

光源采用灯泡，通过聚光镜照亮狭缝。狭缝约宽 30μm，位于准直物镜的焦面上，成像于无限远。被测物镜把狭缝成像于焦面上，再由高质量显微物镜放大一定倍数后把狭缝（线扩散函数）成像在调制盘上。调制盘绕在圆筒上，调制盘透光和不透光的辐条与圆筒母线一致。当圆筒转动时，调制盘对线扩散函数的像进行调制。调制盘的透过光强由光电倍增管接收。光电倍增管位于圆筒中心，它是固定不动的。光电倍增管的输出信号经电子线路处理以后就可求得光学传递函数。

这里光源采用灯泡是因为光学传递函数是在非相干光条件下定义的，所以只能用非相干光源。用狭缝模拟 δ 函数输入是因为只测一维方向,长缝能透过更多的光源量,便于光电系统达到足够大的信噪比。光电探测器采用光电倍增管是因为它的可见光区响应度高,有时还可配合滤光片模拟人眼光谱响应。在被测工件的像面和调制盘之间加显微扩展镜,可以更换镜头的放大倍率以实现空间频率的选择。工件通过夹持器移动可测得工件在光轴上和光轴外的数据。由于调制盘图案和信号处理电路设计不同,光电系统有许多类型,下面只列举一种形式。

2. 调制盘和信号处理方法

调制盘绕在一个圆筒表面上,把它展开成平面如图 8-4 所示。图案由透光的辐条组成。在圆筒的半周内,透与不透的辐条宽度较宽,称为 A 组;在另半周内,辐条宽度较窄,称为 B 组。它们宽度的比例关系如图 8-4 所示。如果调制盘面上得到的狭缝像是一条几何线,则圆筒转动后透过调制盘得到的光脉冲形状如图 8-4 所示。$R(x)$ 就是调制盘的透过函数,也是像通过盘以后的输出时间脉冲函数。$R(x)$ 可以分解为该图中表示的 $R_0(x)$、$R_1(x)$ 和 $R_2(x)$ 三个组成部分。经光电转换后所得电信号也是这种变化规律。若再经选频电路滤去高频分量保留基频分量就可得到如图 8-5 所示的波形。采用透与不透的调制盘图案与选频电路结合后所得的结果就等效于透过率正弦变化的调制盘图案,工艺上实现容易而且精确。

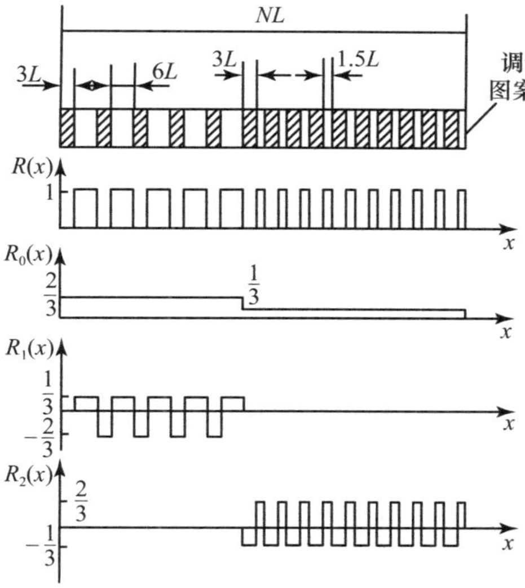

图 8-4　调制盘空间透过函数

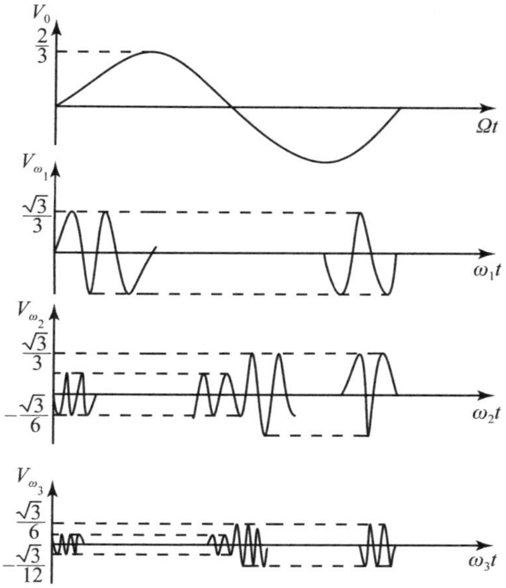

图 8-5　选频放大器输出波形

$R_0(x)$ 这个矩形波的周期比较长,其基频很低,若用 Ω 表示,则 $\Omega=2\pi/NL$。可近似视为零频,它代表像的平均光能量经光电转换后的信号。

$R_1(x)$ 和 $R_2(x)$ 是矩形调幅波,其频谱分布 $R_1(\omega)$ 和 $R_2(\omega)$ 如图 8-6 所示。

$R_1(\omega)$ 的基频为 $\omega_1=2\pi/6L$,$R_2(\omega)$ 的基频是 $\omega_2=2\pi/3L$。但是盘的图案设计正好使 $R_1(\omega)$ 中的二次谐波频率与 $R_2(\omega)$ 中的基波频率一致。$R_1(\omega)$ 中的四次谐波频率与 $R_2(\omega)$ 中的二次谐波是一致的,取为 ω_3,$\omega_3=2\pi/1.5L$。于是可以抽出 Ω、ω_1、ω_2、ω_3 这 4 个频率分量的幅度来描述被测工件的光学传递函数,如图 8-7 所示。

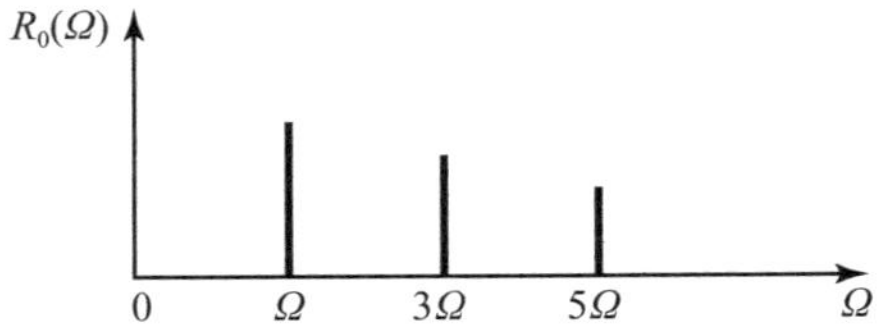

图 8-6　矩形波频谱图

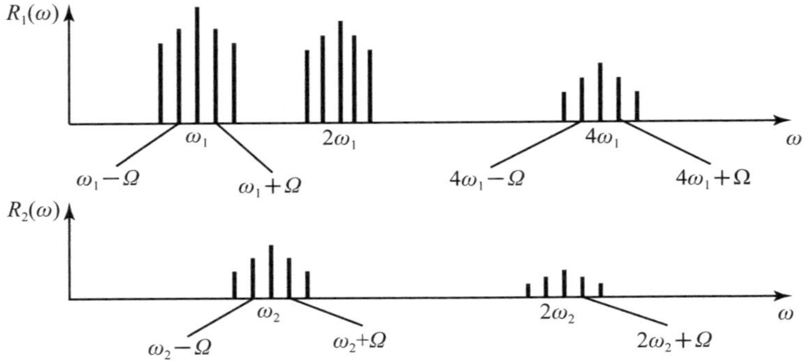

图 8-7　信号频谱图

在光电倍增管后面接有图 8-8 所示的电路。前置放大器放大光电转换后的信号且让上述 4 个频率成分全部放大。其后是 4 个选频放大器,分别滤出 Ω、ω_1、ω_2、ω_3 所对应的时间信号。由于 Ω 频率很低,所以 ω_1、ω_2、ω_3 旁边的边频也就不可避免地进入选频电路。因此实际选频电路得到的是以 ω_1、ω_2、ω_3 为中心的正弦调幅波。所以后面再加检波和滤波,最后由直流量输出代表 Ω、ω_1、ω_2、ω_3 四个频率的分量。

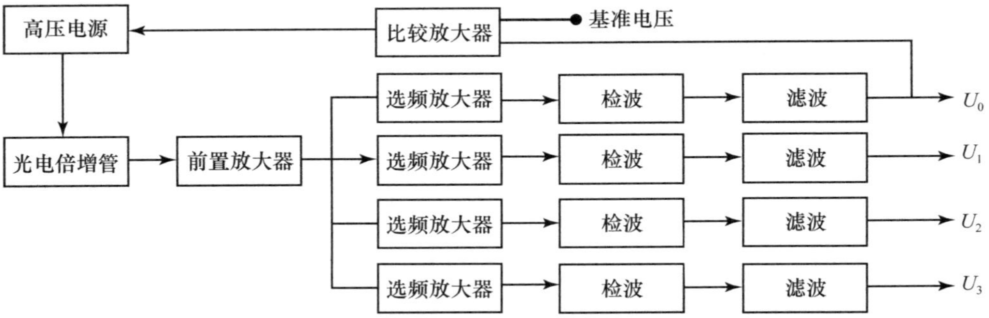

图 8-8　电路原理框图

在输入像为几何线时,调制盘对 4 个频率的透过量并不是均匀的(图 8-7)。这一不足可以通过调整 4 个选频放大器的增益来进行补偿,使最终滤波器输出的 4 个直流分量幅度是相等的。

仪器中为了使输出值不受工件透过光能量的影响,零频输出对光电倍增管高压进行自动调整。当线扩展函数发光强度高,零频幅度超过基准电压时,就由控制电路自动降低光电倍增管的高压,反之则提高。这样所测得的 ω_1、ω_2、ω_3 都是相对于零频归一化的数值,它有利于不同工件之间数据的比较。几乎所有的光学传递函数测试仪都是把零频归一化,以得到光学传递函数的数值。

当狭缝宽度极窄,入射光强相当于 δ 函数输入时,如果工件是理想透镜,透镜像面上得到的像光强分布也将是 δ 函数。这时电路 4 个直流输出值是相等的,都为归一化值。而实际透镜有像差存在,δ 函数输入在像面上得到的是线扩散函数,于是高频频谱分量就会下降。电路输出的 4 个直流幅度中,零频输出为 1,其他 3 个频率的输出值都小于 1。由 4 个输出值就可做出工件的振幅传递函数曲线。

这个光学系统的特点是:用电子滤波器和调制盘的频谱特性相配合测出光学传递函数,信息载在不同频率的光强上。从这点出发,同类型的仪器有许多种。

8.2　红外跟踪系统中的位标器

用红外跟踪系统引导导弹射击飞机目标曾获得很高的准确度。导弹导引系统中装有红外位标器,它能在接收到飞机自身的红外辐射后自动测出目标相对于自己的空间方位,给出方位误差信号,不断地自动修正弹体飞行的方向,把导弹引向目标。这里举例说明位标器的工作原理,它也是光学调制盘的一个应用的例子。

图 8-9 为目标方位标定器的结构示意图。调制盘与光学系统组成一个测量坐标系,它能自动测出目标相对于光学系统光轴的所在方位,并已成功地应用于导弹自动定向控制系统中。其中调制盘处于光学系统的后焦面位置,远处目标(飞机)的辐射经球面透镜、球面反射镜和平面反射镜后会聚于调制盘上,在调制盘平面上形成小圆亮斑。调制盘随镜筒的转动而一起转动,对目标像的亮斑进行调制。在调制盘的后面是不动的光敏电阻,它对光进行光电转换。

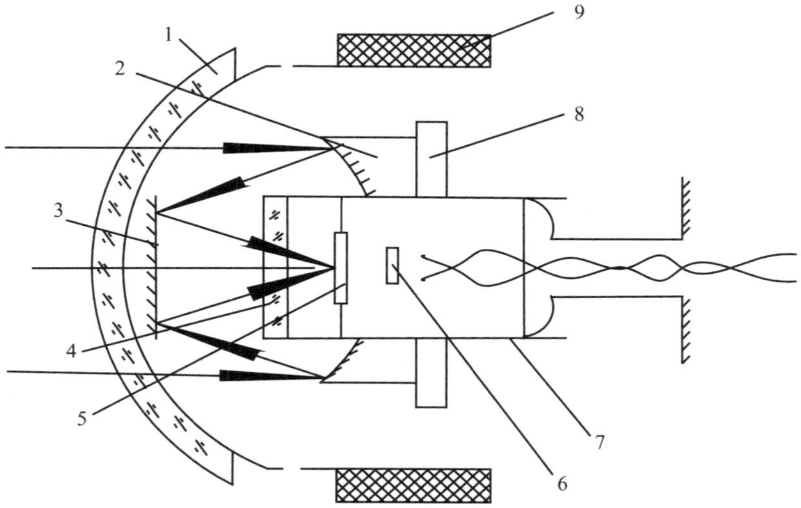

图 8-9　目标方位标定器的结构示意图

1—球面透镜;2—球面反射镜;3—平面反射镜;4—支撑玻璃;5—调制盘;6—光敏电阻;7—镜筒;8—永久磁铁;9—线圈。

调制盘是一种强度调幅式调制盘,其图案如图 8-10 所示。图案规律是:半周内有 q 对扇形的透光和不透光的图案,另半周是半透明的,总透过率均为 1/2。图案的中心与光轴重合,于是光轴与调制盘图案构成了以 ρ'、θ' 为变量的极坐标。调制盘的透过率

$R(\rho',\theta')$ 如图 8-11 所示。调制盘扇形的半周透过率是周期为 π/q 的方波,另半周透过率下降 1/2,总的透过率是周期为 2π 的振幅调制方波。在 ρ' 确定的位置上,调制盘的透过率只是 θ' 的函数 $R(\theta')$。$R(\theta')$ 函数可分解为 $R_1(\theta')$ 和 $R_2(\theta')$ 两个函数。由图 8-11 可以看出,$R_1(\theta')$ 为直流,通常被交流电路滤去;而 $R_2(\theta')$ 为矩形调幅波,是有用的。它们由傅里叶级数展开后实为多项谐波组成,其表达式为

$$R_2(\theta') = \left\{\sum_{m=1}^{\infty} \frac{2(-1)^{m-1}}{\pi(2m-1)}\cos[(2m-1)\omega_0\theta' + \theta'_2]\right\} \times \left\{\frac{1}{2} + \sum_{n=1}^{\infty} \frac{2(-1)^{n-1}}{\pi(2n-1)}\cos[(2n-1)\Omega_0\theta' + \theta'_2]\right\} \tag{8.1}$$

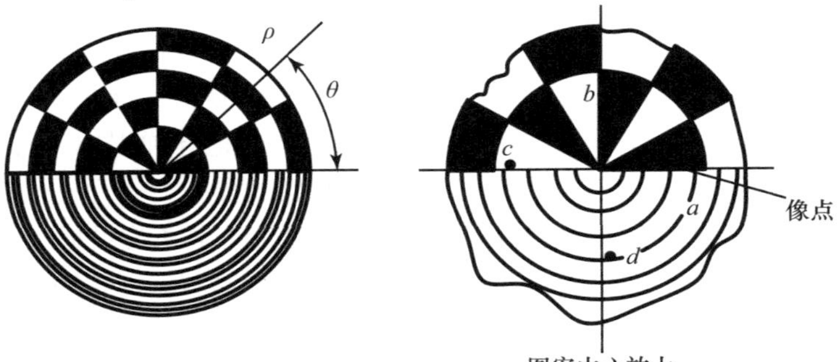

图 8-10 调制盘图案

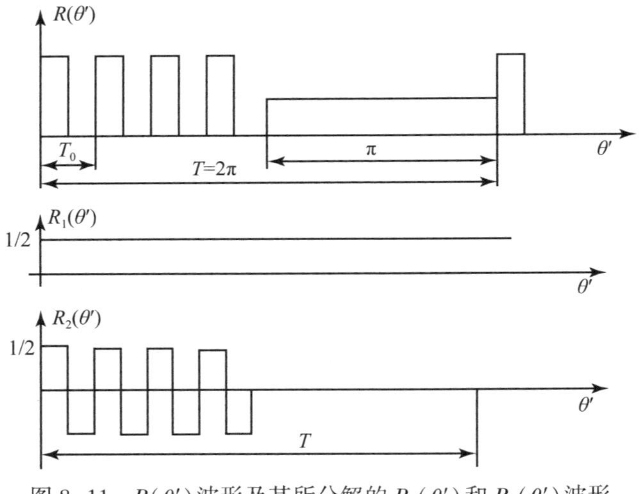

图 8-11 $R(\theta')$ 波形及其所分解的 $R_1(\theta')$ 和 $R_2(\theta')$ 波形

式(8.1)中,$\omega_0=2\pi/T_0(T_0=\pi/q)$;$\Omega_0=2\pi/T$;$n$ 和 m 为整数。可见 $R_2(\theta')$ 由许多谐波分量组成,它的频谱分布如图 8-12 所示。光敏电阻输出的电信号将与调制光信号波形完全一样。实际上位标器要定出目标像点的方位并不需要如此多的谐波来表达,只需要一次谐波分量的调幅波就足够了。于是光学调制盘做成透或不透、半透图案在制造上要比正弦透过率的图案容易得多。这里可以配合电路把多余的高次谐波滤去,加上检波,最终达到同样的效果。所以在光敏电阻后接上如图 8-13 所示的信号处理电路,电路

中所用的选频放大器只选取 $n=1$、$m=1$ 所对应的一次谐波分量。其他谐波分量全部被抑制，则放大器输出信号为

$$A(\theta')=\frac{1}{\pi}\cos(\Omega_0\theta'_1+\theta'_2)\times\left(\frac{1}{2}+\frac{1}{\pi}\cos\omega_0\theta'_1+\theta'_2\right) \tag{8.2}$$

这个信号为正弦调幅度。

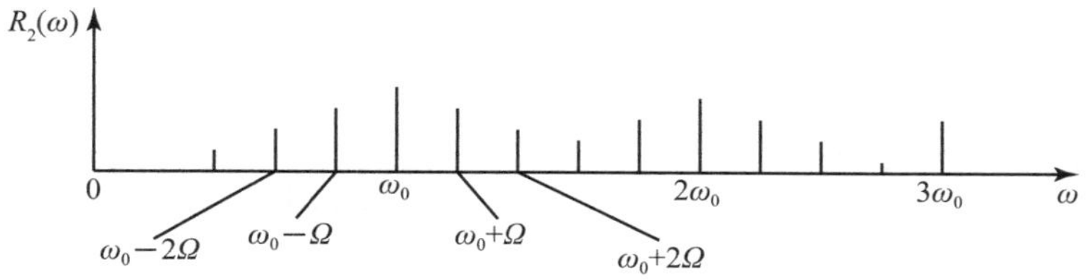

图 8-12　$R_2(\theta')$的频谱分布图

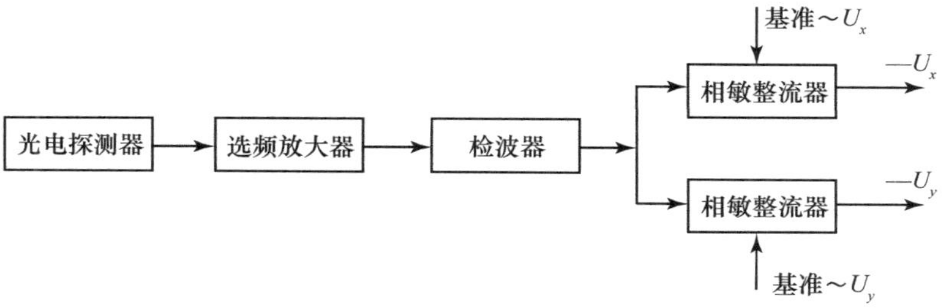

图 8-13　信号处理电路原理框图

注：~表示交流；—表示直流。

当目标像点分别位于图 8-10 所示调制盘上 a、b、c、d 四个不同方位上时，系统输出信号应该反映出它们的空间方位差别。四个位置上调制盘输出信号如图 8-14(a)所示，经选频放大器后输出图 8-14(b)所示正弦调幅波。可以看出四个正弦调幅波的包络是互差 90°相位的。调幅波信号再经过检波电路检出其包络后就得到如图 8-14(c)所示的正弦信号。四个正弦波在时间上差 90°相位正好反映了目标像点在空间位置上相差 90°角度。这一角坐标信号可以通过相敏整流电路变换成 x、y 坐标的直角坐标信号。只需采用反映调制盘瞬间位置的基准信号 U_x 和 U_y 与目标信号在相敏整流器中作相位比较即可。若基准信号与目标信号同相，则相敏整流器输出最大直流电压。当它们相位差为 90°时，输出为 0；当它们相位差为 0~90°时，输出为最大值的 $\cos\varphi$ 倍。所以在镜筒上装有一块永久磁铁，在磁铁周围装两对线圈，它们互相垂直，如图 8-15 所示。当永久磁铁随镜筒转动时，其磁力线被基准线圈所切割，在基准线圈中即产生了 U_x 和 U_y 基准电压。它们是正弦波，与目标检波后信号是同频率的，在电路中被提供作相敏整流的基准电压。由以上内容可知，调制盘自动反映了目标的方位。

在调制盘的 ρ 方向，图案是以等面积分格的，所以外带窄、内带宽。光学系统由于存在像差，目标像点是一定的弥散光斑。所以在 ρ 方向的不同位置上，调制盘输出信号的幅值也不同，其信号幅值变化如图 8-16 所示。可见，调制盘输出信号还反映出目标偏离光轴的大小。当目标像点在光轴上时，此时输出信号为零，表示系统已瞄准目标没有误差。

调制盘等面积分格云彩等大目标像时,其透过能量总近似等于50%。于是输出为直流信号,自动被电路滤去,这利用了调制盘的空间滤波特性对大目标信号进行抑制。

调制盘除此图案外还可设计成其他调幅、调频形式。一般为使图案加工方便都需要把调制信号和信号处理电路相配合进行设计。

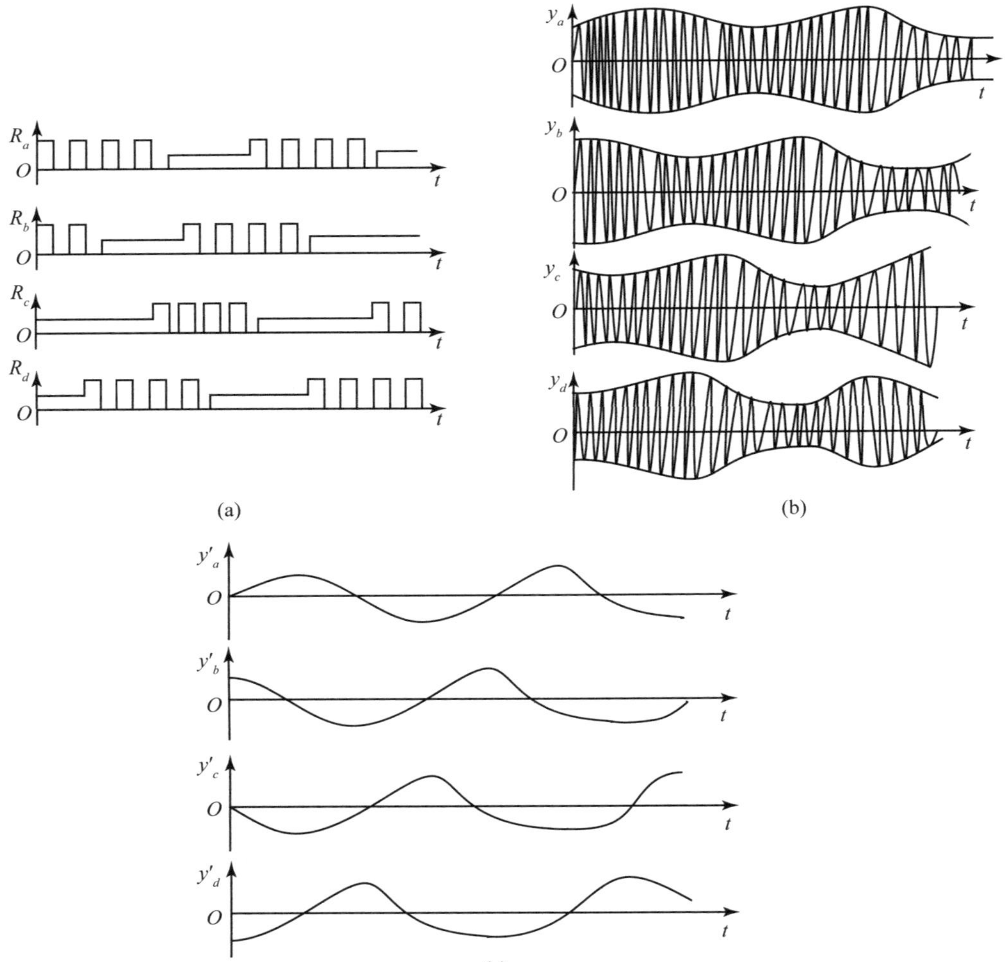

(a) (b) (c)

图8-14　信号波形图

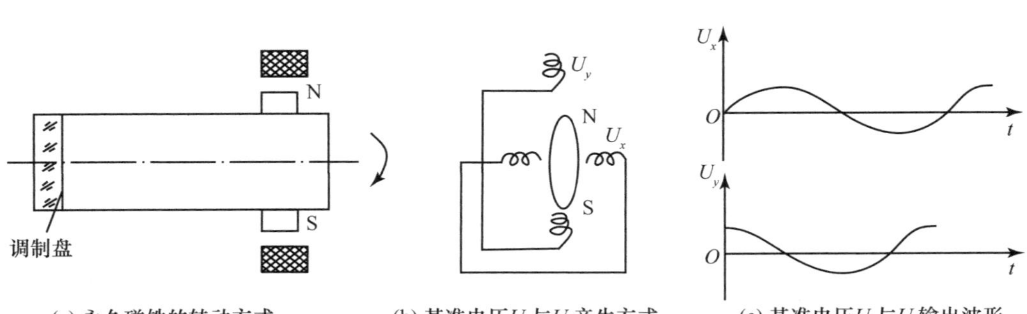

(a) 永久磁铁的转动方式　(b) 基准电压U_x与U_y产生方式　(c) 基准电压U_x与U_y输出波形

图8-15　基准信号产生图

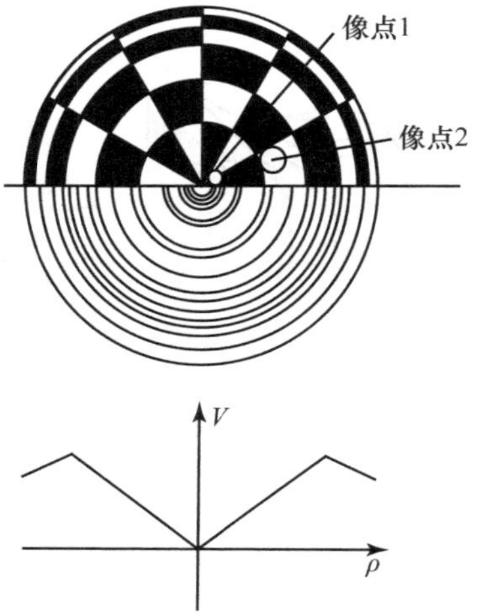

图 8-16　输出误差信号电压与 ρ 的关系

8.3　莫尔条纹测长仪

8.3.1　测长原理

一维长光栅莫尔条纹与电子电路配合形成光学自动测长,已广泛应用于机械测长和数控机床中。当两条光栅互相重叠成一个夹角时,就形成了莫尔条纹。当长光栅固定,指示光栅相对移动一个节距,莫尔条纹就变化一个周期。一般情况下指示光栅与工作台固定在一起。工作台前后移动的距离由指示光栅和长光栅形成的莫尔条纹进行计数来得到。指示光栅相对于长光栅移过一个节距,莫尔条纹变化一周。工作台移动进行长度测量时,指示光栅移动的距离为 x,表达式为

$$x=Np+\delta \tag{8.3}$$

式中:p 为光栅节距;N 为指示光栅移动距离中包含的光栅线对数;δ 为小于 1 个光栅节距的小数。

光电系统最简单的形式是对指示光栅移过的光栅线对数 N 进行直接记数。但实际系统并不单纯记数,而是利用电子学的成就,把莫尔条纹一个周期再进行细分,于是可以读出小数部分 δ,使系统的分辨率提高。目前电子细分可分到几十分之一到 1%。如果单纯从光栅方面提高分辨率,光栅节距再做小几十分之一,工艺上是难以达到的。

8.3.2　四倍频细分判向原理

电子细分用于莫尔条纹测长中有好几种方式,四倍频细分是用得最普遍的一种方式。

在光栅一侧用光源照明两个光栅,在光栅的另一侧用四个聚光镜接收光栅透过的光能量,这 4 个聚光镜布置在莫尔条纹一个周期 B 的宽度内,它们的位置互相相差 1/4 个莫尔条纹周期。在聚光镜的焦点上各放一个光电二极管进行光电转换,结构如图 8-17 所示。

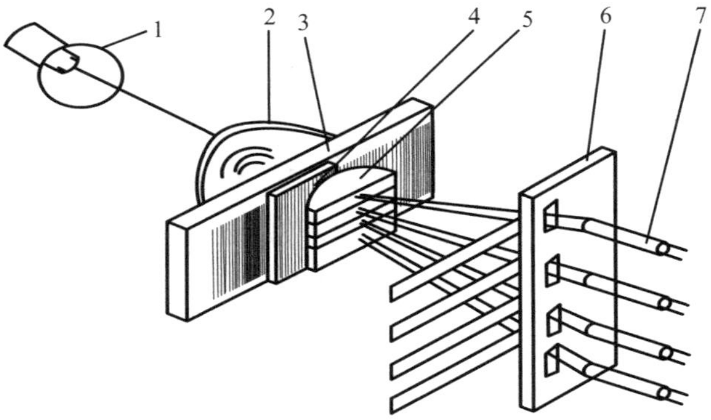

图 8-17　四细分透镜读数头

1—灯泡；2—聚光镜；3—长光栅；4—指示光栅；5—4 个聚光镜；6—狭缝；7—4 个光电二极管。

当指示光栅移动一个节距时，莫尔条纹变化一个周期，4 个光电二极管输出 4 个相位相差 90°的近似正弦的信号：$A\sin\omega t$、$A\cos\omega t$、$-A\sin\omega t$、$-A\cos\omega t$。这 4 个信号称为取样信号，把它送到如图 8-18 所示的电路框图中。4 个正弦信号经过整形电路后，输出为相位互差 90°的方波脉冲信号，便于后面计数器对信号脉冲进行计算。于是莫尔条纹变化一个周期，在计数器中就得到 4 个脉冲，每个脉冲就反映 1/4 莫尔条纹周期的长度，使系统的分辨能力提高了 4 倍。采用可逆计数器是为了判断指示光栅运动的方向。当工作台前进时，可逆计数器进行加法运算，后退时进行减法运算。

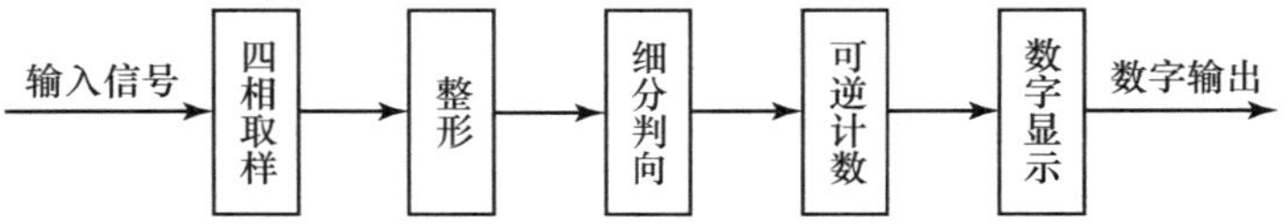

图 8-18　信号处理电路框图

四倍频整形、细分、判向电路框图如图 8-19 所示。

4 个取样信号是包含直流分量的电信号，它们分别是

$$\begin{cases} U_1=U_0+U_1\sin(\omega t+0)=U_0+U_1\sin\omega t \\ U_2=U_0+U_1\sin\left(\omega t+\dfrac{\pi}{2}\right)=U_0+U_1\cos\omega t \\ U_3=U_0+U_1\sin(\omega t+\pi)=U_0-U_1\sin\omega t \\ U_4=U_0+U_1\sin\left(\omega t+\dfrac{3}{2}\pi\right)=U_0-U_1\cos\omega t \end{cases} \tag{8.4}$$

经差分放大后滤去直流分量得到：

$$\begin{cases} U_{1,3}=U_1-U_3=2U_1\sin\omega t\to\sin\omega t \\ U_{2,4}=U_2-U_4=2U_1\cos\omega t\to\cos\omega t \\ U_{3,1}=U_3-U_1=-2U_1\sin\omega t\to-\sin\omega t \\ U_{4,2}=U_4-U_2=-2U_1\cos\omega t\to-\cos\omega t \end{cases} \tag{8.5}$$

鉴零器的作用是把正弦波变成方波，它工作于开关状态，输入的正弦波每过零一次，鉴零器就翻转一次。它为后面的数字电路提供判向信号(t_i)，同时经过微分电路微分后

输出尖脉冲提供计数的信号(G_i),波形如图 8-20 所示。

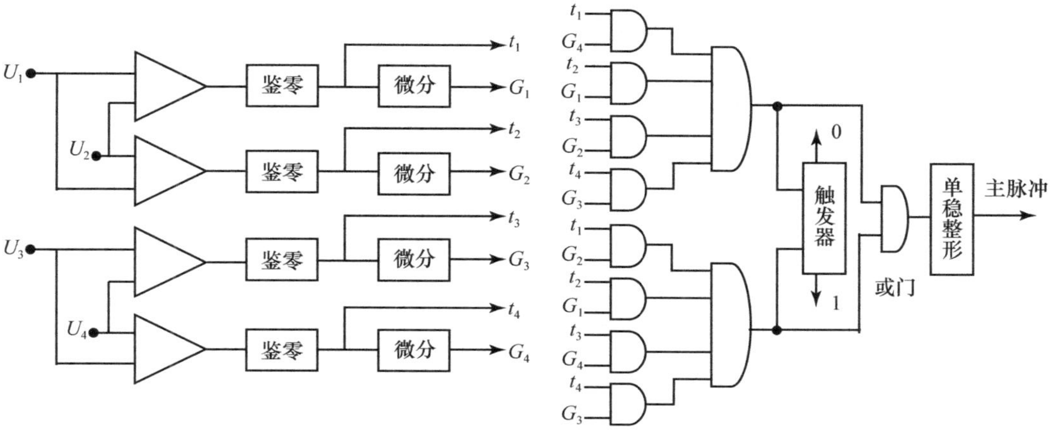

图 8-19　四倍频整形、细分、判向电路框图

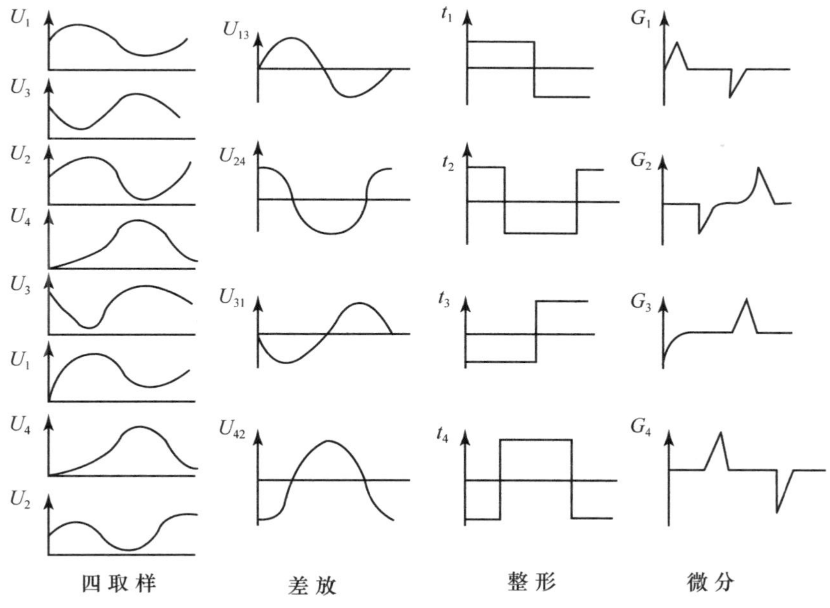

图 8-20　波形图

8 个与门和 2 个或门加触发器构成判向电路,由触发器输出 0 或 1,加到可逆计数器的“加”或“减”控制线上。若令与门输出信号为 q,则逻辑表达式为

$$q=tG \tag{8.6}$$

即逻辑乘。当输入都是高电平“1”时,与门输出为高电平“1”,否则输出为低电平“0”。

$$\begin{cases} q=tG=1 \\ p=t\overline{G}=\bar{t}G=0 \end{cases} \tag{8.7}$$

或门的逻辑是加法运算:

$$Q=q_1+q_2+q_3+q_4 \tag{8.8}$$

于是或门输出为

$$\begin{cases} Q_{+}=t_1G_4+t_2G_1+t_3G_2+t_4G_3 \\ Q_{-}=t_1G_2+t_2G_3+t_3G_4+t_4G_1 \end{cases} \tag{8.9}$$

由图 8-21 所示的波形图可以看出 Q_{+}和 Q_{-}输出波形,Q_{+}、Q_{-}控制触发器的输出电平加到可逆计数器的加或减控制线上。Q_{+}和 Q_{-}经或门再经单稳整形后输出到可逆计数器的计数时钟线上进行计数器计数,最后由数字显示器显示。

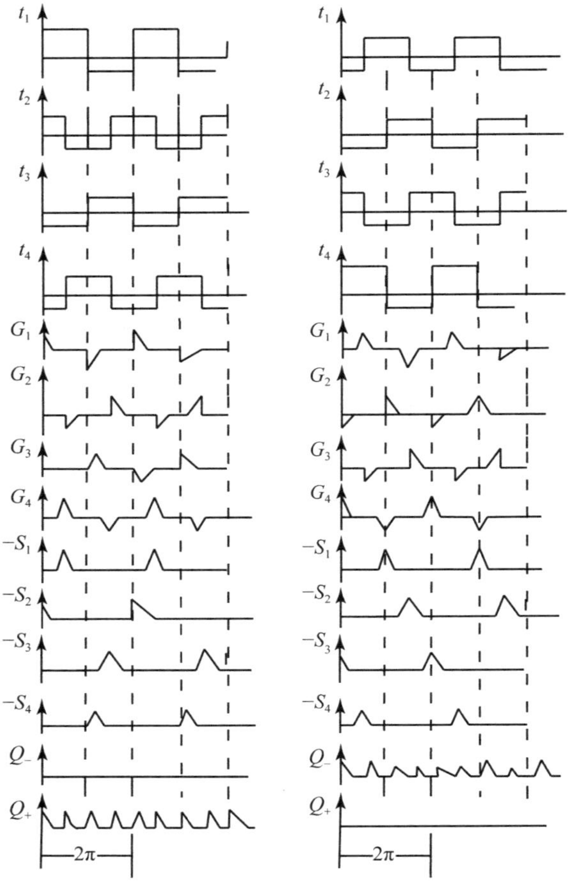

图 8-21 细分判向电路波形图

莫尔条纹信号的细分电路还可由其他形式的电路实现,也可由单片机实现。细分程度与波形的规则程度有关。要求信号最好是严格的正弦波,谐波成分少,否则细分的精度不可能提高。目前一般测长精度是 1μm。

要知道测长的绝对数值,必须在测长的起始点给计数器置零信号,这样计数器最后的指标值就反映了绝对测量值。这个起始信号一般是在指示光栅和长光栅上面另加一组零位光栅,单独加光电转换系统和电子线路来给出计数器的置零信号。考虑到光电二极管能得到足够的能量,一般零位光栅不采用单缝而采用一组非等宽的黑白条纹,如图 8-22 所示。当另一对零位光栅重叠时,就能给出单个尖三角脉冲,如图 8-23 所示。此尖脉冲作为测长计数器的置零信号。

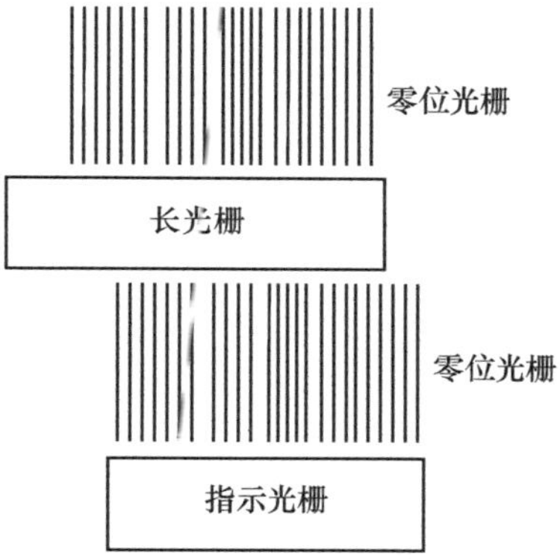

图 8-22　零位光栅

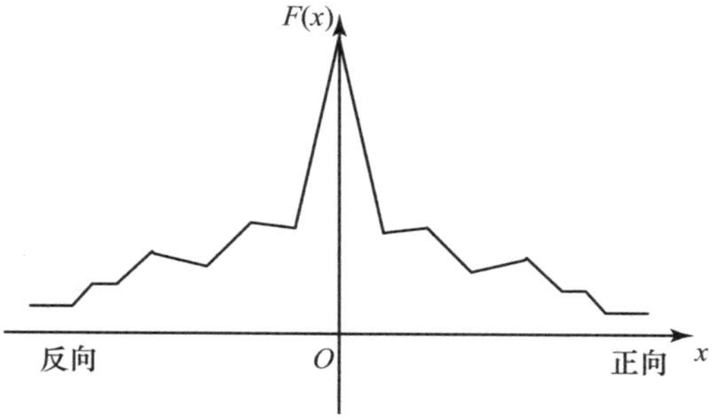

图 8-23　零位光栅透过光通量

如果工作台可沿 x、y、z 三个坐标方向运动，在 x、y、z 三个坐标方向安置三对莫尔光栅尺，配合电子线路后就形成了三坐标测量仪，可以自动精读工作台三维运动的长度，或者自动测出工作台上工件的三维尺寸。

8.4　光电相位测距仪

相位测距法比脉冲测距法有更高的测距精度。但是它必须加合作目标，适合民用测量，如大地测量、地震测量等。

8.4.1　相位测距原理

如图 8-24 所示，测距仪由光源发出发光强度按某一频率 f 变化的正弦调制光波。光波的强度变化规律与光源的驱动电源的变化完全同相，出射的光波到达被测目标。通常在被测距离上放一块反射棱镜作为被测的合作目标，这块棱镜能把入射光束反射回去，而且保证反射光的方向与入射光的方向完全一致。在仪器的接收端获得调制光波的返回波，经光电转换后得到与接收到的光波调制波频率相位完全相同的电信号。此电信号经放大后与光源的驱动电压相比较，测得两个正弦电压的相位差。根据所测相位差就可算得所测距离。

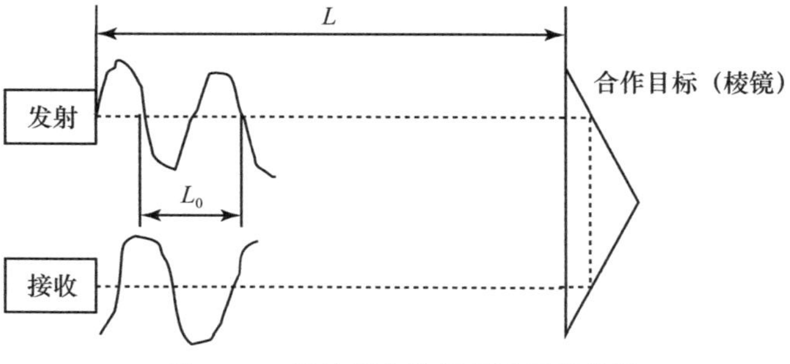

图 8-24　光波经合作目标返回示意图

若光波往返时间 t 为

$$t = 2L/c \tag{8.10}$$

正弦调制光波往返后相位的变化 φ 为

$$\varphi=2\pi f_0 t \tag{8.11}$$

由式(8.10)得到:

$$\varphi=2\pi f_0\frac{2L}{c} \tag{8.12}$$

$$L=\frac{c}{2f_0}\frac{\varphi}{2\pi} \tag{8.13}$$

取 $L_0=c/f_0$,称为测尺长度。又因

$$\varphi=N2\pi+\Delta\varphi \tag{8.14}$$

将式(8.14)代入式(8.13)得

$$L=\frac{c}{2f_0}\left(N_0+\frac{\Delta\varphi}{2\pi}\right)=\frac{L_0}{2}(N_0+\Delta N_0) \tag{8.15}$$

式中 $\Delta N_0=\Delta\varphi/2\pi$,由式(8.15)可知,只要能测得 N_0 和 $\Delta\varphi$ 就可算得距离 L。

这种测距方法形象地说,是用 $L_0/2$ 的调制波来测量距离,就好像我们通常用 50m(或 100m 等)长的钢尺丈量某段距离一样。先记录几个整尺长然后再记录其尾数,最后将两者加起来就是所求长度。例如,有一段距离 $L=276.34$m,用 50m 钢尺丈量,可知 L 共含 5 个整尺,所余尾数为 26.34m,则得

$$L=50\times5+26.34=276.34(\text{m})$$

与式(8.15)相对照,50m 就相当于 $L_0/2$,N_0 相当于 5,ΔN_0 $L_0/2$ 就是尾数 26.34m。

但是,目前相位测距仪只能求相位的尾数 $\Delta\varphi$,不能求整数 N_0。因此人们想到用几种不同频率的测尺进行工作,相当于用几把长度不同、最小分划值也不同的尺子多次测量。最后把几次所测结果组合起来,就可得到确切的距离数值。例如,我们选用两把精度都是 1%的尺子,一把尺长为 $L_1/2=10$m,精度为 1cm;另一把尺长为 $L_2/2=1000$m,精度为 1m。用 $L_2/2$ 测时得 276m,用 $L_1/2$ 测时得 6.34m,组合后得整个距离 L 为 276.34m。

测尺越多,所测距离越大,精度也越高。

8.4.2 相位测距仪原理

图 8-25 为最简单的一种相位测距仪原理图。仪器采用半导体发光管作为光源,它出射的光通量近似地与注入的驱动电流成正比。当驱动电流为某频率的正弦电流时,发光二极管输出光通量(发光强度)也为正弦变化,其初始相位与驱动电流同相。出射光波经发射光学系统准直后射向合作目标。由合作目标反射回来的光波经接收物镜后汇聚于光电二极管上,转换为正弦电压信号。若测尺长度取 10m 和 1000m(对应精度为 1cm 和 1m),则测尺频率取 $f_1=15$MHz 和 $f_2=150$kHz。仪器中有精主振驱动电源(频率为 f_1)和粗主振驱动电源(频率为 f_2),由开关控制依次对发光二极管供电进行两次测相。由于最后比较驱动信号和光电二极管输出信号的检相器只能工作于较低频率,因而要把高频电压转换到低频电压。仪器中又设两个本振信号发生器,精本振频率为 f_1-f_c($f_c=4$kHz),粗本振频率为 f_2-f_c,该电压输到基准混频器进行外差,输出低频 f_c 基准电压。同时,精本振输出电压(f_1-f_c)又与接收放大器输出信号在信号混频器中进行外差,得到 f_c 频率的信号电压。信号电压和基准电压的频率都降为 4kHz,但是它们的相位仍保持高频信号的相

位。这两个信号进入检相电路检出相位差，最后进入计算电路进行计算。将 f_1 和 f_2 两次测量结果在计算电路中综合以后由显示器显示出测距结果。

由于实际仪器中电路各环节总会有时间延迟而引入相移，仪器内部光学系统中有一段光路长度，并且光学零件有折射率等，这些相移将引入误差，但这个数值是固定的。在测量以前，把三角棱镜放在发光二极管前面对内光路测一次，然后把这个测量结果从正式测距结果中减去，就可得到校正值。

仪器要达到精确测量还需要作多项校正，例如考虑到大气折射率时还需要对光速进行修正，此外还有海拔高度等多种修正，这里不再详述。

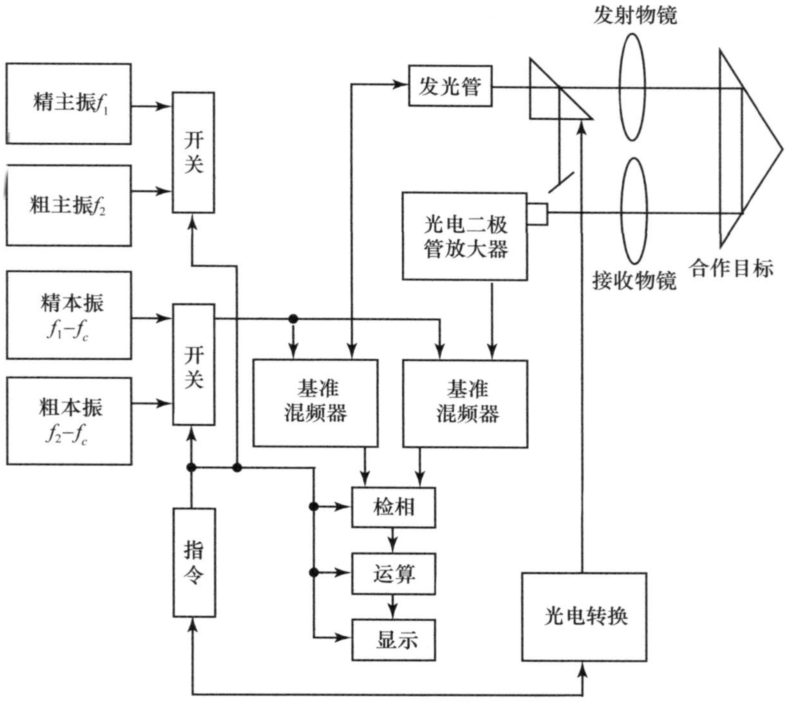

图 8-25　相位测距仪原理图

8.5　激光多普勒测速

激光多普勒测速是利用流体在光场中的多普勒效应测量液体或气体的流速。由于它是一种非接触测量方法，所以测量精度高，测量范围宽。加上弱光信息处理的手段已可测量生物血管中的流速、气流扰动和作固体表面速度的分析等。由于激光测量流体的流速主要借助于流体中微小颗粒对照射光的散射作用，所以激光测流速的方法适当改变，可以测量大分子的尺寸、光纤直径等。

8.5.1　激光测流速的光学系统

激光测流速的一般光路原理如图 8-26 所示。用氦氖单模激光器作光源，用分束镜把光束分成两路，分束镜可以是平面镜也可以是棱镜。图 8-26(b) 中所用棱镜将光束分成两路,且两束光光程相等。两束光经过透镜会聚于焦点附近,在两束光会聚的小范围中,两束光波形成干涉光场。当流体流过这一范围时,流体中的散射粒子对光进行散射。会聚透镜把这些散射光收集(会聚)于光电倍增管产生光电信号,经过适当的电子处理电路后,就能检出流体的流速。图8-26(a)接收的是粒子的前向散射光,图8-26(b)接收的是粒子的后向散射光。

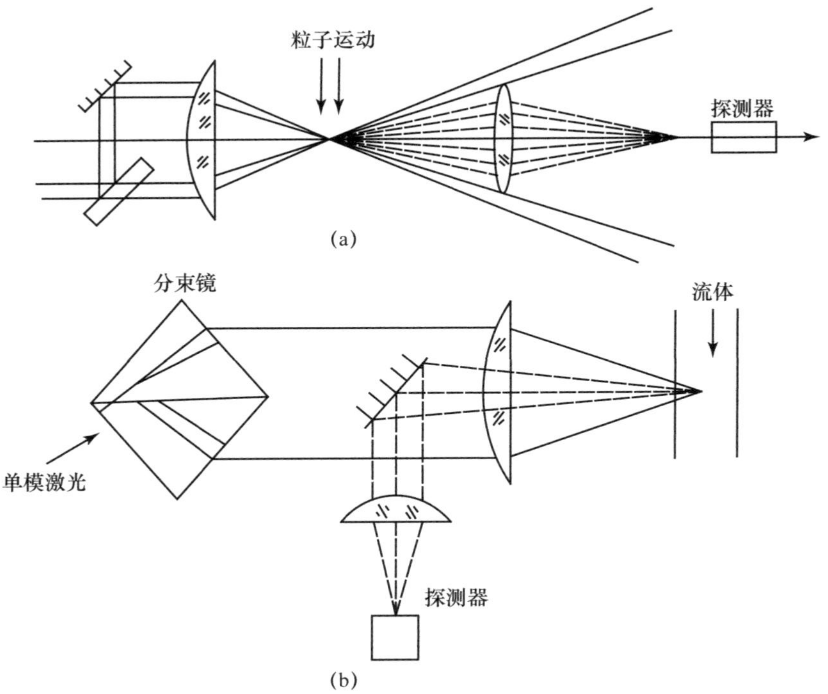

图8-26　激光测流速的一般光路原理图

光源通常是单模(TEM_{00})工作状态,它的光强分布可以认为是高斯光强分布。在透镜后焦点附近,高斯光束的束腰是平面波前。两光束在此相交得到的干涉条纹为平行的干涉条纹空间(在其他区域干扰条纹是圆弧形的),如图8-27所示。

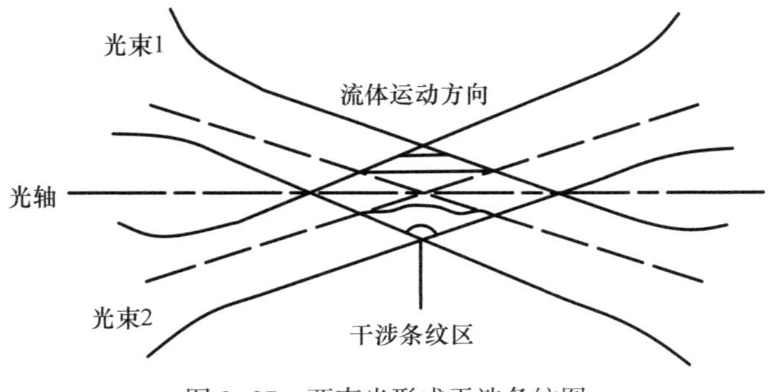

图8-27　两束光形成干涉条纹图

图8-28(a)为干涉条纹图,当两束光的夹角为α,光波长为λ时,由图8-28(b)可以看出:

$$\lambda = A_2B_1\sin\frac{\alpha}{2} = 2S\sin\frac{\alpha}{2} \tag{8.16}$$

干涉条纹的间距 S 为

$$S = \frac{\lambda}{2\sin\dfrac{\alpha}{2}} \tag{8.17}$$

条纹的空间频率 f'（单位长度内的条纹明暗对数）为

$$f' = \frac{1}{S} = \frac{2\sin\dfrac{\alpha}{2}}{\lambda} \tag{8.18}$$

当散射粒子在平行干涉条纹的平面内运动时，所散射光波的强度随时间变化，且在与条纹垂直的平面内运动，散射光的强度将随时间而变化。若粒子运动的速度为 v，运动方向与条纹垂线呈角度 β，如图 8-28(c) 所示，粒子散射光的频率为

$$f_s = f'v = \frac{2}{\lambda}\sin\left(\frac{\alpha}{2}\right)\cdot v\cos\beta = \frac{2v}{\lambda}\cos\beta\sin\frac{\alpha}{2} \tag{8.19}$$

（若不采用上述几何方法分析，而用粒子对两束光分别引起多普勒频移求其差，也能得到同样结论。）

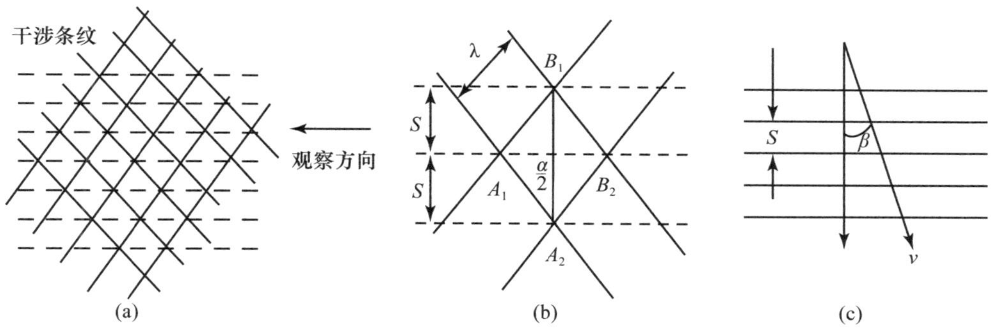

图 8-28　干涉条纹

照射光束内的光强分布是高斯分布，所以单个粒子通过有明暗条纹的干涉场后，光电倍增管的输出信号如图 8-29(a)所示。如果粒子尺寸相对条纹间距比较大，光电倍增管的输出信号如图 8-29(b) 所示，信号的调制度下降。所以信号的包络与光束的光强分布有关，也与粒子尺寸有关，而包络中信号变化频率 f_s 反映了粒子运动的速度 v。由于粒子通过干涉区域的时间极短，所以每个包络内的信号频率可视为常数。不同的包络信号中的信号频率 f_s 可能不同。对于层流流体，其频率是常数；对于紊流流体，因瞬间速度不同，信号频率 f_s 不是常数。当流体中多个粒子通过干涉场，由于粒子的随机到达，每个粒子的散射光相位是随机的。此时，光电倍增管所得信号如图 8-29(c)所示。

单个粒子和多个粒子的信号滤去直流分量以后，信号波形如图 8-30 所示。波形中的包络频率较低，很容易在高通滤波器中去掉。而粒子瞬间速度的变化和粒子对光场的随机到达，会使测得的多普勒频率 f_s 扩展为 δf_s 的宽度，粒子的随机到达一般服从高斯概率分布。

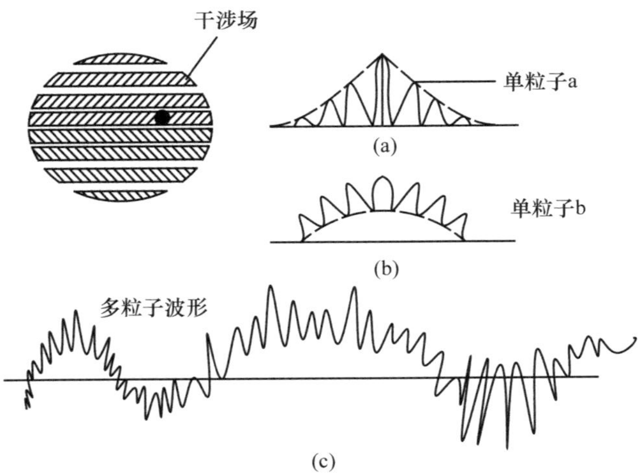

图 8-29 光电倍增管输出波形

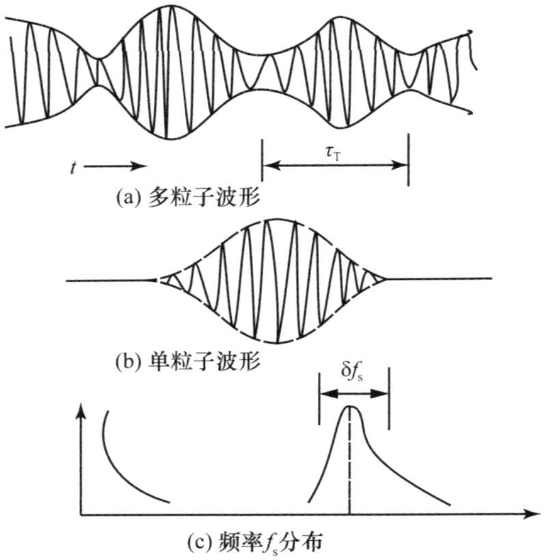

图 8-30 粒子信号波形图

8.5.2 多普勒测速的信号处理方式

在多普勒测速中,流体的管壁对光有很强的反射作用,造成很强的散粒噪声而使得信号比较弱,对于流速信息的检出信号处理方法,下面给出三个典型例子。

1. 频率分析法

这种方法比较简单,适用于稳定的流速测量,其测量原理简化过程如图 8-31 所示。由光电倍增管输出的信号表示为

$$V_s(t)=V_s\cos(2\pi f_s t+\phi_s) \tag{8.20}$$

由电路振荡器产生频率为 f_{L0} 的正弦波本地振荡信号为

$$V_{L0}(t)=V_{L0}\cos(2\pi f_{L0}t+\phi_L) \tag{8.21}$$

上面两个信号同时加入混频器,就是电信号的外差。混频器实质上是把两个正弦振荡相

加并求平方,即

$$[V_s(t)+V_{L0}(t)]^2=[V_s\cos(2\pi f_s t+\phi_s)+V_{L0}\cos(2\pi f_{L0}t+\phi_L)]^2$$

上式展开后有几个分量,其中有一个低频分量就是本地振荡 f_{L0} 与信号 f_s 的差频信号,即

$$V(f_{L0}-f_s)=V_sV_{L0}\cos[2\pi(f_{L0}-f_s)t+(\varphi_L-\varphi_s)] \tag{8.22}$$

这个信号被送到中频放大器中去,中频放大器是中心频率为 f_0 的滤波器,有很窄的带宽 Δf。当差频信号 $f_{L0}-f_s=f_0$ 时,中频放大器就有差频信号输出。而混频器输出的其他频率成分都被中频放大器滤去。本地振荡器为输出频率可变的压控振荡器,频率改变与外加电压呈线性关系,当扫波发生器产生的电压由低到高线性变化时,压控振荡器的频率由低到高变化。当扫到适当频率时,中频放大器有输出就找到了信号,多普勒频率 $f_s=f_{L0}-f_0$。把信号经检波平滑以后,可以由记录器画出频率分析的结果。

由于中频放大器带宽很窄,噪声很小,但是,信号变化必须很慢,而且 Δf 小意味着放大器响应时间 $\tau=1/\Delta f$ 较长,所以适合多粒子散射的情况,可求得平均速度和速度的均方分布,不能得到瞬间的流速值。

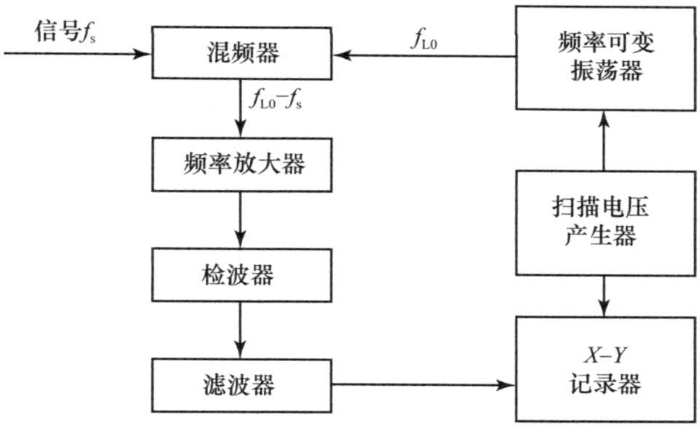

图 8-31　频率分析器框图

2. 频率跟踪法

频率跟踪法原理简化过程框图如图 8-32 所示。电压控制的正弦振荡器(压控振荡器)提供一个连续的振荡信号。这个信号与多普勒信号混频,混频输出的差频信号 $f_{L0}-f_s$ 被中频放大器放大。中频级的输出送到频率鉴别器(鉴频器)中。频率鉴别器的响应是与频率有关的,如果 $f_{L0}-f_s=f_0$,即中频放大器输出信号频率正好是 f_0 时,频率鉴别器输出电压为零。若输出信号偏离 f_0,则频率鉴别器就有电压 e_0 输出,输出电压与频率的关系如图 8-33 所示。当差频信号 $f_{L0}-f_s\neq f_0$ 时,即为某一值 f_i,频率鉴别器就有误差电压输出,并以此改变压控振荡器的频率,使 $f_{L0}-f_s$ 差频信号又重回到 f_0 频率点上。当信号频率 f_s 变高时,$f_i=f_{L0}-f_s$ 就变小,f_0-f_i 就增大,频率鉴别器输出电压 e_0 就增高,进而提高本振频率 f_{L0} 自动跟踪信号频率的变化能力,把回路锁到 f_0 上。所以频率鉴别器输出电压的变化就直接反映了信号频率的瞬间变化。这种方法可以得到瞬时流速的数值。

3. 求自相关函数

在某些流速测量中,例如在生物体内进行血流流速测量,散射发光强度是很弱的。当光弱到光子计数状态,即光电倍增管输出的光电子很稀少,光电子发生的平均间隔远大于光电子脉冲宽度时,可直接用光子计数值求相关函数。因为到达探测器的光子数是

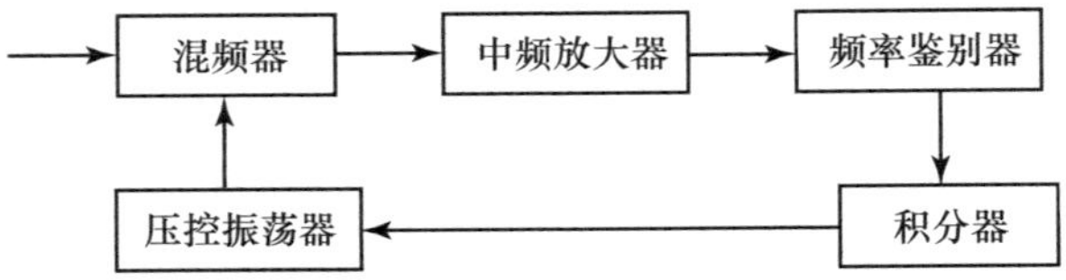

图 8-32 频率跟踪法原理简化过程框图

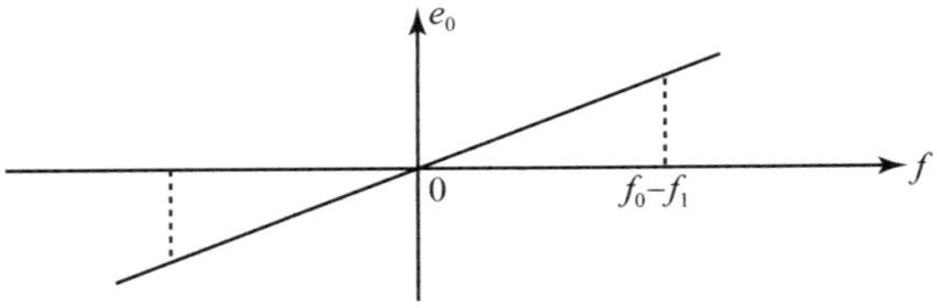

图 8-33 输出电压与频率的关系

随机事件,但是事件出现的平均时间间隔是反比于发光强度的,如图 8-34 所示。这样求发光强度的自相关函数 $R(\tau)=\overline{I(t)I(t+\tau)}$,也可以直接用光子计数的相关函数来求。其原理图如图 8-35 所示,信号光子脉冲由计数器计数,用移位寄存器作延迟设备,由脉冲发生器控制移位寄存器移位,每移位一次相当于延迟时间 δt。计数值和移位后的计数值由相乘器求乘积,由存储器求积分,由存储器的输出得到流速的自相关函数。求出的自相关函数 $R(\tau)$ 如图 8-36 所示。它的周期性变化反映了信号的周期变化,其幅度的衰减与光束光强分布有关。相关函数 $R(\tau)$ 的傅里叶变换就是信号的功率谱。同样可以得到信号频率 f_s 和频率的分布 df。

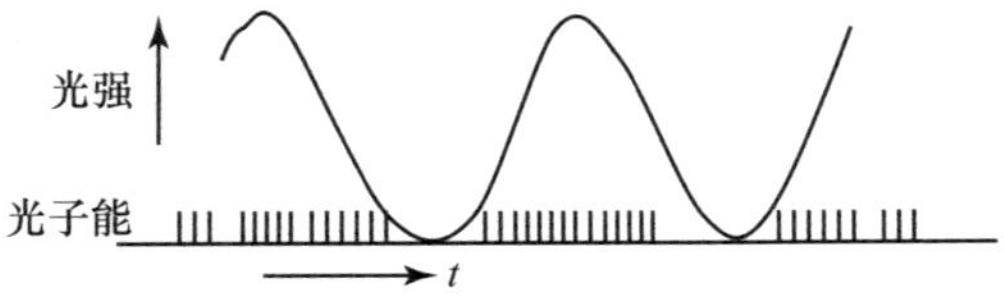

图 8-34 平均光子数对应于光强关系

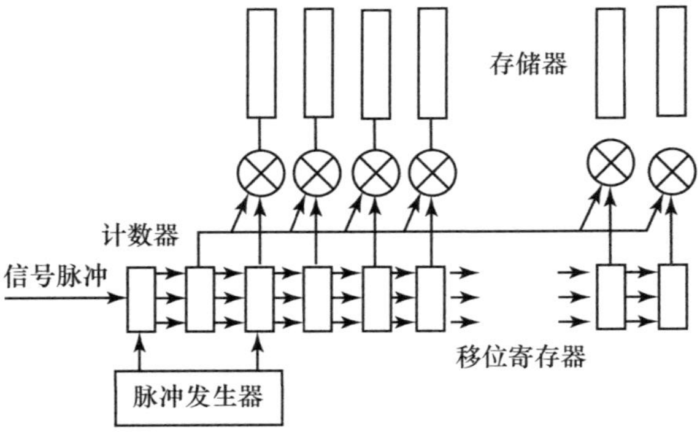

图 8-35 光子脉冲相关器

图 8-37 为测量活生物体血流原理图。出自氦氖激光器的光束经分束镜分成两束,由物镜会聚于被测样品上,两束光在会聚区域形成相干场。被测样品的散射光由显微镜物镜收集通过分束器后到达光电倍增管(另一部分光通过目镜传出供人眼观察)。光电

倍增管的输出信号经放大器放大并通过频率跟踪器或相关器后，就得到所需测量的流速。

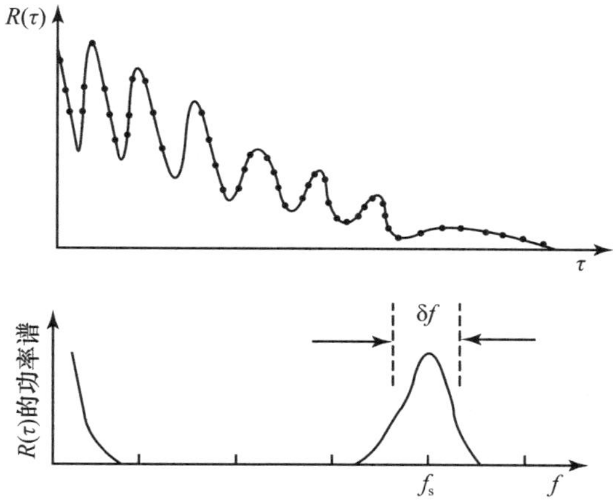

图 8-36　自相关函数

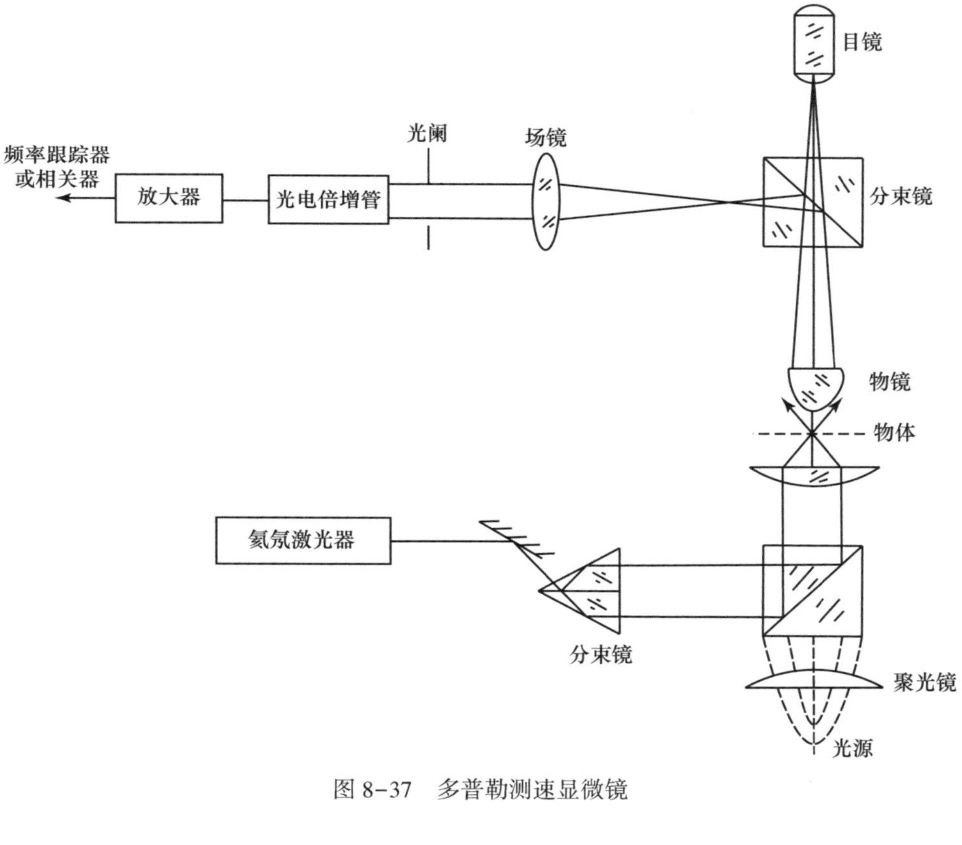

图 8-37　多普勒测速显微镜

8.6　傅里叶变换红外光谱仪

傅里叶变换红外光谱仪相对于其他红外光谱仪具有分辨率高、分析速度快等优点。这个仪器的光学部件并没有新的型式，主要是采用了新的光电信息处理方法。新的光电信息处理方法使传统的光学仪器得到新的发展。

8.6.1 工作原理

傅里叶变换红外光谱仪的核心光学部件是迈克尔逊干涉仪,但是它采用了数字计算技术进行信息处理从而得到红外光谱。它的具体办法是对红外范围的干涉图进行采样,采样后的数据由计算机进行快速傅里叶变换计算。快速傅里叶变换可以用软件实现,也可用专用的硬件实现。

迈克尔逊干涉光路如图 8-38 所示,它由分束器 B、固定反射镜 C 和运动反射镜(简称动镜)D 组成。运动反射镜可沿光束方向运动。若光源考虑为单色光(如 He-Ne 激光),光束通过分束镜 B 时(实际是透红外光的锗镀膜材料),来自光源的光束被分成两束,一束透过 B 到达 D,另一束被 B 反射到 C。当反射镜 C 和反射镜 D 与分束镜 B 的距离相等时,这时动镜 D 所在位置对应于两束光的光程差为零。我们称此时动镜 D 处于 ZPD 位置。若动镜 D 此时再移过 $\lambda/4$ 距离(λ 为光源波长),则两束光的光程差为 $\lambda/2$;当 D 移动 $\lambda/2$ 时,光程差为 λ;依此类推,随着动镜的移动,光电探测器得到按余弦规律变化的光强,如图 8-38 所示的波形。

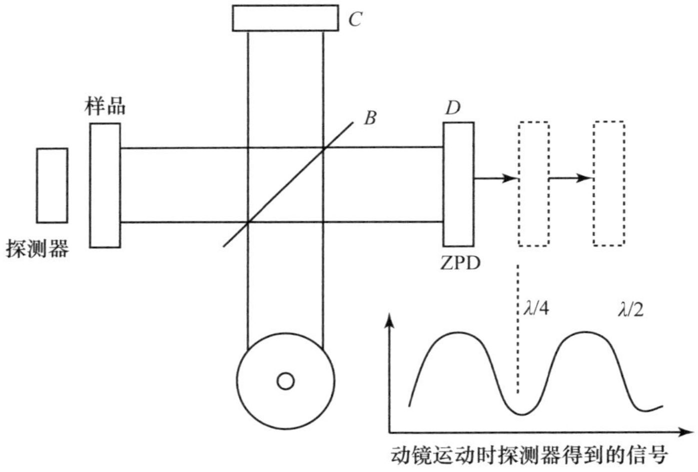

图 8-38 迈克尔逊干涉光路

实际测量时光源为宽带红外光源,光束中包含许多频率。这时当动镜 D 运动时,每个频率成分都在探测平面上产生光强按余弦规律变化的干涉图,只是不同的光频率在同一动镜位置上两束光的光程差不同。图 8-39 给出了三种不同光频率下所绘出的探测器平面内光强变化图。

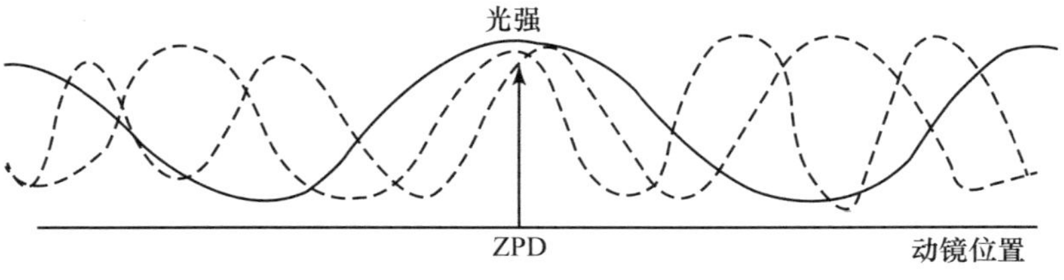

图 8-39 动镜不同位置上探测器所得光强分布

由图 8-39 可看出，当动镜在 ZPD 位置时，各频率对应两束光的光程差都为零，相位完全一致，于是各余弦波在此都是峰值，互相叠加得到强度最大值。而动镜在其他位置上时，各频率干涉得到的光强由于相位不同而有互相抵消作用。在实际干涉仪上，由于有许多光波频率在光电探测器平面上，所得到的光强变化如图 8-40 所示（此图为对干涉图采样后由绘图仪绘制的图形）。

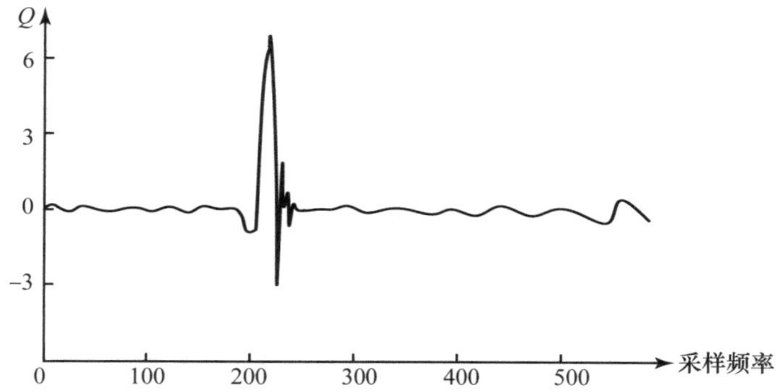

图 8-40　采样干涉图（采样点数 4096）

被测样品一般在光电探测器前面，可测得样品对红外光谱的吸收光谱。要想得到红外光谱，就要对图 8-40 所示的采样干涉图进行处理。该干涉图经过光电探测器光电转换以后，由 A/D 转换器对电压信号进行采样，使信号变成离散的二进制数字信号。这些数据点的包络，就是原干涉图的形状。对于所得的采样点进行快速傅里叶变换（fast fourier transform，FFT），就可得到光谱图。

8.6.2　信息处理中的几个问题

1. 采样定理

光电转换以后的电压信号经 A/D 转换变成二进制数字信号。如图 8-41 所示，连续的干涉图信号 $I(S)$（S 为光程差）取样以后变成离散信号 $I_r(S)$。如果取样点彼此间隔足够小，那么取样的数据 $I_r(S)$ 就能以足够的精度表示原函数。这里不作证明，直接写出采样定理：如果信号经傅里叶变换后的频谱是在有限带宽 B 以内，那么，只要采样频率大于 $2B$，取样数据就能重建原函数。如果我们对形如 A 的波形进行采样，采样频率 $N/L>2B$（N 为取样点），即采样间隔小于其半波长时，就能重建波形如图 8-42 的余弦波。若采样间隔大于半波长，即在图 8-42 中进行隔点采样，就可能构成 B 的波形，与原波形完全不同。所以在傅里叶变换光谱仪中按采样定理对干涉图采样，其采样的数据越多，则光谱仪的分辨力越高。

假如光谱的范围为 $0\sim v_{\max}\,\text{cm}^{-1}$，要求谱的分辨力为 Δv cm^{-1}，要满足采样定理，所取数据点数必须满足：

$$N=\frac{2v_{\max}}{\Delta v} \tag{8.23}$$

若光谱范围为 $v_{\min}\sim v_{\max}$，则采样点数为

$$N=\frac{2(v_{\max}-v_{\min})}{\Delta v} \tag{8.24}$$

若带宽为78.99cm^{-1},分辨能力为4cm^{-1},则采样点数应为4096。

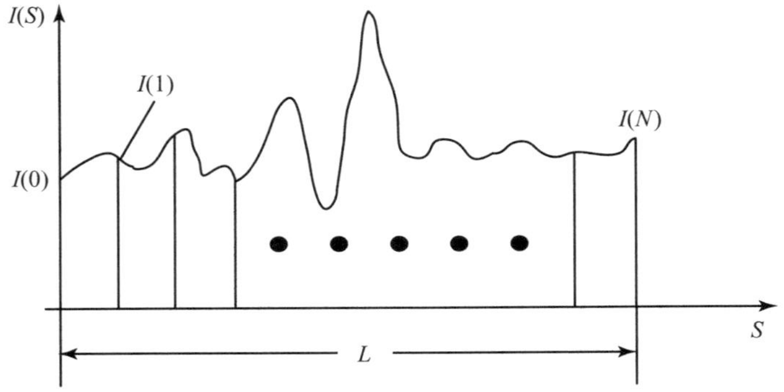

图8-41　对$I(S)$信号取样示意图

图8-42　取样间隔示意图

2. 离散傅里叶变换

当光源是宽光谱连续光源时,所得干涉图$I(S)$是光谱密度函数$B(v)$的傅里叶反变换,即

$$I(S)=\int_{-\infty}^{+\infty}B(v)\exp(\mathrm{i}2\pi vS)\,\mathrm{d}v \tag{8.25}$$

式中:$I(S)$为干涉图的强度;S为光程差;v为光波频率。而$I(S)$的傅里叶变换就是其光谱图,即

$$B(v)=\int_{-\infty}^{+\infty}I(S)\exp(-\mathrm{i}2\pi vS)\,\mathrm{d}S \tag{8.26}$$

式(8.25)和式(8.26)说明,要得到连续的谱,需要连续测量0~∞范围内的$I(S)$。实际上,因为$I(S)$采用了离散取样,分辨力不可能无限高(不可能$\Delta v\to 0$)。此外,实际的动镜也只能在有限距离上移动,所以实际所取得的$I_r(S)$既是离散值,又是在无限长度上截取的一段。截取有限段造成的误差最后再分析。这里先讨论离散函数$I_r(S)$如何代替连续函数求傅里叶变换。

离散函数$I_r(S)$可用脉冲序列表示。在$S=m\Delta S$处的脉冲强度为$\Delta SI(m)$,如图8-43所示,于是有

$$I_r(S)=\sum_{m=0}^{N-1}[\Delta SI(m)]\delta(S-m\Delta S) \tag{8.27}$$

$I_r(S)$的傅里叶变换关系为

$$\begin{aligned}F(v)&=\Delta S\int_{-\infty}^{+\infty}\sum_{m=0}^{N-1}I(m)\delta(S-m\Delta S)\mathrm{e}^{\mathrm{i}2\pi vS}\mathrm{d}S\\&=\Delta S\sum_{m=0}^{N-1}I(m)\mathrm{e}^{-\mathrm{i}2\pi vm\Delta S}\end{aligned} \tag{8.28}$$

若令 $v_0=1/L$,v 取离散形式 $v=kv_0$,则式(8.28)可表示为

$$F(kv_0)=\Delta S\sum_{m=0}^{N-1}I(m)\mathrm{e}^{-\mathrm{i}2\pi kv_0m\Delta S}\quad(k=0,\ \pm1,\ \pm2,\cdots,\ \pm N/2)\tag{8.29}$$

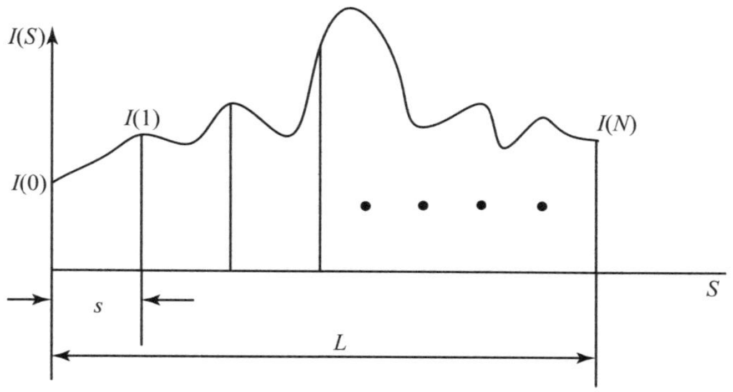

图 8-43　离散函数 $I_r(S)$

在式(8.29)中我们注意到:

$$F(-kv_0)=F^*(kv_0)$$

这样,式(8.29)可以不失一般性地写成:

$$F(kv_0)=\Delta S\sum_{m=0}^{N-1}I(m)\mathrm{e}^{-\mathrm{i}2\pi kv_0m\Delta S}\quad(k=0,1,2,\cdots,N/2)\tag{8.30}$$

将 $\Delta S=L/N$,$v_0=1/L$ 代入式(8.30)可得

$$F(kv_0)=\frac{L}{N}\sum_{m=0}^{N-1}I(m)W^{km}$$

其中 $W=\mathrm{e}^{-\mathrm{i}2\pi/N}$。离散傅里叶变换定义为

$$B_k(v)=\frac{F(kv_0)}{L}$$

于是 $I_r(S)$ 的离散傅里叶变换为

$$B_k(v)=\frac{1}{N}\sum_{m=0}^{N-1}I(m)W^{km}(k=0,1,2,\cdots,N/2)\tag{8.31}$$

3. 快速傅里叶变换

我们可以直接用离散傅里叶变换式(8.31)计算出离散光谱 $B(v)$。但是它的运算次数太多,要求复数乘法和加法的次数与 N^2 成正比。容易看出,对 k 的 N 个值中的每个展开求和符号要做 $I(m)$ 与 $\exp(-i2\pi km/N)$ 的 N 次复数乘法以及对这个乘积结果作 $N-1$ 次加法。采用快速傅里叶变换,使乘法或加法运算次数从与 N^2 成正比减少到与 $N\log_2N$ 成正比,计算量大大减少。

FFT 算法有多种形式和不同叙述方法,这里采用一种简单的叙述方法。FFT 算法是以所谓“逐次加倍”法为基础的。

$$B_k(v)=\frac{1}{N}\sum_{m=0}^{N-1}I(m)W^{km}\tag{8.32}$$

$$W=\exp(-\mathrm{i}2\pi/N)\tag{8.33}$$

为方便比较,并且假定 N 满足公式 $N=2^n$,其中,n 是正整数。在这个基础上,N 可以表示为

$$N=2M \tag{8.34}$$

其中,M 也是正整数。把式(8.33)代入式(8.32)得

$$B_k(v)=\frac{1}{2M}\sum_{m=0}^{2M-1} I(m)W_{2M}^{km} \tag{8.35}$$

把 m 按奇偶数分开,得

$$B_k(v)=\frac{1}{2}\left[\frac{1}{M}\sum_{m=0}^{M-1} I(2m)W_{2M}^{k(2m)}+\frac{1}{M}\sum_{m=0}^{M-1} I(2m+1)W_{2M}^{k(2m+1)}\right] \tag{8.36}$$

因为由式(8.33)有 $W_{2M}^{2mk}=W_M^{mk}$,式(8.36)可表示成

$$B_k(v)=\frac{1}{2}\left[\frac{1}{M}\sum_{m=0}^{M-1} I(2m)W_M^{mk}+\frac{1}{M}\sum_{m=0}^{M-1} I(2m+1)W_M^{mk}W_{2M}^{k}\right] \tag{8.37}$$

定义:

$$B_{偶}(v)=\frac{1}{M}\sum_{m=0}^{M-1} I(2m)W_m^{km}\quad (k=0,1,2,\cdots,M-1) \tag{8.38}$$

以及

$$B_{奇}(v)=\frac{1}{M}\sum_{m=0}^{M-1} I(2m+1)W_M^{km}\quad (k=0,1,2,\cdots,M-1) \tag{8.39}$$

因此式(8.37)变成

$$B_k(v)=\frac{1}{2}[B_{偶}(v)+B_{奇}(v)W_{2M}^{k}] \tag{8.40}$$

又因为 $W_M^{k+M}=W_M^k$ 和 $W_{2M}^{k+M}=-W_{2M}^k$(由欧拉公式 $e^{-ix}=\cos x-i\sin x$ 可以得到),由式(8.38)~式(8.40)可得出结论:

$$B_k(v+M)=\frac{1}{2}[B_{偶}(v)-B_{奇}(v)W_{2M}^{k}] \tag{8.41}$$

仔细分析,由式(8.38)~式(8.41),可以看出三角函数周期性有如下特点:N 点变换可以通过把原始表达式分成式(8.40)和式(8.41)两个部分进行计算。$B_k(v)$ 前一半计算,要求计算由式(8.38)和式(8.39)得出的两个 $N/2$ 点变换,然后把 $B_{偶}(v)$ 和 $B_{奇}(v)$ 的值代入式(8.40)中求得 $k=0,1,2,\cdots,(N/2-1)$ 时的 $B_k(v)$。$B_k(v)$ 后一半可以直接由式(8.41)得到,不需要再进行求变换值的运算。

快速傅里叶变换用计算机实现是很方便的,具体计算方法有许多种。

4. 切趾处理

前面曾提到:

$$B(v)=\int_{-\infty}^{+\infty} I(S)\exp(-i2\pi vS)\,dS$$

要准确求得 $B(v)$,$I(S)$ 取样值应该在 $-\infty\sim+\infty$ 范围内。而实际上动镜运动只能在有限范围即 $-\Delta\sim\Delta$ 移动,相当于对干涉图 $I(S)$ 进行了有限截取,也就是对干涉图函数 $I(S)$ 乘了一个方形截断函数 $D(S)$:

$$D(S)=\begin{cases}1 & (-\Delta<S<+\Delta)\\ 0 & (S<-\Delta \text{ 或 } S>+\Delta)\end{cases} \tag{8.42}$$

于是,有

$$B(v)=\int_{-\infty}^{+\infty}I(S)D(S)\exp(-\mathrm{i}2\pi vS)\mathrm{d}S \tag{8.43}$$

式(8.43)是两个函数相乘求傅里叶变换,它等于 $I(S)$、$D(S)$ 两函数的傅里叶变换作卷积运算。$D(S)$ 的傅里叶变换为 $2\Delta\dfrac{\sin(2\pi v\Delta)}{2\pi v\Delta}$,如图 8-44(a)所示。若 $I(S)$ 考虑为单色光干涉图,它应是余弦函数,其傅里叶变换为线状谱,如图 8-44(b)所示。$I(S)$ 和 $D(S)$ 乘积的傅里叶变换为两个函数傅里叶变换作卷积运算得 $B(v)$,如图 8-44(c)所示。

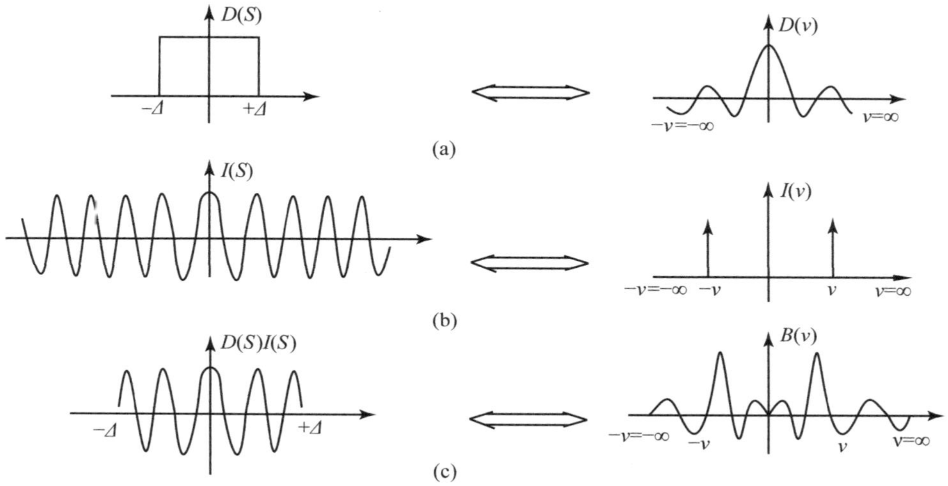

图 8-44　函数及其傅里叶变换关系

可以看出,有限截取余弦干涉图的傅里叶变换与无限长余弦干涉图傅里叶变换的线状谱线相比,产生了很大畸变,谱线变宽了,两侧出现了旁瓣(或称为趾)。在频率轴上,第一个趾的幅度为频率 v 幅度的 20%,在这种情况下,两个相距 $(0.5/\Delta)\,\mathrm{cm}^{-1}$ 的谱线就不能分辨,相距 $(0.73/\Delta)\,\mathrm{cm}^{-1}$ 的两条谱线,其结果与原谱线相比,强度下降了 20%,变化情况如图 8-45 和图 8-46 所示。

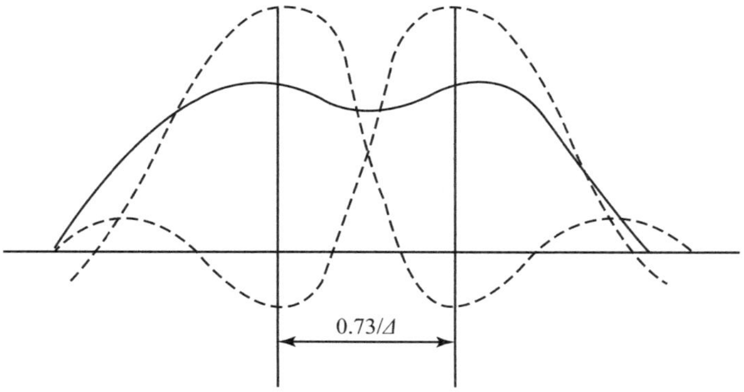

图 8-45　有限截取余弦干涉图后的频谱变化

若有弱的谱线出现在趾处,将被抵消而看不到,为此要对干涉图进行切趾处理,实现切趾目的的函数,称为切趾函数。有的系统用三角形切趾函数:

$$A(S)=\begin{cases}1-\dfrac{S}{\Delta} & (-\Delta<S<\Delta)\\ 0 & (S<-\Delta,S>\Delta)\end{cases} \tag{8.44}$$

它的傅里叶变换为 $\Delta\dfrac{\sin^2(\pi v\Delta)}{(\pi v\Delta)^2}$,如图 8-47 所示,具有较小的旁瓣。另外,还可以有其他的切趾函数。所以,对采样后的数据进行切趾处理,即在对应的数据点上乘切趾函数对应的值,然后进行快速傅里叶变换的计算,最后经过相应的校正(如半反射镜光透过率不均匀可加校正),就得到所求的光谱图。

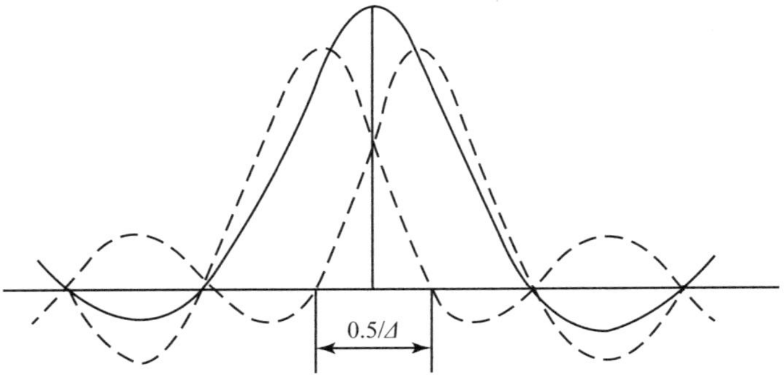

图 8-46　有限截取干涉图后的频谱变化

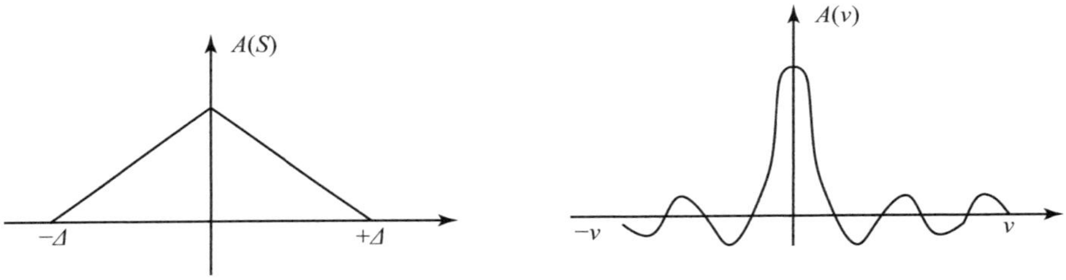

图 8-47　三角形切趾函数及其频谱

数据采样的间隔是用 He-Ne 激光干涉的信号来确定的。激光干涉仪与红外分析的主干涉仪联动的小型迈克尔逊干涉仪,光源用单模稳频 He-Ne 激光器。采样时刻内激光干涉图(余弦波)由过零时刻决定。余弦波变成矩形,每当矩形波过零时,主干涉图取样一次,取样间隔是很精细的。

8.7　光子多普勒测速技术

激光干涉测速方法在瞬态高速测量中已经有了 40 年的历史。任意反射面速度干涉仪(velocity interferometer system for any reflector, VISAR)和 Fabry-Perot 测速仪分别在 20 世纪 70 年代和 80 年代早期开发, 至今仍被广泛使用。随着光子多普勒测速(photonic doppler velocimetry,PDV)技术的出现,激光多普勒高速目标测试技术有了重大突破。

PDV 是采用光外差检测原理进行速度测量的技术, 对干涉频差信号使用时频分析算法解调出运动物体速度,具有结构简单、测速范围大、数据处理相对简单、测试精度高等优点。

1. 光外差检测原理

PDV 是利用光子多普勒效应，当被测表面向探头运动时，由于多普勒效应，反射信号光频率 f_s 相对于探测光频率 f_0 会有微小的频率移动 f_d，即

$$f_d = f_s - f_0 = 2v/\lambda_0 \tag{8.45}$$

式中：v 为被测表面的运动速度；λ_0 为探测光的中心波长。假设信号光和探测光的幅度分别为 A_s、A_0，它们耦合到一个光电探测器中，光电转换输出干涉电信号强度为

$$\begin{aligned} I \propto \{A_0\cos(2\pi f_0 t) + A_s\cos[2\pi(f_0+f_d)t]\}^2 A_0{}^2\cos^2(2\pi f_0 t) \\ + A_s{}^2\cos^2[2\pi(f_0+f_d)t] + A_0A_s\{\cos[2\pi(2f_0+f_d)t] + \cos(2\pi f_d t)\} \end{aligned} \tag{8.46}$$

式(8.46)中忽略了对速度分析没有影响相位因子。由于光电探测器无法响应 f_0 以及更高频率的信号，所以输出它们的平均值，式(8.46)前面两项三角函数平方的平均值是 1/2，第三项的平均值是 0，因此式(8.46)可以改写为

$$I \propto (A_0^2 + A_s^2)/2 + A_0A_s\cos(2\pi f_d t) \tag{8.47}$$

将式(8.45)代入式(8.47)得

$$I \propto (A_0^2 + A_s^2)/2 + A_0A_s\cos(4\pi vt/\lambda_0) = (A_0^2 + A_s^2)/2 + A_0A_s\cos(4\pi s/\lambda_0) \tag{8.48}$$

式中：s 为被测表面的运动位移。略去式(8.48)中对速度分析不重要的直流分量，剩余的交流分量为

$$i = \beta\cos(2\pi f_d t) = \beta\cos(4\pi vt/\lambda_0) = \beta\cos(4\pi s/\lambda_0) \tag{8.49}$$

式(8.49)就是干涉信号，系数 β 为光电探测器的转换系数。一般采用短时傅里叶变换方法，对干涉信号进行时频分析提取出多普勒频移 f_d，即可利用式(8.45)得到被测物体的运动速度 v。

2. 光子多普勒的光学系统

目前主要有两种 PDV 测速技术：常规 PDV 和光学外差 PDV，其中常规 PDV 光路结构如图 8-48 所示。图 8-48 使用单个光源，该光源输出足够功率的探测光 f_0 并通过探头照射到目标上，当目标以速度 v 飞向探头时，目标表面散射光被探头接收到的部分(信号光 f_s)相对于探测光会有频率漂移，即多普勒频移 f_d。

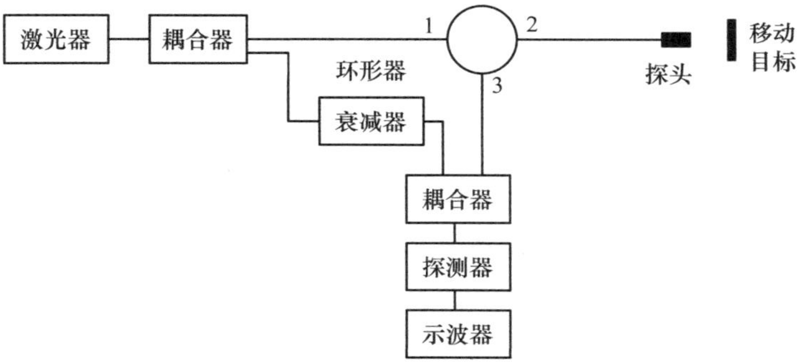

图 8-48　常规 PDV 光路结构

参考光和信号光通过耦合器进入探测器，得到干涉信号为

$$I(t) = I_0 + I_s + \sqrt{I_0 I_S}\sin[2\pi f_d(t) + \varphi] \tag{8.50}$$

式中：I_s 为信号光光强；I_0 为参考光光强；φ 为两者相位差。对干涉信号进行数据处理可

得到 f_d,进而根据式(8.45)得到运动目标的速度 v。

光学外差 PDV 为性能增强型的一种 PDV 测速技术,如图 8-49 所示,其光路结构与图 8-48 类似,但使用 2 台激光器,即探测光激光器(提供足够功率的探测光)和参考光激光器(提供参考光),且参考光激光器与探测光激光器的工作波(频率)有一定的差异,从而可以借助光学外差方法测量目标的速度,以提高短历程、低速过程的测速准确度或大幅提高速度测量范围。

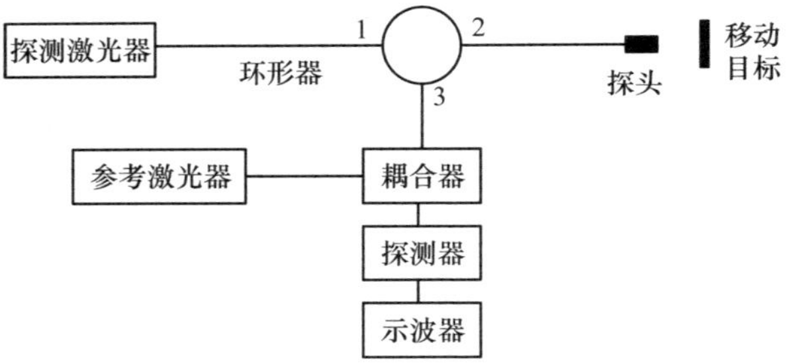

图 8-49　光学外差 PDV 光路结构

将不同源的两束激光分别用于探测和本振参考,探测光和参考光 f_{ref} 之间频率初始频差为 Δf,两者进行干涉后,双源光外差测速技术分为下变频和上变频两种工作模式。

$$\begin{cases} i=\beta\cos(2\pi|\Delta f-f_d|t) & (f_{ref}>f_0) \\ i=\beta\cos[2\pi(\Delta f+f_d)t] & (f_{ref}\leqslant f_0) \end{cases} \tag{8.51}$$

式中:$\Delta f=|f_0-f_{ref}|$ 为静态干涉信号的频率。当 $f_{ref}>f_0$ 时,测速系统工作在下变频模式;当 $f_{ref}\leqslant f_0$ 时,测速系统工作在上变频模式。

上变频模式可以将低速信号进行频率上变换,提高时间分辨率和测量精度,使短历程低速的测量同时具有较高的时间分辨率和测量精度,一般高带宽示波器可以做到优于 1ns 的时间分辨。下变频模式可以将高速信号频率降低,使一般带宽示波器能够满足 10 km/s 以上超高速度的测量要求,彻底解决超高速测量对超高带宽的示波器和光电转换器依赖的问题。

影响 PDV 测速精度可以从以下方面进行讨论。

1) 激光器的线宽影响测速精度

激光探测光源的线宽势必导致外差中频频谱的展宽,而中频频谱的展宽增大,便会导致测速精度的下降。因此激光器的线宽越小,测速误差越小。

2)信噪比影响测速精度

信噪比越大,测速误差越小,测速精度就越高。而外差探测时探测器的散粒噪声、暗计数及热噪声都会降低探测系统的信噪比。同时,激光在大气传输过程中的大气湍流以及大气散射等因素都会使信噪比降低,致使测速精度下降。

3) 信号光的接收功率影响测速精度

在 PDV 测速系统中,为了提高信号光的接收效率,需要在干涉测速仪探头上使用光纤准直器件。当运动物体与测速仪探头距离拉远后,要使运动物体表面具有较高的逆向反射率,可以使用逆向反光膜。近距离测量时,探头使用自聚焦透镜;远距离测量时,探头使用光纤准直透镜。

3. 光学系统器件选型

1）激光器

激光器的工作波长一般选用 1550nm，因为该波段的传输损耗较小。实验器材相对成熟，10～40mW 的功率可供选择。

2）激光准直器

准直镜的回波损耗决定了参考光的功率，参考光的功率越大，越能够提升信号光功率，获得良好的探测效果。所以选择激光准直器时需要重点考虑回波损耗这个参数。准直器的插入损耗应小于 0. 2dB，光斑直径范围应在 1. 5～3. 5mm，使用小口径准直器可以明显提升信号质量。

3）光环形器

三端口环形器是光纤耦合器的一种，它的作用是对光信号进行隔离、合路和插入，常用于构建各式各样的光纤干涉仪。由于外检测散射光相对较弱，因此需要该器件具有低插入损耗，且收发隔离优良。通过该元件，系统可以在一条光路同时实现激光的发射和接收两个功能。通过对激光多普勒测速技术系统参数进行计算，环形器的插入损耗和隔离度对信号质量的影响较大。

4）探测器

光电探测器的作用是将环形器或耦合器末端释放的光信号转换为模拟电平，探测波段需包括 PDV 光路结构中所有激光器波长。光电探测器所有类型中雪崩光电二极管是灵敏度相对较高的光电转换器件，有着优良的增益特性。具有宽带宽和高探测灵敏度的光电探测器能够获得更精确的差频信号，为信号解调提供坚实的基础。

5）光纤分束器

光纤分束器是将一根光纤内的波长、能量、偏振等特性重新分配到不同光纤内的一种无源器件，具有对光信号实现分路、合路和分配的功能。常见的 1 分 2 光纤分束器的分光比例有：95%：5%，90%：10%，80%：20%，70%：30%。

4. 多普勒频移信号的解调

1）条纹法

示波器采集到的干涉信号，只要从中提取出差频频率 f_d，即可计算出被测物体的运动速度。差频信号的每个周期 T 对应一个条纹。找到条纹的相邻极大值（或极小值）对应的时间，再求出差频周期后，利用式（8. 45），就可得到物体的运动速度，该解调方法称为条纹法。

条纹法测量的关键是要精确求出每个信号极值的位置，在程序中先使用傅里叶变换和数据滤波进行平滑处理，再使用二次曲线对每个极值点附近的数据进行拟合，最后求出每个极值点对应的时间。

2）小波变换

小波变换（wavelet transform，WT）是一种新的变换分析方法，它继承和发展了短时傅里叶变换局部化的思想，同时又克服了窗口大小不随频率变化等缺点，能够提供一个随频率改变的“时间–频率”窗口，是进行信号时频分析和处理的理想工具。

小波变换后的系数表示该部分信号与小波的近似程度。系数值越高表示信号与小波基越相似，信号的频率与小波基的频率越接近。小波变换后，得到二维时–频能量分布图,采用局部模极大值的方法找到小波脊线,可以得到信号的瞬时差频,再由式(8.45)得到物体的瞬时速度。

8.8 等离子体检测技术

原子发射光谱法具有分析速度快、选择性好、检出限低、准确度高等优点,通过等离子体的原子和离子发射光谱信号,可对等离子体温度、电子密度进行瞬态测量。

1. 等离子体光谱诊断系统

1) 系统设计

根据等离子体光谱诊断原理,建立等离子体光谱诊断系统,如图8-50所示,光谱信息诊断系统主要由光传导部分、光电转换部分、数据采集和处理三大部分组成。

(1) 光传导部分。

光传导包括光学探头、传光光纤两部分。光学探头需要在复杂的环境下尽可能多地采集到光信号,光纤聚焦镜可以进行反向给光,实现对等离子光信号的精准定位,并且可以将光信号耦合至光纤,光纤聚焦镜工作原理如图8-51所示。

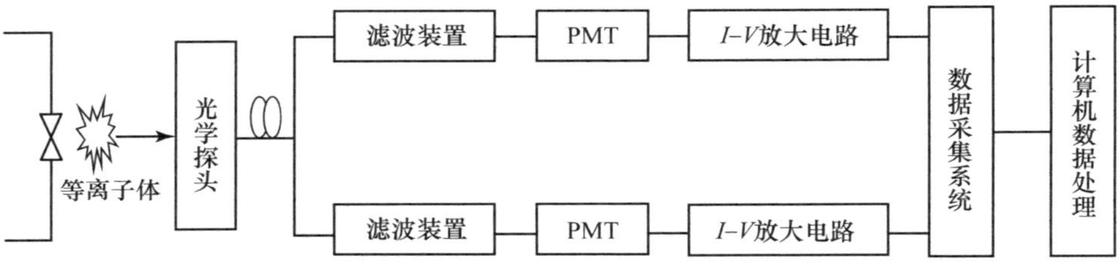

图8-50 等离子体光谱信息诊断系统示意图

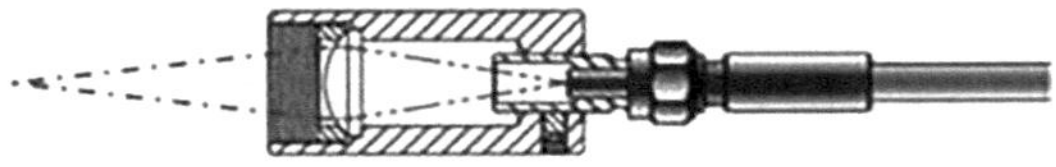

图8-51 光纤聚焦镜工作原理

传光光纤起着从光学探头至光电转换装置的光的传输作用,一根光纤就是一个光波导能把光辐射从一端传输到另一端。为克服多路光纤的光传输所引起的仪器系统误差,采取光导纤维的一进三出的制造技术的传光光纤入口端为均布型,可将一束光均匀地分为两束导入光电转换装置,如图8-52所示。由此可将这种系统误差降至最小。

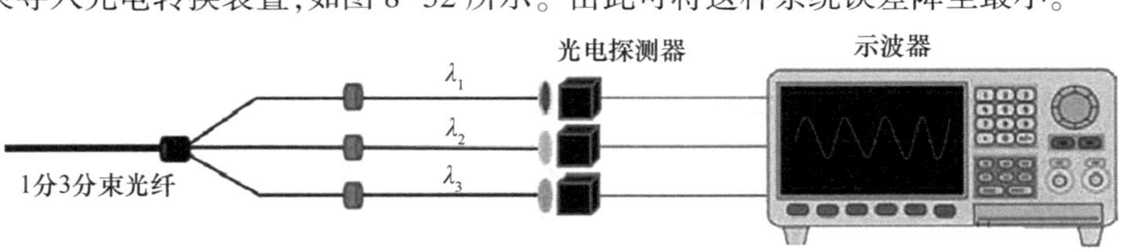

图8-52 光纤一进三出装置示意图

(2) 光电转换部分。

光电转换部分由干涉滤光片、光电倍增管模块组成,其作用是将传光光纤输出的光,先分光再转换为电信号输出。光电倍增管模块内含一个光电倍增管、一个高压电源电路和一个低噪声放大器。放大器可将上述快速光电转换部分输出的电流信号放大并转换为示波器直接显示的电压信号。光电倍增管内部结构如图 8-53 所示。

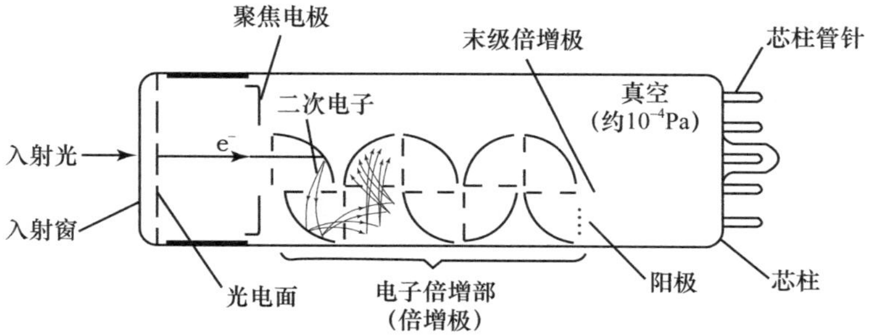

图 8-53　光电倍增管内部结构

（3）数据采集和处理部分。

数据采集和处理分别由多通道高速动态存储示波器和计算机完成。高速动态存储示波器,能无失真还原纳秒级信号波形,满足记录高速等离子体全过程的所有光谱信息的要求。高速动态存储示波器能准确无误地记录等离子体全过程光谱信号,得到的数据格式为 . txt 文本,将此数据输入到计算机做进一步的分析处理。

2. 等离子体光谱诊断基本原理

1）等离子体温度测量基本原理

依据原子发射光谱学理论,低能级原子或离子受热后将会被激发到高能级,处在高能级的受激原子或离子在极短时间内会跃迁至低能级或者基态。激发态的原子从高能级跃迁到低能级的过程中会以光的形式辐射能量,该过程满足方程式:

$$E_i - E_j = hv_{ij} \tag{8.52}$$

式中:E_i 为高能级能量;E_j 为低能级能量;h 为普朗克常数;v_{ij} 为跃迁产生的辐射光谱频率。

基于原子发射光光谱的激发温度和谱线强度建立的关系,原子在受激能量条件下,在 i,j 两个能级之间跃迁过程中所辐射的光谱强度设为 I_{ij},此时处于激发态原子浓度 N_i,由此可得光谱强度 I_{ij} 的表达式为

$$I_{ij} = N_i \cdot A_{ij} \cdot hv_{ij} \tag{8.53}$$

在热力学平衡或局部热力学平衡条件下,激发态原子浓度 N_i 为

$$N_i = N_0(g_i/g_0) \cdot e^{-\frac{E_i}{kT}} \tag{8.54}$$

式中:N_0 为基态原子浓度,T 为电子温度,g_i、g_0 分别为激发态和基态的统计权重,E_i 为激发能,k 为玻尔兹曼常数。在等离子体内部有两种不同的温度概念,即离子温度和电子温度。一般情况下,电子温度高于离子温度。在局部热力学平衡的情况下,由于电子密度较高,碰撞机制占据主要位置。在这种情况下,电子温度一般等于离子温度,因此在玻尔兹曼公式中用电子温度表示热力学温度。

整理可得原子发射光谱强度公式为

$$I_{ij} = \frac{g_i}{g_0} \cdot N_0 A_{ij} hv_{ij} \cdot e^{-\frac{E_i}{kT}} \tag{8.55}$$

当一个体系满足热力学平衡态或局部热力学平衡态时,选用体系中相同元素的两条原子发射光谱,其强度之比为

$$\frac{I_{\lambda_1}}{I_{\lambda_2}}=\frac{A_1g_1\lambda_2}{A_2g_2\lambda_1}e^{-\frac{E_1-E_2}{kT}} \tag{8.56}$$

式中:I_{λ_1}、I_{λ_2} 为原子发射双谱线测温所选两条温标谱线 λ_1、λ_2 所对应的光谱强度;A_1、A_2 为原子的跃迁概率;g_1、g_2 为原子能级的统计权重;E_1、E_2 为两条谱线的上能级能量;k 为玻尔兹曼常数,$k=1.38\times10^{-23}$ J/K;T 为激发温度,体系温度 T 的表达式为

$$T=\frac{1}{k}\frac{E_2-E_1}{\ln\left(\frac{I_{\lambda_1}}{I_{\lambda_2}}\right)-\ln\left(\frac{A_1g_1\lambda_2}{A_2g_2\lambda_1}\right)} \tag{8.57}$$

由式(8.57)可知,在选定特定的温标元素及温标谱线的情况下,通过所选温标谱线的强度比可计算得到激发温度。该公式提供了光强和温度之间的直接关系,为原子发射光谱测温的基本理论,由此建立了相对强度光谱测温技术。相关的光谱参数数据如表8-1所列。

表8-1　光谱参数数据

参数	数据表示		
波长 λ/nm	427.51	465.11	481.29
跃迁概率 $A/\times10^8$	0.35	0.38	1.38
统计权重 g	8	8	5
电离能 E/eV	5.53	5.58	11.90

2)等离子体密度测量基本原理

依据原子发射光谱强度公式:

$$I_{ij}=\frac{g_i}{g_0}\cdot N_0A_{ij}hv_{ij}\cdot e^{-\frac{E_i}{kT}} \tag{8.58}$$

设 N 为中性原子的总密度,即 $N=\sum_i N_i$,Z 为配分函数,$Z=\sum_i g_ie^{-\frac{E_i}{kT}}$,可以得到:

$$I_{ij}=N\frac{g_i}{z}A_{ij}hv\cdot e^{-\frac{E_i}{kT}} \tag{8.59}$$

同一元素的一次电离离子谱线强度 I^+ 和原子谱线强度 I^0 的比值为

$$\frac{I^+}{I^0}=\frac{N^+A^+g^+v^+z^0}{N^0A^0g^0v^0z^+}e^{\frac{-E^0-E^+}{kT}} \tag{8.60}$$

式中:N^+,A^+,g^+,v^+,z^+分别指离子的密度、跃迁几率、简并度、谱线频率、配分函数;N^0、A^0、g^0、v^0、z^0 指原子的对应参数。E^0 为原子光谱线的激发电位;E^+为一次电离离子光谱线激发电位。设等离子体的电离度为 α,仅考虑一次电离,在局部热力学平衡的等离子体中,原子的电离满足萨哈方程:

$$\frac{z^+}{z^0}N_e=\frac{\alpha}{1-\alpha}N_e=\frac{(2\pi m_eKT)^{3/2}2Z^+}{h^2}e^{-\frac{E_i}{KT}} \tag{8.61}$$

式中:N_e 为电子密度;m_e 为电子质量;E_i 为某元素的电离能。

结合式(8.61)得

$$N_e = \frac{I^0 A^+ g^+ v^+ 2(2\pi m_e KT)^{3/2}}{I^+ A^0 g^0 v^0} e^{-\frac{E^0 - E^+ - E_i}{kT}} \tag{8.62}$$

整理可得

$$N_e = 4.83 \times 10^{15} \frac{I^0 (Ag)^+ v^+}{I^+ (Ag)^0 v^0} T^{3/2} e^{-\frac{E^0 - E^+ - E_i}{kT}} \tag{8.63}$$

通过测量等离子体的一条原子谱线强度 I^0 和一条离子谱线 I^+,可以计算出等离子体温度。

8.9 发射层析技术

光学层析技术(optical computerized tomography, OCT)是层析技术在光学领域的重要分支,在不干扰被测流场的前提下可以实现全场三维定量测量与显示,再结合其他诊断方法可以实现众多相关物理量的分布诊断。该技术根据测量对象的不同分为透射层析技术(transmission computerized tomography, TCT)和发射层析技术(emission computerized tomography, ECT)。

1. 透射层析技术与发射层析技术概述

透射层析技术以激光为探测光源,投影接收装置和探测光源位于待测场的两侧,投影接收装置获取携带被测场折射率信息的光波相位后,经层析重建可得流场的三维折射率,其中携带被测场折射率信息的光波相位信息沿射线路径累加。该技术灵敏性高、空间分辨率高、测量精度高且信息量大,但对测量环境要求较高,当被测场发生剧烈变化时,投影数据将发生偏差。

发射层析技术不需要外部探测光源,使用面阵 CCD 相机或者光纤阵列可直接获取待测发光场的二维辐射光强或散射光强信号,投影图像是探测方向上待测场辐射或散射光强的积分,经层析重建后可得待测场的三维强度分布。发射层析技术测量原理及装置简单,获取投影数据更加方便、成本更低,近几年成为燃烧成像检测技术的研究热点,具有广泛的应用前景,本节将主要介绍发射层析技术,其实现思路如图 8-54 所示。

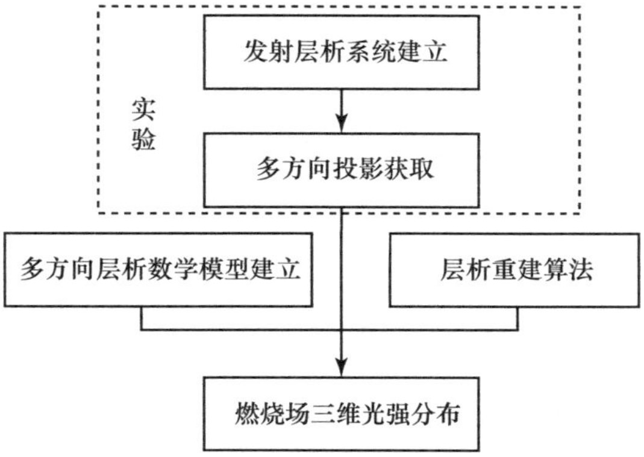

图 8-54　发射层析系统实现燃烧场三维光强分布思路

2. 发射层析技术数学模型

奥地利数学家 Radon 在 1917 年提出了投影数据重建的基本理论,为 CT 技术建立了数学理论基础。在数学上,它是一种线积分变换,若二维平面分布函数 $f(x,y)$ 在沿着投影路径 l 方向有定义且连续,则 $f(x,y)$ 沿着投影路径 l 方向的线积分可表示为

$$p(l,\theta)=\int_l f(x,y)\,\mathrm{d}l=\int_l f(\rho,\varphi)\,\mathrm{d}l=\int f(\sqrt{s^2+t^2},\theta+\arctan(s/t))\,\mathrm{d}l \tag{8.64}$$

式中:θ 为投影方向角;$f(\rho,\varphi)$ 为二维分布函数 $f(x,y)$ 在极坐标下的表示;t 为原点到投影路径 l 的垂直距离;$\rho=\sqrt{s^2+t^2}$;$\varphi=\theta+\arctan(s/t)$。其物理意义是某种参数的二维分布以平行束线积分形式获取投影数据。

发射层析系统坐标系示意图如图 8-55 所示。被测物体位于世界坐标系 (x_w,y_w,z_w) 中,其发光强度为 $f(x_w,y_w,z_w)$。用于投影采集的相机可放置在世界坐标系中任意位置,对应的相机坐标系为 (x,y,z),其中投影方向平行于 z 轴,坐标原点 O 为相机光轴与 CCD 靶面的交点,x 轴与 y 轴分别与 CCD 靶面长边与短边平行。每个相机中存在一个成像平面 (x',y'),其坐标原点 O' 为镜头光轴与 CCD 靶面的交点,x' 轴与 x 轴方向相反,y' 轴与 y 轴方向相反。

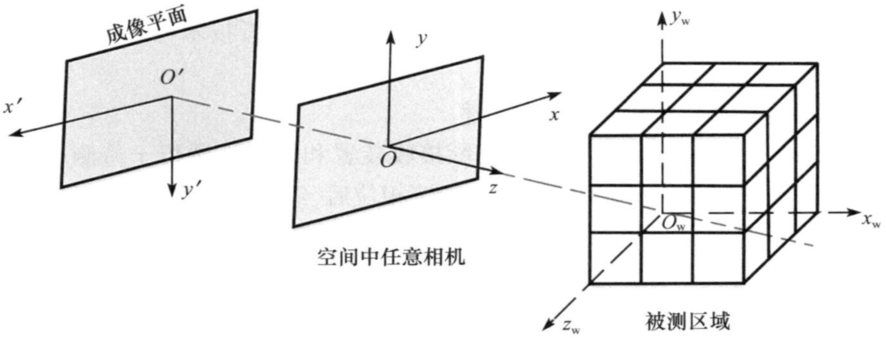

图 8-55 发射层析系统坐标系示意图

世界坐标系的任意物点 (x_w,y_w,z_w) 在相机坐标系中的位置 (x,y,z) 可由旋转矩阵 $\boldsymbol{R}$ 和平移矢量 $\boldsymbol{T}$ 确定:

$$\begin{bmatrix} x \\ y \\ z \end{bmatrix}=\boldsymbol{R}\begin{bmatrix} x_w \\ y_w \\ z_w \end{bmatrix}+\boldsymbol{T} \tag{8.65}$$

式中:旋转矩阵 $\boldsymbol{R}$ 与平移矢量 $\boldsymbol{T}$ 通过相机标定获取。假设相机镜头的焦距为 f,根据针孔相机模型,相机坐标系中的物点 (x,y,z) 在成像面上的像点坐标 (x',y') 可由下式确定:

$$\frac{z}{f}=\frac{x}{x'}=\frac{y}{y'} \tag{8.66}$$

因此,成像面上的某一像素点 (x',y') 采集到的投影强度为

$$I(x',y')=\iiint f(x_w,y_w,z_w)\,\mathrm{d}x_w\mathrm{d}y_w\mathrm{d}z_w \tag{8.67}$$

其中,(x_w,y_w,z_w) 与 (x',y') 的关系满足式(8.65)和式(8.66)。

为实现发射层析重建,需要将被测区域离散化。将被测区域均匀划分为 $M\times N\times P$ 个

网格,网格大小为 $\Delta g\times\Delta g\times\Delta g$,每个网格的值 $f_i(x_w, y_w, z_w)$ 是一个常数,其中 $i=1,2,\cdots,M\times N\times P$;层析系统中有 X 个相机,每个相机的像素数为 Y,则该层析系统共有 XY 条投影光线。假设第 i 个离散网格的值对投影 j 的贡献量表示为 $\omega|_i^j$,那么投影 I_j 与被测区域的被测物体函数 $f_i(x_w, y_w, z_w)$ 间的关系可以表示为

$$I_j = \sum_{i=1}^{M\times N\times P} \omega|_i^j \cdot f_i \tag{8.68}$$

式中:$\omega|_i^j$ 为由式(8.68)确定的第 i 个网格的成像在第 j 个像素上的投影权重因子。所有的 $\omega|_i^j$ 组成了层析系统的权重矩阵 $\boldsymbol{W}$,层析投影模型用矩阵形式可以表示为

$$\boldsymbol{I}=\boldsymbol{W}\cdot\boldsymbol{F} \tag{8.69}$$

式中:$\boldsymbol{I}$ 为多方向投影,$\boldsymbol{F}$ 为被测物函数。为实现三维物函数的计算,需要结合层析重建算法。

3. 层析重建算法

层析重建算法是光学层析技术的重要组成内容,重建算法的性能对重建三维流场的参数分布有很大的影响。层析重建算法可分为两类:基于连续模型的变换类重建算法和基于离散模型的迭代类重建算法。

1) 基于连续模型的变换类重建算法

基于连续模型的变换类重建算法的研究从 20 世纪 70 年代开始取得一定的发展,主要包括用于二维轴对称函数的 Abel 变换法(Abel inverse transform)、直接 Radon 反变换法(Radon inverse transform)和滤波反投影算法(filtered back projection, FBP)。

(1) Abel 变换法。

Abel 变换是用物理量弦积分测量结果恢复空间数据分布的一种常用方法,如图 8-56 所示,通过测量弦 PQ 得到积分 $I(y)$:

$$I(y) = \int \varepsilon(x,y)\,\mathrm{d}x \tag{8.70}$$

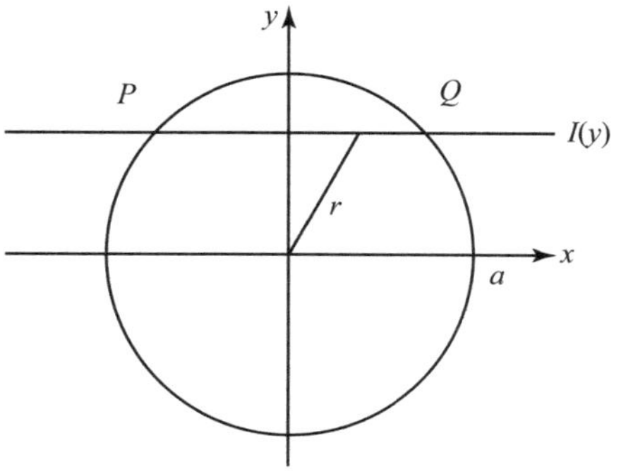

图 8-56　Abel 变换测量坐标

式中:$I(y)$ 为某一物理参量单位长度的强度(和测量通道的宽度有关)。当系统为轴对称时,式(8.70)可转换为

$$I(y) = \int \varepsilon(r)\,\mathrm{d}x = 2\int_{|y|}^{a} \frac{\varepsilon(r)r\mathrm{d}r}{\sqrt{r^2-y^2}} \tag{8.71}$$

式中:a 为所测区域半径,实验中一般为待测流场的小半径,式(8.69)称为 Abel 变换公

式,它的逆变换为

$$\varepsilon(r) = -\frac{1}{\pi}\int_r^a \frac{\mathrm{d}I(y)}{\mathrm{d}y}\frac{\mathrm{d}y}{\sqrt{y^2 - r^2}} \tag{8.72}$$

如果已知某物理量的弦积分结果,则可以使用 Abel 逆变换来恢复轴对称空间这一物理量的三维数据分布。

(2) 直接 Radon 反变换法。

直接 Radon 反变换可表示为

$$f(x,y) = f(\rho,\varphi) = \frac{1}{2\pi^2}\int_0^{\pi}\int_{-E}^{E}\frac{1}{\rho\cos(\varphi - \theta) - t}\frac{\partial p(l,\theta)}{\partial t}\mathrm{d}t\mathrm{d}\theta \tag{8.73}$$

式中:E 为重建对象的边界,直接 Radon 反变换的物理意义是已知某种参数的平行束投影数据反演求其二维分布。它是计算机层析技术的数学基础,也是从投影重建二维参数分布的理论依据。

(3) 滤波反投影算法。

滤波反投影算法是当下应用十分广泛的层析重建算法之一。滤波反投影算法主要是通过傅里叶变换、参数转换及重建确定积分边界来进行重建的,其重建过程可看作对各个视角 θ 的投影进行滤波操作,然后将反投影累加计算出原始数据 $f(x,y)$:

$$f(x,y) = \int_{-\infty}^{+\infty}\int_{-\infty}^{+\infty}F(u,v)\mathrm{e}^{\mathrm{j}2\pi(ux+vy)}\mathrm{d}u\mathrm{d}v \tag{8.74}$$

将直角坐标系下的坐标 (u,v) 转换为极坐标系下的坐标 (ω,θ):

$$\begin{cases} u = \omega\cos\theta \\ v = \omega\sin\theta \end{cases} \tag{8.75}$$

则有

$$f(x,y) = \int_0^{\pi}\int_{-\infty}^{+\infty}F(\omega,\theta)\mathrm{e}^{\mathrm{j}2\pi\omega(x\cos\theta + y\sin\theta)}\,|\omega|\,\mathrm{d}\omega\mathrm{d}\theta \tag{8.76}$$

其中,由于更换积分变量而产生的雅可比因子为 $|\omega|$,从形式上可以看作对投影进行高通滤波。

卷积滤波反投影重建算法因其运算速度较快被广泛应用于商用 CT 技术中,但该算法对待测流场的投影数据完备性和投影方向均匀性要求很高,即需要待测流场在较多等间距视角方向上的投影数据分布,因此 FBP 重建算法并不适用于所有的由投影数据反演重建原始待测场问题。

变换类重建算法对流场的投影数据完备性和投影方向均匀性要求较高,研究表明,投影方向数大于 32 才能取得较好的重建精度,该要求加剧了系统的复杂程度及较高的经济成本,这使其在 OCT 中的应用前景不被看好。

2) 基于离散模型的迭代类重建算法

在实际应用中,由于仪器设备成本、场地限制、系统可实现性等复杂原因的影响,常常面临着投影数据有限、投影个数少及投影方向不均匀的问题,基于离散模型的代数迭代类算法在一定程度上解决了这个问题,该算法主要包括直接代数法和代数迭代法(algebraic reconstruction technique, ART)。此类算法首先需要将层析模型数值化,将被测场展开为离散的形式,然后用各种解大规模方程组的方式求解。

（1）直接代数法。

常用的直接代数法包括求逆法和分解法。求逆法的基本原理通过计算系数矩阵的伪逆求解表示场函数的被测场矩阵；而分解法是将层析系统分解成两个或者三个特定的矩阵，然后利用这些特定矩阵的性质求解场函数，如 LU 分解法、QR 分解法（正交三角分解法）、SVD 分解法（奇异值分解法）和 CG 算法（共轭梯度算法）等。

（2）代数迭代法。

在代数迭代法中常见的有加性代数重建算法（algebraic reco-nstruction technique，ART）、乘性代数重建算法（multiplicative algebraic reconstruction technique，MART）和同时迭代重建算法（simultaneous iterative reconstruction technique，SIRT）等。基本思路为从 f 的一个初始猜测 $f^{(0)}$ 开始，循环地用对应算法的约束条件向解空间投影，当达到预期的收敛条件，即 $f^{(k)}$ 足够接近真实解 f 时，迭代将停止。

4. 发射层析系统

发射层析系统使用多个相机同时对燃烧火焰采集投影图像数据，如图 8-57 所示。在燃烧场图像的采集过程中，数据采集卡、脉冲触发器和计算机共同组成数据采集系统，保证多方向火焰投影图像数据采集过程的实时性和同步性。另外，若实验过程中火焰的可见光光谱强度过强使 CCD 相机图像饱和，拍摄时需要对各个相机加入合适的减光片以保证相机获取的火焰投影图像灰度处在相机正常的灰度响应区域。同时，为了减少自然背景可见光对火焰强度的影响，拍摄火焰流场时在暗室中进行。

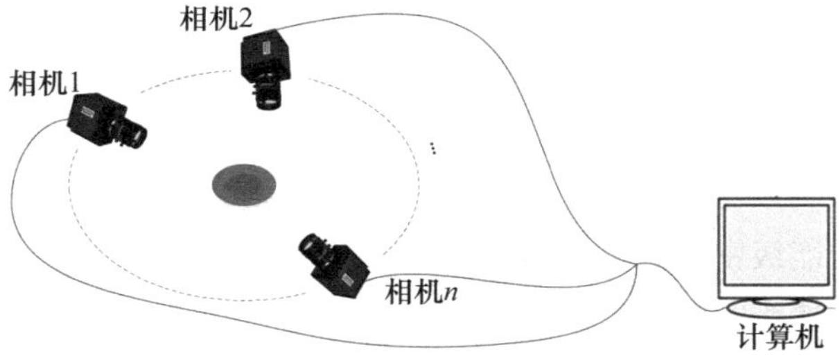

图 8-57　层析系统的搭建

经实验获取火焰多方向投影后，结合发射层析技术数学模型和层析重建算法，能够实现火焰的三维定量显示。

参考文献

[1]　Peiponen K-E，Myllylä R，Priezzhev A V. 光学测量技术：工业与生命科学领域的革新[M]. 陈世同，徐博，译. 北京：国防工业出版社，2016.

[2]　苏俊宏，田爱玲，杨利红. 现代光学测试技术[M]. 北京：科学出版社，2013.

[3]　付小宁，王炳健，王荻. 光电定位与光电对抗[M]. 北京：电子工业出版社，2018.

[4]　刘振玉. 光电技术[M]. 北京：北京理工大学出版社，1990.

[5]　黄章勇. 光电子器件和组件[M]. 北京：北京邮电大学出版社，2011.

[6]　刘中本，权贵秦，田爱玲. 光干涉测试技术[M]. 西安：陕西人民出版社，2002.

附　录　书中所用符号及意义

第 1 章　光电技术及光电器件基础

E_g—禁带宽度(能隙)　$E_g=E_--E_+$

E_{g0}—温度为绝对零度时的能隙

E_+—价带顶能量

E_-—导带底能量

E_D—施主能级能量

E_A—受主能级能量

E_i—电离能　$\begin{cases} E_i=E_--E_D & \text{(N 型半导体)} \\ E_i=E_A-E_+ & \text{(P 型半导体)} \\ E_i=\dfrac{E_-+E_+}{2} & \text{(PN 结)} \end{cases}$

$N(E)$—能级密度

$N_-(E)$—导带电子在能量为 E 处的能级密度

$N_+(E)$—价带空穴在能量为 E 处的能级密度

h—普朗克常数　$h=6.626\times10^{-34}\text{J}\cdot\text{s}$

m_e^*—导带电子能级密度的有效质量

m_p^*—价带空穴能级密度的有效质量

$f_n(E)$—电子占据能量为 E 能级的几率

$f_p(E)$—空穴占据能量为 E 能级的几率

T—绝对温度

k—玻尔兹曼常数　$k=1.38\times10^{-23}\text{J/K}$

E_F—费米能级,表示为 0K 条件下,能级被填满部分与空着部分的分界线

N_-—导带电子有效能级密度

N_+—价带空穴有效能级密度

n—电子浓度

p—空穴浓度

n_0—热平衡条件下电子浓度

p_0—热平衡条件下空穴浓度

Δn—非平衡电子浓度

Δp—非平衡空穴浓度

N_D—施主杂质浓度(N 型中的电子)

N_A—受主杂质浓度(P 型中的电子)
v_n—电子漂移速度(cm/s)
μ_n—电子迁移率(cm²/(V·s))
E—电场强度(V/cm)
v_p—空穴漂移速度(cm/s)
μ_p—空穴迁移率(cm²/(V·s))
D_n—电子的扩散系数(cm²/s)
D_p—空穴的扩散系数(cm²/s)
e—电子电荷
G—电导
σ—电导率
σ_0—热平衡条件下半导体材料的电导率
τ—载流子寿命
τ_n—电子的平均寿命
τ_p—空穴的平均寿命
V_D—PN 结接触电势差或内(自)建电势
n_i—本征型半导体电子和空穴浓度　$n_i = p_i$
n_n—N 型材料中的电子浓度
p_n—N 型材料中的空穴浓度
n_p—P 型材料中的电子浓度
p_p—P 型材料中的空穴浓度
I_0—PN 结反向饱和电流
V_r—PN 结上施加的反向电压值
I_r—PN 结反向电流
ε_0—真空中的介电常数
ε—半导体相对介电常数
V_b—PN 结反向击穿电压
Φ—功函数
φ_m—金属的逸出功
θ—电子亲和能
φ_{Bn}—金属半导体的逸出功
θ_A—半导体表面的电子亲和能
G_φ—非平衡载流子的产生率
G_{th}—热平衡条件下载流子的产生率
R_φ—非平衡载流子的复合率
R_{th}—热平衡条件下载流子的复合率
$\Delta\sigma$—光电导率　$\Delta\sigma = e(\Delta n\mu_n + \Delta p\mu_p)$
I_j—PN 结的结电流
U_{oc}—PN 结开路电压

I_{sc}—PN结短路电流
η—量子效率
b—电子迁移率与空穴迁移率之比　$b=\mu_n/\mu_p$
RV_λ—光谱响应率
$R_{U\lambda}$—光谱电压响应率
$R_{I\lambda}$—光谱电流响应率
η_λ—光谱量子效率
R—响应率
R_U—电压响应率
R_I—电流响应率
K—光源的光视效能
α—光谱匹配系数
P_{min}—最小可探测辐射功率
NEP—噪声等效功率
D—探测率
D^*—归一化探测率
Δf—带宽
$A(f)$—幅频特性
f_e—等效带宽
$\frac{S}{N}$—信噪比
f—空间频率
$T(f)$—传递函数
OTF(f)—光学传递函数
$C(f)$—对比度
$R(f)$—对比传递函数
MTF—调制传递函数
PTF—相位传递函数
f_c—光电器件特征频率

第2章　发光器件及其应用

η_{in}—内量子效率
τ_R—少数载流子的辐射复合寿命
τ_{NR}—少数载流子的非辐射复合寿命
η_i—注入量子效率
η_{ou}—光出射效率
η_w—外量子效率
η_{wc}—微分量子效率
$\varphi_{e\lambda}$—辐射功率谱密度

I_F—发光二极管正向电流

V_F—发光二极管正向电压

I_v—发光二极管发光强度

I_e—发光二极管辐射强度

η_e—发光二极管的辐射效率

G—激光器的增益

G_{th}—激光器的阈值增益

J_{th}—激光器的阈值电流

第 3 章　半导体光电器件

R—光电导的灵敏度

G—光电导的增益

E_t—陷阱能级

N_t—陷阱浓度

n_t—电子占据的陷阱浓度

C_{nt}—电子俘获系数

g_{nt}—电子激发率

r_{nt}—电子俘获率

τ_{rel}—光电导材料的介电时间常数

R_p—光敏电阻的阻值

R_d—暗电阻值

G_d—暗电导值

M—雪崩光电二极管光电流倍增系数(内增益)

U_B—雪崩光电二极管反向击穿电压

C_p—光电二极管 PN 结的结电容

I_{ceo}—光电二极管的暗电流

I_c—光电三极管集电极光电流

G_m—光电场效应管的跨导

第 4 章　真空光电器件

E_W—光电发射体的逸出功

σ—物体的二次电子发射系数

NEA—负电子亲和势(Negtive Electron Affinity)

I_A—光电管阳极光电流

I_K—光电管阴极光电发射电流

PMT—光电倍增管(Photoelectric Multiplying Tube)

R_A—光电倍增管阳极积分响应率

R_K—光电倍增管阴极积分响应率

M—光电倍增管放大倍数

ε_0—电子光学系统收集率

ε_i—第 i 级倍增极的收集率

Δt—从 PMT 光电阴极边缘发射的光电子与从中央发射的光电子到达阳极的渡越时间之差

D_{max}—最大漂移率

第 5 章　光电成像器件

N. A. —光纤面板数值孔径(Numerical Aperture)

G_L—像管的亮度增益

L—像管的输出亮度

M—像管的光出射度

G_{Le}—像管的辐射亮度增益

G_φ—像管的光通量增益

A_c—像管光电阴极有效面积

A_s—像管荧光屏有效面积

a—像管电子光学系统透过率

η—像管荧光屏发光效率

m—像管的线放大率

D_m—像管的畸变

m_c—像管的中心放大率

m_e—像管的边缘放大率

MCP—微通道板(Micro Channel Plate)

TVL—电视行

V_s—靶输出的视频信号

第 6 章　电荷耦合器件

CCD—电荷耦合器件(Charge Coupled Device)

MOS—金属氧化物半导体电容器(Metal Oxide Semiconductor)

V_g—栅极电压

ε_{ox}—氧化物的介电常数

ε_s—半导体介电常数

V_{th}—栅极电压的阈值

BCCD—体内沟道电荷耦合器件(Body CCD)

SCCD—表面沟道电荷耦合器件(Surface CCD)

η—转移效率

ε—转移损失率

P_s—电荷包在通道中运动消耗的功率

μ_s—电荷包中少数载流子的迁移率

P_B—形成耗尽层需要的功率

μ_B—电荷包中多数载流子的迁移率

P_b—电荷包越过势垒所需的功率

CCID—电荷耦合成像器件(Charge Coupled Image Device)

LCCID—一维(线阵)电荷耦合成像器件(Line Charge Coupled Image Device)

ACCID—二维(面阵)电荷耦合成像器件(Array Charge Coupled Image Device)

第7章　光电耦合器件及其应用

CTR—电流传输比(Current Transfer Ratio)

BV_{CFO}—光电耦合器件输入-输出间绝缘耐压

R_{FC}—光电耦合器件输入-输出间绝缘电阻

C_{FC}—光电耦合器件输入-输出间寄生电容